高等学校土木建筑工程类系列教材
编 委 会

主　　任	何亚伯	武汉大学土木建筑工程学院，教授、博士生导师
副 主 任	吴贤国	华中科技大学土木工程与力学学院，教授、博士生导师
	吴　瑾	南京航空航天大学土木系，教授，副系主任
	夏广政	湖北工业大学土木建筑工程学院，教授
	陆小华	汕头大学工学院，副教授，副处长
编　　委	（按姓氏笔画为序）	
	王海霞	南通大学建筑工程学院，讲师
	刘红梅	南通大学建筑工程学院，副教授，副院长
	杜国锋	长江大学城市建设学院，副教授，副院长
	肖胜文	江西理工大学建筑工程系，讲师
	张海涛	江汉大学建筑工程学院，讲师
	张国栋	三峡大学土木建筑工程学院，副教授
	陈友华	孝感学院教务处，讲师
	姚金星	长江大学城市建设学院，副教授
	程赫明	昆明理工大学土木建筑工程学院，教授，院长
执行编委	李汉保	武汉大学出版社，副编审

高等学校土木建筑工程类系列教材

土木工程材料

- 主　编　夏　燕
- 副主编　秦景燕　刘建军　王金银

武汉大学出版社

图书在版编目(CIP)数据

土木工程材料/夏燕主编;秦景燕,刘建国,王金银副主编.—武汉:武汉大学出版社,2009.3(2014.7 重印)
高等学校土木建筑工程类系列教材
ISBN 978-7-307-06818-6

Ⅰ.土… Ⅱ.①夏… ②秦… ③刘… ④王… Ⅲ.土木工程—建筑材料—高等学校—教材 Ⅳ.TU5

中国版本图书馆 CIP 数据核字(2009)第 006133 号

责任编辑:李汉保　　责任校对:刘　欣　　版式设计:支　笛

出版发行:**武汉大学出版社**　(430072　武昌　珞珈山)
　　　　　(电子邮件:cbs22@whu.edu.cn 网址:www.wdp.com.cn)
印刷:湖北民政印刷厂
开本:787×1092　1/16　印张:25.5　字数:614 千字　插页:1
版次:2009 年 3 月第 1 版　　2014 年 7 月第 5 次印刷
ISBN 978-7-307-06818-6/TU·75　　定价:35.00 元

版权所有,不得翻印;凡购买我社的图书,如有质量问题,请与当地图书销售部门联系调换。

内容简介

本书根据国家教育部土木工程专业本科教学指导委员会制定的"土木工程材料"课程教学大纲的要求编写。全书共分13章,主要介绍土木工程材料的基本性质以及气硬性无机胶凝材料、建筑钢材、水泥、混凝土、砂浆、砌筑材料、沥青及沥青混合料、合成高分子材料、木材、天然石材、绝热材料、吸声材料、防水材料、装饰材料等常用土木工程材料的基本组成、性能、技术要求和应用范围、材料试验等内容。为了方便教学和复习,每章中均配有适量的例题和案例讲解,同时每章后面配有适量的习题,便于学生自学。

本书采用了最新标准和规范,注意了深度和广度之间的适当平衡,在重点讲述土木工程材料的基本理论和工程应用的前提下,对水泥、混凝土等一些重要材料进行了重点介绍,还广泛介绍了国内目前常用的土木工程材料及其发展中的相关材料和新技术,以利于开阔学生新思路和合理选用土木工程材料。

本教材定位以培养应用型人才为目标,故在编写中特别注重理论联系实际,应用性强,适用面广。本书可以作为普通高等院校土木建筑工程类各专业本科生的教材,也可以供土木工程各领域以及相关工程技术人员参考。

序

建筑业是国民经济的支柱产业，就业容量大，产业关联度高，全社会50%以上固定资产投资要通过建筑业才能形成新的生产能力或使用价值，建筑业增加值占国内生产总值较高比率。土木建筑工程专业人才的培养质量直接影响建筑业的可持续发展，乃至影响国民经济的发展。高等学校是培养高新科学技术人才的摇篮，同时也是培养土木建筑工程专业高级人才的重要基地，土木建筑工程类教材建设始终应是一项不容忽视的重要工作。

为了提高高等学校土木建筑工程类课程教材建设水平，由武汉大学土木建筑工程学院与武汉大学出版社联合倡议、策划、组建高等学校土木建筑工程类课程系列教材编委会，在一定范围内，联合多所高校合作编写土木建筑工程类课程系列教材，为高等学校从事土木建筑工程类教学和科研的教师，特别是长期从事土木建筑工程类且具有丰富教学经验的广大教师搭建一个交流和编写土木建筑工程类教材的平台。通过该平台，联合编写教材，交流教学经验，确保教材的编写质量，同时提高教材的编写与出版速度，有利于教材的不断更新，极力打造精品教材。

本着上述指导思想，我们组织编撰出版了这套高等学校土木建筑工程类课程系列教材，旨在提高高等学校土木建筑工程类课程的教育质量和教材建设水平。

参加高等学校土木建筑工程类系列教材编委会的高校有：武汉大学、华中科技大学、南京航空航天大学、湖北工业大学、汕头大学、南通大学、江汉大学、三峡大学、孝感学院、长江大学、昆明理工大学、江西理工大学12所院校。

高等学校土木建筑工程类系列教材涵盖土木工程专业的力学、建筑、结构、施工组织与管理等教学领域。本系列教材的定位，编委会全体成员在充分讨论、商榷的基础上，一致认为在遵循高等学校土木建筑工程类人才培养规律，满足土木建筑工程类人才培养方案的前提下，突出以实用为主，切实达到培养和提高学生的实际工作能力的目标。本教材编委会明确了近30门专业主干课程作为今后一个时期的编撰，出版工作计划。我们深切期望这套系列教材能对我国土木建筑事业的发展和人才培养有所贡献。

武汉大学出版社是中共中央宣传部与国家新闻出版署联合授予的全国优秀出版社之一，在国内有较高的知名度和社会影响力。武汉大学出版社愿尽其所能为国内高校的教学与科研服务。我们愿与各位朋友真诚合作，力争使该系列教材打造成为国内同类教材中的精品教材，为高等教育的发展贡献力量！

高等学校土木建筑工程类系列教材编委会
2008年8月

前　言

《土木工程材料》是土木工程类专业本科生的一门必修专业基础课程，土木工程材料是一切土木工程或构筑物的物质基础。土木工程材料的质量与正确选择、应用直接影响土木工程的质量、使用功能、运营安全与耐久性；同时这些材料的创新能促进结构形式的变化和施工方法的改进，并能创造新的结构形式和新的施工方法；土木工程材料的用量很大，其经济性直接影响着工程的造价。了解和掌握土木工程材料的性能，做到物尽其用，这对节约材料、降低工程造价、提高工程的质量与使用功能，有着十分重要的作用。

本书在编写过程中以国家教育部土木工程专业本科教学指导委员会制定的"土木工程材料"课程教学大纲为基本依据，参考了各种版本的《土木工程材料》和《建筑材料》教材，注重优化课程体系。在内容取舍上，注重突出常用材料和基本理论，补充了实际工程中应用效果较好的新材料（如喷涂聚脲防水材料），淘汰或缩减了已过时的或不常用的一部分传统材料（如粘土实心砖），同时汲取了近年国内外土木工程材料的新成就和我国相关新标准、新规范的内容，并论述了各种材料的发展趋势，使之更适合现代社会的知识需求和教学要求。

根据本课程学时少、涉及面较广以及内容较多等特点，作者在编写中力求重点突出、简明扼要、通俗易懂；在材料性能的论述中，力求概念准确、条理清晰、层次分明；在论证方法上，注意贯彻理论联系实际的原则，运用深入浅出的表述方法。

本教材在编写过程中，注重突出以下几个方面：

首先是以应用型人才培养为目标，坚持加强基础理论教育并拓宽学生知识面的原则，吸取同类教材的精华，重点把握教材的科学性、系统性和实用性。

其二是全部采用最新标准，并在内容上推陈出新。如国家新标准《通用硅酸盐水泥》（GB175—2007），发布于2007年11月9日，实施于2008年6月1日，新标准同时替代了标准《硅酸盐水泥、普通硅酸盐水泥》（GB175—1999）、《矿渣硅酸盐水泥、火山灰质硅酸盐水泥及粉煤灰硅酸盐水泥》（GB1344—1999）、《复合硅酸盐水泥》（GB12958—1999），本教材充分汲取新标准，并根据新标准将第5章水泥中的内容分为两节，即通用硅酸盐水泥和其他品种的水泥。

其三是对传统的土木工程材料教科书的结构和内容进行了调整、更新和充实，如在第6章混凝土中对应用较多的粉煤灰掺合料及粉煤灰混凝土作了较为全面的阐述，混凝土的应用则以建筑工程为主，以道路、桥梁等领域为辅；随着目前地下空间开发和屋顶绿化的日趋增多，对土木工程防水性能的要求越来越高，本书在第12章防水材料部分补充介绍了最新防水材料和技术，力求使学生开阔视野。

本教材还有一特色是注重理论联系实际，强调实用性，结合例题进行讲解。目前有许多版本的《土木工程材料》，但大多没有例题，这样纯理论的东西学起来很枯燥。本教材中配置了适量的例题，有的是为了巩固知识点，有的是工程应用，这样不仅有利于读者加深对土木工程材料基本理论与基础知识的理解和掌握，同时对加强与工程实际联系与熟悉主要的土木工程材料的标准与规范也十分有益。除第1章外，在每一章的后面作者精心编制了适量的习题，以利于学生复习和自学。

本教材由夏燕主编，谢朝学主审。各章具体编写分工如下：

夏燕编写第1章、第2章、第4章、第5章、第6章及试验1、试验2、试验3、试验4、试验5内容；

秦景燕编写第7章、第8章、第11章、第12章及试验7；

刘建军编写第3章、第10章及试验6；

王金银编写第9章。

本书在编写过程中得到了张敏教授的支持和帮助，参考了许多专家的相关著作、兄弟院校的教材以及相关文献资料，其中主要资料已列入本书的参考文献，在此谨向各位作者表示由衷的感谢！

由于新材料、新品种不断涌现，加之作者水平有限，书中难免有一些缺点和错误，敬请各位同行专家和广大读者批评指正。

作　者
2008年9月1日

目 录

第1章 绪论 ··· 1
§1.1 土木工程材料的分类 ·· 1
§1.2 土木工程材料的技术标准 ·· 2
§1.3 土木工程材料的发展现状及发展方向 ·· 3
§1.4 土木工程材料课程的教学任务 ·· 5

第2章 土木工程材料的基本性质 ··· 6
§2.1 土木工程材料的基本物理性质 ·· 6
§2.2 土木工程材料的基本力学性质 ·· 16
§2.3 土木工程材料的化学性质与环保要求 ·· 21
§2.4 土木工程材料的耐久性 ·· 23
§2.5 土木工程材料的组成与结构状态 ·· 24
习题2 ·· 27

第3章 建筑钢材 ··· 29
§3.1 钢的冶炼和分类 ·· 29
§3.2 建筑钢材的主要技术性能 ·· 31
§3.3 建筑工程中常用钢材 ·· 41
§3.4 钢材的锈蚀、防锈与防火 ·· 62
习题3 ·· 65

第4章 气硬性无机胶凝材料 ·· 66
§4.1 石灰 ·· 66
§4.2 建筑石膏 ·· 71
§4.3 水玻璃 ·· 75
§4.4 镁质胶凝材料 ·· 76
习题4 ·· 78

第5章 水泥 ··· 79
§5.1 通用硅酸盐水泥 ·· 80
§5.2 其他品种的水泥 ·· 100
习题5 ·· 107

第6章 混凝土 ··· 109
§6.1 概述 ··· 109
§6.2 普通混凝土的基本组成材料 ··· 111
§6.3 混凝土外加剂 ·· 124
§6.4 混凝土矿物掺合料 ··· 132
§6.5 普通混凝土的主要技术性质 ·· 137
§6.6 混凝土的质量控制与评定 ·· 161
§6.7 普通混凝土的配合比设计 ·· 167
§6.8 其他品种混凝土 ·· 179
§6.9 砂浆 ·· 194
习题 6 ··· 204

第7章 砌筑材料 ··· 208
§7.1 砌墙砖 ·· 208
§7.2 墙用砌块 ·· 220
§7.3 墙用板材 ·· 226
习题 7 ··· 231

第8章 沥青和沥青混合料 ··· 232
§8.1 沥青 ·· 232
§8.2 沥青混合料 ·· 246
习题 8 ··· 263

第9章 合成高分子材料 ··· 264
§9.1 合成高分子材料的基本知识 ·· 264
§9.2 土木工程中的合成高分子材料 ·· 269
习题 9 ··· 280

第10章 木材 ··· 281
§10.1 木材的分类与构造 ·· 281
§10.2 木材的性质 ·· 283
§10.3 木材的防护 ·· 290
§10.4 木材的综合利用 ·· 291
习题 10 ·· 293

第11章 石材 ··· 295
§11.1 岩石的形成与分类 ·· 295
§11.2 天然石材的性质 ·· 298

§11.3 常用石材 ··· 300
§11.4 石材的加工类型 ··· 302
§11.5 石材的选用 ·· 303
习题 11 ··· 303

第 12 章 建筑功能材料 ··· 305
§12.1 绝热材料 ·· 305
§12.2 吸声材料 ·· 311
§12.3 建筑防水材料 ·· 316
§12.4 装饰材料 ·· 337
习题 12 ··· 352

第 13 章 土木工程材料试验 ·· 353
§13.1 试验 1 土木工程材料基本物理性质试验 ······················· 353
§13.2 试验 2 水泥试验 ··· 356
§13.3 试验 3 混凝土用骨料试验 ··· 363
§13.4 试验 4 普通混凝土试验 ·· 372
§13.5 试验 5 建筑砂浆试验 ··· 380
§13.6 试验 6 钢材试验 ··· 383
§13.7 试验 7 石油沥青的技术性质试验 ································· 387

参考文献 ·· 396

第1章 绪 论

土木工程材料是一切土木工程或构筑物的物质基础。这些材料的质量与正确选择、应用直接影响土木工程的质量、使用功能、运营安全与耐久性；同时这些材料的创新能促进结构形式的变化和施工方法的改进，并能创造新的结构形式和新的施工方法。为此，学习与掌握土木工程材料的相关知识，对于从事土木工程建设、保证工程质量、促进技术进步和降低工程成本等至关重要。

§1.1 土木工程材料的分类

土木工程材料是指在土木工程中所使用的各种材料及制品的总称。土木工程材料包括地基基础、梁、板、柱、墙体、屋面、道路、桥梁、水坝、码头等所用的各种材料。广义上讲，所有物质均可以用做土木工程材料，故土木工程材料包括了迄今已发现和发明的所有材料。土木工程材料及其制品品种繁多，为了研究、使用和论述方便，通常根据材料的化学成分及其使用功能分类。

1.1.1 按化学组成分类

按化学组成分类土木工程材料分为：

1. 有机材料 是以有机物质为主所构成的材料。这类材料具有有机物质的一系列特性，如密度小，加工性好、易燃烧、易老化等。有机材料包括天然有机材料（如木材、天然橡胶、天然纤维等）及人工合成有机材料（如石油沥青、胶粘剂、合成橡胶、合成树脂等）。

2. 无机材料 是以无机物质构成的材料。这类材料具有无机物质的一系列特性，如不易燃烧、不老化、成分构成相对稳定等。无机材料包括金属材料（如各种钢材、铝材、铜材等）及非金属材料（如天然石材、石灰、石膏、水玻璃、陶瓷和玻璃、水泥、砂浆、混凝土等）。

3. 复合材料 是由两种或两种以上类别的材料按照一定的组成结构构成的材料。由于多种材料能够克服单一材料的缺点，发挥复合后材料的综合优点，满足了现代土木建筑工程对材料性能的要求，已成为目前应用广泛的土木工程材料。复合材料包括有机－无机复合材料（如沥青混凝土、金属增强塑料、玻璃纤维增强塑料等）及金属－非金属复合材料（如钢筋混凝土、钢纤维混凝土、夹丝玻璃等）。

1.1.2 按使用功能分类

按使用功能分类土木工程材料分为：

1. **结构材料** 承受荷载作用的材料，是土木工程中重要的材料，常用于工程的主体部位，如构筑物的基础、柱、梁、板等。结构材料的合格与否是决定土木工程结构的安全性与使用可靠性的关键，对这类材料主要技术性能的要求是强度和耐久性。

2. **墙体材料** 构成工程围护结构的材料，主要包括框架结构的填充墙、内隔墙和其他围护材料等。

3. **功能材料** 是指在工程中主要起其他作用的材料，如防水材料、隔热保温材料、装饰材料、吸声隔音材料、粘结密封材料等。这些功能材料的选择与使用是否科学合理，往往决定了工程使用的可靠性、适用性以及美观效果等。

此外，按土木工程材料的用途通常分为结构材料、墙体材料、屋面材料、地面材料、吊顶材料、墙面材料，等等；按土木工程材料的来源通常分为天然材料如石材、粘土、植物等，和人工材料如金属、水泥、陶瓷、玻璃、塑料、橡胶、纤维等。

§1.2 土木工程材料的技术标准

土木工程材料的技术标准是生产企业和使用单位生产、销售、采购、质量验收的依据。目前我国采用的土木工程材料的技术标准主要有国家标准、行业标准、地方标准、企业标准四类。

1.2.1 国家标准

国家标准是国家统一发布与执行的标准，并具有特定的标示规则。如《通用硅酸盐水泥》（GB175—2007）分别表示"标准名称—部门代号—编号—批准年份"，为国家针对通用硅酸盐水泥所制定的质量标准。上述标准为强制性国家标准，是全国必须执行的技术文件，产品的技术指标都不得低于标准中的相关规定。此外，还有推荐性国家标准，以GB/T为标准代号，推荐性国家标准表示也可以执行其他标准，为非强制性标准。如《建筑用砂》（GB/T14684—2001），表示建筑用砂的推荐性国家标准，标准代号为14684，颁布年代为2001年。

1.2.2 行业标准

行业标准在全国性的行业范围内适用。当没有国家标准而又需要在全国某行业范围内统一技术要求时制定，由国家部委标准机构指定相关研究机构、院校或企业等起草或联合起草，报相关主管部门审批，国家技术监督局备案后发布，当国家有相应标准颁布，该项行业标准废止。行业标准是由某一行业制定并在本行业内执行的标准。如JGJ—国家建设部行业标准；JC—建材行业标准；YB—国家冶金部行业标准；JTJ—国家交通部行业标准；SD—国家水电行业标准等。

1.2.3 地方标准

地方标准是凡没有国家标准和行业标准时，可以由相应地区根据生产厂家或企业的技术力量，以能保证产品质量的水平，制定的相关标准，地方标准是地方主管部门发布的地方性技术文件（DB），只适应于本地区使用。

1.2.4 企业标准

企业标准只限于企业内部使用。企业标准是在没有国家标准和行业标准时，企业为了控制生产质量而制定的技术标准，必须以保证材料质量，满足使用要求为目的。是由企业制定的指导本企业生产的技术文件（QB）。

技术标准有试行与正式之分，强制性与推荐性之分，如 GB/T×××—××× 和 GB×××—×××，T 为推荐性，无 T 为强制性。各类标准具有时间性，由于技术水平不断提高，不同时期的技术标准必须与之相适应，所以各类技术标准只反映某时期内的技术水平及标准。

土木建筑工程中还可能采用其他国外的技术标准，如 ISO—International Standard Organization 国际标准、ASA—American Standard Association 美国国家标准、ASTM—American Society for Testing Materials 美国材料与试验学会标准、BS—British Standard 英国标准。

土木工程材料的技术标准是根据一定时期的技术水平制定的，因而随着科学技术的发展与对材料性能要求的不断提高，需要对标准进行不断的修订。熟悉相关标准、规范，了解标准、规范的制定背景与依据，对正确使用土木工程材料具有很好的作用。本书全部使用最新标准与规范。

§1.3 土木工程材料的发展现状及发展方向

1.3.1 土木工程材料的发展历程

在人类历史的发展进程中，材料往往成为一个时代的标志。随着人类文明及科学技术的不断进步，土木工程所用材料也在不断进步与更新换代。在现代土木工程建设中，尽管传统的土、石等材料仍在基础工程中广泛应用，砖瓦、木材等传统材料在工程的某些方面应用也很普遍，但是，这些传统的材料在土木工程中的主导地位已逐渐被新型材料所取代。目前，水泥混凝土、钢材、钢筋混凝土已是不可替代的结构材料；新型合金、陶瓷、玻璃、化学有机材料及其他人工合成材料、各种复合材料等在土木工程中已占有愈来愈重要的位置。土木工程材料随着人类社会生产力和科学技术水平的提高而逐步发展。其发展历程大致可以分为三个阶段：

1. 天然材料

人类最初直接从自然界中取材作为土木工程材料。如万里长城、河北赵州桥、杭州六合塔等古建筑都取自天然的土、石、木等材料建造而成，这些古建筑历经千余年的风风雨雨，仍屹立于中华大地，这充分体现了我国古代建筑工程的高度成就，表现我国古代劳动人民的聪明才智。

2. 人工材料

随着人类文明和技术的进步，开始人工合成和制造各种土木工程材料，以满足土木工程发展的需要。如：砖、瓦、陶瓷、玻璃、水泥、金属、高分子材料等。

3. 复合材料

为了满足土木工程结构与功能的要求，又能节约材料、节约资源，最大限度地发挥各种材料的优势，避免其不足，将不同组成与结构的材料复合形成各种复合材料，如玻璃纤维增强塑料、纤维混凝土、金属陶瓷等。

从土木工程材料性能改进方面来看，与以往相比，当代土木工程材料的物理力学性能已经获得明显的改进与提高，应用范围也有明显的变化。例如，与20世纪70年代相比，水泥和混凝土的强度、耐久性及其他功能均有显著的改善；随着现代陶瓷与玻璃的性能改进，其应用范围与使用功能已经大大拓宽。此外，随着技术的进步，传统材料的应用方式也发生了较大的变化，现代施工技术与设备的应用也使得土木工程材料在土木建筑工程中的性能表现比以往更优异，这些进步为现代土木工程的发展奠定了良好的基础。

1.3.2 土木工程材料的发展趋势

尽管目前土木工程材料在品种与性能方面已有很大的进步，但是与人们对材料的期望相比还有较大的差距。以天然材料为主导材料的时代即将结束，取而代之的将是各种人工材料。从其来源特征看，这些人工材料将会向着高性能化、多功能化、工业规模化、生态化等方向发展。

1. 高性能化

从土木建筑工程本身的发展来说，应发展高性能工程材料，其高性能应包括轻质高强、高耐久、高抗渗、高保温等新型高性能土木工程材料。就材料类别来说，应发展改性无机材料，特别是高性能的复合材料最有发展前景。

2. 多功能化

新型土木工程材料应具有多种功能或智能的材料。如墙体材料必须向节能、隔热、高强发展；装饰材料必须向装饰性、功能性、环保性、耐久性方向发展；防水材料必须向耐候性、高弹性、环保性发展。

3. 工业规模化

从土木工程材料使用方式的变化来看，为满足现代土木工程结构性能和施工技术的要求，材料的使用必然向着机械化与自动化的方向发展。材料的供应向着成品或半成品的方向延伸。例如，水泥混凝土等结构材料向着预制化和商品化的方向发展。此外，材料的加工、储运、使用以及施工操作的机械化、自动化水平也在不断提高，劳动强度逐渐下降。这不仅改变着材料在使用过程中的使用方式，也在逐渐改变人们对于土木工程及其材料的认识观念。

土木工程材料的生产要实现现代化、工业化，而且为了降低成本、控制质量、便于机械化施工，生产要标准化、大型化、商品化等。

4. 生态化

为了降低环境污染、节约资源、维护生态平衡，生产节能型、环保型和保健型的生态建材也是今后的发展方向。例如，充分利用工业废渣生产土木工程材料，以保护自然资源、保护环境，维护生态环境的平衡；生产和开发能够降解有害气体、抑菌与杀菌以及能够自洁的材料。

§1.4 土木工程材料课程的教学任务

1.4.1 土木工程材料课程的性质与教学目的

土木工程材料是土木工程类专业本科生的一门必修专业基础课程，通过该课程内容的学习，力图使学生掌握相关材料的基本理论和基础知识，为后续专业课程的学习以及将来在从事土木工程建设工作中正确选择与使用材料奠定一定的理论基础。根据该课程的特点与要求，在学习中应重视对土木工程材料基本性质的掌握与应用；了解当前土木工程中常用材料的组成、结构及其形成机理；熟悉这些材料的主要性能与正确使用方法，以及这些材料技术性能指标的试验检测和质量评定方法；通过对常用材料基本特点和正确使用实例的分析，引导学生学会利用相关理论和知识来分析与评定材料的方法，掌握解决工程实际中相关材料问题的一般规律。为学生毕业后从事工程技术工作，就材料的选择与应用、材料验收、质量鉴定、材料试验、储存运输、防腐处理及试验研究等方面，打下必要的基础。

1.4.2 土木工程材料课程的学习方法与要求

土木工程材料种类繁多，而且每种材料涉及的内容又很庞杂，如原料、生产、材料组成与结构、性质、应用、检验、运输、验收、储存等各个方面。从本课程的目的及任务出发，主要着重于材料的性质和应用，对这两方面的内容提出如下基本要求：

在材料性质方面，要求学生掌握材料的组成、性质及技术要求；了解材料组成及结构对材料性质的影响；了解外界因素对材料性质的影响；了解各主要性质间的相互关系。

在材料应用方面，要求学生必须熟悉常用土木工程材料的主要品种与规格、选择与应用、储运与管理等方面的知识，为今后从事专业技术工作时，合理选择和使用土木工程材料打下基础，例如在学习不同品种的水泥时，不仅要知道它们都能在水中硬化的共性，更要注意它们各自质的区别及反映在性能上的差异，知道如何选择水泥品种。

1.4.3 土木工程材料实验课的学习任务

材料试验是检验土木工程材料性能、鉴别其质量好坏的主要手段，也是土木工程建设中质量控制的重要措施之一，此外，土木工程材料实验课的学习与实践也是打好专业基础的重要环节。通过实验课的学习，可以使学生加深对理论知识的理解，掌握材料基本性能的试验检验和质量评定方法，培养学生的实践技能。因此，在实验课学习过程中，要求学生必须具备严谨的科学态度和实事求是的作风；通过亲自实验操作来增加对材料的感性认识，并结合实验操作与结果评定的过程，检验对已学相关材料的基本知识、检验和评定材料质量方法的掌握程度。

第 2 章 土木工程材料的基本性质

土木工程材料的基本性质，是指材料处于不同的使用条件和使用环境时，通常必须考虑的最基本的、共有的性质。因为土木工程材料所处建（构）筑物的部位不同、使用环境不同、人们对材料的使用功能要求不同，所起的作用就不同，要求的性质也就有所不同。如：用于建筑结构的材料要受到各种外力的作用，因此，选用的材料应具有所需要的力学性能；对于某些工业建筑，要求材料具有耐热、耐腐蚀等性能；对于长期暴露在大气中的材料，要求能经受风吹、日晒、雨淋、冰冻而引起的温度变化、湿度变化以及反复冻融等的破坏作用。为了保证建筑物和构造物的安全、适用、耐久与经济，要求在工程设计与施工中，必须要充分地了解和掌握材料的性质和特点，正确地选择和合理地使用材料，因此，必须熟悉和掌握各种材料的基本性质。

§2.1 土木工程材料的基本物理性质

2.1.1 土木工程材料的密度

1. 密度

土木工程材料的密度是指材料在绝对密实状态下单位体积所具有的质量，按下式计算

$$\rho = \frac{m}{V} \tag{2.1.1}$$

式中：ρ——密度，g/cm^3 或 kg/m^3；

m——材料在干燥状态下的质量，g 或 kg；

V——材料的绝对密实体积，cm^3 或 m^3。

测试时，材料必须是绝对干燥状态。绝对密实状态下的体积是指不包括孔隙在内的体积。除了钢材、玻璃等少数接近于绝对密实的材料外，绝大多数材料都有一些孔隙。在测定有孔隙的材料密度时，必须磨细后采用排开液体的方法来测定其体积，即用密度瓶（李氏瓶）测定其实际体积，该体积即可以视为材料绝对密实状态下的体积。

土木工程材料的密度取决于材料的组成与微观结构。当材料的组成与微观结构一定时，材料的密度应为常数。

2. 表观密度

表观密度是指材料在自然状态下（不含开口孔隙），单位体积所具有的质量。按下式计算

$$\rho_a = \frac{m}{V_a} = \frac{m}{V + V_{闭口}} \tag{2.1.2}$$

式中：ρ_a——表观密度，g/cm^3 或 kg/m^3；

V_a——材料在自然状态下（不含开口孔隙时）的体积，cm^3 或 m^3。

测定材料的表观密度时，可以直接采用排水法测定材料的体积 V_a。对于某些密实材料（如天然的砂、石等），表观密度与密度十分接近，因此，也称视密度，又称近似密度。

3. 体积密度

体积密度是指材料在自然状态下，单位体积所具有的质量，又称毛体积密度。按下式计算

$$\rho_0 = \frac{m}{V_0} \tag{2.1.3}$$

式中：ρ_0——体积密度，g/cm^3 或 kg/m^3；

m——材料在任意含水状态下的质量（包括材料的绝干质量和含水质量），g 或 kg；

V_0——材料在自然状态下的体积，cm^3 或 m^3。

材料的自然状态体积是指包括内部孔隙在内的体积，即 $V_0 = V + V_{孔}$，内部孔隙的体积又包括开口孔隙体积 $V_{开口}$ 和闭口孔隙体积 $V_{闭口}$，即 $V_{孔} = V_{闭口} + V_{开口}$，因此 $V_0 = V + V_{闭口} + V_{开口}$。在测定 V_0 时，对于规则形状的材料直接测定外观尺寸，计算体积即可；对于不规则形状的材料则须在材料表面涂蜡后（封闭开口孔隙），用排水法测定。

材料的体积密度除与材料的密度相关外，还与材料内部孔隙的体积相关。材料的孔隙率越大，则材料的体积密度越小。材料的体积密度与含水率大小相关，含水率越高，则体积密度越大。因此，在测定或给出体积密度时需说明材料的含水率。通常材料在气干状态下的体积密度称为气干体积密度；材料在绝干状态下的体积密度称为绝干体积密度，以 ρ_{0d} 表示。

4. 堆积密度

堆积密度是指散粒材料在自然堆积状态下，单位体积所具有的质量，按下式计算

$$\rho_0' = \frac{m}{V_0'} \tag{2.1.4}$$

式中：ρ_0'——堆积密度，g/cm^3 或 kg/m^3；

m——材料的质量，g 或 kg；

V_0'——材料的堆积体积，cm^3 或 m^3。

粉状或粒状材料的质量是指填充在一定容器内的材料质量，其堆积体积是指所用容器的容积而言。因此，材料的堆积体积包含了颗粒之间的空隙体积、材料固体体积和材料内部孔隙的体积。

按堆积的紧密程度分为自然松散堆积密度（简称松堆密度）、捣实堆积密度（简称捣实密度）、振实堆积密度（简称振实密度）。

材料的堆积密度与材料的体积密度、堆积的紧密程度等相关。通常所指的堆积密度是材料在自然堆积状态和气干状态下，称为气干堆积密度，简称堆积密度；材料在绝干状态下的堆积密度则称为绝干堆积密度，以 ρ_{0d}' 表示。

对于某一种材料来说，其密度大于表观密度；表观密度大于体积密度；体积密度大于堆积密度。

在土木建筑工程中，计算材料用量、构件的自重，配料计算以及确定堆放空间时经常要用到材料的密度、表观密度和堆积密度等数据。常用土木工程材料的密度、表观密度和堆积密度如表 2.1.1 所示。

表 2.1.1　　常用土木工程材料的密度，表观密度、堆积密度和孔隙率

材料名称	密度/(g/cm³)	表观密度/(kg/m³)	堆积密度/(kg/m³)	孔隙率/(%)
钢材	7.85	7 800 ~ 7 850	—	0
红松木	1.55 ~ 1.60	400 ~ 800	—	50 ~ 75
砂	2.6	2 630 ~ 2 700	1 450 ~ 1650	
粘土	2.50 ~ 2.70		1 600 ~ 1 800	
碎石	2.6	2 650 ~ 2 750	1 400 ~ 1 700	
花岗岩	2.6 ~ 2.9	2 500 ~ 2 900		0.5 ~ 3.0
水泥	2.8 ~ 3.10	—	1 200 ~ 1 300	
普通混凝土	—	2 100 ~ 2 500	—	5 ~ 20
玻璃	2.45 ~ 2.55	2 450 ~ 2 550	—	0
泡沫塑料	—	10 ~ 50		
烧结普通砖	2.50 ~ 2.70	1 600 ~ 1 800		20 ~ 40
烧结空心砖	2.50 ~ 2.70	1 000 ~ 1 480		

2.1.2　材料的孔隙率与密实度

1. 密实度

是指材料体积内被固体物质填充的程度，即固体物质的体积占总体积的比例，用 D 表示。

$$D = \frac{V}{V_0} = \frac{\rho_{0d}}{\rho} \times 100\% \quad (2.1.5)$$

密实度 D 反映材料的密实程度，D 越大，材料越密实。含有孔隙的固体材料的密实度均小于 1。材料的很多性能如强度、吸水率、耐久性、导热性等均与其密实度相关。

2. 孔隙率

是指材料体积内，孔隙体积占总体积的比例，用 P 表示。

$$P = \frac{V_{孔}}{V} = \frac{V_0 - V}{V_0} \times 100\% = \left(1 - \frac{V}{V_0}\right) \times 100\% = \left(1 - \frac{\rho_{0d}}{\rho}\right) \times 100\% \quad (2.1.6)$$

孔隙率与密实度的关系为：$P + D = 1$。这表明，材料的总体积是由该材料的固体体积与其所包含的孔隙体积组成的。孔隙率的大小直接反映了材料的致密程度。

材料内部的孔隙可以分为开口孔隙和封闭孔隙，开口孔隙不仅彼此贯通且与外界相通，而封闭孔隙彼此不连通且与外界隔绝。开口孔隙率是指材料中能被水所饱和的孔隙体

积与材料在自然状态下的体积百分率，即

$$P_{开口} = \frac{V_{开口}}{V_0} = \frac{V_{sw}}{V_0} = \frac{m_{sw}}{V_0} \times \frac{1}{\rho_w} \times 100\% \tag{2.1.7}$$

式中：V_{sw}——材料吸水饱和状态下吸水的体积，cm^3；

m_{sw}——材料吸水饱和状态下吸水的质量，g；

ρ_w——水的密度，常温下可以取 $1g/cm^3$。

则闭口孔隙率 $P_{闭口}$ 为总空隙率与开口孔隙率之差，即

$$P_{闭口} = P - P_{开口} \tag{2.1.8}$$

孔隙按其尺寸大小，还可以分为粗孔和细孔。孔隙率的大小及孔隙本身的特征与材料的强度、吸水性、抗渗性、抗冻性和导热性等都有密切关系。一般而言，孔隙率较小，且连通孔较少的材料，其吸水性较小，强度较高，抗渗性和抗冻性较好。

2.1.3 材料的空隙率与填充率

1. 填充率

是指散粒材料在某容器的堆积体积中，被其颗粒填充的程度。其计算公式为：

$$D' = \frac{V_0}{V_0'} \times 100\% = \frac{\rho_{0d}'}{\rho_{0d}} \times 100\% \tag{2.1.9}$$

2. 空隙率

是指散粒材料在某容器的堆积体积中，颗粒之间的空隙体积所占的比例。其计算公式为

$$P' = \frac{V_0' - V_0}{V_0'} \times 100\% = \left(1 - \frac{V_0}{V_0'}\right) \times 100\% = \left(1 - \frac{\rho_{0d}'}{\rho_{0d}}\right) \times 100\% = 1 - D' \tag{2.1.10}$$

$$D' + P' = 1 \tag{2.1.11}$$

空隙率的大小反映散粒材料的颗粒之间相互填充的致密程度。对于水泥混凝土用骨料，通常采用自然堆积状态和振实状态下的空隙率，空隙率常作为控制混凝土骨料级配与计算含砂率的依据；对于沥青混合料用骨料，通常采用捣实状态下的空隙率。

例 2.1.1 某工地质检员从一堆碎石料中取样，并将其洗净后干燥，用一个 10L 的金属桶，称得一桶碎石的净质量是 13.50kg；再从桶中取出 1 000g 的碎石，让其吸水饱和后用布擦干，称其质量为 1 036g；然后放入一广口瓶中，并用水注满这广口瓶，连盖称重为 1 411g，水温为 25℃，将碎石倒出后，这个广口瓶盛满水连同盖的质量为 791g；另外从洗净完全干燥后的碎石样中，取一块碎石磨细、过筛成细粉，称取 50g，用李氏瓶测得其体积为 18.8mL。试求：

（1）该碎石的密度、体积密度、表观密度和堆积密度。

（2）该碎石的孔隙率、开口孔隙率和闭口孔隙率。

（3）该碎石的密实度、空隙率和填充率。

解 （1）因 $V = 18.8mL$，$m = 50g$

故　密度 $\rho = \dfrac{m}{V} = \dfrac{50}{18.8} = 2.66\ g/cm^3$

根据排水法测定物体体积的原理可以算出（假定水的密度 ρ_w 为 1 g/cm³）

$$V_a = [791 - (1411 - 1000)]/1 = 380\text{mL} = 380\text{ cm}^3$$

故

$$\rho_a = \frac{m}{V_a} = \frac{1000}{380} = 2.63\text{ g/cm}^3$$

同样，根据排水法测定物体体积的原理可以求得

$$V_0 = [791 - (1411 - 1036)]/1 = 416\text{mL} = 416\text{ cm}^3$$

故体积密度 $\rho_{0d} = \frac{m_2}{V_0} = \frac{1000}{416} = 2.404\text{ g/cm}^3$

因 $V_0' = 10\text{L}$，$m_1 = 13.5\text{kg}$，

故堆积密度 $\rho_{0d}' = \frac{m_1}{V_0'} = \frac{13.5}{10} = 1.35\text{ kg/L} = 1.350\text{ g/cm}^3$

（2）孔隙率 $P = \left(1 - \frac{\rho_{0d}}{\rho}\right) \times 100\% = \left(1 - \frac{2.404}{2.66}\right) = 9.624\%$

其中 $P_{开口} = \frac{V_{开口}}{V_0} = \frac{1036 - 1000}{416} = 8.653\%$

注：碎石在水中吸水的质量 $= V_{开口} = (1036 - 1000)/1 = 36\text{ cm}^3$

$$P_{闭口} = 9.624\% - 8.653\% = 0.971\%$$

（3）密实度 $D = 1 - P = 90.376\%$

空隙率 $P' = \left(1 - \frac{\rho_{0d}'}{\rho_{0d}}\right) \times 100\% = \left(1 - \frac{1.350}{2.404}\right) = 43.8\%$

填充率 $D' = 1 - P' = 1 - 43.8\% = 56.2\%$。

2.1.4 土木工程材料与水有关的性质

1. 亲水性与憎水性

土木工程材料与其他介质接触的界面上具有表面能，每种材料都力图降低这种表面能至最小，以取得稳定。当材料与水接触时，如果材料与空气接触面上的表面能大于材料与水接触面上的表面能，即材料与水接触后，其表面能降低，则水分就能代替空气而被材料表面吸附，表现为水可以在材料表面上铺展开，亦即材料表面可以被水所润湿或浸润，这种性质称为材料的亲水性，具备这种性质的材料称为亲水性材料。若水不能在材料的表面上铺展开，即材料表面不能被水所润湿或浸润，则称为憎水性，这种材料称为憎水性材料。

大多数土木工程材料，如石料、砖、混凝土、木材等都属于亲水性材料，表面均能被水润湿，且能通过毛细管作用将水吸入材料的毛细管内部，土木工程材料大多都是亲水性材料。但沥青、石蜡、橡胶、油漆等属于憎水性材料，表面不能被水润湿。这类材料一般能阻止水分渗入毛细管中，因而能降低材料的吸水性。憎水性材料不仅可以用做防水材料，而且还可以用于亲水性材料的表面处理，以降低其吸水性。

土木工程实际中，材料是亲水性或憎水性，通常以润湿角的大小划分，润湿角为在材料、水和空气的交点处，沿水滴表面的切线与水和固体接触面所成的夹角。其中润湿角 θ 愈小，表明材料愈易被水润湿，当材料的润湿角 $\theta \leq 90°$ 时，为亲水性材料；当材料的润

湿角 $\theta > 90°$ 时，为憎水性材料。水在亲水性材料表面可以铺展开，且能通过毛细管作用自动将水吸入材料内部；水在憎水性材料表面不仅不能铺展开，而且水分不能渗入材料的毛细管中，如图 2.1.1 所示。

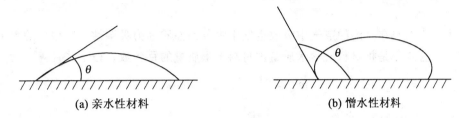

(a) 亲水性材料　　　　　　　(b) 憎水性材料

图 2.1.1　材料润湿示意图

必须指出的是孔隙率较小的亲水性材料同样也可以具有较好的防水性或防潮性，如水泥砂浆、水泥混凝土等。

2. 吸水性

土木工程材料在浸水状态下吸入水分的能力为吸水性。吸水性的大小，以吸水率表示。

(1) 质量吸水率

质量吸水率是指材料在吸水饱和时，所吸水质量占材料在干燥状态下的质量百分比，用 W_m 表示。质量吸水率 W_m 的计算公式为

$$W_m = \frac{m_b - m_g}{m_g} \times 100\% \qquad (2.1.12)$$

式中：m_b——材料吸水饱和状态下的质量（g 或 kg）；
　　　m_g——材料在绝干状态下的质量（g 或 kg）。

材料的开口微孔越多，吸水性越强。

(2) 体积吸水率

体积吸水率是指材料在吸水饱和时，所吸水的体积占材料自然体积的百分率，以 W_v 表示。体积吸水率 W_v 的计算公式为

$$W_v = \frac{m_b - m_g}{V_0} \cdot \frac{1}{\rho_w} \times 100\% \qquad (2.1.13)$$

式中：m_b——材料吸水饱和状态下的质量（g 或 kg）；
　　　m_g——材料在绝干状态下的质量（g 或 kg）；
　　　V_0——材料在自然状态下的体积，（cm^3 或 m^3）；
　　　ρ_w——水的密度，（g/cm^3 或 kg/m^3），常温下取 $\rho_w = 1.0\ g/cm^3$。

土木工程轻质材料一般要用体积吸水率表示。

土木工程材料的吸水性，不仅取决于材料本身是亲水的还是憎水的，也与其孔隙率的大小及孔隙特征有关。一般孔隙率愈大，则吸水性也愈强。封闭的孔隙，水分不易进入；粗大开口的孔隙，水分又不易存留，故它们的质量吸水率都不高；只有具有较多细微连通孔隙的材料，其吸水率才较大。各种材料的吸水率差异很大，如花岗岩的吸水率只有

0.5%~0.7%，混凝土的吸水率为2%~3%，烧结普通砖的吸水率为8%~20%，木材的吸水率可以超过100%。

水在材料中对材料性质将产生不良的影响，水使材料的表观密度和导热性增大，强度降低，体积膨胀，因此，吸水率大对材料性能是不利的。

3. 吸湿性

土木工程材料在潮湿的空气中吸收空气中水分的性质称为吸湿性。吸湿性的大小用含水率表示。含水率是指材料所含水质量占材料干燥质量的百分数，按下式计算

$$W_含 = \frac{m_含 - m_干}{m_干} \times 100\% \qquad (2.1.14)$$

式中：$W_含$——材料的含水率；

$m_含$——材料含水时的质量（g）；

$m_干$——材料干燥至恒重时的质量（g）。

土木工程材料的含水率大小，除与材料本身的特性有关外，还与周围环境的温度、湿度有关。气温越低、相对湿度越大，材料的含水率也就越大。材料随着空气湿度的变化，既能在空气中吸收水分，又可以向外界扩散水分，最终将使材料中的水分与周围空气的湿度达到平衡，这时材料的含水率称为平衡含水率。土木工程材料在正常使用状态下，均处于平衡含水状态。平衡含水率并不是固定不变的，而是随环境中的温度和湿度的变化而改变。

当材料吸水达到饱和状态时的含水率即为吸水率。

土木工程材料的吸湿性主要与材料的组成、孔隙含量、特别是毛细孔的含量有关。

4. 耐水性

土木工程材料长期在饱和水作用下不被破坏，其强度也不显著降低的性质称为耐水性。衡量材料耐水性的指标是软化系数，通常用下式计算

$$K_W = \frac{f_饱}{f_干} \qquad (2.1.15)$$

式中：K_W——材料的软化系数；

$f_饱$——材料在饱和状态下的抗压强度（MPa）；

$f_干$——材料在干燥状态下的抗压强度（MPa）。

软化系数的大小表明材料浸水后强度降低的程度，一般在0~1之间波动，不同材料的软化系数相差很大，如粘土的软化系数为0，而金属的软化系数为1。软化系数越小，说明材料吸水饱和后的强度降低越多，所以其耐水性越差。对于经常位于水中或受潮严重的重要结构物的材料，其软化系数不宜小于0.85；受潮较轻的或次要结构物的材料，其软化系数不宜小于0.75。软化系数大于0.85的材料，通常可以认为是耐水材料。

例2.1.2 某岩石在气干、绝干、吸水饱和情况下测得的抗压强度分别为172MPa、178MPa、168MPa。试求该岩石的软化系数，并指出该岩石能否用于水下工程。

解 该岩石的软化系数为

$$K_w = \frac{f_饱}{f_干} = \frac{168}{178} = 0.944$$

$K_w = 0.944 > 0.85$，该岩石为耐水材料，可以用于水下工程。

耐水性与材料的亲水性、可溶性、孔隙率、孔隙特征等均有关,工程中常从这几个方面改善材料的耐水性。

5. 抗渗性

材料抵抗压力水渗透的性质称为抗渗性（或不透水性）,可以用渗透系数或抗渗等级表示。

渗透系数反映了材料抵抗压力水渗透的性质,材料的渗透系数可以通过下式计算

$$K = \frac{Qd}{AtH} \qquad (2.1.16)$$

式中：K——渗透系数,（cm／h）；

Q——渗水量,（cm^3）；

A——渗水面积,（cm^2）；

H——材料两侧的水压差,（cm）；

d——试件厚度,（cm）；

t——渗水时间,（h）。

材料的渗透系数越小,说明材料的抗渗性越强。

对于混凝土和砂浆材料,抗渗性常用抗渗等级 P 表示。材料的抗渗等级是指用相关标准方法进行透水试验时,材料标准试件在透水前所能承受的最大水压力,并以字母 P 及可以承受的水压力（以 0.1MPa 为单位）来表示抗渗等级。如 P4、P6、P8、P10……,表示试件能承受逐步增高至 0.4MPa、0.6MPa、0.8MPa、1.0MPa……的水压而不渗透。

土木工程材料抗渗性的好坏,与材料的孔隙率和孔隙特征有密切关系。孔隙率很小而且是封闭孔隙的材料具有较高的抗渗性。对于地下建筑物及水工构筑物,因常受到压力水的作用,故要求材料具有一定的抗渗性；对于防水材料,则要求具有更高的抗渗性。

6. 抗冻性

土木工程材料在吸水饱和状态下,能经受多次冻结和融化作用（冻融循环）而不被破坏,同时也不严重降低强度的性质称为抗冻性。通常采用 -15℃ 的温度冻结后,再在 20℃ 的水中融化,这样的一个过程为一次冻融循环。

土木工程材料经多次冻融交替作用后,表面将出现剥落、裂纹,产生质量损失,强度也会降低。因为,冰冻对材料的破坏作用是由于材料孔隙内的水结冰时体积膨胀所致。所以,材料抗冻性的高低,决定于材料的吸水饱和程度和材料对结冰时体积膨胀所产生的压力的抵抗能力。抗冻性以试件在冻融后的质量损失、外形变化或强度降低不超过一定限度时所能经受的冻融循环次数来表示,或称为抗冻等级。材料的抗冻等级可以分为 F15、F25、F50、F100、F200 等,分别表示材料可以承受 15 次、25 次、50 次、100 次、200 次的冻融循环后仍可以满足使用要求。土木工程材料的抗冻性与材料的强度、孔结构、耐水性和吸水饱和程度有关。

土木工程材料抗冻等级的选择,是根据结构物的种类、使用要求、气候条件等来决定的。例如烧结普通砖、陶瓷面砖、轻混凝土等墙体材料,一般要求其抗冻标号为 F15 或 F25；用于桥梁和道路的混凝土应为 F50、F100 或 F200；而水工混凝土要求高达 F500。

抗冻性良好的材料,对于抵抗大气温度变化、干湿交替等破坏作用的能力较强,所以抗冻性常作为考查土木工程材料耐久性的一项重要指标。在设计寒冷地区及寒冷环境

（如冷库）下的建筑物时，必须要考虑材料的抗冻性。处于温暖地区的建筑物，虽无冰冻作用，但为抵抗大气的作用，确保建筑物的耐久性，也常对土木工程材料提出一定的抗冻性要求。

2.1.5 土木工程材料的热工性质

相关统计数据表明，中国建筑能耗的总量逐年上升，在能源消费总量中所占的比例已从 20 世纪 70 年代末的 10%，上升到近年的 27.8%。而建筑最大的耗能点是采暖和空调，据悉，我国在采暖和空调上的能耗占建筑总能耗的 55%。

国家建设部《民用建筑节能管理规定》指出，新建民用建筑应严格执行建筑节能标准要求，民用建筑工程扩建和改建时，应对原建筑进行节能改造。从 2006 年 1 月 1 日起，所有房地产开发企业都应将所售商品住房的节能措施、围护结构、保温隔热性能指标等基本信息在销售现场显著位置予以公示，并在《住宅使用说明书》中予以载明。

为了降低建筑物的使用能耗，以及为生产和生活创造适宜的条件，常要求土木工程材料具有一定的热工性质，以维持室内温度。常考虑的热工性质有材料的导热性、热容量和比热等。

1. 导热性

土木工程材料传导热量的能力称为导热性。材料导热能力的大小可以用导热系数 λ 表示。导热系数的物理意义是：厚度为 1m 的材料，当其相对两侧表面温度差为 1K 时，在 1s 时间内通过 1m² 面积的热量。其计算公式为

$$\lambda = \frac{Qd}{(T_1 - T_2)At} \tag{2.1.17}$$

式中：λ——导热系数，W/(m·K)；

Q——传导的热量，J；

d——材料厚度，m；

A——热传导面积，m²；

t——热传导时间，s；

$(T_1 - T_2)$——材料两侧温度差，K。

土木工程材料的导热系数越小，表明材料的绝热性能越好。各种土木工程材料的导热系数差别很大，如泡沫塑料为 0.035W/(m·K)，而花岗岩为 2.91W/(m·K)。材料的导热系数与材料内部孔隙构造有密切关系。由于密闭空气的导热系数很小，为 0.023W/(m·K)，所以，材料的孔隙率较大者其导热系数较小，但若孔隙粗大或贯通，由于对流作用的影响，材料的导热系数反而增高。土木工程材料受潮或受冻后，其导热系数会大大提高。这是由于水和冰的导热系数比空气的导热系数高很多（分别为 0.58W/(m·K) 和 2.20W/(m·K)）。因此，绝热材料在运输、存放、施工和使用过程中须保持干燥状态，以利于发挥材料的绝热效果。

为减少高温与低温下的辐射传热，可以采用金属或非金属反射膜来降低热传导。

2. 热容量

土木工程材料加热时吸收热量，冷却时放出热量的性质，称为热容量。热容量大小用比热容（也称热容量系数）表示。比热容表示单位质量的材料温度升高 1K 时吸收的热

量，或降低1K时放出的热量。其计算公式为

$$C = \frac{Q}{m(t_1 - t_2)} \tag{2.1.18}$$

式中：Q——材料的热容量（kJ）；

　　　m——材料的质量（kg）；

　　　$t_1 - t_2$——材料受热或冷却后的温度差（K）；

　　　C——材料的比热 kJ/(kg·K)。

比热容是反映材料的吸热或放热能力大小的物理量。材料的比热容，对保持建筑物内部温度稳定有很大意义，比热容大的材料，能在热流变动或采暖设备供热不均匀时，缓和室内的温度波动，因此为保证建筑物室内温度稳定性较高，设计时应考虑材料的热容量。轻质材料作为维护结构材料使用时，须注意其热容量较小的特点。几种典型材料的热工性质指标如表 2.1.2 所示。

表 2.1.2　　几种典型材料的热工性质指标

材　料	导热系数/(W/(m·K))	比热/(kJ/(kg·K))
铜	370.00	0.38
钢	55.00	0.46
花岗岩	2.91 ~ 3.08	0.716 ~ 0.787
普通混凝土	1.28 ~ 1.80	0.48 ~ 1.0
烧结普通砖	0.4 ~ 0.7	0.84
松木（横纹）	0.15	1.63
泡沫塑料	0.03	1.30
冰	2.20	2.05
水	0.60	4.19
静止空气	0.023	1.00

3. 土木工程材料的保温隔热性能

在建筑热工中常把 $\frac{1}{\lambda}$ 称为材料的热阻，用 R 表示，单位为 (m·K)/W。导热系数 λ 和热阻 R 都是评定土木工程材料保温隔热性能的重要指标。人们常习惯把防止室内热量的散失称为保温，把防止外部热量的进入称为隔热，将保温隔热统称为绝热。材料的导热系数愈小，其热阻值愈大，则材料的导热性能愈差，其保温隔热的性能愈好，所以常将 $\lambda \leq 0.23\text{W}/(\text{m·K})$ 的材料称为绝热材料。

土木工程材料的保温隔热性能与组成、结构和孔隙率、孔隙特征有关。一般情况下，非金属保温隔热性能比金属好；多孔材料的保温隔热性能比密实材料好；封闭孔隙材料的保温隔热性能比开口连通孔隙材料好。

《民用建筑节能设计标准（采暖居住建筑部分）》对不同地区的屋面、外墙、门、窗等的传热系数作了严格的规定，如西安、北京、哈尔滨地区的外墙传热系数分别为 1.0、0.90、0.52 W/（m·K）。

4. 耐热性与耐火性

材料在高温环境下（通常指室温至数十摄氏度）保持其原有性质的能力称为耐热性。木材、合成高分子材料等的耐热性较差，温度较高时这类材料的性能会发生较大变化，如强度明显降低。

土木工程材料抵抗燃烧的性质称为耐燃性。土木工程材料的耐燃性是影响建筑物防火和耐火等级的重要因素。

土木工程材料按其燃烧性质分为 4 级：

（1）不燃性材料（A 级）；
（2）难燃性材料（B1 级）；
（3）可燃性材料（B2 级）；
（4）易燃性材料（B3 级）。

建筑物内部装修用建筑材料的防火等级应符合《建筑内部装修防火设计规范》[GB50222—1995（2001 年修订版）] 的相关规定。

土木工程材料抵抗高热或火的作用，保持其原有性质的能力称为建筑材料的耐火性，一般是指偶然经受高热或火的作用。金属材料、玻璃等虽属于非燃烧材料，但在高温或火的作用下在短时间内就会变形、熔融，因而不属于耐火材料。《建筑设计防火规范》（GB50016—2006）规定建筑材料或构件的耐火极限用时间来表示，是按规定方法，从材料受到火的作用时间起，直到材料失去支持能力、完整性被破坏或失去隔火作用的时间，以 h 计。如无保护层的钢柱，其耐火极限仅有 0.25h。

必须指出的是，这里所说的耐火等级与高温窑中耐火材料的耐火性完全不同。耐火材料的耐火性是指材料抵抗熔化的性质，用耐火度来表示，即材料在不发生软化时所能抵抗的最高温度。耐火材料一般要求材料能长期抵抗高温或火的作用，具有一定的高温力学强度、高温体积稳定性、热震稳定性等。

§2.2 土木工程材料的基本力学性质

土木工程材料的力学性质主要是指材料在外力（荷载）作用下，抵抗破坏和变形的能力。土木工程材料的力学性质主要包括材料在外力作用下所表现的强度和变形。

2.2.1 土木工程材料的强度、比强度

1. 强度及其影响因素

土木工程材料在外力（荷载）作用下抵抗破坏的能力称为强度。材料在土木工程上所受的外力，主要有拉力、压力、弯曲及剪力等，材料抵抗这些外力破坏的能力，分别称为抗拉强度、抗压强度、抗弯强度和抗剪强度。如图 2.2.1 所示。

各种不同受力形式的强度计算公式如表 2.2.1 所示。

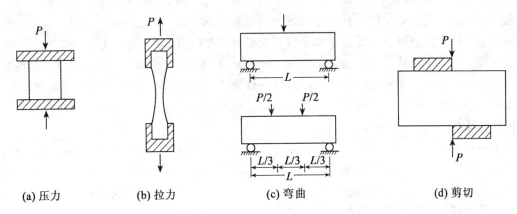

图 2.2.1 土木工程材料受外力作用的示意图

表 2.2.1　　　　　　　不同作用力形式的强度计算公式表

作用形式	强度计算公式
抗压 抗拉 或抗剪	$f = \dfrac{P}{A}$ 式中：f——材料的抗压、抗拉或抗剪强度（MPa）； 　　　P——试件能承受的最大荷载（N）； 　　　A——试件的受力面积（mm²）。
抗弯（抗折） （中间作用一集中荷载的情况下）	$f = \dfrac{3PL}{2bh^2}$ 式中：f——材料的抗弯（MPa）； 　　　P——试件能承受的最大荷载（N）； 　　　L——两支点间距（mm）； 　　　$b、h$——试件横截面的宽度和高度（mm）。

土木工程材料的强度与其组成和结构等内部因素有关。即使材料的组成相同，其构造不同，强度也不一样。如：金属材料属于金属晶体，其强度高、韧性好、刚度较大；水泥材料属于离子晶体和凝胶体，其强度不高、刚度大、韧性差、延伸率小；高分子材料属于非晶胶体，其强度不高、刚度低、延伸率大、韧性好。

土木工程材料的孔隙率愈大，则强度愈小。对于同一品种的材料，其强度与孔隙率之间存在近似直线的反比关系。一般来说，表观密度大的材料，其强度也大。晶体结构的材料，其强度还与晶粒粗细有关，其中细晶粒的强度高。玻璃原是脆性材料，抗拉强度很小，但当制成玻璃纤维后，则成了很好的抗拉材料。材料的强度还与其含水状态及温度有关，含有水分的材料，其强度较干燥时的低。一般来说，温度高时，材料的强度将降低，这对沥青混凝土尤为明显。

此外，土木工程材料的强度还与测试条件和测试方法等外部因素有很大关系。若材料相同，采用小试件测得的强度较大试件高；加荷速度快者，强度值偏高；试件表面不平或表面涂润滑剂时，所测强度值偏低。

由此可知，材料的强度是在特定条件下测定的结果。为了使试验结果比较准确而且具有互相比较的意义，每个国家都规定有统一的标准试验方法。测定材料强度时，必须严格按照标准试验方法进行。大部分土木工程材料根据其极限强度的大小，划分为若干不同的强度等级。如混凝土按抗压强度有 C10、C15、C20、C25、C30、C35、C40、…、C100 等多个强度等级，普通水泥按抗压强度及抗折强度分为 32.5、42.5、52.5、62.5 等强度等级。将土木工程材料划分为若干强度等级，对掌握材料性能，合理选用材料，正确进行设计和控制工程质量，是十分重要的。

不同种类的材料，具有不同的抵抗外力的特点。砖、石材、混凝土等材料的抗压强度较高，而抗拉强度和抗弯强度却很低，所以，这类材料多用于受压部位；木材的顺纹抗拉强度和抗弯强度均大于抗压强度，所以可以用做梁、屋架等构件；建筑钢材的抗拉强度与抗压强度相同，而且强度值很高，所以适用于各种受力构件。

实际工程中，为了充分发挥各种材料的强度特点，扬长避短，常组成复合材料使用，如钢筋混凝土。

2. 比强度

为了对各种土木工程材料的强度进行比较，可以采用比强度这一指标。比强度是按单位体积的质量计算的材料强度，其值等于材料强度与其表观密度之比，即用 $\dfrac{f}{\rho_0}$ 表示。比强度是衡量材料轻质高强的重要指标。以钢材、木材和混凝土的抗压强度来作比较，这些材料的比强度分别为 0.053、0.069、0.012。可见，从比强度来看，钢材比混凝土强，而松木又比钢材强。就三者比较而言，混凝土是质量大而强度低的材料。如表 2.2.2 所示。

优质的结构材料，要求具有较高的比强度。

表 2.2.2　　　　　　　　钢材、木材和混凝土的强度比较

材　料	表观密度 ρ_0 / (kg/m³)	抗压强度 f (MPa)	比强度 f/ρ_0
低碳钢	7 860	415	0.053
松　木	5 00	34.5（顺纹）	0.069
普通混凝土	2 400	29.4	0.012

2.2.2　土木工程材料的弹性与塑性

土木工程材料在外力作用下产生变形，当外力取消后，材料变形即可以消失并能完全恢复原来形状的性质称为材料的弹性。这种当外力取消后瞬间内即可以完全消失的变形称为材料的弹性变形，明显具备这种特征的材料称为弹性材料。弹性变形属于可逆变形，其数值的大小与外力成正比，如图 2.2.2 所示。其比例系数 E 称为弹性模量。在弹性变形范围内，弹性模量 E 为常数，其值等于应力与应变的比值，即

$$E = \frac{\sigma}{\varepsilon} \tag{2.2.1}$$

式中：E——材料的弹性模量（MPa）；

σ——材料的应力（MPa）；

ε——材料的应变。

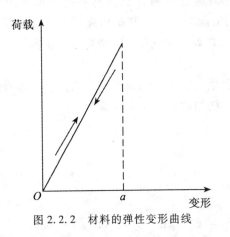

图 2.2.2 材料的弹性变形曲线

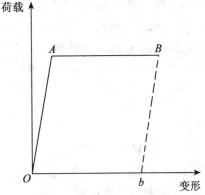

图 2.2.3 材料的塑性变形曲线

弹性模量是衡量材料抵抗变形能力的一个指标。弹性模量愈大，材料愈不易变形，亦即刚度愈好，弹性模量是结构设计的重要参数。

土木工程材料在外力作用下产生变形，当外力取消后，不能恢复变形的性质称为材料的塑性。这种不可恢复的变形称为材料的塑性变形，塑性变形为不可逆变形，如图 2.2.3 所示，明显具备这种特征的材料称为塑性材料。

实际上，纯弹性变形的材料是没有的，通常一些材料在受力不大时，表现为弹性变形，当外力超过一定值时，则呈现塑性变形，如低碳钢就是典型的这种材料。另外许多材料在受力时，弹性变形和塑性变形同时产生，这种材料当外力取消后，弹性变形即可恢复，而塑性变形不能消失，混凝土就是这类材料的代表。弹性材料、塑性材料的变形曲线如图 2.2.4 所示。

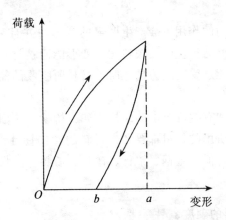

图 2.2.4 材料的弹塑性变形曲线

2.2.3 土木工程材料的脆性与韧性

土木工程材料受外力作用,当外力达到一定值时,材料突然被破坏,而无明显的塑性变形的性质称为脆性。具有这种性质的材料称为脆性材料,脆性材料的变形曲线如图 2.2.5 所示,脆性材料抵抗冲击荷载或震动作用的能力很差,其抗压强度比抗拉强度高得多。大部分无机非金属材料均属于脆性材料,如玻璃、砖、石材、陶瓷等,在实际工程中使用时,应注意发挥这类材料的特性。

土木工程材料在冲击或动力荷载作用下,能吸收较大能量而不破坏的性能,称为韧性或冲击韧性。韧性以试件被破坏时单位面积所消耗的功表示。其计算公式为

$$\alpha_k = \frac{W_k}{A} \tag{2.2.2}$$

式中:α_k——材料的冲击韧性,J/mm²;

W_k——试件被破坏时所消耗的功,J;

A——材料受力截面积,(mm²)。

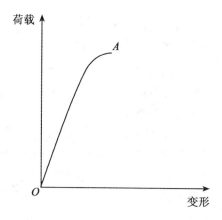

图 2.2.5 脆性材料的变形曲线

对于韧性材料,在外力的作用下会产生明显的变形,并且变形随外力的增加而增大,在材料被破坏之前,施加外力产生的功被转化为变形能而被材料吸收。显然材料在被破坏之前产生的变形越大,且能承受的应力越大时,材料所吸收的能量也就越多,表现为材料的韧性越强。

对于要承受冲击荷载和有抗震要求的结构,如:桥梁、路面、轨道、工业厂房等土木工程的受震结构部位,其所用的材料都要考虑材料的冲击韧性,应选用韧性较好的材料。常用的韧性材料有低碳钢、低合金钢、铝材、橡胶、塑料、木材等,玻璃钢等复合材料也具有优良的韧性。

2.2.4 土木工程材料的硬度、耐磨性

硬度是土木工程材料表面能抵抗其他较硬物体压入或刻划的能力。不同材料的硬度测定方法不同。无机矿物材料常采用莫氏硬度来表示,这种方法是用系列标准硬度的矿物对

材料表面进行划痕，根据划痕确定硬度等级。莫氏硬度分为 10 级，其硬度递增的顺序为：滑石 1、石膏 2、方解石 3、萤石 4、磷灰石 5、正长石 6、石英 7、黄玉 8、刚玉 9、金刚石 10。木材、混凝土、钢材等的硬度则常用钢球压入法测定（即布氏硬度），布氏硬度的测定是利用直径为 D（mm）的淬火钢球，以 P 的荷载将其压入试件表面，经规定持续时间后卸除荷载，即得到直径为 d（mm）的压痕，以压痕表面积 F（mm），除荷载 P 所得的应力值，即为试件的布氏硬度（HB），以数字表示，不带量纲。测定的所得压痕直径应在 $0.25 < d < 0.6$ 范围内，否则不准确。一般硬度大的材料耐磨性较强，但不易加工。

耐磨性是材料表面抵抗磨损的能力。材料的耐磨性用磨耗率表示，其计算公式为

$$G = \frac{m_1 - m_2}{A} \quad (2.2.3)$$

式中：G——材料的磨耗率，（g/cm²）；
　　　m_1——材料磨损前的质量，（g）；
　　　m_2——材料磨损后的质量，（g）；
　　　A——材料试件的受磨面积，（cm²）。

建筑工程中，物料的输送管道、溜槽、大坝溢流面、道路、地面、踏步等部位的材料均应考虑其硬度和耐磨性。一般来说，强度较高且密实的材料，其硬度较大，耐磨性较好。

§2.3　土木工程材料的化学性质与环保要求

2.3.1　土木工程材料的化学性质

土木工程材料的各种性质几乎都与其化学组成及化学性能有关，材料的组成或化学性能在使用过程中所发生的各种变化，很可能影响其使用功能，甚至造成工程结构的破坏。

材料的化学性质范畴很广，就其在土木工程中的应用来说，主要关心其使用中的化学变化和稳定性。

土木工程材料的化学变化主要是指材料在生产或施工中所发生的化学反应，由于材料内部组成或结构发生的这些变化，容易导致其性质产生不同程度的变化。例如，石灰的煅烧、消化与碳化，水泥的水化及凝结等。通过这些变化，材料才能形成土木工程所需要的某些性质。

化学稳定性是指在工程使用环境中材料化学组成和结构能否保持稳定的性质。实际工程中的材料在使用环境中会受到各种条件（例如，水、空气、阳光、温度等）的影响，在这些条件的影响下，材料可能产生某些组成或结构的变化，有些变化有利于改善工程的使用功能，例如，水泥的水化硬化，石灰成品的碳化等；而有些变化则会降低工程的使用功能，例如，金属的氧化腐蚀，水泥混凝土的酸类腐蚀、碱集料反应，沥青等有机材料的老化等；有些变化还会对生态环境、公众卫生安全及人体健康带来不利的影响，如材料的有害气体的释放等。

2.3.2　土木工程材料化学组成对其性能的影响

不同类别材料的性质对其化学组成的依赖程度不同。无机材料通常具有较稳定的化学

组分，不会产生老化；由于其组成或化学结构的不同，其抗风化能力、耐水性、耐腐蚀性等有较大差别，但其强度、刚度、耐磨性等指标则主要与其致密程度有关。

材料的耐腐蚀性多与其组成有关，特别是酸碱性对材料化学性能有明显的影响。通常以材料的碱性率 M 来表示其酸碱性：

$$M = \frac{碱性物质分数}{酸性物质分数} = \frac{CaO + MgO + Na_2O + \cdots}{SiO_2 + Al_2O_3 + \cdots} \tag{2.3.1}$$

当 M 值大于 1 时称为碱性材料；当 M 值小于 1 时称为酸性材料。在一般情况下，碱性材料容易被（大气）环境中的酸性介质所腐蚀，故其稳定性较差；而酸性材料对于大气环境的抵抗能力较强，表现为较强的抗腐蚀性能。

有机材料的化学组成对其物理力学性能及耐老化性能具有重要的影响，其化学组成与结构的差别往往决定了材料在使用过程中的化学稳定性（抗老化能力）、阻燃或耐热性、抗污染性、强度与刚度、耐磨性等。因此，根据有机材料的化学组成及结构可以确定其能否适用于某一环境条件。

2.3.3 土木工程材料化学性质对环境和人体健康的影响

许多建筑物通常与人为邻，尤其是房屋建筑工程更是人类长期密切接触的工程，当这些工程所采用材料的化学稳定性不良时，可能产生某些对人体健康有危害的物质。这些危害物质的产生，不仅表现在施工过程中对施工人员的危害；更重要的是，这些危害物质在长期使用过程中缓慢地散发，并对周围环境产生持续性的不利影响。因此，在土木工程中所用材料的化学稳定性，对于工程使用效果以及对环境和人体健康具有重要的影响。

常用土木工程材料中对环境和人体健康影响较大的危害介质主要有以下几类：

1. 无机材料中释放的有害物质

（1）氡气 有些无机材料（如新鲜的加气混凝土、砖、石材和水泥等）中常含有放射性铀系元素，这类元素在衰变过程中会不同程度地放出氡气。氡气的裂变产物容易附着在灰尘上被人们吸入肺中，从而破坏人的肺组织，甚至诱发肺癌。尤其是房屋建筑的室内，由于空气流通速度较慢而使其氡浓度更大，往往超过最大允许浓度（即单位体积的放射活度为 0.01 ~ 0.02WL），因此，材料对环境的氡污染已成为评定其健康性能的主要指标之一。

（2）辐射 有些土木工程材料往往具有较强的放射性，其中，γ 射线会对人体健康造成很大的危害。因此，当材料中含有放射性物质时应禁止应用于人们常接触的建筑物中。对于房屋建筑工程，通常要求所用材料的辐射强度不得超过规定值。通常材料的放射性多与其取材地点有关。

（3）混凝土等现场配制材料中释放的有毒化学物质 现场配制材料在施工过程中以及以后的使用过程中，可能产生一系列的化学变化，有些变化可能释放有害化学物质，如混凝土防冻剂成分中的硝铵、尿素，在使用过程中就可能产生氨气等有害物质，对人体器官及免疫系统都会产生一定的影响。另外，某些混凝土或抹灰材料中使用的早强剂、防冻剂，还会产生某些有毒的重铬酸盐、亚硝酸盐、硫氰酸盐及其他挥发性有毒气体等，在某些与人体健康关系密切的工程中应严禁使用。

此外，含有大量石棉等微细纤维的无机材料也会对人体有害，因为这类材料在生产或长期使用过程中会由于这些微细纤维飘散到空气中,并很容易被人呼吸进入体内而引起石棉肺等疾病。因此,含有大量石棉纤维的某些材料已被限制使用;如果一定要使用,使用时必须采取相应的预防措施。

2. 木材加工制品中释放的有害物质

土木工程中所采用的木材及其制品多进行各种化学加工处理,如粘接、防腐、装饰等。有些经过这些化学处理的木材制品可能会在使用过程中产生某些对人体或环境有危害的物质。如木材表面的防腐装饰涂层在施工初期可以大量释放苯、醇、酯、醛类等可挥发性物质;在建筑物使用中可以继续释放氯乙烯、氯化氢、苯类、酚类等有害气体;某些涂料还含有铅、汞、锰、砷等有毒物质。这些有机物质经呼吸道吸入人体后会引起头疼、恶心,并可能引起多种疾病。因此,对于某些人们常接触的工程,应注意各种木材加工制品中上述有害物质对环境和人体的影响。

3. 合成高分子材料释放的有害物质

土木工程中所使用的多数合成高分子材料都具有在自然环境中容易老化的特点,其老化过程通常伴随着高分子材料中尚未聚合单体的挥发,或高分子反应中所产生的某些成分的挥发,从而可以释放出大量的有机物,如甲醛、苯类及其他可挥发性有机物(VOC)。为此,当工程使用环境与人体健康有密切关系时,应尽可能避免采用这类材料。

§2.4 土木工程材料的耐久性

土木工程材料在使用过程中能抵抗周围各种介质的侵蚀而不被破坏,也不易失去其原有性能的性质,称为耐久性。耐久性是材料的一种综合性质,如抗冻性、抗风化性、抗老化性、耐化学腐蚀性等均属耐久性的范围。

随着社会的发展,人们已经认识到土木工程结构必须根据耐久性进行设计,才能体现设计的科学性,从而获得更好的技术经济效益与社会效益。其中,只有选择利用耐久性良好的材料,才能使所修筑的工程结构具有较长的使用寿命。因此,耐久性是土木工程材料的一项重要的技术性质,提高土木工程材料耐久性就是延长工程结构的使用寿命。

土木工程材料在使用过程中,除受到各种外力的作用外,还长期受到周围环境和各种自然因素的破坏作用,这些破坏作用一般可以分为物理作用、化学作用、生物作用等。物理作用包括材料的干湿变化、温度变化、冻融变化等。这些变化可以引起材料的收缩和膨胀,长时期或反复作用会使材料逐渐破坏。化学作用包括酸、碱、盐等物质的水溶液及气体对材料产生的侵蚀作用,使材料产生质的变化而破坏,例如钢筋的锈蚀等。生物作用是昆虫、菌类等对材料所产生的蛀蚀、腐朽等破坏作用。如木材、植物纤维材料的腐烂等。

土木工程所处的环境复杂多变,其材料所受到的破坏因素亦千变万化。由于各种破坏因素的复杂性和多样性,使得耐久性表现为材料的综合特性。在不同破坏因素的作用下,材料可能遭遇化学的、物理的或生物的破坏作用。因此,在考虑材料的耐久性时,既要考虑其综合性,又要考虑其具体的特殊性,如一般矿物质材料,石材、砖瓦、陶瓷、混凝土等,暴露在大气中时,主要受到大气的物理作用;当材料处于水位变化区域的水中时,还受到环境水的化学侵蚀作用;金属材料在大气中易被锈蚀;沥青及高分子材料,在阳光、空气及辐射的作用下,会逐渐老化、变质而破坏。土木工程材料耐久性与破坏因素的关系如表 2.4.1 所示。

表 2.4.1 土木工程材料耐久性与破坏因素的关系

破坏因素分类	破坏原理	破坏因素	评定指标	常用材料
渗 透	物理	压力水、静水	渗透系数、抗渗等级	混凝土、砂浆
冻 融	物理、化学	水、冻融作用	抗冻等级、耐久性系数	混凝土、砖
磨 损	物理	机械力、流水、泥砂	磨蚀率	混凝土、石材
碳 化	化学	CO_2、H_2O	碳化深度	混凝土
化学侵蚀	化学	酸、碱、盐及其溶液	*	混凝土
老 化	化学	阳光、空气、水、温度	*	塑料、沥青
钢筋锈蚀	物理、化学	H_2O、O_2、氯离子、电流	电位锈蚀率	钢材
碱集料反应	物理、化学	R_2O、H_2O、活性集料	膨胀率	混凝土
腐 朽	生物	H_2O、O_2、菌	*	木材、棉、毛
虫 蛀	生物	昆虫	*	木材、棉、毛
热环境	物理、化学	冷热交替、晶型转变	*	耐火砖
燃 烧	物理、化学	高温、火焰	*	防火板

注：* 表示可参考强度变化率、开裂情况、变形情况、破坏情况等进行评定。

为了提高材料的耐久性，应根据结构特点、使用环境和材料特点，综合分析影响材料耐久性的原因，以利于采取相应的措施，延长建筑物的使用寿命和减少维修费用。如设法减轻大气或周围介质对材料的破坏作用（降低湿度、排除侵蚀性物质等）；提高材料本身对外界作用的抵抗性（提高材料的密实度、采取防腐措施等），也可以用其他材料保护主体材料免受破坏（覆面、抹灰、刷涂料等）。

§2.5 土木工程材料的组成与结构状态

土木工程材料是由原子、分子或分子团以不同结合形式构成的物质。材料的组成或构成方式不同，其性质可能有很大的差别；组成或构成方式相近的材料，其性质多具有相近之处。我们知道，土木工程材料包括有机材料、金属材料、无机非金属材料等，由于其组成的不同，使其各自分别具有不同的特性。此外，即使属于相同类别的材料，由于其中原子或分子之间的结合方式及缺陷状态不同，其性质也可能有显著的差别。

2.5.1 土木工程材料的组成

土木工程材料的组成是指组成材料的化学成分或矿物成分。材料的组成成分是决定材料性质的本质因素。土木工程材料的组成不同，其性能可能完全不同。例如：生石膏 $CaSO_4 \cdot 2H_2O$ 与熟石膏 $CaSO_4 \cdot 0.5H_2O$ 的差别在所含 H_2O 的数量不同，因而，后者有水化活性，而前者没有；纯铁强度不高且较柔软，而钢较强韧，生铁较硬脆，其主要原因是这些材料的含 C 量百分之几的微小差别，等等。

1. 化学组成

化学组成即化学成分，是构成材料的化学元素及化合物的种类和数量。无机非金属材料的化学组成常以各氧化物的含量来表示；金属材料则常以各化学元素的含量来表示；有机材料常用各化合物的含量来表示。例如：钢材中四种矿物相所含的化学元素是：Fe、C 及其他微量元素（Cr、Mn、Ni 等）；生石灰的化学组成是：CaO，熟石灰的化学组成是 $Ca(OH)_2$；水泥中四种主要矿物相所含的化学组成是：CaO、SiO_2、Al_2O_3、Fe_2O_3 等。化学组成是决定材料化学性质、物理性质、力学性质的主要因素之一。

2. 矿物组成

矿物是具有一定化学成分和结构特征的稳定单质或化合物。无机非金属材料是由各种矿物组成的。材料的化学组成不同，其矿物组成不同；相同的化学组成，可以组成多种不同的矿物，如：半水石膏的化学成分为 $CaSO_4 \cdot 0.5H_2O$，但该材料有 α-、β-、γ- 3 种矿物相；不同的矿物相，其化学组成可能相同，例如：水泥熟料中的硅酸二钙和硅酸三钙两种不同矿物相的化学成分均是 CaO 和 SiO_2，这二者的性质相差很大，其组成比例是决定水泥性质的主要因素；但矿物组成相同，其化学组成一定相同。

因此，在选用材料时，必须了解材料的化学组成和矿物相组成；可以通过改变材料的组成来改善材料的性能。

2.5.2 土木工程材料的结构

土木工程材料的结构决定着材料的许多性质，一般从三个层次来研究材料结构与性质之间的关系。

1. 微观结构

微观结构是指原子、分子层次的结构，其尺寸范围在 $10^{-10} \sim 10^{-6}$ m 内。材料的许多物理性质，如强度、硬度、弹塑性、熔点、导热性、导电性等都是由其微观结构所决定的。从微观结构层次上，材料可以分为晶体、玻璃体和胶体。

（1）晶体

其结构特点是晶体结构中，质点（离子、原子或分子）作三维空间有序堆积、并呈周期重复，由此构成点阵格子结构（晶格）。根据质点（离子、原子或分子）间结合键的不同分为：

①原子晶体　由中性原子直接构成的晶体。原子晶体组成的材料，其质点（原子）之间主要依靠原子间的共价键相互结合为整体。这类材料通常具有较高的强度和硬度，在一般使用环境条件下的稳定性较好。土木工程中常用的原子晶体类材料有石英及某些碳化物等。

②金属晶体　金属原子团依靠自由电子的库仑引力所构成的晶体。在金属晶体材料中，不同的晶格或晶格之间不同的组合方式，可以构成不同的晶体结构，从而使其性质也有所差别。金属晶体类材料也具有较高的强度和硬度，有些还具有较好的韧性与可加工性；但在某些使用环境条件下的稳定性不及原子晶体材料，如耐高温性、耐腐蚀性等较差。土木工程中常用的金属晶体类材料有生铁、钢材、铝材、铜材等。

③离子晶体　正、负离子之间依靠离子键的结合引力构成的晶体。离子晶体中质点

（离子）之间不同的离子键特性决定了离子晶体材料的性质。土木工程中许多无机非金属材料多是以离子晶体为主构成的材料，如石膏、石灰、某些天然石材及人工材料等。

④分子晶体　分子或分子团之间依靠非对称的电子极化引力而形成晶体。分子晶体结构材料中质点之间的结合键（也称为范德华分子键）较弱，只能在某些环境条件下才具有较可靠的物理力学性能，一般环境中其强度、硬度较低，温度敏感性强，密度较小。土木工程中常用的水及水性乳液（减水剂、液晶等）、石蜡等具有分子晶体类材料的典型特征。

（2）玻璃体

将熔融物质迅速冷却（急冷），使其内部质点来不及作有规则的排列就凝固，这时形成的物质结构即为玻璃体，又称为无定形体或非晶体。玻璃体的结合键为共价键与离子键。其结构特征为构成玻璃体的质点在空间上呈非周期性排列。玻璃体无固定的几何外形，具有各向同性，加热时无固定的熔点，只出现软化现象。同时，因玻璃体是在快速急冷下形成的，故内应力较大，具有明显的脆性，例如玻璃。

对玻璃体结构的认识，目前有如下三种观点：

①构成玻璃体的质点呈无规则空间网络结构。此为无规则网络结构学说。

②构成玻璃体的微观组织为微晶子，微晶子之间，通过变形和扭曲的界面彼此相连。此为微晶子学说。

③构成玻璃体的微观结构为近程有序、远程无序。此为近程有序、远程无序学说。

由于玻璃体在凝固时质点来不及作定向排列，质点间的能量只能以内能的形式储存起来，因此玻璃体具有化学不稳定性，亦即存在化学潜能，在一定的条件下，易与其他物质发生化学反应。例如水淬粒化高炉矿渣、火山灰等均属玻璃体，经常大量用做硅酸盐水泥的掺合料，以改善水泥性能。玻璃体在烧土制品或某些天然岩石中，起着胶粘剂的作用。

（3）胶体结构

材料细小颗粒质点分散于介质中形成的结构。通常分散于流体介质中的细小颗粒的总表面积很大，且具有很强的吸附能力；当介质减少到一定程度后，粒子之间容易自行凝聚而产生凝胶结构，并具有固体的性质。因此，土木工程中常利用胶体的这种吸附能力来粘接其他材料。胶体结构材料的物理力学性质与其凝胶粒子的物理化学性质、粒子之间粘接的紧密程度、凝胶结构内部的缺陷等有关。研究与优化胶体的构成、胶凝过程或状态，可以改善其性能。

2. 细观组成与结构

由光学显微镜所看到的微米级的组织结构，又称亚微观结构，其尺寸范围在 $10^{-6} \sim 10^{-3}$ m 内。显微结构主要研究材料内部的晶粒、颗粒等的大小和形态、晶界或界面，孔隙与微裂纹的大小、形状及分布。

显微镜下的晶体材料是由大量的大小不等的晶粒组成的，而不是一个晶粒，因而属于多晶体。多晶体材料具有各向同性的性质，如某些岩石、钢材等。

材料的亚微观结构对材料的强度、耐久性等有很大的影响。材料的亚微观结构相对较易改变。

一般而言，材料内部的晶粒越细小、分布越均匀，则材料的受力状态越均匀、强度越高、脆性越小、耐久性越高；晶粒或不同材料组成之间的界面粘结（或接触）越好，则材料的强度和耐久性越高。

3. 材料的宏观组成与结构

材料的宏观结构是指断面用裸眼或放大镜可以直接观察到的组织构造。实际土木工程中，经常在这一层次上描述与评价材料的结构状态。根据材料的组织构成特征不同，其宏观结构形式主要有以下几种：

（1）致密结构

致密结构的材料内部基本上无孔隙，结构致密。这类材料的特点是强度和硬度较高，吸水性小，抗渗性和抗冻性较好，耐磨性较好，绝热性较差。土木工程中常用的致密结构材料主要有钢材、玻璃、沥青、密实塑料、花岗岩、瓷器材料等。

（2）多孔结构

多孔结构是指断面可以观察到较多分布孔隙的材料组织结构。这种材料内孔隙的多少、孔隙尺寸大小及分布均匀程度等结构状态，对其性质具有重要的影响。一般来说，这类材料的强度较低，抗渗性和抗冻性较差，吸水性大，绝热性较好。土木工程中的许多材料为多孔材料，如泡沫塑料、多孔混凝土、石膏、天然浮石、各种烧结膨胀材料等。

（3）纤维结构

纤维结构是指材料某一断面方向上表现为平行纤维间的相互粘接所构成的结构。纤维结构材料内部细观质点间的排列具有单向排列的方向性，使其同一细纤维沿轴线方向上各质点间的连接紧密；而相邻纤维间的横向连接疏松，从而表现为不同方向上物理力学性质有明显的各向异性，一般平行纤维方向的强度较高，导热性较好。土木工程中常用的纤维结构材料有木材、矿物棉及各种纤维制品等。

（4）层状结构

层状结构是指材料以不同薄层间的相互粘结而构成的结构。在层状结构材料中，同一层中的质点之间连接紧密，其连接强度及传导性较强；而相邻层之间的连接疏松，其连接强度及传导性较弱，也表现为明显的各向异性。土木工程中常用的层状结构材料有胶合板、铝塑复合板及各种叠合复合材料等。

（5）堆聚结构

堆聚结构是指材料内部以宏观颗粒间的相互粘结而形成的结构。这种材料的许多性质除了与其中各颗粒本身的性质有关外，还与颗粒之间的接触程度、粘结性质等有关。土木工程中常用的堆聚结构材料有水泥混凝土、沥青混凝土、膨胀珍珠岩制品、炉渣砌块、陶粒砌块及其他颗粒粘结材料等。

习 题 2

1. 材料的密度、体积密度、表观密度、堆积密度有何区别？如何测定？材料含水后对材料有什么影响？

2. 称取堆积密度为 1.500 kg/m^3 的干砂 210g，将该砂装入容量瓶内，加满水并排尽气泡（砂已吸水饱和），称得总质量为 508g。将该瓶内砂倒出，向瓶内重新注满水，此时称得瓶和水的总质量为 380g，试计算砂的表观密度。

3. 某工地所用碎石的密度为 2.65 g/cm^3，绝干堆积密度为 1.68kg/L，绝干体积密度为 2.61g/cm³，试求该碎石的空隙率和孔隙率。

4. 一块材料全干重 300g，自然状态体积为 135 cm³，绝对密实体积为 105cm³，试计算其密度、体积密度和孔隙率。

5. 含水率为 10% 的 100g 湿砂，其中干砂的质量为多少克？

6. 什么是材料的吸水性、吸湿性？如何计算？用什么方法测定？

7. 什么是材料的耐水性、抗冻性、抗渗性，导热性、热容量？各用什么表示？

8. 土木工程材料的亲水性和憎水性在土木工程中有什么实际意义？

9. 什么是材料的强度？通常分为哪几种？如何计算？

10. 材料的孔隙大小及孔隙构造特征与材料的表观密度、吸水性、含水率、耐水性、抗冻性、抗渗性、导热性及强度等性质有什么关系？

11. 脆性材料和韧性材料有何不同？使用时应注意哪些问题？

12. 弹性材料与塑性材料有何不同？

13. 何谓材料的耐久性？材料的耐久性包括哪些内容？

第3章 建 筑 钢 材

建筑钢材是指建筑工程中使用的各种钢材,主要是用于钢结构的各种型材(如角钢、槽钢、工字钢、圆钢等)、钢板、钢管和用于钢筋混凝土结构中的各种钢筋、钢丝、钢绞线,以及钢门窗和各种建筑五金等。

钢材具有一系列优良的性能:材质均匀,性能可靠,强度高,有良好的塑性和韧性,能承受冲击和振动荷载,可以焊接和铆接,易于加工和装配。因此,在土木工程中被广泛应用,尤其是在高层建筑和大跨度结构中,比如北京鸟巢是当前最有代表性的钢结构建筑物。但钢材也存在易锈蚀及耐火性差的缺点。

§3.1 钢的冶炼和分类

3.1.1 钢的冶炼

钢是含碳量为 0.06%~2.0%,并含有某些其他元素的铁碳合金。含碳量为 2.11%~6.67%,且杂质含量较多的铁碳合金称为生铁。生铁性能脆硬,建筑上难以应用。炼钢的原理就是把熔融的生铁进行加工,使其中碳的含量降到 2.0% 以下,其他杂质的含量也控制在相应规定范围之内。

钢的冶炼方法主要有氧气转炉炼钢法、平炉炼钢法和电炉炼钢法三种,不同的冶炼方法对钢材的质量有着不同的影响,如表 3.1.1 所示。目前,氧气转炉炼钢法已成为现代炼钢的主要方法,而平炉炼钢法则已基本淘汰。

表 3.1.1　　　　　　　　三种主要炼钢方法的特点和应用

炉 种	原 料	特 点	生产钢种
平 炉	生铁、废钢	容量大,冶炼时间长,钢质较好且稳定,成本较高	碳素钢、低合金钢
氧气转炉	铁水、废钢	冶炼速度快,生产效率高,钢质较好	碳素钢、低合金钢
电 炉	废钢	容积小,耗电大,控制严格,钢质好,但成本高	特殊合金钢、优质碳素钢

在冶炼钢的过程中,由于氧化作用使部分铁被氧化成 FeO,使钢的质量降低,因而在炼钢后期精炼时,需加入锰铁、硅铁或铝锭等脱氧剂进行脱氧,脱氧剂与 FeO 反应生成 MnO、SiO_2 或 Al_2O_3 等氧化物,这类氧化物成为钢渣而被除去。若脱氧不完全,钢水浇入锭模时,会有大量 CO 气体从钢水中逸出,引起钢水呈沸腾状,产生所谓沸腾钢。沸腾钢组织不够致密,成分不太均匀,硫、磷等杂质偏析严重,故这类钢材的质量差。

3.1.2 钢的分类

钢的品种繁多，为了便于选用，常将钢按不同角度进行分类。

1. 按化学成分分类

（1）碳素钢

碳素钢亦称碳钢，是含碳量低于2.0%的铁碳合金。除铁、碳外，常含有如锰、硅、硫、磷、氧、氮等杂质。碳素钢按含碳量可以分为：

①低碳钢：含碳量小于0.25%；

②中碳钢：含碳量在0.25%~0.60%之间；

③高碳钢：含碳量大于0.60%。

（2）合金钢

为改善钢的性能，在钢中特意加入某些合金元素（如锰、硅、钒、钛等），使钢材具有特殊的力学性质，这类钢材称为合金钢。合金钢按合金元素含量可以分为：

①低合金钢：合金元素总含量小于5.0%；

②中合金钢：合金元素总含量在5.0%~10.0%之间；

③高合金钢：合金元素总含量在10.0%以上。

目前，建筑工程中常用的钢种是碳素钢中的低碳钢和合金钢中的低合金钢。

2. 按冶炼时脱氧程度分类

① 沸腾钢：沸腾钢一般用锰铁脱氧，脱氧不完全，故称为沸腾钢，代号为"F"。沸腾钢内部气泡和杂质较多，化学成分和力学性能不均匀，因此这类钢的质量较差，但成本较低，可以用于一般的建筑工程。

② 镇静钢：镇静钢一般用硅铁、锰铁和铝锭等脱氧，脱氧完全，钢液浇筑后平静地冷却凝固，基本无CO气体产生，故称镇静钢，代号为"Z"。镇静钢均匀密实，机械性能好，品质好，但成本高。镇静钢是建筑工程中应用最广泛的一种钢材。

③ 半镇静钢：脱氧程度介于沸腾钢和镇静钢之间，其质量较好，代号为"b"。

④ 特殊镇静钢：比镇静钢脱氧程度更充分彻底的钢，其质量最好。适用于特别重要的结构工程，代号为"TZ"。

目前，沸腾钢的产量逐渐下降并被镇静钢所取代。

3. 按品质（杂质含量）分类

碳素钢按供应的钢材化学成分中有害杂质（硫和磷）的含量不同，可以划分为：

① 普通钢：含硫量≤0.050%，含磷量≤0.045%；

② 优质钢：含硫量≤0.035%，含磷量≤0.035%；

③ 高级优质钢：含硫量≤0.025%，含磷量≤0.025%；

④ 特级优质钢：含硫量≤0.015%，含磷量≤0.025%。

建筑中常用普通钢，有时也用优质钢。

4. 按用途分类

钢材按用途的不同可以分为：

① 结构钢：主要用于工程结构构件及机械零部件的钢，一般为中、低碳钢；

② 工具钢：主要用于制作刀具、量具、模具，一般为高碳钢；

③ 特殊钢：具有特殊物理、化学或机械性能的钢，如不锈钢、耐酸钢、耐热钢、耐磨钢、磁钢等，一般为合金钢。

建筑上常用的是结构钢。

§3.2 建筑钢材的主要技术性能

在土木工程中，掌握钢材的性能是合理选用钢材的基础。钢材的性能主要包括力学性能（抗拉性能、冲击韧性、疲劳强度和硬度）和工艺性能（冷弯性能、焊接性能、冷加工与热处理性能）两个方面。

3.2.1 力学性能

力学性能又称机械性能，是钢材最重要的使用性能。在建筑结构中，对承受静荷载作用的钢材，要求具有一定力学强度，并要求所产生的变形不致影响结构的正常工作和安全使用；对承受动荷载作用的钢材，还要具有较高的韧性而不致发生断裂。

1. 抗拉性能

抗拉性能是表示钢材性能的重要指标。由于拉伸是建筑钢材的主要受力形式，因此抗拉性能采用拉伸试验测定，以屈服强度、抗拉强度和伸长率等指标表征，这些指标可以通过低碳钢（软钢）受拉时的应力—应变图来阐明，如图3.2.1所示。

从图3.2.1中可以看出，低碳钢受拉经历了四个阶段：弹性阶段（$O \to A$）、屈服阶段（$A \to B$）、强化阶段（$B \to C$）、颈缩阶段（$C \to D$）。

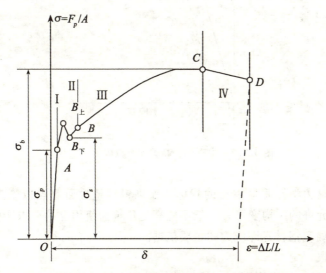

图 3.2.1 低碳钢受拉应力—应变图

（1）弹性阶段

OA 为弹性阶段。在 OA 范围内，随着荷载的增加，应变随应力成正比增加。若卸去荷载，试件将能恢复原状，表现为弹性变形，与 A 点相对应的应力为弹性极限，用 σ_p 表示。在这一范围内,应力与应变的比值为一常量,称为弹性模量,用 E 表示,即 $E = \dfrac{\sigma}{\varepsilon}$。弹性模量反映钢材的刚度,是钢材在受力条件下计算结构变形的重要指标。常用低碳钢的弹性模量 $E = 2.0 \times 10^5 \sim 2.1 \times 10^5 \text{MPa}$,弹性极限 $\sigma_p = 180 \sim 200 \text{MPa}$。

(2)屈服阶段

AB 为屈服阶段。在 AB 曲线范围内,应力与应变不成比例,开始产生塑性变形,应变增加的速度大于应力增长速度,钢材抵抗外力的能力发生"屈服"。图 3.2.1 中 $B_\text{上}$ 点是这一阶段应力最高点,称为屈服上限,$B_\text{下}$ 点为屈服下限。$B_\text{下}$ 比较稳定易测,故一般以 $B_\text{下}$ 点对应的应力作为屈服点或屈服强度,用 σ_s 表示。常用低碳钢的 σ_s 为 195~300MPa。

中碳钢与高碳钢拉伸时的应力—应变曲线与低碳钢不同,无明显屈服现象,相关规范规定以产生 0.2% 残余变形时的应力值作为该钢材的屈服强度,称为条件屈服强度,用 $\sigma_{0.2}$ 表示,如图 3.2.2 所示。

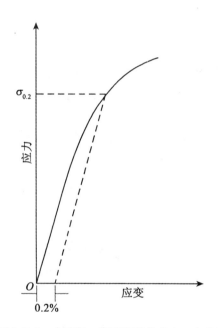

图 3.2.2 中碳钢、高碳钢受拉应力—应变图

屈服点是钢材力学性质最重要的指标。如果钢材超过屈服点以上工作,虽然没有断裂,但会产生不允许的结构变形,一般不能满足建筑物使用上的要求。因此,在结构设计时,屈服强度是确定钢材容许应力的主要依据。

(3)强化阶段

BC 为强化阶段。过 B 点后,抵抗塑性变形的能力又重新提高,称为强化阶段。对应于最高点 C 的应力称为抗拉强度,即钢材受拉断裂前的最大应力,用 σ_b 表示。常用低碳钢的 σ_b 为 385~520MPa。

工程设计中抗拉强度不能直接利用,但屈服强度和抗拉强度的比值 $\left(\text{即屈强比}\dfrac{\sigma_s}{\sigma_b}\right)$,能反映钢材的安全可靠程度和利用率。屈强比越小,表明钢材受力超过屈服点工作时的可靠性越大,因而建筑结构的安全性越高。但屈强比过小,则钢材有效利用率太低,造成浪费。常用碳素钢的屈强比为 0.58~0.63,常用合金钢的屈强比为 0.65~0.75。

拉伸试验测得的是钢材的抗拉强度,而钢材同样具有高的抗压强度和抗弯强度。与混凝土、砖石的相应强度进行比较,钢材各种强度的高强程度不尽相同。钢材抗压强度仅比混凝土大十几倍,但抗拉强度却要高数百倍。相对于其他材料,钢材高强的显著顺序为:抗拉强度 > 抗弯强度 ≫ 抗压强度。从这一点来看,将钢材用于抗拉、抗弯构件,更能发挥其特性。

(4)颈缩阶段

CD 为颈缩阶段。过 C 点后,材料变形迅速增大,而应力反而下降。试件在拉断前,于薄弱处截面显著缩小,产生"颈缩现象"而断裂。图 3.2.3 为颈缩现象示意图。

通过拉伸试验,除能检测钢材屈服强度和抗拉强度等强度指标外,还能检测出钢材的塑性。塑性表示钢材在外力作用下发生塑性变形而不破坏的能力。该能力是钢材的一个重要性能指标。钢材的塑性用伸长率 δ 或断面收缩率 φ 表示。

将拉断后的试件于断裂处对接在一起,如图 3.2.3 所示,测得其断后标距 L_1。试件拉断后标距的伸长量与原始标距(L_0)的比值称为伸长率(δ)。

伸长率 δ 可以用下式计算

$$\delta = \frac{L_1 - L_0}{L_0} \times 100\% \tag{3.2.1}$$

式中:L_0——试件原始标距长度,mm;

L_1——断裂试件拼合后标距的长度,mm。

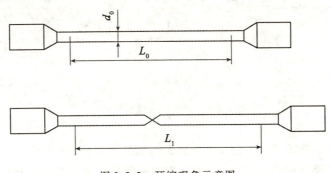

图 3.2.3 颈缩现象示意图

由于试件颈缩断裂处变形较大,原标距 L_0 与试件直径 d_0 之比越大,则颈缩处伸长值在整个伸长值中的比重越小,因而计算的伸长率就越小。所以,规定 $L_0 = 5d_0$ 或 $L_0 = 10d_0$,对应的伸长率记为 δ_5 和 δ_{10}。对同一钢材,$\delta_5 > \delta_{10}$。

测定试件拉断处的截面积(A_1)。试件拉断前后截面积的改变量与原始截面积(A_0)的百分比称为断面收缩率 φ。断面收缩率 φ 的计算公式为

$$\varphi = (A_0 - A_1) / A_0 \times 100\% \tag{3.2.2}$$

伸长率或断面收缩率都表示钢材断裂前经受塑性变形的能力。伸长率越大或断面收缩

率越高，说明钢材的塑性越好。尽管结构是在钢材弹性范围内使用，但在应力集中处，其应力可能超过屈服点，此时产生一定的塑性变形，可以使结构中的应力产生重分布，从而使结构免遭破坏。另外，钢材塑性大，则在塑性破坏前，有很明显的塑性变形和较长的变形持续时间，便于人们发现和补救问题，从而保证钢材在建筑物中的安全使用；也有利于钢材加工成各种形式。

2. 冲击韧性

冲击韧性是指钢材在瞬间动荷载作用下，抵抗破坏的能力，通常用冲击韧性值来度量。钢构件在工作过程中常受到冲击荷载，因此对钢材的冲击韧性也有一定要求。

冲击韧性值 α_k 以摆锤冲击 V 形缺口试件时，单位面积所消耗的功（J/cm^2）来表示，如图 3.2.4 所示，其计算公式为

$$\alpha_k = mg\frac{H-h}{A} \tag{3.2.3}$$

式中：m——摆锤质量，kg；

g——重力加速度，数值为 $9.81m/s^2$；

H、h——摆锤冲击前、后的高度，m；

A——试件槽口处截面积，cm^2。

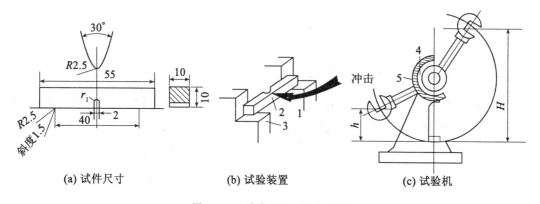

图 3.2.4　冲击韧性试验示意图

α_k 值愈大，表示冲断试件消耗的能量越大，钢材的冲击韧性越好，即其抵抗冲击作用的能力越强，脆性破坏的危险性越小。对于重要的结构以及承受动荷载作用的结构，应保证钢材具有一定的冲击韧性。

温度对钢材的冲击韧性有重大影响。当温度降到一定程度时，冲击韧性大幅度下降而使钢材呈脆性，这一现象称为冷脆性，这一温度范围称为脆性转变温度。转变温度越低，说明钢材的低温冲击韧性越好。因此，在负温下使用的结构，应当选用脆性转变温度低于使用温度的钢材。

钢材在实际使用过程中，可能承受多次重复的小量冲击荷载，因此冲击试验所得的一次破坏的冲击韧性与这种情况不相符合。钢材承受多次小量重复冲击荷载的能力，主要取决于其强度的高低，而不是其冲击韧性值的大小。

3. 硬度

硬度表示局部抵抗塑性变形的能力，钢材硬度值越高，产生塑性变形越困难。硬度是一个单纯的物理量，硬度与强度指标（σ_s，σ_b）和塑性指标（δ）有一定的相关性。

我国现行国家标准测定金属硬度的方法有布氏法、洛氏法和维氏法等，建筑钢材常用布氏硬度。

布氏硬度的测定方法是将一个标准的淬火钢球，用力压入试件表面并保持一定的时间，然后卸去荷载，试件表面留有球的压痕，如图3.2.5所示。计算压痕单位表面积所承受的荷载值即得布氏硬度值，用符号 HB 表示，该值无量纲。数值越大表示钢材越硬。布氏法数据准确、稳定，但压痕较大，不宜用于成品检验。

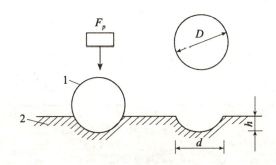

1—钢球；2—钢材试件

图3.2.5 布氏硬度试验原理图

4. 耐疲劳性

受交变荷载反复作用，钢材在应力远低于其屈服强度的情况下突然发生脆性断裂破坏的现象，称为疲劳破坏。疲劳破坏首先是从局部缺陷处形成细小裂纹，由于裂纹尖端处的应力集中使其逐渐扩展，直到最后断裂。疲劳破坏是在低应力状态下发生的，所以危害极大，往往造成灾难性的事故。

在一定条件下，钢材疲劳破坏的应力值随应力循环次数的增加而降低，如图3.2.6所示。钢材在无穷次交变荷载作用下而不致引起断裂的最大循环应力值，称为疲劳强度，实际测量时，常以 2×10^6 次应力循环为基准。钢材的疲劳强度与很多因素有关，如组织结构、表面状态、合金成分、夹杂物和应力集中情况等。

例 3.2.1 韩国首尔大桥疲劳破坏案例。

概况：韩国首尔汉江圣水大桥建于1979年，桥长1 000m以上，宽19.9m，1994年10月21日该桥中段50m长的桥体像刀切一样坠入河中。当时正值交通繁忙期，多数车辆掉入河里，造成多人死亡。

分析：经调查，采用抗疲劳性能很差的劣质钢材进行施工是引发事故的直接原因。用相同材料进行疲劳试验表明，圣水大桥支撑材料的疲劳寿命仅为12年，即在12年后就会因疲劳而破坏。大型汽车在类似桥上反复行驶的试验结果也表明，这些支撑材料约在8.5年后开始损坏，最终发展为桥体坍塌。

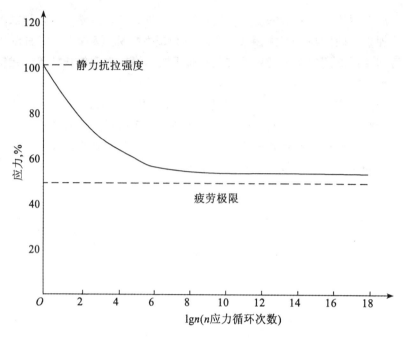

图 3.2.6 钢材疲劳曲线示意图

3.2.2 工艺性能

钢材的工艺性能表示钢材在各种加工过程中的行为,钢材良好的工艺性能是钢制品或钢构件的质量保证,而且可以提高成品率、降低成本。

1. 冷弯性能

钢材的冷弯性能是指钢材在常温条件下承受规定弯曲程度的弯曲变形的能力,并且是显示缺陷的一种工艺性能。弯曲程度用弯曲角度(90°或180°)和弯心直径对试件厚度(或直径)的比值来衡量。

钢材的冷弯试验是将钢材按规定的弯心直径弯曲到规定的角度,通过检查被弯曲后钢材试件拱面和两侧面是否发生裂纹、起层或断裂来判定合格与否。弯曲角度越大,弯心直径对试件厚度(或直径)的比值越小,则表示对弯曲性能的要求越高。按国家现行相关标准有下列三种类型:①达到某规定角度的弯曲;②绕着弯心弯到两面平行;③弯到两面接触的重合弯曲。按相关规定试件弯曲处不产生裂纹、断裂和起层等现象即认为合格。如图 3.2.7 所示。

建筑构件在加工和制造过程中,常要把钢板、钢筋等材料弯成一定的形状,都需要钢材有好的冷弯性能。钢材在弯曲过程中,受弯部分产生局部不均匀塑性变形,这种变形在一定程度上比伸长率更能反映钢材内部的组织状态、内应力及杂质等缺陷。冷弯试验也能对钢材的焊接质量进行严格的检验,能揭示焊件在受弯表面是否存在未熔合、微裂纹和夹杂物等缺陷。

2. 焊接性能

焊接是将两块金属局部加热并使其接缝部分迅速呈熔融或半熔融状态,从而使之牢固

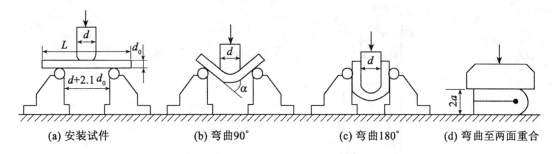

(a) 安装试件　　　　(b) 弯曲90°　　　　(c) 弯曲180°　　　　(d) 弯曲至两面重合

图 3.2.7　钢材冷弯试验示意图

地连接起来的一种工艺过程。焊接性能（又称为可焊性）是指钢材在通常的焊接方法与工艺条件下获得良好焊接接头的性能。可焊性好的钢材，易于用一般焊接方法和工艺施焊，焊接时不易产生裂纹、气孔、夹渣等缺陷，焊接接头牢固可靠，焊缝及其附近受热影响区的性能不低于母材的力学性能。

钢材的化学成分、冶炼质量、冷加工、焊接工艺及焊条材料等都会影响焊接性能。含碳量小于0.25%的碳素钢具有良好的可焊性，含碳量大于0.3%时可焊性变差；硫、磷及气体杂质会使可焊性降低；加入过多的合金元素，也会降低可焊性。对于高碳钢和合金钢，为改善焊接质量，一般须要采用预热和焊后处理，以保证质量。

建筑工程中，钢材之间的连接90%以上采用焊接方式，如钢结构构件的连接、钢筋混凝土的钢筋骨架、接头及预埋件、连接件等的连接。因此，要求钢材应有良好的焊接性能。

钢材焊接后必须取样进行焊接质量检验，一般包括拉伸试验，有些焊接种类还包括了弯曲试验，要求试验时试件的断裂不能发生在焊接处。同时还要检查焊缝处有无裂纹、砂眼、咬肉和焊件变形等缺陷。

3. 冷加工与热处理性能

（1）冷加工

钢材的冷加工是指钢材在再结晶温度下（一般为常温）进行的机械加工。常见的加工方式有：冷拉、冷拔、冷轧、冷扭、冷冲和刻痕等。

如图 3.2.8 所示为钢材冷拉时的应力—应变过程。将钢材拉伸至超过屈服强度 σ_{s_A} 的任意一点 K，使之产生一定的塑性变形，然后卸载即得到冷拉钢筋。如果卸载后立即再拉伸时，曲线沿 $O'KCD$ 变化，屈服点提高至 σ_{s_k}，表明冷加工对钢筋产生了强化作用。如果经过相当长的时间后再拉伸，曲线沿 $O'K_1C_1D_1$ 变化，屈服点提高至 $\sigma_{s_{k_1}}$，抗拉强度提高至 $\sigma_{s_{c_1}}$，表明经冷加工和时效后对钢筋产生了更大的强化作用。

①冷加工强化

钢筋经冷加工后，产生塑性变形，屈服点明显提高，而塑性、韧性和弹性模量明显降低，这种现象称为冷加工强化。通常冷加工变形越大，则强化越明显，即屈服强度提高越多，而韧性和塑性下降也越多。

冷加工强化是由于钢材在冷加工变形时，发生晶粒变形、破碎和晶格歪扭，从而导致钢材屈服强度提高，塑性降低。另外，冷加工产生的内应力使钢材弹性模量降低。

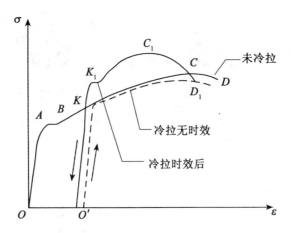

图 3.2.8 钢筋冷拉前后应力—应变的变化图

工地或预制厂钢筋混凝土施工中常利用这一原理,对钢筋或低碳钢盘条按一定制度进行冷拉或冷拔加工,以提高屈服强度而节约钢材,同时还可以使钢筋达到调直和除锈的目的。

②时效强化

钢材经冷加工后,屈服强度和极限强度随时间而提高,伸长率和冲击韧性逐渐降低,弹性模量得以基本恢复的现象称为时效强化。

时效处理是将经过冷加工的钢筋于常温下存放 15～20 天,或加热到 100～200℃ 并保持一定时间的过程。前者称为自然时效,后者称为人工时效。一般强度较低的钢筋可以采用自然时效,强度较高的钢筋则须采用人工时效。

因时效而导致钢材性能改变的程度称为时效敏感性。时效敏感性大的钢材,经时效后,其韧性、塑性改变较大。因此,对于承受动荷载或处于较低温度下的钢结构,为避免脆性破坏,应选用时效敏感性小的钢材。

(2) 热处理

热处理是将钢材在固态范围内按一定制度加热、保温和冷却,以改变其金相组织和显微结构组织,获得所需性能的一种工艺过程。土木工程中所用钢材一般在生产厂家进行热处理并以热处理状态供应。在施工现场,有时需对焊接钢材进行热处理。

钢材热处理的方法有以下几种:

①退火 是将钢材加热到一定温度(依含碳量而定),保温后缓慢冷却(随炉冷却)的一种热处理工艺,有低温退火和完全退火之分。其目的是细化晶粒,改善组织,减少加工中产生的缺陷,减轻晶格畸变,降低硬度,提高韧性,消除内应力,防止变形、开裂。

②正火 是退火的一种特例。正火在空气中冷却,两者仅冷却速度不同。与退火相比,正火后钢材的硬度、强度较高,而塑性减小。其目的是消除钢材的组织缺陷等。

③淬火 是将钢材加热到相变临界点以上(一般为 900℃ 以上),保温后放入水或油等冷却介质中快速冷却的一种热处理操作。其目的是得到钢材的高强度、高硬度的组织,为在随后的回火时获得具有优异综合力学性能的钢材。淬火会使钢的塑性和韧性显著降低。

④ 回火 是将钢材加热到相变温度以下（150～650℃内选定），保温后在空气中冷却的一种热处理工艺，通常和淬火是两道相连的热处理过程。其目的是消除淬火产生的很大的内应力，降低脆性，改善钢材的机械性能等。

3.2.3 钢的组织及化学成分对钢材性能的影响

1. 钢的组织及其对钢材性能的影响

纯铁在不同的温度下有不同的晶体结构，如图3.2.9所示。

$$\text{液态铁} \xleftrightarrow{1535℃} \delta\text{-Fe} \xleftrightarrow{1394℃} \gamma\text{-Fe} \xleftrightarrow{912℃} \alpha\text{-Fe}$$
$$\text{体心立方晶体} \quad \text{面心立方晶体} \quad \text{体心立方晶体}$$

图3.2.9

但是要得到含Fe100%纯度的钢是不可能的，实际上钢是以铁为主的Fe-C合金，其基本元素是Fe和C，虽然C含量很少，但对钢材性能的影响非常大。碳素钢冶炼时在钢水冷却过程中，其Fe和C有以下三种基本结合形式。

（1）固溶体——铁（Fe）中固溶着微量的碳（C）；
（2）化合物——铁和碳结合成化合物Fe_3C；
（3）机械混合物——固溶体和化合物的混合物。

以上三种形式的Fe-C合金，于一定条件下能形成具有一定形态的聚合体，称为钢的组织。钢的基本组织及其性能如表3.2.1所示。

建筑工程中所用钢材含碳量均在0.8%以下，所以建筑钢材的基本组织是铁素体和珠光体，由此决定了建筑钢材既有较高的强度，又有较好的塑性、韧性，从而能很好地满足工程所需的技术性能。

表3.2.1　　　　　　　　　　钢的基本组织及其性能表

组织名称	含碳量（%）	结构特征	性　能
铁素体	≤0.02	C溶于α-Fe中的固溶体	强度、硬度很低，塑性好，冲击韧性很好
奥氏体	0.8	C溶于γ-Fe中的固溶体	强度、硬度不高，塑性大
渗碳体	6.67	化合物Fe_3C	抗拉强度很低，硬脆，很耐磨，塑性几乎为零
珠光体	0.8	铁素体与Fe_3C的机械混合物	强度较高，塑性和韧性介于铁素体和渗碳体之间

2. 钢的化学成分对钢材性能的影响

钢的化学成分对钢材性能的影响如表3.2.2所示。

表 3.2.2　　　　　　　　　钢的化学成分对钢材性能的影响表

化学成分	化学成分对钢材性能的影响	备　注
碳（C）	含碳量小于 0.8% 以下时，随含碳量的增加，钢的强度和硬度提高，塑性和韧性降低；但当含碳量大于 1.0% 时，随含碳量增加，钢的强度反而下降。含碳量增加，钢的焊接性能变差，尤其当含碳量大于 0.3% 时，钢的可焊性显著降低。	建筑钢材的含碳量不可过高，但是在用途上允许时，可以用含碳量较高的钢，最高可以达 0.6%。
硅（Si）	硅含量在 1.0% 以下时，可以提高钢的强度、疲劳强度、耐腐蚀性及抗氧化性，对塑性和韧性影响不大，但可焊性和冷加工性能有所影响。硅可以作为合金元素，用以提高合金钢的强度。	硅是有益元素，通常碳素钢中硅含量小于 0.3%，低合金钢含硅量小于 1.8%。
锰（Mn）	锰可以提高钢材的强度、硬度及耐磨性。能消除硫和氧引起的热脆性，改善钢材的热工性能。锰可以作为合金元素，提高钢材的强度。	锰是有益元素，通常锰含量在 1%~2%。
硫（S）	硫引起钢材的热脆性，降低钢材的各种机械性能，使钢材的可焊性、冲击韧性、耐疲劳性和抗腐蚀性等均降低。	硫是有害元素，建筑钢材的含硫量应尽可能减少，一般要求含硫量小于 0.045%。
磷（P）	磷引起钢材的冷脆性，磷含量提高，钢材的强度、硬度、耐磨性和耐蚀性提高，塑性、脆性和可焊性显著下降。	磷是有害元素，建筑钢材要求含磷量小于 0.045%。
氧（O）	含氧量增加，使钢材的机械强度降低、塑性、韧性降低，促进时效，还能使热脆性增加，焊接性能变差。	氧是有害元素，建筑钢材的含氧量应尽可能减少，一般要求含氧量小于 0.03%。
氮（N）	氮使钢材的强度提高，塑性特别是韧性显著下降。氮会加剧钢的时效敏感性和冷脆性，使可焊性变差。但在铝、铌、钒等元素的配合下，可以细化晶粒，改善钢的性能，故可以作为合金元素。	建筑钢材的含氮量应尽可能减少，一般要求含氮量小于 0.008%。

例 3.2.2　钢材因冷脆性导致桥体断裂案例。

概况：加拿大魁北克市的 Duplessis 大桥建于 1947 年，是全焊接钢结构。在使用 27 个月后，发现桥的东端有裂纹，采用新钢板焊补。1951 年 1 月 1 日该桥在 -35℃ 的低温下彻底断裂坠入河中。

分析：经检测，钢材含碳量、含磷量高，夹杂物多，造成冲击韧性很低，冷脆性大，导致 Duplessis 大桥在低温下断裂而坠入河中。

例 3.2.3 钢桥热脆性断裂案例。

概况：澳大利亚墨尔本的 Kings 大桥为焊接腰板多跨结构，在使用 15 个月后，于 1962 年 7 月当一辆载重为 45t 的大卡车驶过其中一跨时，突然破坏，下挠达 300mm。

分析：裂缝是由加劲肋与下翼缘的接头处及以下翼缘的盖板母材上开始的，属于脆性断裂。且裂缝是起始于热影响区，顺着应力集中区各构件厚度突变处展开，横向发展。经检验，钢材含硫量高、热脆性大是钢桥断裂的主要原因。

§3.3 建筑工程中常用钢材

土木工程中用钢有钢结构用钢和钢筋混凝土用钢两类，前者主要应用有型钢、钢板，后者主要应用有钢筋、钢丝、钢绞线和钢棒，二者钢制品所用的原料用钢多为碳素结构钢、优质碳素结构钢、低合金高强度结构钢和桥梁用结构钢。

3.3.1 土木工程中的主要钢种

1. 碳素结构钢

国家标准《碳素结构钢》（GB/T700—2006）规定了碳素钢的牌号表示方法、技术标准等。

（1）碳素结构钢的牌号

① 牌号表示方法

碳素结构钢依据屈服强度的数值大小划分为 Q195、Q215、Q235、Q275 等四个牌号，其牌号由代表屈服强度的字母 Q、屈服强度数值、质量等级符号、脱氧方法等 4 个部分按顺序组成。如 Q235AF。

② 符号

Q——钢材屈服强度"屈"字汉语拼音首位字母；

A、B、C、D——分别为质量等级（A、B、C、D 四级，逐级提高）；

F——沸腾钢"沸"字汉语拼音首位字母；

Z——镇静钢"镇"字汉语拼音首位字母；

TZ——特殊镇静钢"特镇"两字汉语拼音首位字母。

在牌号组成表示方法中，"Z"与"TZ"符号可以省略。

例如：Q235AF：表示屈服强度为 235MPa 的 A 级沸腾钢。

　　　　Q235B：表示屈服强度为 235MPa 的 B 级镇静钢。

（2）碳素结构钢的技术要求

国家标准《碳素结构钢》（GB/T700—2006）对碳素结构钢的化学成分、力学性质及工艺性质做出了具体的规定。碳素结构钢的化学成分应符合表 3.3.1 中的规定，力学性能应符合表 3.3.2 中的规定，冷弯试验指标应符合表 3.3.3 中的规定。从表 3.3.2 中可知，随着牌号的增大，对钢材屈服强度和抗拉强度的要求增高，对伸长率的要求降低。

表3.3.1 碳素结构钢的化学成分（GB/T700—2006）

牌号	等级	厚度（或直径）/mm	脱氧方法	化学成分（质量分数）%，不大于				
				C	Si	Mn	P	S
Q195	—	—	F、Z	0.12	0.30	0.50	0.035	0.040
Q215	A		F、Z	0.15	0.35	1.20	0.045	0.050
	B							0.045
Q235	A		F、Z	0.22	0.35	1.40	0.045	0.050
	B			0.20b				0.045
	C		Z	0.17			0.040	0.040
	D		TZ				0.035	0.035
Q275	A	—	F、Z	0.24	0.35	1.5	0.045	0.050
	B	≤40	Z	0.21			0.045	0.045
		>40		0.22				
	C		Z	0.20			0.040	0.040
	D		TZ				0.035	0.035

b）经需方同意，Q235B的碳含量可以不大于0.22%。

表3.3.2 碳素结构钢力学性能（GB/T700—2006）

牌号	等级	屈服强度 σ_s/(N/mm²)，不小于						抗拉强度 σ_b/(N/mm²)	断后伸长率 δ/%，不小于					冲击试验(V形缺口)	
		厚度（或直径）/mm							厚度（或直径）/mm					温度/℃	冲击吸收功（纵向）/J 不小于
		≤16	>16~40	>40~60	>60~100	>100~150	>150~200		≤40	>40~60	>60~100	>100~150	>150~200		
Q195	—	195	185	—	—	—	—	315~430	33	—	—	—	—	—	—
Q215	A	215	205	195	185	175	165	335~450	31	30	29	27	26	—	—
	B													+20	27
Q235	A	235	225	215	215	195	185	370~500	26	25	24	22	21	—	27
	B													+20	
	C													0	
	D													-2	
Q275	A	275	265	255	245	225	215	410~540	22	21	20	18	17	—	27
	B													+20	
	C													0	
	D													-20	

（3）碳素结构钢的选用

碳素结构钢依牌号增大，含碳量增加，其强度增大，但塑性和韧性降低。

Q195钢：强度不高，塑性、韧性、加工性能与焊接性能较好。主要用于轧制薄板和盘条等。

Q215钢：用途与Q195钢基本相同，由于其强度稍高，还大量用做管坯、螺栓等。

Q235钢：强度适中，有良好的承载性，又具有较好的塑性和韧性，可焊性和可加工性也好，是钢结构常用的牌号。Q235钢大量制作钢筋、型钢和钢板，用于建造房屋和桥梁等。

Q275钢：强度、硬度较高，耐磨性较好，但塑性、冲击韧性和可焊性差。因此，

Q275 钢不宜在建筑结构中使用,主要用于制造轴类、农具、耐磨零件和垫板等。

表3.3.3 碳素结构钢的冷弯试验指标(GB/T700—2006)

牌号	试样方向	冷弯试验180° B=2a[a]	
		钢材厚度(或直径)[b]/mm	
		≤60	>60~100
		弯心直径 d	
Q195	纵	0	—
	横	0.5a	
Q215	纵	0.5a	1.5a
	横	a	2a
Q235	纵	a	2a
	横	1.5a	2.5a
Q275	纵	1.5a	2.5a
	横	2a	3a

[a] B为试样宽度,a为试样厚度(或直径)。
[b] 钢材厚度(或直径)大于100mm时,弯曲试验由双方协商确定。

2. 低合金高强度结构钢

低合金高强度结构钢是一种在碳素结构钢的基础上添加总量小于5%合金元素的钢材,具有强度高、塑性和低温冲击韧性好、耐锈蚀等特点。合金元素有硅、锰、钒、钛、铬、镍及稀土元素。

国家标准《低合金高强度结构钢》(GB/T 1591—94)规定了低合金高强度结构钢的牌号与技术性能。

(1)低合金高强度结构钢的牌号

低合金高强度结构钢按力学性能和化学成分划分为Q295、Q345、Q390、Q420、Q460等5个牌号;按硫、磷含量分为A、B、C、D、E等5个质量等级,其中E级质量最好。

钢的牌号由代表屈服点的汉语拼音字母(Q)、屈服点数值、质量等级符号三个部分组成。

例如:Q390A:表示屈服强度为390MPa,质量等级为A级的低合金高强度结构钢。

(2)低合金高强度结构钢技术要求

国家标准《低合金高强度结构钢》(GB/T 1591—94)规定,低合金高强度结构钢的化学成分、力学性质及工艺性质如表3.3.4和表3.3.5所示。

表3.3.4　　　　　低合金高强度结构钢的化学成分（GB/T 1591—94）

牌号	质量等级	化学成分，%									
		C≤	Mn	Si≤	P≤	S≤	V	Nb	Ti	Al≥	Cr≤	Ni≤
Q295	A	0.16	0.80~1.50	0.55	0.045	0.045	0.02~0.15	0.015~0.060	0.02~0.20	—		
	B	0.16	0.80~1.50	0.55	0.040	0.040	0.02~0.15	0.015~0.060	0.02~0.20	—		
Q345	A	0.20	1.00~1.60	0.55	0.045	0.045	0.02~0.15	0.015~0.060	0.02~0.20	—		
	B	0.20	1.00~1.60	0.55	0.040	0.040	0.02~0.15	0.015~0.060	0.02~0.20	—		
	C	0.20	1.00~1.60	0.55	0.035	0.035	0.02~0.15	0.015~0.060	0.02~0.20	0.015		
	D	0.18	1.00~1.60	0.55	0.030	0.030	0.02~0.15	0.015~0.060	0.02~0.20	0.015		
	E	0.18	1.00~1.60	0.55	0.025	0.025	0.02~0.15	0.015~0.060	0.02~0.20	0.015		
Q390	A	0.20	1.00~1.60	0.55	0.045	0.045	0.02~0.20	0.015~0.060	0.02~0.20	—	0.30	0.70
	B	0.20	1.00~1.60	0.55	0.040	0.040	0.02~0.20	0.015~0.060	0.02~0.20	—	0.30	0.70
	C	0.20	1.00~1.60	0.55	0.035	0.035	0.02~0.20	0.015~0.060	0.02~0.20	0.015	0.30	0.70
	D	0.20	1.00~1.60	0.55	0.030	0.030	0.02~0.20	0.015~0.060	0.02~0.20	0.015	0.30	0.70
	E	0.20	1.00~1.60	0.55	0.025	0.025	0.02~0.20	0.015~0.060	0.02~0.20	0.015	0.30	0.70
Q420	A	0.20	1.00~1.70	0.55	0.045	0.045	0.015~0.060	0.015~0.060	0.02~0.20	—	0.40	0.70
	B	0.20	1.00~1.70	0.55	0.040	0.040	0.015~0.060	0.015~0.060	0.02~0.20	—	0.40	0.70
	C	0.20	1.00~1.70	0.55	0.035	0.035	0.015~0.060	0.015~0.060	0.02~0.20	0.015	0.40	0.70
	D	0.20	1.00~1.70	0.55	0.030	0.030	0.015~0.060	0.015~0.060	0.02~0.20	0.015	0.40	0.70
	E	0.20	1.00~1.70	0.55	0.025	0.025	0.015~0.060	0.015~0.060	0.02~0.20	0.015	0.40	0.70
Q460	C	0.20	1.00~1.70	0.55	0.035	0.035	0.02~0.20	0.015~0.060	0.02~0.20	0.015	0.70	0.70
	D	0.20	1.00~1.70	0.55	0.030	0.030	0.02~0.20	0.015~0.060	0.02~0.20	0.015	0.70	0.70
	E	0.20	1.00~1.70	0.55	0.025	0.025	0.02~0.20	0.015~0.060	0.02~0.20	0.015	0.70	0.70

注：表中的Al为全铝含量，如化验酸溶铝时，其含量应不小于0.010%。

表3.3.5　　　　　低合金高强度结构钢的力学、工艺性质（GB/T 1591—94）

牌号	质量等级	屈服点 σ_s，MPa				抗拉强度 σ_b MPa	伸长率 δ_5，%	冲击功，AKV，（纵向），J				180°弯曲试验 d=弯心直径 a=试样厚度（直径）	
		厚度（直径）、边长，mm						+20℃	0℃	-20℃	-40℃	钢材厚度（直径），mm	
		≤16	>16~35	>35~50	>50~100							≤16	>16~100
		不小于						不小于					
Q295	A	295	275	255	235	390~570	23					d=2a	d=3a
	B	295	275	255	235	390~570	23	34				d=2a	d=3a
Q345	A	345	325	295	275	470~630	21					d=2a	d=3a
	B	345	325	295	275	470~630	21	34				d=2a	d=3a
	C	345	325	295	275	470~630	22		34			d=2a	d=3a
	D	345	325	295	275	470~630	22			34		d=2a	d=3a
	E	345	325	295	275	470~630	22				27	d=2a	d=3a

续表

牌号	质量等级	屈服点 σ_s,MPa 厚度(直径,边长),mm				抗拉强度 σ_b MPa	伸长率 δ_5,%	冲击功,AKV,(纵向),J				180°弯曲试验 d=弯心直径 a=试样厚度(直径) 钢材厚度(直径),mm	
		≤16	>16~35	>35~50	>50~100			+20℃	0℃	-20℃	-40℃	≤16	>16~100
		不小于					不小于						
Q390	A	390	370	350	330	490~650	19					d=2a	d=3a
	B	390	370	350	330	490~650	19	34				d=2a	d=3a
	C	390	370	350	330	490~650	20		34			d=2a	d=3a
	D	390	370	350	330	490~650	20			34		d=2a	d=3a
	E	390	370	350	330	490~650	20				27	d=2a	d=3a
Q420	A	420	400	380	360	520~680	18					d=2a	d=3a
	B	420	400	380	360	520~680	18	34				d=2a	d=3a
	C	420	400	380	360	520~680	19		34			d=2a	d=3a
	D	420	400	380	360	520~680	19			34		d=2a	d=3a
	E	420	400	380	360	520~680	19				27	d=2a	d=3a
Q460	C	460	440	420	400	550~720	17		34			d=2a	d=3a
	D	460	440	420	400	550~720	17			34		d=2a	d=3a
	E	460	440	420	400	550~720	17				27	d=2a	d=3a

(3) 低合金高强度结构钢的选用

由于合金元素的强化作用，使低合金高强度结构钢不但具有较高的强度，且具有较好的塑性、韧性和可焊性。Q345钢的综合性能较好，是钢结构的常用牌号，Q390也是推荐使用的牌号。与碳素结构钢Q235相比，低合金高强度结构钢Q345的强度和承载力更高，并具有良好的承受动荷载和耐疲劳性能，但价格稍高。用低合金高强度结构钢Q345代替碳素结构钢Q235可以节省钢材15%~25%，并减轻结构自重。低合金高强度结构钢广泛应用于钢结构和钢筋混凝土结构中，特别是大型结构、重型结构、大跨度结构、高层建筑、桥梁工程、承受动力荷载和冲击荷载的结构。

当低合金结构钢中的铬含量达11.5%时，铬就在合金金属的表面形成一层惰性的氧化铬膜，成为不锈钢。不锈钢具有低的导热性，良好的耐蚀性等优点；其缺点是温度变化时膨胀性较大。不锈钢既可以作为承重构件，又可以作为建筑装饰材料。

3. 优质碳素结构钢

国家标准《优质碳素结构钢》(GB/T 699-1999)，将优质碳素结构钢划分为31个牌号，分为低含锰量（0.25%~0.50%）、普通含锰量（0.35%~0.80%）和较高含锰量（0.70%~1.20%）三组。31个牌号是08F、10F、15F、08、10、15、20、25、30、35、40、45、50、55、60、65、70、75、80、85、15Mn、20Mn、25Mn、30Mn、35Mn、40Mn、45Mn、50Mn、60Mn、65Mn、70Mn。其表示方法以平均含碳量（0.01%为单位）、含锰量标注、脱氧程度代号组合而成。如"10F"表示平均含碳量为0.10%，低含锰量的沸腾钢；"45"表示平均含碳量为0.45%，普通含锰量的镇静钢；"30Mn"表示平均含碳量为0.30%，较高含锰量的镇静钢。

优质碳素结构钢大部分为镇静钢，对有害杂质含量控制严格，质量稳定，综合性能好,但成本较高。其性能主要取决于含碳量的多少,含碳量高,则强度高,但塑性和韧性降低。在建筑工程中,30~45号钢主要用于重要结构的钢铸件和高强度螺栓等,45号钢用做预应力混凝土锚具,65~80号钢用于生产预应力混凝土用钢丝和钢绞线。

4. 桥梁用结构钢

国家标准《桥梁用结构钢》(GB/T 714—2000)规定了桥梁用结构钢的牌号表示方法、技术标准等。

(1) 桥梁用结构钢的牌号

桥梁用结构钢的牌号由代表屈服点的汉语拼音字母、屈服点数值、桥梁钢的汉语拼音字母、质量等级符号4个部分组成。例如:Q345qC,其中:

Q——桥梁钢屈服点的"屈"字汉语拼音首位字母;

345——屈服点数值,单位 MPa;

q——桥梁钢"桥"字汉语拼音首位字母;

C——质量等级为 C 级。

(2) 桥梁用结构钢的技术要求

国家标准《桥梁用结构钢》(GB/T714—2000)对桥梁用结构钢的牌号、化学成分、力学性质及工艺性质做出了具体的规定。桥梁用结构钢的化学成分应符合表3.3.6的规定。

表 3.3.6 桥梁用结构钢的化学成分(GB/T 714—2000)

牌号	质量等级	化学成分,%					
		C	Si	Mn	P	S	Als
					不大于		
Q235q	C	≤0.20	≤0.30	0.40~0.70	0.035	0.035	
Q235q	D	≤0.18	≤0.30	0.50~0.80	0.025	0.025	≥0.015
Q345q	C	≤0.20	≤0.60	1.00~1.60	0.035	0.035	
Q345q	D	≤0.18	≤0.60	1.00~1.60	0.025	0.025	≥0.015
Q345q	E	≤0.17	≤0.50	1.20~1.60	0.020	0.015	≥0.015
Q370q	C	≤0.18	≤0.50	1.20~1.60	0.035	0.035	
Q370q	D	≤0.17	≤0.50	1.20~1.60	0.025	0.025	≥0.015
Q370q	E	≤0.17	≤0.50	1.20~1.60	0.020	0.015	≥0.015
Q420q	C	≤0.18	≤0.50	1.20~1.60	0.035	0.035	
Q420q	D	≤0.17	≤0.60	1.30~1.70	0.025	0.025	≥0.015
Q420q	E	≤0.17	≤0.60	1.30~1.70	0.020	0.015	≥0.015

注:表中的酸溶铝(Als)可以用测定总含铝量代替,此时铝含量应不小于0.020%。

为改善钢材性能,可加钒、铌、钛、氮等微量元素,其含量应符合表3.3.7中的规定,且残余元素铬、镍、铜含量应各不大于0.30%。

表3.3.7　　　　　　　　桥梁用结构钢的微量元素含量(GB/T 714—2000)

V	Nb	Ti	N
≤0.08	≤0.045	≤0.02	≤0.018

桥梁用结构钢的力学性能和工艺性能应符合表3.3.8中的规定。

表3.3.8　　　　　　　　桥梁用结构钢的力学、工艺性质(GB/T 714—2000)

牌号	质量等级	厚度/mm	屈服点 σ_s/MPa	抗拉强度 σ_b/MPa	伸长率 δ_5/%	V形冲击功(纵向) 温度/℃	V形冲击功(纵向) /J	V形冲击功(纵向) 时效/J	180°弯曲试验 钢材厚度/mm ≤16	180°弯曲试验 钢材厚度/mm >16
					不小于					
Q235q	C	≤16	235	390	26	0	27	27	d=1.5a	d=2.5a
		>16~35	225	380						
		>35~50	215	375						
		>50~100	205	375						
	D	≤16	235	390	26	-20				
		>16~35	225	380						
		>35~50	215	375						
		>50~100	205	375						
Q345q	C	≤16	345	510	21	0	34	34	d=2a	d=3a
		>16~35	325	490	20					
		>35~50	315	470	20					
		>50~100	305	470	20					
	D	≤16	345	510	21	-20	34	34		
		>16~35	325	490	20					
		>35~50	315	470	20					
		>50~100	305	470	20					
	E	≤16	345	510	21	-40	34	34		
		>16~35	325	490	20					
		>35~50	315	470	20	-40	34	34	d=2a	d=3a
		>50~100	305	470	20					

续表

牌号	质量等级	厚度/mm	屈服点 σ_s/MPa	抗拉强度 σ_b/MPa	伸长率 δ_5/%	V形冲击功(纵向)		180°弯曲试验 钢材厚度/mm	
						温度/℃	/J 时效/J	≤16	>16
			不小于						
Q370q	C	≤16 >16~35 >35~50 >50~100	370 355 330 330	530 510 490 490	21 20 20 20	0	41　　41	d=2a	d=3a
	D	≤16 >16~35 >35~50 >50~100	370 355 330 330	530 510 490 490	21 20 20 20	-20			
	E	≤16 >16~35 >35~50 >50~100	370 355 330 330	530 510 490 490	21 20 20 20	-40			
Q420q	C	≤16 >16~35 >35~50 >50~100	420 410 400 390	570 550 540 530	20 19 19 19	0	47　　47		
	D	≤16 >16~35 >35~50 >50~100	420 410 400 390	570 550 540 530	20 19 19 19	-20			
	E	≤16 >16~35 >35~50 >50~100	420 410 400 390	570 550 540 530	20 19 19 19	-40			

注：1. Q420qE级钢的-40℃冲击功由供需双方协商规定
　　2. d—弯心直径,a—试样厚度(直径)

3.3.2 钢结构用钢材

钢结构用钢材主要有热轧成型的钢板、型钢等；薄壁轻型钢结构中主要采用薄壁型钢、圆钢和小角钢；房屋建筑钢结构中钢材所用的母材主要是普通碳素结构钢和低合金高强度结构钢，桥梁建筑结构中钢材所用的母材主要是桥梁用结构钢。

1. 热轧型钢

钢结构常用的热轧型钢主要有角钢、工字钢、槽钢、T型钢、H型钢等，图3.3.1为几种常用热轧型钢截面示意图。型钢由于截面形式合理,材料在截面上分布对受力最为有利,且构件之间连接方便,所以型钢是钢结构中采用的主要钢材。

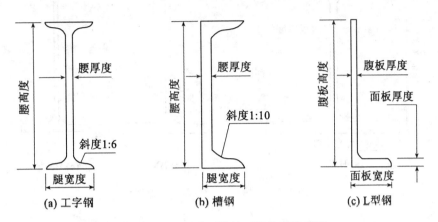

图 3.3.1　几种常用热轧型钢截面示意图

(1) 工字钢

工字钢是截面为工字形、腿部内侧有 1:6 斜度的长条钢材。工字钢的规格以"腰高度×腿宽度×腰厚度"(mm) 表示,也可以用"腰高度#"(cm) 表示;规格范围为 10# ~ 63#。若同一高度的工字钢,有几种不同的腿宽和腰厚,则在其后标注 a、b、c 表示相应规格。工字钢广泛应用于各种建筑结构和桥梁,主要用于承受横向弯曲(腹板平面内受弯)的杆件,但不宜单独用做轴心受压构件或双向弯曲的构件。

(2) H 型钢和 T 型钢

H 型钢由工字钢发展而来,优化了截面的分布。与工字钢相比,H 型钢具有翼缘宽,侧向刚度大,抗弯能力强,翼缘两表面相互平行、连接构造方便、省人力,质量轻、节省钢材等优点。如图 3.3.2 所示,H 型钢分为宽翼缘(代号为 HW)、中翼缘(HM)和窄翼缘(HN)及 H 型钢桩(HP)等几种。H 型钢的规格型号以"代号 腹板高度×翼板宽度×腹板厚度×翼板厚度"(mm) 表示,也可以用"代号 腹板高度×翼板宽度"表示。对于同样高度的 H 型钢,宽翼缘型的腹板和翼板厚度最大,中翼缘型 HM 次之,窄翼缘型 HN 最小。H 型钢的规格范围为:HW100×100 ~ HW400×400,HM150×100 ~ HM600×300,HN 100×50 ~ HN900×300,HP200×200 ~ HP500×500。

H 型钢截面形状经济合理,力学性能好,常用于要求承载力大、截面稳定性好的大型建筑,其中宽翼缘和中翼缘 H 型钢适用于钢柱等轴心受压构件,窄翼缘 H 型钢适用于钢梁等受弯构件。

T 型钢由 H 型钢对半剖分而成,分为宽翼缘(代号为 TW)、中翼缘(TM)、窄翼缘(TN)三类。

(3) 槽钢

槽钢是截面为凹槽形,腿部内侧有 1:10 斜度的长条钢材,如图 3.3.1 (b) 所示。规格以"腰高度×腿宽度×腰厚度"(mm) 或"腰高度#"(cm) 表示。同一腰高的槽钢若有几种不同的腿宽和腰厚,则在其后标注 a、b、c 表示该腰高度下的相应规格。槽钢的规

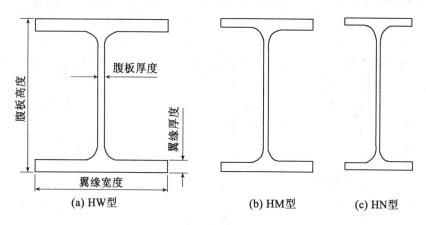

图 3.3.2 热轧 H 型钢截面示意图

格范围为 $5^{\#} \sim 40^{\#}$。

槽钢可以用做承受轴向力的杆件、承受横向弯曲的梁以及联系杆件，主要用于建筑结构、车辆制造等。

（4）L 型钢

L 型钢是截面为 L 型的长条钢材，如图 3.3.1（c）所示，规格以"腹板高度×面板宽度×腹板厚度×面板厚度"（mm）表示，型号从 L250×90×9×13 到 L500×120×13.5×35。

（5）角钢

角钢是两边互相垂直成直角形的长条钢材。主要用做承受轴向力的杆件和支撑杆件，也可以作为受力构件之间的连接部件。

等边角钢的两个边宽相等。规格以"边宽度×边宽度×厚度"（mm）或"边宽$^{\#}$"（cm）表示。规格范围为 20×20×（3～4）～200×200×（14～24）。

不等边角钢的两个边宽不相等。规格以"长边宽度×短边宽度×厚度"（mm）或"长边宽度/短边宽度"（cm）表示。规格范围为 25×16×（3～4）～200×125×（12～18）。

2. 冷弯薄壁型钢

冷弯薄壁型钢通常用 2～6mm 薄钢板冷弯或模压而成，有角钢、槽钢等开口薄壁型钢及方形、矩形等空心薄壁型钢。可以用于轻型钢结构。

3. 钢管

钢结构中常用热轧无缝钢管和焊接钢管。钢管在相同截面积下，刚度较大，因而是中心受压杆的理想截面；流线型的表面使其承受风压较小，用于高耸结构十分有利。在建筑结构中钢管多用于制作桁架、塔桅等构件，也可以用于钢管混凝土。钢管混凝土是指在钢管中浇筑混凝土而形成的构件，可以使构件承载力大大提高，且具有良好的塑性和韧性，经济效果显著，施工简单、工期短。钢管混凝土可以用于厂房柱、构架柱、地铁站台柱、塔柱和高层建筑等。

热轧无缝钢管以优质碳素钢和低合金结构钢为原材料，多采用热轧—冷拔联合工艺生产，也可以用冷轧方式生产，但成本昂贵。钢管规格的表示方法为"外径×壁厚"（mm）；热轧钢管的规格范围：32×（2.5~8）~530×（9~75）~630×（9~24）；冷拔钢管的规格范围：6×（0.25~2.0）~200×（4~12）。热轧无缝钢管具有良好的力学性能与工艺性能，主要用于压力管道和一些特定的钢结构。

焊接钢管采用优质或普通碳素钢钢板卷焊而成，表面镀锌或不镀锌。按其焊缝形式有直缝电焊钢管和螺旋焊钢管。适用于各种结构、输送管道等用途。焊接钢管成本较低，容易加工，但多数情况下抗压性能较差。

4. 板材

（1）钢板

钢板是矩形平板状的钢材，可以直接轧制成或由宽钢带剪切而成。钢板也有热轧钢板和冷轧钢板之分，其规格表示方法为"宽度×厚度×长度"（mm）。

钢板按厚度可以分为厚板（厚度>4mm）和薄板（厚度≤4mm）两种。厚板用热轧方式生产，材质按使用要求相应选取；薄板用热轧和冷轧方式均可以生产，冷轧钢板一般质量好，性能优良，但其成本高，土木工程中使用的薄钢板多为热轧型。

钢板的钢种主要是碳素钢，某些重型结构、大跨度桥梁等也采用低合金钢。厚板主要用于结构，薄板主要用于屋面板、楼板和墙板等。在钢结构中，单块钢板不能独立工作，必须用几块钢板组合成工字形、箱形等结构来承受荷载。

（2）花纹钢板

花纹钢板是表面轧有防滑凸纹的钢板，主要用于平台、过道及楼梯等的铺板。花纹钢板有菱形、扁豆形和圆豆形花纹。钢板的基本厚度为2.5~8.0mm，宽度为600~1800mm，长度为2000~12000mm。

（3）压型钢板

建筑工程用压型钢板简称为压型钢板，是由薄钢板经辊压冷弯而成的波形板，其截面呈梯形、V形、U形或类似的波形。原板材可以用冷轧板、镀锌板、彩色涂层钢板等不同类别的薄钢板。压型钢板的波高一般为21~173mm，波距模数为50、100、150、200、250、300（mm），有效覆盖宽度的尺寸系列为300、450、600、750、900、1000（mm），板厚为0.35~1.6mm。压型钢板的型号表示方法为：XY波高—波距—板宽。如图3.3.3所示。

压型钢板曲折的板形大大增加了钢板在其平面外的惯性矩、刚度和抗弯能力，具有自重轻、强度、刚度大，施工简便和美观等优点。在建筑工程中，压型钢板主要用做屋面板、墙板、楼板和装饰板等。

（4）彩色涂层钢板

彩色涂层钢板是以薄钢板为基底，表面涂有各类有机涂料的产品。彩色涂层钢板按用途可以分为建筑外用板（JW）、建筑内用板（JN）和家用电器板（JD）；按表面状态可以分为涂层板（TC）、印花板（YH）、压花板（YaH）。彩色涂层钢板可以用多种涂料和基底板材制作，主要用于建筑物的围护和装饰。

3.3.3 钢筋混凝土结构用钢材

钢筋与混凝土间有较大的握裹力，能牢固啮合在一起。钢筋抗拉强度高、塑性好，加

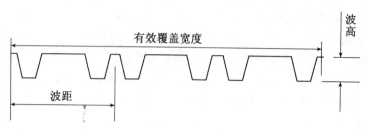

图 3.3.3　压型钢板示意图

入混凝土中可很好地改善混凝土脆性,扩展混凝土的应用范围,同时混凝土碱性环境又很好地保护了钢筋。钢筋混凝土结构用的钢材,主要由碳素结构钢、低合金高强度结构钢和优质碳素钢制成。

1. 热轧钢筋

热轧钢筋是经热轧成型并自然冷却的成品钢筋。钢筋混凝土用热轧钢筋,根据其表面形状可分为光圆钢筋和带肋钢筋两类。

(1) 热轧光圆钢筋

热轧光圆钢筋是经热轧成型,横截面通常为圆形,表面光滑的成品钢筋。根据国家标准《钢筋混凝土用钢　第1部分:热轧光圆钢筋》(GB1499.1—2008)的规定,热轧光圆钢筋按屈服强度特征值分为235、300级,其牌号的构成及含义如表3.3.9所示,力学与工艺性能要求如表3.3.10所示。

表3.3.9　热轧光圆钢筋的分级、牌号 (GB 1499.1—2008)

产品名称	牌号	牌号构成	英文字母含义
热轧光圆钢筋	HPB235	由 HPB + 屈服强度特征值构成	HPB—热轧光圆钢筋的英文 (Hot rolled Plain Bars) 缩写
	HPB300		

表3.3.10　热轧光圆钢筋的力学、工艺性能 (GB 1499.1—2008)

牌号	σ_s/MPa	σ_b/MPa	δ_5/%	δ_{gt}/%	弯试验180° d—弯心直径 a—钢筋公称直径
	不小于				
HPB235	235	370	25.0	10.0	$d = a$
HPB300	300	420			

注:δ_{gt}为最大力总伸长率。

热轧光圆钢筋的公称直径范围为6~22mm,规范推荐使用的钢筋公称直径为6mm、8mm、10mm、12mm、16mm、20mm。

热轧光圆钢筋的强度低,但塑性和焊接性能好,便于各种冷加工,因而广泛用做小型钢筋混凝土结构中的主要受力钢筋以及各种钢筋混凝土结构中的构造筋。

(2) 热轧带肋钢筋

热轧带肋钢筋的表面有两条纵肋，并沿长度方向均匀分布有牙形横肋，如图3.3.4所示。钢筋表面轧有凸纹，可以提高混凝土与钢筋的粘结力。

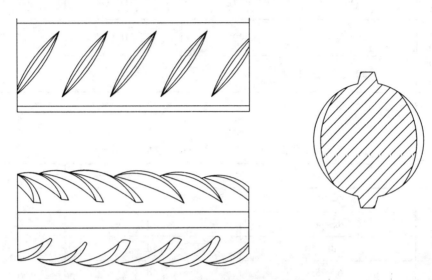

图3.3.4 月牙肋钢筋外形示意图

根据国家标准《钢筋混凝土用钢 第2部分：热轧带肋钢筋》（GB1499.2—2007）中的规定，热轧带肋钢筋分为普通热轧钢筋和细晶粒热轧钢筋两类。普通热轧钢筋是按热轧状态交货的钢筋，其金相组织主要是铁素体加珠光体；细晶粒热轧钢筋是在热轧过程中，通过控轧和控冷工艺形成的细晶粒钢筋，其金相组织主要是铁素体加珠光体，晶粒度不粗于9级。热轧带肋钢筋按屈服强度特征值分为335、400、500级，其牌号的构成及含义如表3.3.11所示，力学性能要求如表3.3.12所示，冷弯性能指标如表3.3.13所示。

表3.3.11 热轧带肋钢筋的分级、牌号（GB 1499.2—2007）

类别	牌 号	牌号构成	英文字母含义
普通热轧钢筋	HRB335	由 HRB + 屈服强度特征值构成	HRB—热轧带肋钢筋的英文（Hot rolled Ribbed Bars）缩写。
	HRB400		
	HRB500		
细晶粒热轧钢筋	HRBF335	由 HRBF + 屈服强度特征值构成	HRBF—在热轧带肋钢筋的英文缩写后加"细"的英文（Fine）首位字母。
	HRBF400		
	HRBF500		

表 3.3.12　　　　　热轧带肋钢筋力学性能指标（GB 1499.2—2007）

牌号	σ_s/MPa	σ_b/MPa	δ_5/%	δ_{gt}/%
	不小于			
HRB335 HRBF335	335	455	17	7.5
HRB400 HRBF400	400	540	16	
HRBF500 HRBF500	500	630	15	

注：δ_{gt} 为最大力总伸长率

表 3.3.13　　　　　热轧带肋钢筋冷弯性能指标（GB 1499.2—2007）　　　　　mm

牌号	公称直径 d	弯心直径	弯曲角度
HRB335 HRBF335	6~25	3d	
	28~40	4d	
	>40~50	5d	
HRB400 HRBF400	6~25	4d	180°
	28~40	5d	
	>40~50	6d	
HRBF500 HRBF500	6~25	6d	
	28~40	7d	
	>40~50	8d	

热轧带肋钢筋的公称直径范围为 6~50mm，相关规范推荐的钢筋公称直径为 6mm、8mm、10mm、12mm、16mm、20mm、25mm、32mm、40mm、50mm。

HRB335、HRBF335、HRB 400、HRBF400 级别的钢筋强度较高，塑性和焊接性能也较好，是钢筋混凝土的常用钢筋，广泛用做大、中型钢筋混凝土结构中的主要受力钢筋。HRB500、HRBF500 级钢筋的强度高，但塑性和可焊性较差，适宜做预应力钢筋。

2. 冷轧带肋钢筋

冷轧带肋钢筋是热轧圆盘条经冷轧后，在其表面带有沿长度方向均匀分布的三面或二面横肋的钢筋。

国家标准《冷轧带肋钢筋》（GB13788—2000）中规定，冷轧带肋钢筋按抗拉强度最小值分为 CRB550、CRB650、CRB800、CRB970 和 CRB1170 等五个牌号，其中 C、R、B 分别为冷轧（cool rolled）、带肋（Ribbed）和钢筋（Bars）三个词的英文首位字母，数值为抗拉强度的最小值（MPa）。

CRB550 钢筋的公称直径范围为 4~12mm，CRB650 及以上牌号钢筋的公称直径为 4mm、5mm、6mm。制造钢筋的盘条应符合 GB/T701、GB/T4354 或其他相关标准的规定。

国家标准《冷轧带肋钢筋》（GB13788—2000）规定，钢筋的力学性能和工艺性能应符合表 3.3.14 中的要求。当进行弯曲试验时，受弯曲部位表面不得产生裂纹。反复弯曲试验的弯曲半径应符合表 3.3.15 中的规定。

表 3.3.14　　　　冷轧带肋钢筋的力学、工艺性能（GB 13788—2000）

牌号	σ_b/MPa 不小于	伸长率 δ/% 不小于		冷弯试验 180°	反复弯曲次数	松弛率 初始应力 $\sigma_{con}=0.7\sigma_b$	
		δ_{10}	δ_{100}			1000h/% 不大于	10h/% 不大于
CRB550	550	8.0	—	$D=3d$	—	—	—
CRB650	650	—	4.0		3	8	5
CRB800	800	—	4.0	—	3	8	5
CRB970	970	—	4.0		3	8	5
CRB1170	1170	—	4.0		3	8	5

注：表中 D 为弯心直径，d 为钢筋公称直径。

表 3.3.15　　　冷轧带肋钢筋反复弯曲试验的弯曲半径（GB 13788—2000）　　　mm

钢筋公称直径	4	5	6
弯曲半径	10	15	15

冷轧带肋钢筋与冷拉、冷拔钢筋相比，强度相近，但克服了冷拉、冷拔钢筋握裹力小的缺点，因此，在中、小预应力钢筋混凝土结构构件中和普通钢筋混凝土结构构件中得到了越来越广泛的应用。CRB550 为普通钢筋混凝土用钢筋，其他牌号的钢筋为预应力混凝土用钢筋。

3. 预应力混凝土用钢棒

钢棒是由低合金钢热轧盘条经加热到奥氏体温度后快速冷却，然后在相变温度以下加热进行回火所得，按表面形状分为光圆钢棒、螺旋槽钢棒、螺旋肋钢棒、带肋钢棒四种，各自的代号表示如下：

预应力混凝土用钢棒　　　PCB
光圆钢棒　　　　　　　　P
螺旋槽钢棒　　　　　　　HG
螺旋肋钢棒　　　　　　　HR

带肋钢棒	R
普通松弛	N
低松弛	L

钢棒产品标记应含下列内容：预应力钢棒、公称直径、公称抗拉强度、代号、延性级别（延性35或延性25）、松弛（N或L）、标准号。例如，公称直径为9mm，公称抗拉强度为1420MPa，35级延性，低松弛预应力钢筋混凝土用螺旋槽钢棒，其标记为：PCB 9 - 1420 - HG - 35 - L - GB/T5223.3。

钢棒的力学性能、工艺性能应符合国家标准《预应力混凝土用钢棒》（GB/T5223.3—2005）的要求。

预应力混凝土用钢棒强度高，可以代替高强钢丝使用，其特点是配筋根数少，节约钢材；锚固性好不易打滑，预应力值稳定；施工简便，开盘后自然伸直，不须调直及焊接。主要用于预应力钢筋混凝土轨枕，也可以用于预应力梁、板结构及吊车梁等。

4. 预应力混凝土用钢丝和钢铰线

（1）预应力混凝土用钢丝

预应力混凝土用钢丝由优质碳素结构钢制成，国家标准《预应力混凝土用钢丝》（GB/T5223—2002）中按加工状态将预应力混凝土用钢丝分为冷拉钢丝（代号为WCD）和消除应力钢丝两类。消除应力钢丝按松弛性能又分为低松弛钢丝（代号为WLR）和普通松弛钢丝（代号为WNR）。钢丝按外形分为光圆钢丝（代号为P）、螺旋肋钢丝（代号为H）、刻痕钢丝（代号为I）。

冷拉钢丝：用盘条通过拔丝模或轧辊经冷加工而成产品，以盘卷供货的钢丝。

消除应力钢丝：按下述一次性连续处理方法之一生产的钢丝。

①钢丝在塑性变形下（轴应变）进行短时热处理，得到低松弛钢丝。

②钢丝通过矫直工序后在适当温度下进行短时热处理，得到普通松弛钢丝。

预应力混凝土用钢丝的产品标记应包含下列内容：预应力钢丝，公称直径，抗拉强度等级，加工状态代号，外形代号，标准号。

例3.3.1 直径为4.00mm，抗拉强度为1670MPa的冷拉光圆钢丝，其标记为：

预应力钢丝 4.00 - 1670—WCD—P—GB/T5223—2002

例3.3.2 直径为7.00mm，抗拉强度为1570MPa低松弛的螺旋肋钢丝，其标记为：

预应力钢丝 7.00—1570—WLR—H—GB/T5223—2002

预应力混凝土用钢丝有强度高（抗拉强度高达1470~1860MPa，屈服强度达1100~1640MPa），柔性好（标距为200mm的伸长率不小于1.5%，弯曲180°达4次以上），无接头，质量稳定可靠，施工方便，不需冷拉、不需焊接等优点。主要用于大跨度屋架及薄腹梁、大跨度吊车梁、桥梁、电杆和轨枕等的预应力钢筋。

国家标准《预应力混凝土用钢丝》（GB/T5223—2002）中对预应力混凝土钢丝的力学性能、工艺性能做出了具体规定，如表3.3.16~表3.3.18所示。

表 3.3.16　　　　　　　　　冷拉钢丝的力学性能（GB/T5223—2002）

公称直径 /mm	抗拉强度 σ_b/MPa 不小于	屈服强度 $\sigma_{0.2}$/MPa 不小于	最大力下总伸长率 δ L_0=200mm % 不小于	弯曲次数 次数（180°）不小于	弯曲次数 弯曲半径 /mm	断面收缩率 φ/% 不小于	每210mm扭矩的扭转次数 n 不小于	初始应力相当于70%公称抗拉强度时，1000h应力松弛率 r/% 不大于
3.00	1470	1100	1.5	4	7.5	35	—	8
4.00	1570	1180	1.5	4	10	35	8	8
5.00	1670	1250	1.5	4	15	35	8	8
6.00	1770	1330	1.5	5	15	35	7	8
7.00	1470 1570 1670 1770	1100 1180 1250 1330	1.5	5	20	30	6	8
8.00			1.5	5	20	30	5	8

(2) 预应力混凝土用钢铰线

预应力混凝土用钢铰线是以数根优质碳素结构钢钢丝经绞捻和消除内应力的热处理而制成。国家标准《预应力混凝土用钢铰线》（GB/T5224—2003）中根据捻制结构（钢丝的股数），将钢铰线分为5类，其代号为：

用两根钢丝捻制的钢铰线　　　　　　　1×2
用三根钢丝捻制的钢铰线　　　　　　　1×3
用三根刻痕钢丝捻制的钢铰线　　　　　1×3 I
用七根钢丝捻制的标准型钢铰线　　　　1×7
用七根钢丝捻制又经模拔的钢铰线　　　(1×7)C

钢铰线产品标记应包含下列内容：预应力钢铰线，结构代号，公称直径，强度级别，标准号。

例 3.3.3　公称直径为 15.20mm，强度级别为 1860MPa 的七根钢丝捻制的标准型钢铰线，其标记为：

预应力钢铰线 1×7-15.20-1860-GB/T5224—2003

例 3.3.4　公称直径为 8.74mm，强度级别为 1670MPa 的三根刻痕钢丝捻制的钢铰线，其标记为：

预应力钢铰线 1×3 I-8.74-1670-GB/T5224—2003

例 3.3.5　公称直径为 12.70mm，强度级别为 1860MPa 的七根钢丝捻制又经模拔的钢铰线，其标记为：

表 3.3.17　消除应力光圆及螺旋肋钢丝的力学性能（GB/T5223—2002）

公称直径 /mm	抗拉强度 σ_b /MPa 不小于	屈服强度 $\sigma_{0.2}$ /MPa 不小于		最大力下总伸长率 δ $L_0=200mm$ % 不小于	弯曲次数 次数 (180°) 不小于	弯曲半径 mm	松弛 初始应力相当于公称抗拉强度的百分数/%	1000h 应力松弛率 r/% 不大于	
		WLR	WNR					WLR	WNR
								对所有规格	
4.00	1470	1290	1250		3	10			
	1570	1380	1330						
4.80	1670	1470	1410		4	15	60	1.0	4.5
	1770	1560	1500						
5.00	1860	1640	1580						
6.00	1470	1290	1250		4	15		2.0	8
	1570	1380	1330	3.5			70		
6.25	1670	1470	1410		4	20		4.5	12
	1770	1560	1500						
7.00					4	20			
8.00	1470	1290	1250		4	20	80		
9.00	1570	1380	1330		4	25			
10.00					4	25			
	1470	1290	1250						
12.00					4	30			

表 3.3.18　消除应力的刻痕钢丝的力学性能（GB/T5223—2002）

公称直径 /mm	抗拉强度 σ_b /MPa 不小于	屈服强度 $\sigma_{0.2}$ /MPa 不小于		最大力下总伸长率 δ $L_0=200mm$ % 不小于	弯曲次数 次数 (180°) 不小于	弯曲半径 /mm	松弛 初始应力相当于公称抗拉强度的百分数/%	1000h 应力松弛率 r/% 不大于	
		WLR	WNR					WLR	WNR
								对所有规格	
≤5.0	1470	1290	1250						
	1570	1380	1330				60	1.5	4.5
	1670	1470	1410			15	70	2.5	8
	1770	1560	1500						
	1860	1640	1580	3.5	3		80	4.5	12

续表

公称直径 /mm	抗拉强度 σ_b /MPa	屈服强度 $\sigma_{0.2}$ /MPa		最大力下总伸长率 δ $L_0=200mm$ %	弯曲次数		松弛	
					次数 (180°)	弯曲半径 /mm	初始应力相当于公称抗拉强度的百分数/%	1000h 应力松弛率 r/% 不大于
	不小于	不小于		不小于	不小于			WLR / WNR
		WLR	WNR					对所有规格
>5.0	1470	1290	1250			20		
	1570	1380	1330					
	1670	1470	1410					
	1770	1560	1500					

预应力钢绞线（1×7）C-12.70-1860-GB/T5224—2003

预应力混凝土用钢绞线的最大负荷随钢丝的根数不同而不同，7 根捻制结构的钢绞线，整根钢绞线的最大负荷达 384kN 以上，1000h 松弛率≤1.0%～4.5%。

预应力混凝土用钢绞线也具有强度高、柔韧性好、无接头、质量稳定，施工方便等优点，使用时按要求的长度切割，主要用于大跨度、大负荷的后张法预应力屋架、桥梁和薄腹板等结构的预应力筋。

国家标准《预应力混凝土用钢绞线》（GB/T5224—2003）中对钢绞线的力学性能做出了如表 3.3.19～表 3.3.21 所示的规定。

表 3.3.19　　　　　　　1×2 结构钢绞线的力学性能（GB/T5224—2003）

钢绞线结构	钢绞线公称直径 /mm	抗拉强度 σ_b /MPa 不小于	整根钢绞线的最大力 F_m/kN 不小于	规定非比例延伸力 $F_{0.2}$/kN 不小于	最大力下总伸长率 δ $L_0 \geq 400mm$ % 不小于	应力松弛性能	
						初始负荷相当于公称最大力的百分数/%	1000h 后应力松弛率 r/% 不大于
							对所有规格
1×2	5.00	1570	15.4	13.9	3.5	60	1.0
		1720	16.9	15.2		70	2.5
		1860	18.3	16.5			
		1960	19.2	17.3			
	5.80	1570	20.7	18.6		80	4.5
		1720	22.7	20.4			
		1860	24.6	22.1			
		1960	25.9	23.3			
	8.00	1470	36.9	33.2			
		1570	39.4	35.5			
		1720	43.2	38.9			
		1860	46.7	42.0			
		1960	49.2	44.3			

续表

钢铰线结构	钢铰线公称直径 /mm	抗拉强度 σ_b /MPa 不小于	整根钢铰线的最大力 F_m/kN 不小于	规定非比例延伸力 $F_{0.2}$/kN 不小于	最大力下总伸长率 δ $L_0 \geq 400mm$ % 不小于	应力松弛性能 初始负荷相当于公称最大力的百分数/%	1000h后应力松弛率 r/% 不大于
						对所有规格	
1×2	10.00	1470	57.8	52.0			
		1570	61.7	55.5			
		1720	67.6	60.8			
		1860	73.1	65.8			
		1960	77.0	69.3			
	12.00	1470	83.1	74.8			
		1570	88.7	79.8			
		1720	97.2	87.5			
		1860	105	94.5			

注：规定非比例延伸力 $F_{0.2}$ 值不小于整根钢铰线公称最大力 F_m 的90%。

表3.3.20　　1×3结构钢铰线的力学性能(GB/T5224—2003)

钢铰线结构	钢铰线公称直径 /mm	抗拉强度 σ_b /MPa 不小于	整根钢铰线的最大力 F_m/kN 不小于	规定非比例延伸力 $F_{0.2}$/kN 不小于	最大力下总伸长率 δ $L_0 \geq 400mm$ % 不小于	应力松弛性能 初始负荷相当于公称最大力的百分数/%	1000h后应力松弛率 r/% 不大于
						对所有规格	
1×3	6.20	1570	31.1	28.0	3.5	60	1.0
		1720	34.1	30.7			
		1860	36.8	33.1	70	2.5	
		1960	38.8	34.9			
	6.50	1570	33.3	30.0		80	4.5
		1720	36.5	32.9			
		1860	39.4	35.5			
		1960	41.6	37.4			
	8.60	1470	55.4	49.9			
		1570	59.2	53.3			
		1720	64.8	58.3			
		1860	70.1	63.1			
		1960	73.9	66.5			
	8.74	1570	60.6	54.5			
		1670	64.5	58.1			
		1860	71.8	64.6			

续表

钢铰线结构	钢铰线公称直径 /mm	抗拉强度 σ_b /MPa 不小于	整根钢铰线的最大力 F_m/kN 不小于	规定非比例延伸力 $F_{0.2}$/kN 不小于	最大力下总伸长率 δ $L_0 \geq 400mm$ % 不小于	应力松弛性能 初始负荷相当于公称最大力的百分数/%	应力松弛性能 1000h 后应力松弛率 r/% 不大于
						对所有规格	
1×2	10.80	1470	86.6	77.9			
		1570	92.5	83.3			
		1720	101	90.9			
		1860	110	99.0			
		1960	115	104			
	12.90	1470	125	113			
		1570	133	120			
		1720	146	131			
		1860	158	142			
		1960	166	149			
1×3I	8.74	1570	60.6	54.5			
		1670	64.5	58.1			
		1860	71.8	64.6			

注：规定非比例延伸力 $F_{0.2}$ 值不小于整根钢铰线公称最大力 F_m 的 90%。

表 3.3.21　　　　　1×7 结构钢铰线的力学性能（GB/T5224—2003）

钢铰线结构	钢铰线公称直径 /mm	抗拉强度 σ_b /MPa 不小于	整根钢铰线的最大力 F_m/kN 不小于	规定非比例延伸力 $F_{0.2}$/kN 不小于	最大力下总伸长率 δ $L_0 \geq 400mm$ % 不小于	应力松弛性能 初始负荷相当于公称最大力的百分数/%	应力松弛性能 1000h 后应力松弛率 r/% 不大于
						对所有规格	
1×7	9.50	1720	94.3	84.9	3.5	60	1.0
		1860	102	91.8			
		1960	38.8	34.9		70	2.5
	11.10	1720	128	115			
		1860	138	124			
		1960	145	131		80	4.5
	12.70	1720	170	153			
		1860	184	166			
		1960	193	174			

续表

钢绞线结构	钢绞线公称直径/mm	抗拉强度σ_b/MPa 不小于	整根钢绞线的最大力F_m/kN 不小于	规定非比例延伸力$F_{0.2}$/kN 不小于	最大力下总伸长率δ $L_0 \geq 400$mm % 不小于	应力松弛性能 初始负荷相当于公称最大力的百分数/%	1000h后应力松弛率r/% 不大于
						对所有规格	
1×7	15.20	1470	206	185			
		1570	220	198			
		1670	234	211			
		1720	241	217			
		1860	260	234			
		1960	274	247			
	15.70	1770	266	239			
		1860	279	251			
	17.80	1770	327	294			
		1860	353	318			
(1×7)C	12.70	1860	208	187			
	15.20	1820	300	270			
	18.00	1720	384	346			

注:规定非比例延伸力$F_{0.2}$值不小于整根钢绞线公称最大力F_m的90%。

(3) 混凝土用钢纤维

在混凝土中掺入钢纤维,能大大提高混凝土的抗冲击强度和韧性,显著改善其抗裂、抗剪、抗弯、抗拉、抗疲劳等性能。

钢纤维的原材料可以使用碳素结构钢、合金结构钢和不锈钢,生产方式有钢丝切断、薄板剪切、熔融抽丝和铣削。表面粗糙或表面刻痕、形状为波形或扭曲形、端部带钩或端部有大头的钢纤维与混凝土的粘结较好,有利于混凝土增强。钢纤维直径应控制在 0.45~0.7mm,长度与直径比控制在 50~80。增大钢纤维的长径比,可以提高混凝土的增强效果;但过于细长的钢纤维容易在搅拌时形成纤维球而失去增强作用。钢纤维按抗拉强度分为 1000(抗拉强度 $f > 1000$MPa)、600(600 MPa $< f \leq 1000$MPa)和 380(380 MPa $\leq f \leq 600$MPa)三个等级。

§3.4 钢材的锈蚀、防锈与防火

3.4.1 钢材的锈蚀

1. 钢材锈蚀机理

钢材的锈蚀是指钢材表面与周围介质发生作用而引起破坏的现象。锈蚀对结构的损害,不仅表现在截面的均匀减少,而且产生局部锈坑,引起应力集中,促使结构破坏,尤其在冲击反复负荷载作用下,更促进结构疲劳强度的降低,出现脆裂。

根据钢材与环境介质作用的机理,锈蚀可以分为化学锈蚀和电化学锈蚀。

(1) 化学锈蚀

化学锈蚀是指钢材与周围介质（如氧气、二氧化碳、二氧化硫和水等）发生化学反应，生成疏松的氧化物而产生的锈蚀。一般情况下，是钢材表面 FeO 保护膜被氧化成黑色的 Fe_3O_4。

在常温下，钢材表面能形成 FeO 保护膜，可以防止钢材进一步锈蚀。所以，在干燥环境中化学锈蚀速度缓慢，但在温度和湿度较大的情况下，这种锈蚀进展加快。

(2) 电化学锈蚀

电化学锈蚀是指钢材与电解溶液接触而产生电流，形成原电池而引起的锈蚀。电化学锈蚀是建筑钢材在存放和使用过程中发生锈蚀的主要形式。因钢材中含有铁素体、渗碳体及游离石墨等成分，由于这些成分的电极电位不同，铁素体活泼，易失去电子，使铁素体与渗碳体在电解质中形成腐蚀电池的两极，铁素体为阳极，渗碳体为阴极。由于阴阳两极的接触，产生电子流，阳极的铁素体失去电子成为 Fe^{2+} 离子，进入溶液，电子流向阴极，在阴极附近与溶液中 H^+ 离子结合成的 H_2 而逸出，O_2 与电子结合生成 OH^- 离子，Fe^{2+} 离子溶液中与 OH^- 离子结合生成 $Fe(OH)_2$，使钢材受到腐蚀，形成铁锈。电化学锈蚀过程如下：

阳极：$$Fe = Fe^{2+} + 2e$$

阴极：$$H_2O + \frac{1}{2}O_2 = 2OH^- - 2e$$

总反应式：$$Fe^{2+} + 2OH^- = 2Fe(OH)_2$$

$Fe(OH)_2$ 不溶于水，但易被氧化，$2Fe(OH)_2 + \frac{1}{2}O_2 + H_2O = Fe(OH)_3$（红棕色铁锈），该氧化过程会发生体积膨胀。

由此可知，钢材发生电化学锈蚀的必要条件是水和氧气的存在。

钢材锈蚀后，受力面积减小，使结构的承载力下降。在钢筋混凝土中，因锈蚀时固相体积增大，从而引起钢筋混凝土顺筋开裂。

2. 钢筋混凝土中钢筋的锈蚀

普通混凝土为强碱性环境，pH 值为 12.5 左右，使之对埋入其中的钢筋形成碱性保护。在碱性环境中，阴极过程难以进行。即使有原电池反应存在，生成的 $Fe(OH)_2$ 也能稳定存在，并成为钢筋的保护膜。所以，只要混凝土表面没有缺陷，普通钢筋混凝土里面的钢筋是不会生锈的。

但是，普通混凝土制作的钢筋混凝土有时也发生钢筋锈蚀现象。其主要原因有以下几个方面：一是混凝土不密实，环境中的水和空气能进入混凝土内部；二是混凝土保护层厚度小或发生了严重的碳化，使混凝土失去了碱性保护作用；三是混凝土内 Cl^- 含量过大，使钢筋表面的保护膜被氧化；四是预应力钢筋存在微裂缝等缺陷，引起应力锈蚀。

加气混凝土碱度较低，电化学腐蚀过程能顺利进行，同时这种混凝土多孔，外界的水和空气容易深入内部，所以，加气混凝土中的钢筋在使用前必须进行防腐处理。

轻骨料混凝土和粉煤灰混凝土的护筋性能，经过多年试验研究和应用，证明是良好的，其耐久性不低于普通混凝土。

综上所述，对于普通混凝土、轻骨料混凝土和粉煤灰混凝土，为了防止钢筋锈蚀，应保证混凝土的密实度以及钢筋保护层的厚度。在二氧化碳浓度高的工业区采用硅酸盐水泥或普通水泥，限制含氯盐外加剂的掺量并使用混凝土用防腐剂（如亚硝酸钠）。预应力混凝土应禁止使用含氯盐的骨料和外加剂。对于加气混凝土等可以在钢筋表面涂环氧树脂或镀锌等，以这类方法防止混凝土中钢筋的锈蚀。

3.4.2 钢材的防锈

1. 保护层法

利用保护层使钢材与周围介质隔离，从而防止钢材锈蚀。钢结构防止锈蚀的方法通常是表面刷防锈剂；薄壁钢材可以采用热浸镀锌后加涂塑料涂层。对于一些行业（如电气、冶金、石油、化工、医药等）的高温设备钢结构，可以采用硅氧化合结构的耐高温防腐涂料。

2. 电化学保护法

对于一些不易或不能覆盖保护层的地方（如轮船外壳、地下管道、道桥建筑等），可以采用电化学保护法。即在钢铁结构上接一块较钢铁更为活泼的金属（如锌、镁）作为牺牲阳极来保护钢结构。

3. 制成合金钢

在钢中加入合金元素铬、镍、钛、铜等，制成不锈钢，提高其耐锈蚀能力。如低碳钢或合金钢中加入铜可以有效地提高防锈蚀能力，将镍、铬加入到铁合金中可以制造成不锈钢等，这种方法最有效，但成本很高。

3.4.3 钢材的防火

钢是不燃性材料，但这并不表明钢材能抵抗火灾。耐火试验与火灾案例调查表明：以失去支持能力为标准，无保护层时钢柱和钢屋架的耐火极限只有0.25h，而裸露钢梁的耐火极限仅为0.15h。温度在200℃以内，可以认为钢材的性能基本不变；温度超过300℃以后，弹性模量、屈服点和极限强度均开始显著下降，应变急剧增大；温度到达600℃时已失去承载力。所以，没有防火保护层的钢结构是不耐火的。

钢结构防火保护的基本原理是采用绝热或吸热材料，阻隔火焰和热量，推迟钢结构的升温速率。防火方法以包覆法为主，即以防火涂料、不燃性板材或混凝土和砂浆将钢材包裹起来。

1. 防火涂料包裹法

防火涂料包裹法是采用防火涂料，紧贴钢结构的外露表面，将钢构件包裹起来，该法是目前最为流行的钢材防火方法。

防火涂料按受热时的变化分为膨胀型（薄型）和非膨胀型（厚型）两种；按施用处不同可以分为室内、露天两种；按所用粘结剂不同可以分为有机类、无机类。

膨胀型防火涂料的涂层厚度一般为2~7mm，附着力较强，有一定的装饰效果。由于其内含膨胀组分，遇火后会膨胀增厚5~10倍，形成多孔结构，从而起到良好的隔热防火作用，根据涂层厚度可以使构件的耐火极限达到0.5~1.5h。

非膨胀型防火涂料的涂层厚度一般为8~50mm，呈粒状面，密度小、强度低，喷涂后须再用装饰面层隔护，并使钢丝网与钢构件表面的净距离保持在6mm左右。

2. 不燃性板材包裹法

常用的不燃性板材有防火板、石膏板、硅酸钙板、蛭石板、珍珠岩板和矿棉板等，可以通过粘结剂或钢钉、钢箍等固定在钢构件上，将其包裹起来。

3. 实心包裹法

一般采用混凝土，将钢结构浇筑在其中。

习 题 3

1. 常用的炼钢方法有哪几种？各自的优缺点如何？
2. 钢的化学成分主要有哪几种？各自对钢材性能有何影响？
3. 镇静钢和沸腾钢各有何特点，在什么条件下不宜使用沸腾钢？
4. 试述钢材的屈服强度、抗拉强度、伸长率、冲击韧性的物理意义和实际意义。
5. 钢材拉伸试验所确定的三项重要技术指标是什么？其设计强度取值的依据是什么？硬钢的屈服点应该如何取定？
6. 何谓屈强比？屈强比的大小对钢材的使用有何影响？
7. 碳素结构钢如何划分牌号？牌号与性能之间有何关系？建筑钢材常用哪些牌号？
8. 与碳素结构钢相比较，低合金高强度结构钢有何优点？建筑工程中常用哪些牌号？
9. 钢材的伸长率与试件原始标距长度有何关系？同一种钢材，其 δ_5 与 δ_{10} 是否相同？
10. 钢材的冲击韧性与哪些因素有关？何谓钢材的冷脆性、脆性临界温度及时效敏感性？在负温下使用且承受冲击荷载作用的钢材应如何选取？
11. 何谓钢的可焊性？影响可焊性的主要因素是什么？焊接质量应如何保证？
12. 碳素钢在常温下基本晶体组织有哪几种？其相对含量与含碳量及钢材性能之间的关系如何？
13. 冷加工和时效对钢材性能有何影响？
14. 何谓热轧钢筋？如何分类与分级？各自性能及用途如何？
15. 钢是不燃材料，为何要作防火处理？

第4章 气硬性无机胶凝材料

在土木工程材料中,凡在一定条件下,经过一系列的物理、化学作用后,能将散粒或块状材料粘结成为一定强度的整体的材料统称胶凝材料。这里指的散粒或块状材料包括粉状材料(石粉等)、纤维材料(钢纤维、矿棉、玻璃纤维、聚酯纤维等)、散粒材料(砂、石等)、块状材料(砖、砌块等)、板材(石膏板、水泥板等)等。胶凝材料根据化学成分可以分为有机胶凝材料和无机胶凝材料两大类。

$$\text{胶凝材料}\begin{cases}\text{有机胶凝材料:沥青、树脂、橡胶等}\\\text{无机胶凝材料}\begin{cases}\text{气硬性胶凝材料:石灰、石膏、水玻璃、菱岩土等}\\\text{水硬性胶凝材料:各种水泥}\end{cases}\end{cases}$$

气硬性胶凝材料只能在空气中凝结硬化,保持并发展其强度,水硬性胶凝材料既能在空气中凝结硬化也能在水中很好地凝结硬化。

本章主要介绍气硬性胶凝材料。

§4.1 石 灰

石灰是一种传统的气硬性胶凝材料,石灰在土木工程中的应用具有悠久的历史。其原料来源广、生产工艺简单、成本低,至今仍为土木工程广泛使用。

4.1.1 石灰的生产

石灰最主要的原材料是含碳酸钙($CaCO_3$)的石灰石、白云石和白垩。原材料的品种和产地不同,对石灰性质影响较大,一般要求原材料中粘土杂质含量小于8%。

某些工业副产品也可以作为生产石灰的原材料或直接使用。如:用碳化钙(CaC_2)制取乙炔时产生的电石渣,主要成分为氢氧化钙[$Ca(OH)_2$],可以直接使用,但性能不尽理想。又如氨碱法制碱的残渣,主要成分为碳酸钙。本节主要介绍土木工程中最常用的以石灰石为原料生产的石灰。

1. 生石灰

生石灰的生产,实际上就是将石灰石在高温下煅烧,(一般在立窑中进行)使碳酸钙分解成为 CaO 和 CO_2,CO_2 以气体逸出,其化学反应式为

$$CaCO_3 \xrightarrow{900\sim1200℃} CaO + CO_2\uparrow$$

生产所得的 CaO 称为生石灰,是一种白色或灰色的块状物质。生石灰的特性:遇水快速产生水化反应,体积膨胀,并释放出大量热量。煅烧良好的生石灰能在几秒钟内与水

反应完毕，体积膨胀两倍左右。

2. 钙质石灰与镁质石灰

由于原料中常含有碳酸镁（$MgCO_3$），煅烧后生成 MgO，根据建材行业标准《建筑生石灰》（JC/T479—1992）中的相关规定，将 MgO 含量 ≤ 5% 的称为钙质生石灰；MgO 含量 > 5% 的称为镁质生石灰。同等级的钙质石灰质量优于镁质石灰。

3. 欠火石灰与过火石灰

当煅烧温度过低或时间不足时，由于 $CaCO_3$ 不能完全分解，亦即生石灰中含有石灰石 $CaCO_3$，这类石灰称为欠火石灰。欠火石灰的特点是产浆量低，即石灰利用率下降。其原因是 $CaCO_3$ 不溶于水，也无胶结能力，在熟化成为石灰膏时作为残渣被废弃，所以有效利用率下降。

当煅烧温度过高或时间过长时，部分块状石灰的表层会被煅烧成十分致密的釉状物，这类石灰称为过火石灰。过火石灰的特点为颜色较深，密度较大，与水反应熟化的速度较慢，往往要在石灰固化后才开始水化熟化，从而产生局部体积膨胀，引起隆起鼓包和开裂，影响工程质量。

4.1.2 石灰的熟化

1. 熟化与熟石灰

生石灰 CaO 加水反应生成 $Ca(OH)_2$ 的过程称为熟化，生成物 $Ca(OH)_2$ 称为熟石灰，其化学反应式为

$$CaO + H_2O \longrightarrow Ca(OH)_2 + 64KJ$$

熟化过程的特点为：

（1）速度快，煅烧良好的 CaO 与水接触时几秒钟内即反应完毕。
（2）体积膨胀，CaO 与水反应生成 $Ca(OH)_2$ 时，体积增大 1.0~2.5 倍。
（3）释放出大量的热量。

2. 石灰膏

当生石灰熟化时加入大量的水，则生成浆状石灰膏。CaO 熟化生成 $Ca(OH)_2$ 的理论需水量只要 32.1%，而实际熟化过程均加入过量的水，这一方面考虑熟化时释放热量引起水分蒸发损失，另一方面是确保 CaO 充分熟化。建筑工程工地上常在化灰池中进行石灰膏的生产，即将块状生石灰用水冲淋，通过筛网，滤去欠火石灰和杂质，流入化灰池中沉淀而得。石灰膏面层必须蓄水保养，其目的是隔断与空气直接接触，防止干硬固化和碳化固结，以免影响正常使用和效果。

3. 消石灰粉

当生石灰熟化时加入适量（60%~80%）的水，则生成粉状熟石灰。这一过程通常称为消化，其产品称为消石灰粉。建筑工程工地上可以通过人工分层喷淋消化，但通常是在工厂集中生产消石灰粉，作为产品销售。

4. 石灰的"陈伏"

前面已经提到煅烧温度过高或时间过长，将产生过火石灰，这在石灰煅烧中是十分难免的。由于过火石灰的表面包覆着一层玻璃釉状物，熟化很慢，因此，造成过火石灰与水

的作用减慢（需数十天至数年），这对使用非常不利。为消除上述过火石灰的危害，石灰膏使用前应在化灰池中存放两周以上，使过火石灰充分熟化，这个过程称为"陈伏"。现场生产的消石灰粉一般也需要"陈伏"。但若将生石灰磨细后使用，则不需要"陈伏"。这是因为粉磨过程使过火石灰的表面积大大增加，与水熟化反应速度加快，过火石灰几乎可以同步熟化，而且又均匀分散在生石灰粉中，不至于引起过火石灰的种种危害。

4.1.3 石灰的凝结硬化

石灰在空气中的凝结硬化主要包括结晶和碳化两个过程。

1. 结晶作用

结晶作用是指石灰浆中多余水分蒸发或被砌体吸收，使 $Ca(OH)_2$ 以晶体形态析出，石灰浆体逐渐失去塑性，并凝结硬化产生强度的过程。

2. 碳化作用

碳化作用是指空气中的 CO_2 遇水生成弱碳酸，再与 $Ca(OH)_2$ 发生化学反应生成 $CaCO_3$ 晶体的过程。生成的 $CaCO_3$ 自身强度较高，且填充孔隙使石灰固化体更加致密，强度进一步提高。其化学反应式为

$$Ca(OH)_2 + CO_2 + nH_2O \longrightarrow CaCO_3 + (n+1)H_2O$$

碳化作用实际是二氧化碳与水形成碳酸，然后与氢氧化钙反应生成碳酸钙。所以这个作用不能在没有水分的全干状态下进行。

新生成的碳酸钙晶体相互交叉连生或与氢氧化钙共生，构成紧密交织的结晶网，使浆体的强度进一步提高。但是，石灰浆体在自然状态下的碳化干燥是很慢的，原因之一是空气中的二氧化碳浓度低；二是表面形成碳化层后，二氧化碳不易进入内部。

由石灰硬化的原因及过程可以得出石灰浆体硬化慢、强度低、不耐水的结论。

4.1.4 石灰的技术要求与性质

1. 石灰的技术要求

根据建材行业相关标准，建筑石灰的技术指标有细度、$(CaO+MgO)$ 含量、CO_2 含量和体积安定性等。并按技术指标分为优等品、一等品和合格品三个等级。其技术指标如表4.1.1~表4.1.3所示。

表4.1.1　　　　　　　　　建筑生石灰技术指标（JC/T479—1992）

项　目	钙质生石灰			镁质生石灰		
	优等品	一等品	合格品	优等品	一等品	合格品
CaO+MgO 含量（%）不小于	90	85	80	85	80	75
CO_2 含量（%）不大于	5	7	9	6	8	10
未消化残渣含量（5mm 圆孔筛余,%），不大于	5	10	15	5	10	15
产浆量（l/kg）不小于	2.8	2.3	2.0	2.8	2.3	2.0

表 4.1.2　　　　　建筑生石灰粉技术指标（JC/T480—1992）

项　目		钙质生石灰			镁质生石灰		
		优等品	一等品	合格品	优等品	一等品	合格品
（CaO+MgO）含量（%）不小于		85	80	75	80	75	70
CO_2 含量（%）不大于		7	9	11	8	10	12
细度	0.9mm 筛的筛余（%）不大于	0.2	0.5	1.5	0.2	0.5	1.5
	0.125mm 筛的筛余（%）不大于	7.0	12.0	18.0	7.0	12.0	18.0

表 4.1.3　　　　　建筑消石灰粉的技术指标（JC/T481—1992）

项　目	钙质消石灰粉			镁质消石灰粉			白云石消石灰粉		
	优等品	一等品	合格品	优等品	一等品	合格品	优等品	一等品	合格品
（CaO+MgO）含量（%）不小于	70	65	60	65	60	55	65	60	55
游离水（%）	0.4~2	0.4~2	0.4~2	0.4~2	0.4~2	0.4~2	0.4~2	0.4~2	0.4~2
体积安定性	合格	合格	—	合格	合格	—	合格	合格	—
0.9mm 筛筛余（%）不大于	0	0	0.5	0	0	0.5	0	0	0.5
0.125mm 筛筛余（%）不大于	3	10	15	3	10	15	3	10	15

2. 石灰的技术性质

（1）保水性、可塑性好

生石灰熟化为石灰浆时，能自动形成颗粒极细（直径约为1μm）的呈胶体分散状态的氢氧化钙，表面吸附一层厚的水膜，颗粒间的滑移较易进行，因此用石灰调成的石灰砂浆其突出的优点是具有良好的可塑性。在水泥砂浆中掺入石灰浆，可以使可塑性显著提高。

（2）凝结硬化慢、强度低

从石灰浆体的硬化过程可以看出，由于空气中二氧化碳稀薄，碳化甚为缓慢。而且表面碳化后，形成紧密外壳，不利于碳化作用的深入，也不利于内部水分的蒸发，因此石灰是硬化缓慢的材料，同时，石灰的硬化只能在空气中进行，硬化后的强度也不高。受潮后石灰溶解，其强度更低，在水中还会溃散。如石灰砂浆（1:3）28天后强度仅为0.2~0.5MPa。所以，石灰不宜在潮湿的环境下作用，也不宜用于重要建筑物基础。

（3）硬化时体积收缩大

石灰在硬化过程中，蒸发大量的游离水而引起显著的收缩，所以除调成石灰乳作薄层涂刷外，不宜单独使用。常在其中掺入砂、纸筋、麻刀等以减少收缩和节约石灰。

（4）耐水性差，不易储存

块状生石灰放置太久，会吸收空气中的水分而自动熟化成消石灰粉，再与空气中二氧化碳作用而还原为碳酸钙，失去胶结能力。所以储存生石灰，不但要防止受潮，而且不宜储存过久。最好运到后即熟化成石灰浆，将储存期变为陈伏期。

4.1.5 石灰的应用

1. 石灰乳和石灰砂浆

将消石灰粉或熟化好的石灰膏加入大量的水搅拌稀释，成为石灰乳，是一种廉价的涂料，主要用于要求不高的内墙和天棚刷白，增加室内的美观和亮度。我国农村也用于外墙。石灰乳可以加入各种耐碱颜料；调入少量水泥、粒化高炉矿渣或粉煤灰，可以提高其耐水性；调入氯化钙或明矾，可以减少涂层粉化现象。

石灰砂浆是将石灰膏、砂加水拌制而成。按其用途，分为砌筑砂浆和抹面砂浆。石灰乳和石灰砂浆应用于吸水性较大的基面（如普通粘土砖）上时，应事先将基面润湿，以免石灰浆脱水过速而成为干粉，丧失其胶结能力。

2. 石灰土（灰土）和三合土

石灰与粘土或硅铝质工业废料混合使用，制成石灰土或石灰与工业废料的混合料，加适量的水充分拌合后，经碾压或夯实，在潮湿环境中使石灰与粘土或硅铝质工业废料表面的活性氧化硅或氧化铝反应，生成具有水硬性的水化硅酸钙或水化铝酸钙，适于在潮湿环境中使用。如建筑物或道路基础中使用的石灰土，三合土，二灰土（石灰、粉煤灰或炉灰），二灰碎石（石灰、粉煤灰或炉灰、级配碎石）等。

3. 灰砂砖和硅酸盐制品

石灰与天然砂或硅铝质工业废料混合均匀，加水搅拌，经压振或压制，形成硅酸盐制品。为使其获得早期强度，往往采用高温高压养护或蒸压养护，使石灰与硅铝质材料反应速度显著加快，使制品产生较高的早期强度。如灰砂砖、硅酸盐砖、硅酸盐混凝土制品等，这类材料主要应用于墙体材料。

4. 碳化石灰板

将磨细生石灰、纤维状填料（如玻璃纤维）或轻质集料加水搅拌成形为坯体，然后再通入二氧化碳进行人工碳化（约 12~24h）而成的一种轻质板材。为减轻自重，提高碳化效果，通常制成薄壁或空心制品。碳化石灰板的可加工性能好，适合做非承重的内隔墙板、天花板等。

5. 无熟料水泥

石灰与活性混合材料（如粉煤灰、高炉矿渣、煤矸石等）混合，并掺入适量石膏等，磨细后可以制成无熟料水泥。

6. 制造静态破碎剂和膨胀剂

将含有一定量 CaO 晶体、粒径为 10~100μm 的过火石灰粉，与 5%~70% 的水硬性胶凝材料及 0.1%~0.5% 的调凝剂混合，可以制得静态破碎剂。使用时将其与适量的水混合调成浆体，注入到欲破碎物的钻孔中。由于水硬性胶凝材料硬化后，过火石灰才水化，水化时体积膨胀，从而产生很大的膨胀压力，使物体破碎。该破碎剂可以用于拆除建筑物和破碎分割岩石。用石灰制膨胀剂详见本教材 6.3.2 "膨胀剂"。

例 4.1.1 某单位宿舍楼的内墙使用石灰砂浆抹面。数月后，墙面上出现了许多不规则的网状裂纹。同时在个别部位还发现了部分凸出的呈放射状裂纹。试分析上述现象产生的原因。

分析：石灰砂浆抹面的墙面上出现不规则的网状裂纹，引发的原因很多，但最主要的原因在于石灰在硬化过程中，蒸发大量的游离水而引起体积收缩的结果。

墙面上个别部位出现凸出的呈放射状的裂纹，是由于配制石灰砂浆时所用的石灰中混入了过火石灰。这部分过火石灰在消解、陈伏阶段中未完全熟化，以至于在砂浆硬化后，过火石灰吸收空气中的水蒸汽继续熟化，造成体积膨胀。从而出现上述现象。

评注：透过现象看本质，过火石灰表面常被粘土杂质融化形成的玻璃釉状物包覆，熟化很慢。若未经过充分的陈伏，当石灰已经硬化后，过火石灰才开始熟化，并产生体积膨涨，容易引起鼓包隆起和开裂。

例 4.1.2 既然石灰不耐水，为什么由石灰配制的灰土或三合土却可以用于基础的垫层、道路的基层等潮湿部位？

分析：石灰土或三合土是由消石灰粉和粘土等按比例配制而成的。加适量的水充分拌合后，经碾压或夯实，在潮湿环境中石灰与粘土表面的活性氧化硅或氧化铝反应，生成具有水硬性的水化硅酸钙或水化铝酸钙，所以灰土或三合土的强度和耐水性会随使用时间的延长而逐渐提高，适于在潮湿环境中使用。

再者，由于石灰的可塑性好，与粘土等拌合后经压实或夯实，使灰土或三合土的密实度大大提高，降低了孔隙率，使水的侵入大为减少。因此灰土或三合土可以用于基础的垫层、道路的基层等潮湿部位。

评注：粘土表面存在少量的活性氧化硅和氧化铝，可以与消石灰 $Ca(OH)_2$ 反应，生成水硬性物质。

4.1.6 石灰的储运注意事项

根据石灰的性质，生石灰在运输和储存时要防止受潮，且储存时间不宜过长，否则生石灰会吸收空气中的水分自行消化成消石灰粉，然后再与二氧化碳作用形成碳化层，失去胶凝能力。工地上一般将石灰的储存期变为陈伏期（即将生石灰熟化成石灰浆储存），以防碳化。另外，生石灰不宜与易燃、易爆品一起装运和存放，这是因为储运中的生石灰受潮熟化要放出大量的热量且体积膨胀，会导致易燃、易爆品燃烧和爆炸。

§4.2 建筑石膏

石膏是以硫酸钙为主要成分的矿物，当石膏中含有结晶水不同时可以形成多种性能不同的石膏。石膏是传统的气硬性胶凝材料之一，我国石膏资源丰富，且分布较广，兼之建筑性能优良、制作工艺简单，因此近年来石膏板、建筑饰面板等石膏制品发展很快，已成为极有发展前途的新型建筑材料之一。

4.2.1 石膏的分类

根据石膏中含有结晶水的多少不同可以分为：

1. 无水石膏（$CaSO_4$）也称硬石膏，硬石膏结晶紧密，质地较硬，通常用于生产建筑石膏制品或添加剂。这里不作详细介绍。

2. 天然石膏（$CaSO_4 \cdot 2H_2O$）也称生石膏或二水石膏，大部分天然石膏矿为生石膏，是生产建筑石膏的主要原料。

3. 熟石膏（$CaSO_4 \cdot 0.5H_2O$）熟石膏也称半水石膏。熟石膏是由生石膏加工而成的，根据其内部结构不同可以分为 α 型半水石膏和 β 型半水石膏。

建筑石膏通常是由天然石膏经压蒸或煅烧加热而成的。常压下煅烧加热到 107~170℃，可以产生 β 型建筑石膏，其化学反应式为

$$CaSO_4 \cdot 2H_2O \xrightarrow{107\sim107℃} CaSO_4 \cdot \frac{1}{2}H_2O + 1\frac{1}{2}H_2O$$

生石膏在加热过程中，随着温度和压力的不同，其产品的性能也随之变化。上述条件下生产的为 β 型半水石膏，也是最常用的建筑石膏。若将生石膏在 124℃条件下压蒸（0.13MPa）加热则生成 α 型半水石膏，其晶粒较粗，拌制石膏浆体时的需水量较小，因此，硬化后其强度较高，故称为高强石膏。

4. 硬石膏（$CaSO_4$）当上述反应煅烧温度升高到 170~300℃ 时，半水石膏继续脱水，生成可溶性硬石膏（$CaSO_4$—Ⅲ），凝结速度比半水石膏快，但需水量大，强度低。温度继续升高到 400~1000℃，则生成慢溶性硬石膏（$CaSO_4$—Ⅱ），这种石膏难溶于水，只有当加入某些激发剂后，才具有水化硬化能力，但其强度较高，耐磨性能较好，将 $CaSO_4$—Ⅱ 与激发剂混磨后的产品称为硬石膏水泥。

4.2.2 建筑石膏的凝结硬化

1. 建筑石膏的水化——"溶解-沉淀理论"

建筑石膏与适量水拌合后，能形成可塑性良好的浆体，随着石膏与水的反应，浆体的可塑性很快消失而发生凝结，此后进一步产生和发展强度而硬化。其化学反应式为

$$CaSO_4 \cdot \frac{1}{2}H_2O + 1\frac{1}{2}H_2O \longrightarrow CaSO_4 \cdot 2H_2O$$

水化和凝结硬化机理可以简单描述为：由于二水石膏的溶解度比半水石膏小，故二水石膏首先从饱和溶液中析晶沉淀，促使半水石膏继续溶解，这一反应过程连续不断进行，直至半水石膏全部水化生成二水石膏，大约需 7~12 分钟。

2. 建筑石膏的凝结硬化

随着二水石膏沉淀的不断增加，就会产生结晶，结晶体的不断生成和长大，晶体颗粒之间便产生了摩擦力和粘结力，造成浆体的塑性开始下降，这一现象称为石膏的初凝；而后随着晶体颗粒间摩擦力和粘结力的增大，浆体的塑性继续下降，直至消失，这种现象称为石膏的终凝。

石膏终凝后，其晶体颗粒仍在不断长大和连生，形成相互交错且孔隙率逐渐减小的结构，其强度也会不断增大，直至水分完全蒸发，形成硬化后的石膏结构，这一过程称为石膏的硬化。石膏浆体的凝结和硬化，实际上是交叉且连续进行的。

4.2.3 建筑石膏的技术要求与性质

1. 建筑石膏的技术要求

根据国家标准《建筑石膏》（GB9776—1988），建筑石膏分为优等品、一等品和合

格品三个等级,其技术要求如表4.2.1所示。表4.2.1中所列强度值指标为2小时的强度值,其中有一项指标不合格,石膏应重新检验级别或报废。

表4.2.1　　　　　　　　建筑石膏等级标准（GB9776—1988）

技术指标		优等品	一等品	合格品
强度/（MPa）	抗折强度	2.5	2.1	1.8
	抗压强度	4.9	3.9	2.9
细度	0.2mm方孔筛筛余,不大于	5%	10%	15%
凝固时间/（min）	初凝时间,不小于	6		
	终凝时间,不大于	30		

2. 建筑石膏的技术性质

(1) 凝结硬化快

建筑石膏的浆体凝结硬化速度很快。一般石膏的初凝时间仅为10min左右,终凝时间不超过30min,这对于普通工程施工操作十分方便。有时需要操作时间较长,可以加入适量的缓凝剂,如硼砂、动物胶、亚硫酸盐酒精废液等,掺量为0.1%~0.5%,但掺缓凝剂后,石膏制品的强度有所下降。

(2) 凝结硬化时体积微膨胀

建筑石膏凝结硬化是石膏吸收结晶水后的结晶过程,其体积不仅不会收缩,而且还稍有膨胀（0.5%~1.0%）,这种膨胀不会对石膏造成危害,还能使石膏的表面较为光滑饱满,棱角清晰完整、表面光滑细腻,避免了普通材料干燥时的开裂,其装饰性优良,因而特别适合制做建筑装饰制品。

(3) 孔隙率大,质量轻,强度低

建筑石膏在使用时为获得良好的流动性,常加入的水分要比水化所需的水量多,因此,石膏在硬化过程中由于水分的蒸发,使原来的充水部分空间形成孔隙,造成石膏内部的大量微孔,使其质量减轻,抗压强度也因此下降。通常石膏硬化后的表观密度约为$800\sim1000kg/m^3$;其硬化后抗压强度约为3~5MPa,但这已能满足建筑石膏用做隔墙和饰面的要求。

(4) 具有良好的隔热、吸音及调湿功能

石膏硬化体中有大量的微孔,使其传热性显著下降,因此具有良好的绝热性能;同时石膏的大量微孔,特别是表面微孔对声音传导或反射的能力也显著下降,使其具有较好的吸声性能;另外石膏较多的毛细孔隙,比表面积较大,当空气过于潮湿时能吸收水分;而当空气过于干燥时则能释放出水分,从而调节空气中的相对湿度。

(5) 防火性好

硬化后石膏的主要成分是二水石膏,当受到高温作用时或遇火后会释放出21%左右的结晶水,在表面形成水蒸气幕,有效地阻止火势的蔓延,达到防火效果,但又不能用做长期与高温打交道的地方,原因是一旦结晶水释放完,变成无水石膏,其强度显著下降。

(6) 耐水性差

由于硬化石膏的强度来自于晶体粒子间的粘结力，遇水后粒子间连接点的粘结力可能被削弱，部分二水石膏溶解而产生局部溃散，所以建筑石膏硬化体的耐水性较差，石膏制品的软化系数只有 0.2～0.3，是不耐水材料。提高石膏耐水性的主要措施有掺加矿渣、粉煤灰等活性混合材料，或掺加防水剂、表面防水处理。

(7) 有良好的装饰性和可加工性

石膏表面光滑饱满，颜色洁白，质地细腻，具有良好的装饰性。微孔结构使其脆性有所改善，硬度也较低，所以硬化石膏可锯、可刨、可钉，具有良好的可加工性。

例 4.2.1 建筑石膏孔隙率较大，在应用上有哪些优点和缺点？

分析：优点：保温隔热性、吸声隔声性好；质轻。可以作为墙板、天花板、墙面粉刷砂浆等。

缺点：强度低、吸水率较大、耐水性差。不能用做结构材料，不宜用于潮湿环境等。

例 4.2.2 为什么石膏制品的耐水性差？如何改善石膏制品的耐水性？

分析：1. 石膏制品的耐水性差是因为石膏晶体是亲水性很强的离子晶体，而且晶体内有明显的解理面，层间和晶体颗粒间是较弱的氢键结合，因此，水分子进入，降低了晶体层间和颗粒间的相互作用力，导致强度下降；其软化系数只有 0.2～0.3；另一方面，二水石膏在水中的溶解度较大，石膏制品长期在水中的强度将更低。

2. 改善石膏制品的耐水性的方法很多，如：降低孔隙率，改善孔隙结构，对毛细缝隙进行憎水处理，以减小吸水率；掺加其他矿物或有机物，以降低晶体水化物的溶解度，阻止水分子对晶体颗粒间的削弱作用等。

4.2.4 建筑石膏的应用与储运

建筑石膏在土木工程中主要用做室内抹灰、粉刷，生产建筑装饰制品和石膏板等。另外也作为重要的外加剂，用于水泥和硅酸盐制品中。

1. 室内抹灰及粉刷

抹灰是指以建筑石膏为胶凝材料，加入水和砂配成石膏砂浆，作为内墙面抹平用。由建筑石膏的特性可知，石膏砂浆具有良好的保温隔热性能，调节室内空气的湿度和良好的隔音与防火性能，由于不耐水，故不宜在外墙使用。粉刷是指建筑石膏加水和适量外加剂，调制成涂料，涂刷装修内墙面。涂料使表面光洁、细腻、色白，且透湿透气，凝结硬化快、施工方便、粘结强度高，是良好的内墙涂料。

2. 建筑装饰制品

以杂质含量少的建筑石膏（有时称为模型石膏）加入少量纤维增强材料和建筑胶水等制做成各种装饰制品，也可以掺入颜料制成彩色制品。

3. 石膏板

石膏板具有轻质、隔热保温、吸声、防火、尺寸稳定及施工方便等性能，在建筑工程中得到广泛的应用，是一种很有发展前途的新型建筑材料。常用石膏板有纸面石膏板、纤维石膏板、石膏空心板、石膏刨花板等，详见本教材 7.3.1 "石膏类墙用板材"。

4. 其他用途

建筑石膏可以作为生产某些硅酸盐制品时的增强剂，如粉煤灰砖、硅酸盐制品等。也可以用做油漆或粘贴墙纸等的基层找平。

建筑石膏在运输和储存时要注意防潮,储存期一般不宜超过 3 个月,否则将使石膏制品的质量下降30%左右。

§4.3 水 玻 璃

4.3.1 水玻璃的性质

水玻璃俗称泡花碱,是一种水溶性的硅酸盐,由碱金属氧化物和二氧化硅结合而成,如硅酸钠水玻璃($Na_2O \cdot nSiO_2$)、硅酸钾水玻璃($K_2O \cdot nSiO_2$)等。

水玻璃按其形态可以分为液体水玻璃和固体水玻璃两种,液体水玻璃无色透明,当含有不同的杂质时可以呈青灰色、绿色或微黄色等。其密度为 $1.3 \sim 1.4 g/cm^3$。液体水玻璃可以与水按任意比例混合而成不同浓度的溶液,浓度越稠其粘结力越强;固体水玻璃的形状呈块状、粒状或粉状,其溶解于水中的难易程度随 SiO_2 和 Na_2O 的分子数比值 n(称为水玻璃硅酸盐模数)而定。n 值愈大,水玻璃中胶体组分愈多,水玻璃粘性愈大,愈难以溶于水。例如,当 $n=1$ 时能溶解于常温的水中;当 $n=2$ 时则只能在热水中溶解;当 $n>3$ 时,要在 4 个大气压以上的蒸汽中才能溶解。实际工程中使用的水玻璃的 n 值一般在 $2.6 \sim 2.8$ 之间。

液体水玻璃在空气中会与二氧化碳发生化学反应,生成无定形硅酸,并逐渐干燥硬化,这个过程很缓慢,在工程应用中无实际意义。为加速硬化过程,可以将促硬剂硅氟酸钠加入,促使硅酸凝胶析出,其化学反应过程为

$$2[Na_2O \cdot nSiO_2] + Na_2SiF_6 + mH_2O = 6NaF + (2n+1)SiO_2 \cdot mH_2O$$

硅氟酸钠的掺量要合适,掺量过少,会使水玻璃硬化速度缓慢,强度降低,耐水性差;掺量过多,又会引起凝结速度过快,增加施工难度,强度也低。所以硅氟酸钠的适宜掺量为水玻璃质量的 $12\% \sim 15\%$。

4.3.2 水玻璃的应用

1. 水玻璃有如下特性:

(1)具有良好的粘结能力,硬化时生成的硅胶可以有效堵塞各种材料的毛细孔隙,起到防水的效果。

(2)较好的耐高温性,水玻璃可以耐1200℃的高温,在高温下不燃烧、不分解、其强度不降低。

(3)能抵抗大多数无机酸和有机酸的作用,因而水玻璃在土木工程中的用途非常广泛。

2. 利用水玻璃的上述性能,在建筑工程中水玻璃可以有下列用途:

(1)加固土壤,提高地基承载力

将液体水玻璃和氯化钙溶液通过金属管交替压入地基中,二者反应生成的硅酸胶体,将土壤颗粒包裹并填充其孔隙,起胶结作用。另外,硅酸胶体因吸收地下水经常处于膨胀状态,阻止水分渗透并使土壤固结,不仅可以提高地基的承载能力,而且还可以提高其不透水性。用这种方法加固的砂土地基,其抗压强度可以达 $3 \sim 6MPa$。

(2) 涂刷材料表面，提高建筑物的抗风化能力

直接将液体水玻璃涂刷在建筑物表面，不仅可以提高建筑物的抗风化能力，而且可以提高建筑物的耐久性。如用水玻璃涂刷于混凝土、粘土砖、硅酸盐制品等多孔材料的表面，使其渗入材料的孔隙和缝隙中，可以提高材料的密实度、强度、抗渗性和耐水性。如用水玻璃浸渍这些材料，其效果更佳。但需注意，不能用水玻璃涂刷和浸渍石膏制品，以免二者反应生成硫酸钠，在制品孔隙中结晶膨胀，导致石膏制品破坏。

(3) 配制防水剂，用于堵漏

以水玻璃为基料，加入2～4种矾可以配制防水剂，这种防水剂凝结快，一般不超过1min，故常与水泥浆调和，适用于堵塞漏洞、缝隙等局部抢修。

(4) 配制水玻璃矿渣砂浆，修补砖墙裂缝

将水玻璃、矿渣粉、砂和氟硅酸钠配合成砂浆，直接压入砖墙裂缝，可以起到粘结和增强作用。掺入的矿渣粉不仅起到填充和减少砂浆收缩的作用，而且还能与水玻璃反应，增加砂浆强度。使用时先将砂和矿渣粉拌匀，另将氟硅酸钠粉加入温水中化成糊状，倒入液体水玻璃内拌匀，然后与干料共同拌成砂浆。氟硅酸钠有毒，操作时应戴口罩防护。

(5) 配制耐酸、耐热砂浆及混凝土

水玻璃与促硬剂和耐酸粉料配合，可以制成耐酸胶泥，若再加入耐酸骨料，则可以制成耐酸砂浆和耐酸混凝土，这类材料在冶金、化工等行业的防腐工程中，是普遍使用的防腐材料。

利用水玻璃耐热性好的特点，可以配制耐热砂浆和耐热混凝土，用于高炉基础、热工设备基础及维护结构等耐热工程中，也可以调制成防火漆等材料。

钢筋混凝土中的钢筋，用水玻璃涂刷后，可以具有一定的阻锈作用。

§4.4 镁质胶凝材料

4.4.1 镁质胶凝材料的生产

镁质胶凝材料是指以 MgO 为主要成分的无机气硬性胶凝材料，有时称为菱苦土。这种材料是以 $MgCO_3$ 为主要成分的菱镁矿在800℃左右煅烧而成。其生产方式与石灰相似，其化学反应式为：

$$MgCO_3 \xrightarrow{800℃} MgO + CO_2 \uparrow$$

块状 MgO 经磨细后，即成为白色或浅黄色粉末状菱苦土，类似于磨细生石灰粉。密度为 $3.1～3.4g/cm^3$，堆积密度为 $800～900kg/m^3$。其质量应满足国家标准《镁质胶凝材料用原料》（JC/T449—2000）中的相关规定。

4.4.2 镁质胶凝材料的凝结硬化

菱苦土（MgO）与水拌合后的水化反应与石灰熟化相似。其特点是反应快（但比石灰熟化慢）、释放出大量热量。其化学反应式为

$$MgO + H_2O \longrightarrow Mg(OH)_2 + Q$$

其凝结硬化机理也与石灰完全相似，特点相同，即：速度慢，体积收缩大，而且强度

很低。因此，很少直接加水使用。

为了加速凝结硬化、提高制品强度，镁质胶凝材料使用时均加入适量固化剂。最常用的固化剂为氯化镁水溶液（$MgCl_2 \cdot 6H_2O$，也称卤水），也可以用硫酸镁（$MgSO_4 \cdot 7H_2O$）、氯化铁（$FeCl_3$）或硫酸亚铁（$FeSO_4 \cdot H_2O$）等盐类的溶液。氯化镁和氯化铁溶液较常用，氯化镁固化剂的化学反应式为

$$mMgO + nMgCl_2 \cdot 6H_2O \longrightarrow mMgO \cdot nMgCl_2 \cdot zH_2O$$

反应生成的氧氯化镁（$mMgO \cdot nMgCl_2 \cdot zH_2O$）呈针状结晶，结晶速度比氢氧化镁（$Mg(OH)_2$）快，因而加速了镁质胶凝材料的凝结硬化速度，而且其制品强度显著提高。

水化产物中的 m、n、z 的大小与煅烧温度、$MgCl_2$ 水溶液液用量、初始配比、养护条件有关。氯化镁水溶液（密度为 $1.2 g/cm^3$）的掺量一般为菱苦土的 $55\% \sim 60\%$。掺量太大则凝结速度过快，且收缩大、其强度低。掺量过少，则硬化太慢、其强度也低。此外，温度对凝结硬化很敏感，氯化镁掺量可以作适当调整。

4.4.3 镁质胶凝材料的技术性质

1. 凝结时间

根据国家标准《地面与楼面工程及验收规范》（GBJ209）中的相关规定，菱苦土用密度为 $1.2 g/cm^3$ 的氯化镁溶液调制成标准稠度净浆，初凝时间不得早于20min，终凝时间不得迟于6h。

2. 强度高

用氯化镁水溶液和菱苦土配制的制品，其抗压强度可以达 $40 \sim 60MPa$。其中 1 天强度可以达最高强度的 $60\% \sim 80\%$，7 天左右可以达最高强度。且硬化后的表观密度小（$1000 \sim 1100 kg/m^3$），属于轻质、早强、高强胶凝材料。

3. 粘结性能好

菱苦土与各种纤维材料的粘结性能很好，且碱性比水泥弱，不会腐蚀纤维材料。因此常用木屑、玻璃纤维等制作复合板材、地坪等，以提高制品的抗拉、抗折和抗冲击性能。

4. 耐水性差，易泛霜

镁质胶凝材料制品遇水或在潮湿环境中极易吸水变形，其强度下降，且制品表面出现泛霜（俗称返卤）现象，其原因是硬化产物具有较高的溶解度，遇水会溶解。因此只能在干燥环境中使用。

制品中掺入硫酸镁和硫酸亚铁固化剂可以提高耐水性，但其强度下降。改善耐水性的最佳途径是掺入磷酸盐或防水剂（成本较高），也可以掺入矿渣、粉煤灰等活性混合材料，即利用活性混合材料中的 SiO_2、Al_2O_3 能与 $Mg(OH)_2$ 作用，生成水化硅酸镁，也可以提高耐久性。

此外，由于制品中氯离子含量高，因此对铁钉、钢筋的锈蚀作用很强。应尽量避免用铁钉等固定板材或与钢材等易锈材料直接接触。

4.4.4 镁质胶凝材料的应用

1. 菱苦土木屑地板

将菱苦土与木屑按 $1:0.7 \sim 4$ 的比例配合，用相对密度为 $1.14 \sim 1.24$ 的氯化镁溶液调拌铺设而成。为提高地面强度和耐磨性，可以掺加适量的滑石粉、石英砂、石屑等做成硬

性地面；为提高耐水性，可以掺入外加剂或活性材料（如粉煤灰等）。若再掺入耐碱矿物颜料，还可以使地面着色，地面硬化干燥后，常涂刷干性油，并用地板蜡抛光。

这种地面美观，且具有弹性，能防爆、防火、导热性小、表面光洁、不产生噪音与尘土。宜用于对防爆、防火、防尘有要求的工厂、车间、办公室等地面。

通常还以菱苦土为胶结材料，加入刨花、木丝、玻纤、聚酯纤维等，制做成各种板材，如装饰板、防火板、隔墙板等，用于内墙、天花板、楼梯扶手、还可以用做设备包装等，这样可以节省木材，但不宜用于潮湿或与水打交道的地方。

2. 管材产品

以菱苦土为胶结材料，以玻璃纤维为增强材料，添加改性剂而制成的管材产品，现已成为高层建筑中央空调和地下工程通风管道的首选产品，在全国得到广泛应用。其综合指标优于铁皮通风管道，其中改性剂起到了提高制品耐水性、强度、不吸潮返卤的作用，并使产品可以用于潮湿环境。

4.4.5 镁质胶凝材料的储运注意事项

镁质胶凝材料在运输与储存时应注意避免受潮，存期不宜过长，以防菱苦土吸收空气中的水分成为氢氧化镁，再碳化成碳酸镁，失去其化学活性。

习 题 4

1. 气硬性胶凝材料与水硬性胶凝材料有何区别？
2. 什么是过火石灰和欠火石灰？这类材料对石灰质量有何影响？如何消除？
3. 石灰硬化过程中为什么容易开裂？使用时应如何避免？
4. 石灰浆体在空气中的硬化过程是怎样的？为使硬化加快，使硬化环境中的湿度增大，有利于 CO_2 和水形成碳酸，从而促进碳化进程，这种说法是否正确？
5. 建筑石膏按哪些技术要求划分等级？
6. 建筑石膏的成分是什么？其凝结硬化机理是什么？
7. 建筑石膏及其制品为什么适用于室内，而不适用于室外？
8. 用于内墙抹灰时，建筑石膏和石灰比较，具有哪些优点？为什么？
9. 水玻璃的主要化学成分是什么？在土木工程中有什么用途？
10. 菱苦土硬化有哪些特殊性？如何改善菱苦土耐水性差的特性？

第5章 水　　泥

水泥呈粉末状，与适量水拌合成塑性浆体，经过物理化学过程浆体能变成坚硬的石状体，并能将散粒状材料胶结成为整体。水泥是一种良好的胶凝材料，水泥浆体不但能在空气中硬化，还能更好地在水中硬化，保持并发展其强度，故水泥是水硬性胶凝材料。

水泥在胶凝材料中占有极其重要的地位，是最重要的土木工程材料之一。水泥不但大量应用于工业与民用建筑工程中，还广泛地应用于农业、水利、公路、铁路、海港和国防等工程中，常用来制造各种形式的钢筋混凝土、预应力混凝土构件和建筑物，也常用于配制砂浆，以及用做灌浆材料等。

1824年英国的砖瓦匠 Joseph Aspdin 发明了现代生产硅酸盐水泥的专利技术，水泥的使用标志着建筑发展史迈入新纪元，1871年，美国宾夕法尼亚发明世界上第一台回转窑，使水泥生产大规模化。我国于1876年在河北唐山建立了第一家水泥厂——启新洋灰公司。1985年我国水泥总产量已跃居世界首位。

水泥种类繁多，目前生产和使用的水泥品种已达200余种，一般可以按下列情况进行分类：

1. 按水泥的用途和性能分为通用水泥、专用水泥和特性水泥三大类

（1）通用硅酸盐水泥　是指一般土木工程中通常采用的水泥。如硅酸盐水泥、普通硅酸盐水泥、矿渣硅酸盐水泥、火山灰质硅酸盐水泥、粉煤灰硅酸盐水泥和复合硅酸盐水泥等。

（2）专用水泥　是指专门用途的水泥。如道路硅酸盐水泥、中低热硅酸盐水泥和低热矿渣硅酸盐水泥、砌筑水泥等。

（3）特性水泥　是指某种性能比较突出的水泥。如快硬硅酸盐水泥、抗硫酸盐硅酸盐水泥、铝酸盐水泥、膨胀水泥和自应力水泥、白色硅酸盐水泥和彩色水泥等。

2. 按水泥的主要水硬性物质名称分类

（1）硅酸盐水泥系列，其主要水硬性矿物为硅酸三钙（$3CaO \cdot SiO_2$）、硅酸二钙（$2CaO \cdot SiO_2$）。

（2）铝酸盐水泥系列，其主要水硬性矿物为铝酸钙（$CaO \cdot Al_2O_3$）、二铝酸一钙（$CaO \cdot 2Al_2O_3$）。

（3）氟铝酸盐水泥系列，其主要水硬性矿物为氟铝酸钙（$11CaO \cdot 7Al_2O_3 \cdot CaF_2$）。

（4）硫铝酸盐水泥系列，其主要水硬性矿物为无水硫铝酸钙（$3CaO \cdot 3Al_2O_3 \cdot CaSO_4$）。

（5）铁铝酸盐水泥系列，其主要水硬性矿物为铁铝酸钙（$4CaO \cdot Al_2O_3 \cdot Fe_2O_3$）。

（6）其他以火山灰性或潜在水硬性材料以及其他活性材料为主要组分的水泥。

不同系列的水泥，其性能有很大的区别，在上述不同系列的水泥中，硅酸盐水泥系列应用最为广泛。

§5.1 通用硅酸盐水泥

根据国家标准《通用硅酸盐水泥》（GB175—2007）中的相关规定，以硅酸盐水泥熟料和适量的石膏及规定的混合材料制成的水硬性胶凝材料称为通用硅酸盐水泥。硅酸盐水泥按混合材料品种和掺量分为硅酸盐水泥、普通硅酸盐水泥、矿渣硅酸盐水泥、火山灰质硅酸盐水泥、粉煤灰硅酸盐水泥和复合硅酸盐水泥等。

根据国家标准《通用硅酸盐水泥》（GB175—2007）中的相关规定，各品种的组分和代号应符合表5.1.1中的规定。

表 5.1.1 通用硅酸盐水泥的品种和组分（%）

品 种	代号	组 分				
		硅酸盐水泥熟料+石膏	粒化高炉矿渣	火山灰质混合材料	粉煤灰	石灰石
硅酸盐水泥	P·I	100	—	—	—	—
	P·II	≥95	≤5	—	—	—
		≥95	—	—	—	≤5
普通硅酸盐水泥	P·O	≥80且<95	>5且≤20[a]			—
矿渣硅酸盐水泥	P·S·A	≥50且<80	>20且≤50[b]	—	—	—
	P·S·B	≥30且<50	>50且≤70[b]	—	—	—
火山灰质硅酸盐水泥	P·P	≥60且<80	—	>20且≤40[c]	—	—
粉煤灰硅酸盐水泥	P·F	≥60且<80	—	—	>20且≤40[d]	—
复合硅酸盐水泥	P·C	≥50且<80	>20且≤50[e]			

[a] 本组分材料为符合本标准5.2.3的活性混合材料，其中允许用不超过水泥质量8%且符合本标准5.2.4的非活性混合材料或不超过水泥质量5%且符合本标准5.2.5的窑灰代替。

[b] 本组分材料为符合GB/T203或GB/T18046的活性混合材料，其中允许用不超过水泥质量8%且符合本标准第5.2.3条的活性混合材料或符合本标准第5.2.4条的非活性混合材料或符合本标准第5.2.5条的窑灰中的任一种材料代替。

[c] 本组分材料为符合GB/T2847的活性混合材料。

[d] 本组分材料为符合GB/T1596的活性混合材料。

[e] 本组分材料为由两种（含）以上符合本标准第5.2.3条的活性混合材料或（和）符合本标准第5.2.4条的非活性混合材料组成，其中允许用不超过水泥质量8%且符合本标准第5.2.5条的窑灰代替。掺矿渣时混合材料掺量不得与矿渣硅酸盐水泥重复。

5.1.1 硅酸盐水泥

1. 硅酸盐水泥的生产及矿物组成

根据国家标准《通用硅酸盐水泥》（GB175—2007）中的相关规定，凡由硅酸盐水泥熟料、0~5%石灰石或粒化高炉矿渣、适量石膏磨细制成的水硬性胶凝材料称为硅酸盐水泥（国外通称的波特兰水泥）。硅酸盐水泥分两种类型：不掺混合材料的称Ⅰ型硅酸盐水泥，代号为 P·Ⅰ。在硅酸盐水泥熟料粉磨时掺加不超过水泥质量5%石灰石或矿渣混合材料的称Ⅱ型硅酸盐水泥，代号为 P·Ⅱ。

(1) 硅酸盐水泥的生产

生产硅酸盐水泥的原料主要是石灰质原料和粘土质原料两类。石灰质原料主要提供 CaO，常采用石灰石、白垩、石灰质凝灰岩等。粘土质原料主要提供 SiO_2、Al_2O_3 及 Fe_2O_3，常采用粘土、粘土质页岩、黄土等。有时两种原料的化学成分不能满足要求，还需加入少量校正原料来调整，铁质校正原料主要补充 Fe_2O_3，可以采用铁矿石、黄铁矿渣等；硅质校正原料主要补充 SiO_2，可以采用砂岩、粉砂岩等。

将石灰质原料、粘土质原料、校正原料根据生产硅酸盐水泥熟料的要求进行配料后磨细成生料，然后将生料送入烧成窑煅烧成熟料，再把煅烧好的熟料与适量石膏（生产 P·Ⅱ掺加不超过水泥质量5%石灰石或矿渣混合材料）在水泥磨中磨成一定细度的粉状物料即为硅酸盐水泥。如图 5.1.1 所示。

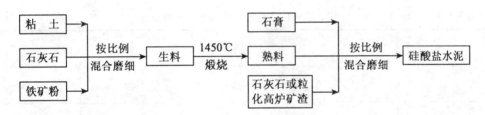

图 5.1.1　硅酸盐水泥生产工艺流程示意图

(2) 硅酸盐水泥熟料的矿物组成及特性

硅酸盐水泥熟料主要是由含 CaO、SiO_2、Al_2O_3、Fe_2O_3 的原料，按适当比例磨成细粉烧至部分熔融所得以硅酸钙为主要矿物成分的水硬性胶凝物质。其中硅酸钙矿物不小于66%，氧化钙和氧化硅质量比不小于2.0。主要矿物组成是：硅酸三钙（$3CaO·SiO_2$，简写 C_3S）、硅酸二钙（$2CaO·SiO_2$，简写 C_2S）、铝酸三钙（$3CaO·Al_2O_3$，简写 C_3A）、铁铝酸四钙（$4CaO·Al_2O_3·Fe_2O_3$，简写 C_4AF）。除上述主要熟料矿物成分外，水泥中还有少量的游离氧化钙、游离氧化镁和碱等，如果这些化合物的含量过高，会引起水泥体积安定性不良等现象，应加以限制，其总含量一般不超过水泥质量的5%。

熟料中的各种矿物特性是不同的，熟料中各种矿物含量的比例不同，制成的硅酸盐水泥性能也不同，如表 5.1.2 所示。

由表 5.1.2 可知，不同熟料矿物单独与水作用的特性是不同的。硅酸三钙的水化速度较快，水化热较大，且主要是早期放出，其强度最高，是决定水泥强度的主要矿物。一般来讲，硅酸三钙含量高说明熟料的质量好；硅酸二钙的水化速度最慢，水化热最小，且主要是后期放出，是保证水泥后期强度的主要矿物之一；铝酸三钙是凝结硬化速度最快、水化热最大的矿物，且硬化时其体积收缩最大；铁铝酸四钙的水化速度也较快，仅次于铝酸三钙，其水化热中等，有利于提高水泥的抗拉强度。水泥是几种熟料矿物的混合物，改变矿物成分之间比例时，水泥性质即发生相应的变化，可以制成不同性能的水泥。

表 5.1.2　　　　　　　　硅酸盐水泥熟料矿物性能及相对含量表

矿物成分	密度/(g/cm³)	含量/(%)	凝结硬化速度	强度	水化热	耐腐蚀性
硅酸三钙	3.25	37～60	快	高	大	差
硅酸二钙	3.28	15～37	慢	早期低、后期高	小	好
铝酸三钙	3.04	7～15	最快	低	最大	最差
铁铝酸四钙	3.77	10～18	快	低	中	中

例 5.1.1　现有甲、乙两厂生产的硅酸盐水泥熟料，其矿物成分如表 5.1.3 所示，试估计和比较这两厂所生产的硅酸盐水泥的性能有何差异？

表 5.1.3　　　　　　　甲、乙两厂生产的硅酸盐水泥熟料成分

生产厂	熟料矿物成分（含量/%）			
	C_3S	C_2S	C_3A	C_4AF
甲	56	17	12	15
乙	42	35	7	16

分析：因为甲厂硅酸盐水泥熟料中的硅酸三钙 C_3S、铝酸三钙 C_3A 的含量均高于乙厂硅酸盐水泥熟料，而乙厂硅酸盐水泥熟料中硅酸二钙 C_2S 含量高于甲厂硅酸盐水泥熟料。所以根据前面所介绍的知识得：甲厂硅酸盐水泥熟料配制的硅酸盐水泥的强度发展速度、水化热、28d 时的强度均高于由乙厂硅酸盐水泥熟料配制的硅酸盐水泥，但耐腐蚀性则低于由乙厂硅酸盐水泥熟料配制的硅酸盐水泥。

2. 硅酸盐水泥的凝结硬化

（1）硅酸盐水泥的水化

水泥颗粒与水接触后，水泥熟料的各种矿物立即与水发生水化作用，生成新的水化物，并释放出一定的热量。硅酸盐水泥的水化特征有三：其一，水泥熟料颗粒中的四种主要矿物同时进行水化反应；其二，其水化反应均是释放热反应；其三，水化反应是固—液异相反应。

水泥熟料中主要矿物的水化过程及其产物如下：

①铝酸三钙

铝酸三钙与水作用时，反应极快，水化放热量很大，生成水化铝酸三钙，其化学反应式为

$$3CaO \cdot Al_2O_3 + 6H_2O \longrightarrow 3CaO \cdot Al_2O_3 \cdot 6H_2O$$
（水化铝酸三钙）

这一反应迅速，导致水泥浆闪凝或假凝，必须避免。避免闪凝的有效途径是加入石膏 $CaSO_4 \cdot 2H_2O$，这就是硅酸盐水泥生产中，必须加入石膏与水泥熟料一起粉磨的根本原因。这一发明是硅酸盐水泥发展史上的一个里程碑。

水化铝酸三钙为晶体，易溶于水，该晶体在石灰饱和溶液中，能与氢氧化钙进一步反应，生成水化铝酸四钙（$4CaO \cdot Al_2O_3 \cdot 6H_2O$）。两者的强度都低，且耐硫酸盐腐蚀性很差。

②硅酸三钙

在水泥矿物中，硅酸三钙含量最高。硅酸三钙与水作用时，反应也较快，水化释放热量大，生成水化硅酸钙及氢氧化钙，其化学反应式为

$$2(3CaO \cdot SiO_2) + 6H_2O \longrightarrow 3CaO \cdot 2SiO_2 \cdot 3H_2O + 3Ca(OH)_2$$
（水化硅酸钙）

生成的水化硅酸钙几乎不溶于水，而立即以胶体微粒析出，并逐渐凝聚而成为凝胶。水化硅酸钙凝胶又称为托勃莫来石凝胶，实际上其凝胶氧化物的比例是不确定的，故可以写为 $xCaO \cdot SiO_2 \cdot yH_2O$，简写为 C—S—H 凝胶，由该材料构成的网状结构具有很高的强度。水化生成的氢氧化钙很快在溶液中达到饱和，从而以晶体析出。可见，各种矿物的水化是在石灰饱和溶液中进行的。氢氧化钙的强度、耐水性及耐腐蚀性很差。

③铁铝酸四钙

铁铝酸四钙与水作用时反应较快，水化热中等，生成水化铝酸三钙及水化铁酸钙凝胶，其化学反应式为

$$4CaO \cdot Al_2O_3 \cdot Fe_2O_3 + 7H_2O \longrightarrow 3CaO \cdot Al_2O_3 \cdot 6H_2O + CaO \cdot Fe_2O_3 \cdot H_2O$$
（水化铁酸钙）

后者强度也很低。

④硅酸二钙

其水化产物与硅酸三钙相同，但数量不同，其水化反应较慢，水化放热量小，通常在后期才对水泥的强度有较大贡献，是保证水泥后期强度增长的主要因素。其化学反应式为

$$2(2CaO \cdot SiO_2) + 4H_2O \longrightarrow 3CaO \cdot 2SiO_2 \cdot 3H_2O + Ca(OH)_2$$

⑤石膏

石膏在水泥中起调节凝结时间的作用，同时还可以改善水泥的一些性能，其中显著的是能提高抗压强度，改善抗硫酸盐性能、抗冻性、抗渗性和降低干缩湿胀等。

石膏是水泥调凝剂，即为调节凝结时间而掺入的适量天然石膏或工业副产品石膏。工业副产品石膏是以硫酸钙为主要成分的工业副产物，采用前应经过试验证明对水泥性能无害。

石膏对水泥的凝结时间的影响，并不与掺入量成正比，其影响是突变的。若石膏掺量不足，就不能阻止水泥的快凝；但掺加量超过一定范围时，则又重新出现快凝现象。因此石膏的适宜用量应是使水泥既获得正常的凝结时间，又达到强度高、抗冻性好、湿胀率小、安定性良好等。

当掺入适量的石膏（一般为水泥质量的 3%~5%）时，石膏与水化铝酸三钙反应生

成高硫型水化硫铝酸钙和单硫水化硫铝酸钙,前者又称钙矾石,其化学反应式为:

$$3CaO \cdot Al_2O_3 \cdot 6H_2O + 3(CaSO_4 \cdot 2H_2O) + 19H_2O \longrightarrow$$
$$CaO \cdot Al_2O_3 \cdot 3CaSO_4 \cdot 31H_2O$$
(高硫型水化硫铝酸钙或钙矾石)

$$3CaO \cdot Al_2O_3 \cdot 6H_2O + CaSO_4 \cdot 2H_2O + 4H_2O \longrightarrow 3CaO \cdot Al_2O_3 \cdot CaSO_4 \cdot 12H_2O$$
(单硫型水化硫铝酸钙)

石膏缓凝机理:钙矾石的形成反应速度比纯 C_3A 的反应慢;钙矾石是难溶于水的针状晶体,这种晶体生成后即沉淀在熟料颗粒的周围,阻碍了水化的进行,起到缓凝的作用,避免闪凝或假凝。

综上所述,如果忽略一些次要的和少量的成分,则硅酸盐水泥与水作用后,生成的主要产物有:水化硅酸钙和水化铁酸钙凝胶,氢氧化钙、水化铝酸钙和水化硫铝酸钙晶体。水泥完全水化后,水化硅酸钙约占70%,氢氧化钙约占20%,水化硫铝酸钙约占7%。

(2)水泥的凝结硬化过程

硅酸盐水泥的凝结硬化是一个复杂而连续的物理化学变化过程,按水化反应速度和水泥浆体结构的变化特征,可以分为四个阶段:

①初始反应期

水泥加水拌合成水泥浆的同时,水泥颗粒表面上的熟料矿物立即溶于水,并与水发生水化反应,或固态的熟料矿物直接与水发生水化反应。这时伴有释放热反应,此即初始反应期,时间很短,仅5~10min。这时生成的水化物溶于水,但溶解度很小,因而不断地沉淀析出。由于水化物生成的速度很快,来不及扩散,便附着在水泥颗粒表面,形成膜层。膜层是以水化硅酸钙凝胶为主体,其中分布着氢氧化钙等晶体,所以,通常称之为凝胶体膜层。凝胶体膜层的形成,妨碍了水泥的水化,如图5.1.2(a)所示。

②潜伏期

初始反应以后,由于凝胶体膜层的形成,水化反应和放热速度缓慢。在一段时间(约30min至1h)内,水泥颗粒仍是分散的,水泥浆的流动性基本保持不变,如图5.1.2(b)所示。此即潜伏期。

(a)分散在水中未水化的水泥颗粒

(b)在水泥颗粒表面形成水化物膜层

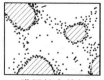
(c)膜层长大并相互连接(凝结)

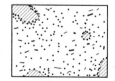
(d)水化物进一步发展,填充毛细孔(硬化)

图5.1.2 水泥凝结硬化过程示意图

③凝结期

经过1~6h,水泥放热速度加快,并达到最大值,说明水泥继续加速水化。其原因是凝胶体膜层虽然妨碍水分渗入,使水化速度减慢,但该膜层是半透膜,水分向膜层内渗透的速度,大于膜层内水化物向外扩散的速度,因而产生渗透压,导致膜层破裂,使水泥颗粒得以继续水化。由于水化物的增多和凝胶体膜层的增厚，被膜层包裹的水泥颗粒逐渐接近，以致在接触点互相粘结，形成网状结构，水泥浆体变稠，失去可塑性，如图 5.1.2 (c) 所示，这就是凝结过程。

④硬化期

由于水泥颗粒之间的空隙逐渐缩小为毛细孔，水化生成物进一步填充毛细孔，毛细孔越来越少，使水泥浆体结构更加紧密，逐渐产生强度，如图 5.1.2 (d) 所示。在适宜的温度和湿度条件下，水泥强度可以继续增长（6h 至若干年），此即硬化阶段。

(3) 水泥浆水化放热过程

伴随着水泥的凝结硬化过程，水泥水化放热也有明显的四个阶段：

①初始放热　水泥与水一接触，立即放热，放热速度 $\frac{dQ}{dt}$ 很快，表明反应激烈。

②放热停滞期　放热很慢，接近停滞，表明反应停顿。

③放热加速期　放热速度逐渐加快，达到放热峰值，表明反应逐渐加快。

④放热减速期　放热达到峰值后，放热速度逐渐减慢，表明反应逐渐减速。

在水泥熟料矿物中 C_3S 和 C_3A 放热最大、最快；而 C_2S 放热最小、最慢。

3. 水泥石的组成及影响其强度发展的因素

(1) 水泥石的组成

水泥浆体硬化后的石状物称为水泥石。水泥石是由凝胶、晶体、未水化的水泥颗粒内核和毛细孔、凝胶孔等组成的非均质体。有固相（水泥水化物与未水化的水泥颗粒）、气相（各种尺寸的孔隙与空隙）及液相（水或孔溶液）。在水泥石中水化产物数量越多，毛细孔越少，则水泥石的强度越高。

①凝胶和晶体　特别是其中水化硅酸钙凝胶是水泥石的主要组分，该组分对水泥石的强度及其他性质起支配作用。

②未水化的水泥颗粒内核　一般情况下，水泥颗粒的平均粒径为 $40\mu m$ 左右，相关资料介绍，水泥颗粒 9 个月的水化深度为 $5\sim 9\mu m$。可见，即使经过较长时间的水化，水泥石中还会存在未水化的水泥颗粒内核。

③毛细孔、凝胶孔　是水泥石中未被晶体、凝胶等填充的空间。

④另外还有自由水、吸附水、凝胶水。

水泥的水化程度越高，则凝胶体含量越多，未水化水泥颗粒内核和毛细孔含量越少，则强度越高。

(2) 影响水泥石强度发展的因素

熟料矿物组成是决定水泥强度的主要因素，除此以外还有一些影响强度的外部因素：

①细度粒径　当水泥颗粒粒径大于 $3\mu m$ 时，水化非常迅速，需水量增大；当水泥颗粒粒径大于 $40\mu m$ 时，水化较慢，内芯难以水化；当水泥颗粒粒径大于 $90\mu m$ 时，几乎接近惰性。

②养护时间　随着养护时间的延长，水泥的水化程度增加，凝胶体数量增加，毛细孔减少，强度不断增长。

③温度和湿度　温度升高，水泥水化反应加速，强度增长也快。温度升高 10℃，速度加快一倍。温度低于 0℃时，水化反应基本停止。上述影响主要表现在水化初期，对后

期影响不大。

水泥的水化及凝结硬化必须在有足够水分的条件下进行。环境湿度大，水分蒸发慢，水泥浆体可以保持水泥水化所需的水分。如环境干燥，水分将很快蒸发。水泥浆体中缺乏水泥水化所需的水分，使水化不能正常进行，强度也不再增长。还可能使水泥石或水泥制品表面产生干缩裂纹。

④水灰比　拌合水泥浆时，水与水泥的质量比称为水灰比。水灰比越大，水泥浆越稀，凝结硬化和强度发展越慢，且硬化后的水泥石中毛细孔含量越多，强度越低。反之，凝结硬化和强度发展越快，强度越高。因此，在保证成型质量的前提下，应降低水灰比，以提高水泥石的硬化速度和强度。

4. 硅酸盐水泥的技术要求

国家标准《通用硅酸盐水泥》(GB 175—2007)对硅酸盐水泥的技术要求有化学指标、碱含量、凝结时间、安定性、强度、细度等，同时新国标还规定：检验结果符合本标准化学指标、凝结时间、安定性、强度技术要求为合格品，检验结果不符合本标准化学指标、凝结时间、安定性、强度中任何一项技术要求为不合格品。

在实际工程中水化热对水泥混凝土的应用有一定影响，在此一并讨论。

(1) 化学指标

化学指标应符合表 5.1.4 中的规定。

表 5.1.4　　　　　　　　化学指标 (%)

品种	代号	不溶物（质量分数）	烧失量（质量分数）	三氧化硫（质量分数）	氧化镁（质量分数）	氯离子（质量分数）
硅酸盐水泥	P·Ⅰ	≤0.75	≤3.0	≤3.5	≤5.0^a	≤0.06^c
	P·Ⅱ	≤1.50	≤3.5			
普通硅酸盐水泥	P·O	—	≤5.0			
矿渣硅酸盐水泥	P·S·A	—	—	≤4.0	≤6.0^b	
	P·S·B	—	—			
火山灰质硅酸盐水泥	P·P	—	—	≤3.5	≤6.0^b	
粉煤灰硅酸盐水泥	P·F	—	—			
复合硅酸盐水泥	P·C	—	—			

注：a. 如果水泥压蒸试验合格，则水泥中氧化镁的含量(质量分数)允许放宽至 6.0%。
　　b. 如果水泥中氧化镁的含量(质量分数)大于 6.0% 时，需进行水泥压蒸安定性试验并合格。
　　c. 当有更低要求时，该指标由买卖双方协商确定。

①不溶物

水泥中的不溶物来自熟料中未参与矿物反应的粘土和结晶的 SiO_2，是煅烧不均匀、化学反应不完全的标志。

② 烧失量

烧失量是指水泥经高温灼烧处理后的质量损失率。烧失量主要由水泥中未煅烧组分产生，如未烧透的生料、石膏带入的杂质、掺合料及存放过程中的风化等。当样品在高温下灼烧时，会发生氧化、还原、分解及化合等一系列反应并释放出气体。烧失量是用来限制石膏和混合材料中杂质的，以保证水泥质量。水泥中烧失量的大小，一定程度上反映了熟料的烧成质量，同时也反映了混合材料掺量是否适当以及水泥风化的情况。

③ SO_3

水泥中的 SO_3 主要来自于石膏，SO_3 过量，将造成水泥体积安定性不良（其原因分析见"安定性"）。

④ 氧化镁

水泥中的氧化镁含量偏高是导致水泥长期安定性不良的因素之一（其原因分析见"安定性"）。水泥中部分氧化镁固溶于各种熟料矿物和玻璃体中，这部分的氧化镁并不引起安定性不良，真正造成安定性不良的是水泥中粗大的方镁石晶体。同理，矿渣等混合材料中的氧化镁若不以方镁石晶体形式存在，对安定性也是无害的。因此，国家相关水泥标准规定用压蒸安定性试验合格来限定氧化镁的危害作用是合理的，但我国目前尚不普遍具备作压蒸安定性的试验条件，故用规定水泥中氧化镁含量作为技术要求。

⑤ 氯离子

水泥中的氯离子可以导致混凝土的钢筋锈蚀，损害混凝土的耐久性。国家标准《通用硅酸盐水泥》（GB175—2007）中已对水泥中氯离子的含量作出限定，并采用JC/T420《水泥原料中氯的化学分析方法》进行检测。

（2）碱含量（选择性指标）

水泥中碱含量按 $Na_2O + 0.658K_2O$ 计算值表示。若使用活性骨料，用户要求提供低碱水泥时，水泥中的碱含量应不大于 0.60% 或由买卖双方协商确定。

（3）物理指标

① 凝结时间

水泥的凝结时间分为初凝和终凝。自水泥加水拌和算起到水泥浆开始失去可塑性的时间称为初凝时间；自水泥加水拌和算起到水泥浆完全失去可塑性的时间称为终凝时间。

水泥的凝结时间在施工中具有重要作用。初凝时间不宜过快，以便有足够的时间对混凝土进行搅拌、运输和浇筑。当浇筑完毕，则要求混凝土尽快凝结硬化，以利于下一道工序的进行。为此，终凝时间又不宜过迟。

国家标准《通用硅酸盐水泥》（GB 175—2007）中规定：硅酸盐水泥的初凝时间不得早于 45min，终凝时间不得迟于 390min。实际上，国产硅酸盐水泥的初凝时间一般为 1~3h，终凝时间一般为 4~6h。

水泥凝结时间的测定，是以标准稠度的水泥浆，在规定温度和湿度条件下，用凝结时间测定仪测定。

② 安定性

水泥体积的安定性是指水泥的水化在凝结硬化过程中，体积变化的均匀性。当水泥浆体硬化过程发生了不均匀的体积变化时，会导致水泥膨胀、开裂、翘曲，即安定性不良。使用体积安定性不良的水泥，能使构件产生膨胀性裂缝，甚至引起严重质量事故。

引起体积安定性不良的原因是水泥中含有过多的游离氧化钙和游离氧化镁。这些化合物是在高温下生成的，水化很慢，在水泥已经凝结硬化后才进行水化，其化学反应式为

$$CaO + H_2O = Ca(OH)_2$$
$$MgO + H_2O = Mg(OH)_2$$

这时产生体积膨胀，破坏已经硬化的水泥石结构，引起龟裂、弯曲、崩溃等现象。

当水泥中石膏掺量过多时，在水泥硬化后，硫酸根离子还会继续与固态的水化铝酸钙反应生成高硫型水化硫铝酸钙，体积增大约1.5倍，从而导致引起水泥石开裂。其化学反应式为

$$3CaO \cdot Al_2O_3 \cdot 6H_2O + 3(CaSO_4 \cdot 2H_2O) + 19H_2O \longrightarrow 3CaO \cdot Al_2O_3 \cdot 3CaSO_4 \cdot 31H_2O$$

国家标准 GB 175—2007 和 GB/T 1346—2001 规定，水泥的体积安定性用煮沸法（分饼法和雷氏法）来检验。饼法是观察水泥净浆试饼煮沸后的外形变化，目测试饼未出现裂缝，也没有弯曲，即认为体积安定性合格。雷氏法是测定水泥净浆在雷氏夹中沸煮后的膨胀值，若膨胀值不大于相关规定值，即认为体积安定性合格。当饼法与雷氏法所得的结论有争议时，以雷氏法为准。

例 5.1.2 某些体积安定性不合格的水泥，在存放一段时间后变为合格，为什么？

分析：某些体积安定性轻度不合格水泥，在空气中放置2~4周以上，水泥中的部分游离氧化钙可以吸收空气中的水蒸汽而水化（或消解），即在空气中存放一段时间后由于游离氧化钙的膨胀作用被减小或消除，因而水泥的体积安定性可能由轻度不合格变为合格。

评注：必须注意的是，这样的水泥在重新检验并确认体积安定性合格后方可使用。若在放置一段时间后体积安定性仍不合格则仍然不得使用。安定性合格的水泥也必须重新标定水泥的标号，按标定的标号值使用。

③强度与强度等级

硅酸盐水泥的强度主要决定于水泥熟料矿物的相对含量和水泥细度。此外，还与试验方法、养护条件及养护时间（龄期）有关。

国家标准（GB/T 17671—1999）规定，水泥的强度是由水泥胶砂试件测定的。将水泥、中国ISO标准砂和水按规定的比例（1:3.0:0.5）和方法拌制成塑性水泥胶砂，并按相关规定方法成型为40mm×40mm×160mm的试件，在标准养护条件（1d内为20℃±1℃、相对湿度为90%以上的空气中，1d后为20℃±1℃的水中）下，养护至3d和28d，测定各龄期的抗折强度和抗压强度。据此将硅酸盐水泥分为42.5，42.5R，52.5，52.5R，62.5，62.5R等六个强度等级。各强度等级硅酸盐水泥各龄的强度值不得低于表5.1.5中的数值（表5.1.5中代号R表示早强型水泥）。

例 5.1.3 建筑材料试验室对一普通硅酸盐水泥胶砂试件进行了标准检测，试验结果如表5.1.6所示，试确定其强度等级。

表 5.1.5 各强度等级通用硅酸盐水泥各龄期的强度值（GB 175—2007）（MPa）

品种	强度等级	抗压强度		抗折强度	
		3d	28d	3d	28d
硅酸盐水泥	42.5	≥17.0	≥42.5	≥3.5	≥6.5
	42.5R	≥22.0		≥4.0	
	52.5	≥23.0	≥52.5	≥4.0	≥7.0
	52.5R	≥27.0		≥5.0	
	62.5	≥28.0	≥62.5	≥5.0	≥8.0
	62.5R	≥32.0		≥5.5	
普通硅酸盐水泥	42.5	≥17.0	≥42.5	≥3.5	≥6.5
	42.5R	≥22.0		≥4.0	
	52.5	≥23.0	≥52.5	≥4.0	≥7.0
	52.5R	≥27.0		≥5.0	
矿渣硅酸盐水泥 火山灰硅酸盐水泥 粉煤灰硅酸盐水泥 复合硅酸盐水泥	32.5	≥10.0	≥32.5	≥2.5	≥5.5
	32.5R	≥15.0		≥3.5	
	42.5	≥15.0	≥42.5	≥3.5	≥6.5
	42.5R	≥19.0		≥4.0	
	52.5	≥21.0	≥52.5	≥4.0	≥7.0
	52.5R	≥23.0		≥4.5	

表 5.1.6 普通硅酸盐水泥胶砂试件的强度破坏荷载值

抗折强度破坏荷载（kN）		抗压强度破坏荷载（kN）	
3d	28d	3d	28d
1.25	2.90	23	75
		29	71
1.60	3.05	29	70
		28	68
1.50	2.75	26	69
		27	70

解

（1）抗折强度的计算

① 3d 抗折强度的计算

该水泥试样 3d 抗折强度破坏荷载的平均值为：

$$P_3' = \frac{1.25 + 1.60 + 1.50}{3} = 1.45 \text{kN}$$

因为 $\frac{1.45 - 1.25}{1.45} \times 100\% = 13.79\% > 10\%$，所以舍去荷载 1.25kN，则该水泥试件 3d 抗折强度破坏荷载的平均值应为

$$P_3 = \frac{1.60 + 1.50}{2} = 1.55 \text{kN}$$

水泥试件 3d 抗折强度为
$$f_f = \frac{3PL}{2bh^2} = \frac{3 \times 1.55 \times 100}{2 \times 40 \times 40^2} = 3.63 \text{MPa}$$

②28d 抗折强度的计算

该水泥试件 28d 抗折强度破坏荷载的平均值为
$$P_{28} = \frac{2.90 + 3.05 + 2.75}{3} = 2.90 \text{kN}$$

且 3 个破坏荷载值中没有一个超过平均值 ±10%，水泥试件 28d 抗折强度为
$$f_f = \frac{3PL}{2bh^2} = \frac{3 \times 2.90 \times 100}{2 \times 40 \times 40^2} = 6.80 \text{MPa}$$

（2）抗压强度的计算

①3d 抗压强度的计算

该水泥试件 3d 抗压强度破坏荷载的平均值为
$$F_3' = \frac{23 + 29 + 29 + 28 + 26 + 27}{6} = 27 \text{kN}$$

因为 $\frac{27 - 23}{27} \times 100\% = 17.4\% > 10\%$，所以舍去荷载 23kN，则该水泥试件 3d 抗压强度破坏荷载的平均值应为
$$F_3 = \frac{29 + 29 + 28 + 26 + 27}{5} = 27.8 \text{kN}$$

该水泥试件 3d 抗压强度为
$$f_c = \frac{F_3}{A} = \frac{27.8 \times 1000}{1600} = 17.38 \text{MPa}$$

②28d 抗压强度的计算

该水泥试件 28d 抗压强度破坏荷载的平均值为
$$F_{28} = \frac{75 + 71 + 70 + 68 + 69 + 70}{6} = 70.5 \text{kN}$$

且 6 个破坏荷载值中没有一个超过平均值 ±10%，水泥试件 28d 抗压强度为
$$f_c = \frac{F_{28}}{A} = \frac{70.5 \times 1000}{1600} = 44.06 \text{MPa}$$

由表 5.1.5 得知：该普通硅酸盐水泥试样的强度等级为 42.5。

③细度（选择性指标）

细度是指水泥颗粒的粗细程度。细度对水泥性质有很大影响，水泥颗粒愈细，其比表面积（单位质量的表面积）愈大，因而水化较快也较充分，水泥的早期强度和后期强度均较高。但磨制过细将耗费较多的能量，成本提高，而且在空气中易吸潮而降低其强度，硬化时收缩也变大。国家标准（GB 175—2007）规定，硅酸盐水泥的细度采用比表面积测定仪检验，其比表面积不小于 300m²/kg。

（4）水化热

水化热是指水泥在水化过程中释放出的热量。水泥的水化热大部分在 3~7d 内释放出，7d 内释放出的热量可以达总热量的 80% 左右。水化热的大小主要决定于水泥熟料的矿物组成和细度，若水泥熟料中硅酸三钙和铝酸三钙的含量高，水泥细度越细，则水化热

越大。水化热较大的水泥有利于冬季施工,但对大体积混凝土不利。为了避免由于温度应力引起水泥石的开裂,在大体积混凝土中不宜采用水化热较大的硅酸盐水泥,而应采用水化热较小的水泥,或采取其他降温措施。

5. 硅酸盐水泥石的腐蚀

硬化后的水泥石在通常使用条件下有较好的耐久性,但当水泥石长时间处于侵蚀性介质中,如流动的淡水、酸性水、强碱等,会使水泥石的结构遭到破坏,其强度下降甚至全部溃散,这种现象称为水泥石的腐蚀。

(1) 软水侵蚀(溶出性侵蚀)

硅酸盐水泥作为水硬性胶凝材料的代表,对于一般江、河、湖水等硬水,具有足够的抵抗能力,但受到工业冷凝水、雪水、雨水、蒸馏水等含重碳酸盐甚少的软水时水泥石遭受腐蚀。

在静水或无水压的水中,软水的侵蚀仅限于表面,其影响不大。但在有流动的软水作用时,水泥石中 $Ca(OH)_2$ 先溶解,并被水带走,$Ca(OH)_2$ 的溶失,会打破原有的化学平衡,引起水化硅酸钙、水化铝酸钙的分解,孔隙率不断增加,侵蚀也就不断在进行。由于水泥水化产物要在一定浓度的 $Ca(OH)_2$ 下溶液中才能稳定存在,因而当水泥中的 $Ca(OH)_2$ 浓度降到一定程度时,会使水泥石中的水化产物进一步分解,引起水泥石强度下降以致结构破坏。

(2) 酸类的腐蚀

硅酸盐水泥水化形成物呈碱性,其中含有较多的 $Ca(OH)_2$,当遇到酸类或酸性水时则会发生中和反应,生成比 $Ca(OH)_2$ 溶解度大的盐类,导致水泥石受损破坏。

①碳酸的侵蚀

在工业污水、地下水中常溶解有较多的二氧化碳,当含量超过一定值时,将对水泥石造成破坏。这种碳酸水对水泥石的侵蚀作用化学反应式为

$$Ca(OH)_2 + CO_2 + H_2O = CaCO_3 + 2H_2O$$
$$CaCO_3 + CO_2 + H_2O = Ca(HCO_3)_2$$

生成的碳酸氢钙溶解度大,易溶于水。由于碳酸氢钙的溶失以及水泥石中其他产物的分解,使水泥石结构破坏。

②一般酸的侵蚀

工业废水、地下水、沼泽水中常含有多种无机酸和有机酸,各种酸类会对水泥石造成不同程度的损害。无机酸中的盐酸、硝酸、硫酸、氢氟酸和有机酸中的醋酸、蚁酸、乳酸的腐蚀尤为严重。以盐酸、硫酸与水中的 $Ca(OH)_2$ 作用为例,其化学反应式为

$$Ca(OH)_2 + 2HCl = CaCl_2 + 2H_2O$$
$$Ca(OH)_2 + H_2SO_4 = CaSO_4 \cdot 2H_2O$$

化学反应生成的 $CaCl_2$ 易溶于水,生成二水石膏 $CaSO_4 \cdot 2H_2O$ 结晶膨胀导致水泥石破坏,而且还会进一步引起硫酸盐的侵蚀。

(3) 盐类侵蚀

①硫酸盐侵蚀

在海水、地下水和工业污水中常含有钾、钠、氨的硫酸盐,这些硫酸盐与水泥石中的 $Ca(OH)_2$ 反应生成硫酸钙,硫酸钙再与水泥石中固态水化铝酸钙作用生成高硫型水化硫

铝酸钙，其化学反应式为

$$3CaO \cdot Al_2O_3 \cdot 6H_2O + 3(CaSO_4 \cdot 2H_2O) + 19H_2O \longrightarrow 3CaO \cdot Al_2O_3 \cdot 3CaSO_4 \cdot 31H_2O$$

生成的高硫型水化硫铝酸钙含大量结晶水，体积膨胀 1.5 倍以上，在水泥石中造成极大的膨胀性破坏。当水中的硫酸盐浓度较高时，产生二水石膏结晶，也会导致水泥石开裂破坏。

②镁盐侵蚀

在海水和地下水中常含有大量镁盐，主要是硫酸镁和氯化镁。这些镁盐与水泥石中的 $Ca(OH)_2$ 反应，其化学反应式为

$$Ca(OH)_2 + MgSO_4 + 2H_2O =\!=\!= CaSO_4 \cdot 2H_2O + Mg(OH)_2$$
$$Ca(OH)_2 + MgCl_2 =\!=\!= CaCl_2 + Mg(OH)_2$$

反应生成的 $Mg(OH)_2$ 松软而无胶凝能力，$CaSO_4 \cdot 2H_2O$ 和 $CaCl_2$ 易溶于水，且 $CaSO_4 \cdot 2H_2O$ 还会进一步引起硫酸盐膨胀性破坏。故硫酸镁对水泥石起着镁盐和硫酸盐的双重侵蚀作用。

（4）强碱侵蚀

碱类溶液若浓度不大一般是无害的，但铝酸三钙（C_3A）含量较高的硅酸盐水泥遇到强碱也会产生破坏作用。如氢氧化钠可以与水泥石中未水化的铝酸三钙作用，生成易溶的铝酸钠。其化学反应式为

$$3CaO \cdot Al_2O_3 + 6NaOH \longrightarrow 3Na_2O \cdot Al_2O_3 + 3Ca(OH)_2$$

当水泥石被氢氧化钠溶液浸透后又在空气中干燥，与空气中的二氧化碳作用生成碳酸钠，碳酸钠在水泥石毛细孔中结晶沉积，可以导致水泥石膨胀破坏。

除上述腐蚀类型外，对水泥石有腐蚀作用的还有糖、氨盐、动物脂肪、含环烷酸的石油产品等。

例 5.1.4 既然硫酸盐对水泥石具有腐蚀作用，那么为什么在生产水泥时掺入的适量石膏对水泥石不产生腐蚀作用？

分析：硫酸盐对水泥石的腐蚀作用，是指水或环境中的硫酸盐与水泥石中水泥水化生成的氢氧化钙 $Ca(OH)_2$、水化铝酸钙 C_3AH_6 反应，生成水化硫铝酸钙，产生 1.5 倍的体积膨胀。由于这一反应是在变形能力很小的水泥石内产生的，因而造成水泥石破坏，对水泥石具有腐蚀作用。

生产水泥时掺入的适量石膏也会和水化产物水化铝酸钙 C_3AH_6 反应生成膨胀性产物水化硫铝酸钙，但该水化物主要在水泥浆体凝结前产生，凝结后产生的较少。由于此时水泥浆还未凝结，尚具有流动性及可塑性，因而对水泥浆体的结构无破坏作用。并且硬化初期的水泥石中毛细孔含量较高，可以容纳少量膨胀的钙矾石，而不会使水泥石开裂，因而生产水泥时掺入的适量石膏对水泥石不产生腐蚀作用，只起到了缓凝的作用。

6. 防止水泥石腐蚀的措施

水泥石的腐蚀是多种介质同时作用的一个极其复杂的物理化学作用过程。引起水泥石腐蚀的外在因素是侵蚀性介质，内在因素主要有两个：一是水泥石中存在易引起腐蚀的成分，如氢氧化钙，水化铝酸钙等；二是水泥石本身不密实，使侵蚀性介质易于进入内部引起破坏。根据以上分析，防止水泥石腐蚀可以采取以下措施。

（1）合理选择水泥品种

如在软水侵蚀条件下的工程，可以选用水化生成物中 $Ca(OH)_2$ 含量少的水泥；在有硫酸盐侵蚀的工程中，可以选用铝酸三钙含量低于 5% 的抗硫酸盐水泥。

（2）提高水泥石的密实度

水泥石中的毛细管、孔隙是引起水泥石腐蚀加剧的内在原因之一。因此采取适当措施，如机械搅拌、振捣、掺外加剂等，或在满足施工操作的前提下尽量减少水灰比，从而提高水泥石密实度，改善水泥石的耐腐蚀性。

（3）表面加做保护层

用耐腐蚀的石料、陶瓷、塑料、沥青等覆盖于水泥石的表面，以防止侵蚀性介质与水泥石直接接触。

7. 硅酸盐水泥的特性和应用

（1）强度高

硅酸盐水泥凝结硬化速度快，早期强度和后期强度都较高，适用于早期强度有较高要求的工程，如现浇混凝土梁、板、柱和预制构件，也适用于重要结构的高强度混凝土和预应力混凝土工程等。

（2）水化热大和抗冻性好

硅酸盐水泥中硫酸三钙和铝酸三钙的含量高，水化时释放出的热量大，有利于冬季施工，但不宜用于大体积混凝土工程。硅酸盐水泥硬化后的水泥石结构密实，抗冻性好，适用于严寒地区遭受反复冻融的工程和抗冻性要求高的工程，如大坝溢流面等。

（3）干缩小和耐磨性好

硅酸盐水泥硬化时干缩小，不易产生干缩裂缝，可以用于干燥环境工程。由于干缩小，表面不易起粉尘，因此耐磨性好，可以用于道路工程。

（4）耐腐蚀性差

硅酸盐水泥石中有较多的 $Ca(OH)_2$ 及 C_3A，耐软水和耐化学腐蚀性差。故硅酸盐水泥不宜用于经常与流动的淡水接触和压力水作用的工程；也不宜用于受海水、矿物水等作用的工程。

（5）耐热性差

硅酸盐水泥石当受热温度超过 250℃ 时水化产物开始脱水，体积产生收缩，强度开始下降。当受热温度超过 600℃，水泥石由于体积膨胀而造成破坏。因此，硅酸盐水泥不宜用于耐热要求高的工程，如工业窑炉、高炉基础等，也不宜用来配制耐热混凝土。

5.1.2 掺混合材料的通用硅酸盐水泥

在实际工程中，习惯将通用硅酸盐水泥中除硅酸盐水泥以外的其他水泥称为掺混合材料的通用硅酸盐水泥，有普通硅酸盐水泥、矿渣硅酸盐水泥、火山灰质硅酸盐水泥、粉煤灰硅酸盐水泥和复合硅酸盐水泥等。

在硅酸盐水泥中掺加一定量的混合材料能改善水泥的性能，增加水泥品种，降低水泥成本，扩大水泥的应用范围。

1. 混合材料的种类和作用

混合材料是指在磨制水泥时加入的各种矿物材料。混合材料分为活性混合材料和非活性混合材料两种。

(1) 活性混合材料

活性混合材料是指能与水泥熟料的水化产物 $Ca(OH)_2$ 等发生化学反应，并形成水硬性胶凝材料的矿物质材料，其活性组分为：活性 SiO_2 和活性 Al_2O_3。水泥中掺有活性混合材料时，可能影响水泥早期强度的发展，但后期强度的发展潜力大。

国家标准《通用硅酸盐水泥》（GB 175—2007）中规定的活性混合材料有：符合 GB/T203、GB/T18046、GB/T1596、GB/T2847 标准要求的粒化高炉矿渣、粒化高炉矿渣粉、粉煤灰、火山灰质混合材料等。

①粒化高炉矿渣

粒化高炉矿渣是高炉炼铁所得的以硅酸钙和铝酸钙为主要成分的熔融物，经急速冷却而成的颗粒。由于急速冷却，粒化高炉矿渣呈玻璃体，储有大量化学潜能。玻璃体结构中的活性 SiO_2 和活性 Al_2O_3 与水泥的水化产物 $Ca(OH)_2$、水等作用形成新的水化产物而产生凝胶作用。如果熔融状态的矿渣缓慢冷却，其中的 SiO_2 等形成晶体，活性极小，称为慢冷矿渣，则不具有活性。

②粒化高炉矿渣粉（简称矿渣粉）

粒化高炉矿渣粉是粒化高炉矿渣经干燥、粉磨（或添加少量石膏一起粉磨）达到相当细度且符合相应活性指数的粉体。矿渣粉磨时允许加入助磨剂，加入量不得大于矿渣粉质量的 1%。矿渣的易磨性差，混磨后水泥中的矿渣组分比熟料的组分粗，矿渣的活性难以发挥，从而影响水泥的强度。若将矿渣粉磨成比表面积为 $400\sim600m^2/kg$（或更大）的矿渣粉，作为配制水泥或混凝土的掺合料使用，其活性得到了很好的发挥，且矿渣粉的掺量大大增加，经济效益显著。粒化高炉矿渣粉与粒化高炉矿渣相比，具有细度小，比面积适宜，早强快硬，水泥强度与混凝土强度相关性好，抗冻、耐磨、耐侵蚀等特点，现广泛应用于桥梁、隧道、涵渠、高层楼房等工程，供给出口和国内水泥等行业。

③火山灰质混合材料

火山灰质混合材料的品种很多，天然矿物材料有：火山灰、凝灰岩、浮石、硅藻土等；工业废渣和人工制造的有：天然煤矸石、煤渣、烧粘土、硅灰等。这类材料的活性成分也是活性 SiO_2 和活性 Al_2O_3，其潜在水硬性原理与粒化高炉矿渣相同。

④粉煤灰混合材料

粉煤灰是发电厂燃煤锅炉排出的烟道灰，其颗粒直径一般为 $0.001\sim0.050mm$，呈玻璃态实心或空心的球状颗粒，表面比较致密，粉煤灰的成分是活性 SiO_2 和活性 Al_2O_3，粉煤灰就其化学成分及性质属于火山灰质混合材料，为了大量利用这些工业废料，保护环境，节约资源，把这些材料专门列出作为一类活性混合材料。粉煤灰由于其本身的化学成分、结构和颗粒形状等特征，在混凝土中可以产生下列三种效应，总称为"粉煤灰效应"。

效应一：活性效应，粉煤灰中所含的 SiO_2 和 Al_2O_3，具有活性，这些活性成分能与水泥水化产生的 $Ca(OH)_2$ 反应，生成类似水泥水化产物中的水化硅酸钙和水化铝酸钙，可以作为胶凝材料的一部分而发挥增强作用。

效应二：颗粒形态效应，煤粉在高温燃烧过程中形成的粉煤灰颗粒，绝大多数为玻璃微珠，掺入混凝土中可以减小内摩擦力，从而可以减少混凝土的用水量，发挥减水作用。

效应三：微细料效应，粉煤灰中的微细颗粒均匀分布在水泥浆内，填充孔隙和毛细孔，改善了混凝土的孔结构和增大密度。

由于上述效应的结果，粉煤灰可以改善混凝土拌合物的流动性、保水性、可泵性，并能降低混凝土的水化热，提高混凝土的抗化学侵蚀、抗渗、抑制碱骨料反应等耐久性能。

粉煤灰的质量要求见第 6 章中表 6.4.2 中对粉煤灰指标的要求。

（2）非活性混合材料

非活性混合材料是指活性指标分别低于国家标准 GB/T203、GB/T18046、GB/T1596、GB/T2847 要求的粒化高炉矿渣、粒化高炉矿渣粉、粉煤灰、火山灰质混合材料；石灰石和砂岩，其中石灰石中的三氧化二铝含量应不大于 2.5%。这些材料掺入水泥后，主要起填充作用而又不损害水泥性能的矿物材料，又称为惰性混合材料。非活性混合材料可以调节水泥强度，降低水化热及增加水泥产量等。

2. 掺混合材料的通用硅酸盐水泥的种类

掺混合材料的通用硅酸盐水泥有普通硅酸盐水泥、矿渣硅酸盐水泥、火山灰质硅酸盐水泥、粉煤灰硅酸盐水泥和复合硅酸盐水泥等。

掺活性混合材料的通用硅酸盐水泥在与水拌合后，首先是水泥熟料水化，水化生成的 $Ca(OH)_2$ 作为活性激发剂，与活性混合材料中的活性 SiO_2 和活性 Al_2O_3 反应，即二次水化反应，生成具有水硬性的水化硅酸钙和水化铝酸钙，其化学反应式为

$$xCa(OH)_2 + SiO_2 + nH_2O \longrightarrow xCaO \cdot SiO_2 \cdot (x+n)H_2O$$

$$yCa(OH)_2 + Al_2O_3 + mH_2O \longrightarrow yCaO \cdot Al_2O_3 \cdot (y+m)H_2O$$

当有石膏存在时，石膏可以与上述反应生成的水化铝酸钙进一步反应生成水硬性的水化硫铝酸钙。因此常将氢氧化钙、石膏称为活性混合材料的激发剂。激发剂浓度越高，激发作用越大，混合材料活性发挥越充分。

（1）组成成分

组成成分如表 5.1.1 所示。

（2）技术指标

国家标准（GB75—2007）规定的技术要求如下：

①化学指标

不溶物（质量分数）、烧失量（质量分数）、三氧化硫（质量分数）、氧化镁（质量分数）、氯离子（质量分数）应符合表 5.1.4 中的规定。

②碱含量（选择性指标）

碱含量与硅酸盐水泥相同。

③物理指标

凝结时间：普通硅酸盐水泥、矿渣硅酸盐水泥、火山灰质硅酸盐水泥、粉煤灰硅酸盐水泥和复合硅酸盐水泥初凝不小于 45min，终凝不大于 600min；

安定性：安定性要求沸煮法合格；

强度：各强度等级硅酸盐水泥各龄的强度值不得低于表 5.1.5 中的数值（表 5.1.5 中代号 R 表示早强型水泥），强度按 GB/T17671 进行试验（与前述硅酸盐水泥相同），但火山灰质硅酸盐水泥、粉煤灰硅酸盐水泥、复合硅酸盐水泥和掺火山灰质混合材料的普通硅酸盐水泥在进行胶砂强度检验时，其用水量按 0.50 水灰比和胶砂流动度不小于 180mm 来确定。当流动度小于 180mm 时，须以 0.01 的整倍数递增的方法将水灰比调整至胶砂流动

度不小于180mm。

细度（选择性指标）：国家标准 GB175—2007 规定，普通硅酸盐水泥以比表面积表示，不小于 $300m^2/kg$；矿渣硅酸盐水泥、火山灰质硅酸盐水泥、粉煤灰硅酸盐水泥和复合硅酸盐水泥以筛余表示，$80\mu m$ 方孔筛筛余不大于 10%，或 $45\mu m$ 方孔筛筛余不大于 30%。

同硅酸盐水泥一样，国家标准 GB175—2007 规定：检验结果符合该标准化学指标、凝结时间、安定性、强度技术要求为合格品，检验结果不符合该标准化学指标、凝结时间、安定性、强度中任何一项技术要求为不合格品。

（3）性质与应用

从上述 5 种水泥的组成可以看出，这 5 种水泥的区别仅在于掺加的活性混合材料的不同，故其性质与应用也是由其掺加的活性混合材料的不同而有所不同。

普通硅酸盐水泥由于混合材料的掺量较少，故与硅酸盐水泥的性质基本相同，略有差别。主要表现为：①早期强度低；②耐腐蚀性略有提高；③耐热性稍好；④水化热略低；⑤抗冻性、耐磨性、抗碳化性略有降低。由于普通硅酸盐水泥的性质与硅酸盐水泥差别不大，因而在应用方面这两种水泥基本相同。但是有一些硅酸盐水泥不能用的地方普通硅酸盐水泥可以用，使得普通硅酸盐水泥成为土木工程中应用面最广、使用量最大的水泥品种。

由于几种活性混合材料的化学组成和化学活性基本相同，其水泥的水化产物及凝结硬化速度相近，因此除普通硅酸盐水泥以外的其他 4 种掺混合材料的通用硅酸盐水泥的大多数性质和应用相同或相近，即这 4 种水泥在许多情况下可以相互替代使用。同时，又由于这 4 种活性混合材料的物理性质、表面特征及水化活性等有些差异，使得这 4 种水泥分别具有某些特性。

四种水泥的共性：

①早期强度低、后期强度发展高。其原因是这 4 种水泥的熟料含量少且二次水化反应（即活性混合材料的水化）慢，故早期（3d、7d）强度低。后期由于二次水化反应的不断进行和水泥熟料的不断水化，水化产物不断增多，强度可以赶上或超过同强度等级的硅酸盐水泥或普通硅酸盐水泥，如图 5.1.3 所示。活性混合材料的掺量越多，早期强度越低，但后期强度增长越多。这 4 种水泥不适合用于早期强度要求高的混凝土工程，如冬季施工现浇工程等。

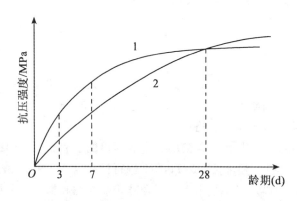

1—硅酸盐水泥；2—矿渣水泥

图 5.1.3　硅酸盐水泥与矿渣水泥强度增长比较曲线

②对温度敏感，适合高温养护。这4种水泥在低温下水化明显减慢，强度较低。采用高温养护可以大大加速活性混合材料的水化，并可以加速熟料的水化，故可以大大提高早期强度，且不影响常温下后期强度的发展。从图5.1.4、图5.1.5的对比也可以得出上述结论。

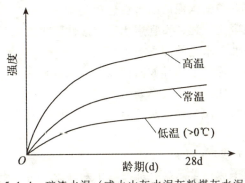 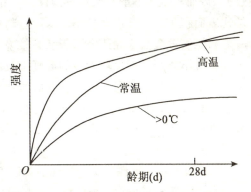

图5.1.4 矿渣水泥（或火山灰水泥灰粉煤灰水泥）养护温度与强度发展示意图

图5.1.5 硅酸盐水泥（或普通硅酸盐水泥）养护温度与强度发展示意图

③耐腐蚀性好。这4种水泥的熟料数量相对较少，水化硬化后水泥石中的氢氧化钙和水化铝酸钙的含量少，且活性混合材料的二次水化反应使水泥石中氢氧化钙的含量进一步降低，因此耐腐蚀性好，适合用于有硫酸盐、镁盐、软水等侵蚀作用的环境，如水工、海港、码头等混凝土工程。但当侵蚀介质的浓度较高或耐腐蚀性要求高时，仍不宜使用。

④水化热小。这4种水泥中的熟料含量少，因而水化释放热量少，尤其是早期释放热速度慢，释放热量少，适合用于大体积混凝土工程。

⑤抗冻性较差。矿渣和粉煤灰易泌水形成连通孔隙，火山灰一般需水量较大，会增加内部的孔隙含量，故这4种水泥的抗冻性均较差。

⑥抗碳化性较差。由于这4种水泥在水化硬化后，水泥石中的氢氧化钙的含量少，故抵抗碳化的能力差，因而不适合用于二氧化碳浓度含量高的工业厂房，如铸造车间、翻砂车间等。

但由于掺加的活性混合材料的品种不同，这4种水泥有如下的特性：

①矿渣硅酸盐水泥 由于粒化高炉矿渣玻璃体对水的吸附能力差，即对水分的保持能力差（保水性差），与水拌合时易产生泌水造成较多的连通孔隙，因此，矿渣硅酸盐水泥的抗渗性差，且干缩较大；矿渣本身耐热性好，且矿渣硅酸盐水泥水化后氢氧化钙的含量少，故矿渣硅酸盐水泥的耐热性较好。

矿渣硅酸盐水泥适合用于有耐热要求的混凝土工程，不适合用于有抗渗要求的混凝土工程。

②火山灰硅酸盐水泥 火山灰混合材料内部含有大量的微细孔隙，故火山灰硅酸盐水泥的保水性高；火山灰硅酸盐水泥水化后形成较多的水化硅酸钙凝胶，使水泥石结构致密，因而其抗渗性较好；火山灰硅酸盐水泥的干缩大，水泥石易产生微细裂纹，且空气中的二氧化碳能使水化硅酸钙凝胶分解成为碳酸钙和氧化硅的混合物，使水泥石的表面产生起粉现象。火山灰硅酸盐水泥的耐磨性也较差。

火山灰硅酸盐水泥适合用于有抗渗性要求的混凝土工程，不宜用于干燥环境中的地上混凝土工程，也不宜用于有耐磨性要求的混凝土工程。

③粉煤灰硅酸盐水泥　粉煤灰是表面致密的球形颗粒，其吸附水的能力较差，即保水性差、泌水性大，其在施工阶段易使制品表面因大量泌水产生收缩裂纹（又称失水裂纹），因而粉煤灰硅酸盐水泥抗渗性差；粉煤灰硅酸盐水泥的干缩较小，这是因为粉煤灰的比表面积小，拌合需水量小的缘故。粉煤灰硅酸盐水泥的耐磨性也较差。

粉煤灰硅酸盐水泥适合用于承载较晚的混凝土工程，不宜用于有抗渗性要求的混凝土工程，且不宜用于干燥环境中的混凝土及耐磨性要求高的混凝土工程。

④复合硅酸盐水泥　由于复合硅酸盐水泥中掺入了两种或两种以上的混合材料，可以相互取长补短，克服了掺单一混合材料水泥的一些弊病。其早期强度接近于普通水泥，而其他性能优于矿渣硅酸盐水泥、火山灰质硅酸盐水泥和粉煤灰硅酸盐水泥，因而其用途较广。

6种通用水泥的性质及其异同点如表5.1.7所示。

在土木工程建设中，各种通用硅酸盐水泥主要用于制做各种混凝土和砂浆，也是常用的灌浆修补和加固材料。但是，不同品种的硅酸盐系水泥在性能上各有其特点，因此，在土木工程建设中应根据工程的环境条件、所处的部位及使用条件等方面，选用适当的水泥品种才能满足工程的不同要求。

对于普通环境的工程结构物，可以采用普通硅酸盐水泥或矿渣硅酸盐水泥、火山灰质硅酸盐水泥、粉煤灰硅酸盐水泥和复合硅酸盐水泥。而不同的水泥品种又分别有其最适宜的工程。

硅酸盐水泥及普通硅酸盐水泥的主要技术性能特点，决定了这些材料更适合于重要结构的高强混凝土及预应力混凝土工程、早期强度要求高的工程及冬季施工的工程、严寒地区和遭受反复冻融的工程、处于干湿交替部位的工程、有耐磨要求的工程等。

掺有较多混合材料的硅酸盐水泥多表现为较显著的火山灰反应，其共同的特性决定了这些材料更适合于大体积混凝土工程、位于水下或地下的工程、采用湿热养护的混凝土、要求具有一定耐腐蚀性的混凝土工程等。不同品种的通用硅酸盐水泥的适用条件和选用原则可以参见表5.1.8。

不同的工程，对于水泥强度等级的要求也不同。通常，高强度等级的水泥，适用于配制高强度的混凝土或对早强有特殊需要的混凝土；低强度等级的水泥，宜用于配制低强度的混凝土或砂浆等。此外，水泥强度等级越高，其抗冻性及耐磨性可能就越高，为了保证混凝土的耐久性，对处于水位变化区、溢流面、经常受水流冲刷或要求耐磨的结构物，以及受冰冻作用的结构物，宜选用较高强度等级的水泥。

3. 通用水泥的检验、运输与储存

水泥的出厂检验项目有化学指标、凝结时间、安定性、强度等4项指标，上述4项指标检验结果符合相关规范标准为合格品；有任何一项技术要求不符合相关规范标准的为不合格品。

表 5.1.7   6 种通用水泥的性质及其异同点

项目		硅酸盐水泥	普通硅酸盐水泥	矿渣硅酸盐水泥	火山灰硅酸盐水泥	粉煤灰硅酸盐水泥	复合硅酸盐水泥
组成	共同点	硅酸盐水泥熟料、适量石膏					
组成	不同点	无或很少量的混合材	少量混合材料	大量活性混合材(化学组成或化学活性基本相同)			大量活性或非活性混合材
组成	不同点	无或很少量的混合材	少量混合材料	粒化高炉矿渣	火山灰质混合材	粉煤灰	两种或两种以上活性或非活性混合材
性质		1. 早期、后期强度高 2. 耐腐蚀性差 3. 水化热大 4. 抗碳化性好 5. 抗冻性好 6. 耐磨性好 8. 耐热性差	1. 早期强度稍低、后期强度高 2. 耐腐蚀性稍好 3. 水化热较大 4. 抗碳化性好 5. 抗冻性好 6. 耐磨性好 7. 耐热性稍好 8. 抗渗性好	早期强度低、后期强度高 1. 对温度敏感,适合高温养护;2. 耐腐蚀性好;3. 水化热小;4. 抗冻性较差;5. 抗碳化性较差			早期强度稍低 干缩较大
性质				1. 泌水性大、抗渗性差 2. 耐热性较好 3. 干缩较大	1. 保水性好、抗渗性好 2. 干缩大 3. 耐磨性差	1. 泌水性大易产生失水裂纹、抗渗性差 2. 干缩小、抗裂性好 3. 耐磨性好	

水泥包装袋上应清楚标明:执行标准、水泥品种、代号、强度等级、生产者名称、生产许可证标志(QS)及编号、出厂编号、包装日期、净含量等信息。包装袋两侧应根据水泥的品种采用不同的颜色印刷水泥名称和强度等级,硅酸盐水泥和普通硅酸盐水泥采用红色,矿渣硅酸盐水泥采用绿色;火山灰质硅酸盐水泥、粉煤灰硅酸盐水泥和复合硅酸盐水泥采用黑色或蓝色。

散装发运时应提交与袋装标志相同内容的卡片。

水泥可以散装或袋装,袋装水泥每袋净含量为50kg,且应不少于标志质量的99%;随机抽取20袋总质量(含包装袋)应不少于1000kg。其他包装形式由供需双方协商确定,但有关袋装质量要求,应符合上述规定。

水泥的运输与保管过程中,应严防受潮或混入杂物。通常,不同品种和强度等级的水泥应分别储运,不得混杂,以免错用。袋装水泥堆放高度一般不超过10袋,应注意先到先用,避免积压过期,储存时间不宜过长,一般不超过三个月。即使储存条件良好的水泥存放三个月后强度也会明显降低,储存期超过三个月的水泥为过期水泥,过期水泥和受潮结块的水泥,均应重新检验其强度后才能决定如何使用。

水泥强度等技术性能,尤其对于储存过久的水泥,必须重新进行强度检验,只有充分掌握了水泥的性能之后才能应用于工程中。

表 5.1.8　　　　不同品种的通用硅酸盐水泥的适用条件和选用原则

		工程特点及所处环境条件	优先选用	可以选用	不宜选用
普通混凝土	1	在一般气候环境中的混凝土	普通水泥	矿渣水泥、火山灰水泥、粉煤灰水泥、复合水泥	—
	2	在干燥环境中的混凝土	普通水泥	矿渣水泥	火山灰水泥、粉煤灰水泥
	3	在高湿度环境中或长期处于水中的混凝土	矿渣水泥	普通水泥、火山灰水泥、粉煤灰水泥、复合水泥	—
	4	大体积混凝土	矿渣水泥、火山灰水泥、粉煤灰水泥、复合水泥	—	硅酸盐水泥、普通水泥
有特殊要求的混凝土	1	要求快硬高强的混凝土	硅酸盐水泥	普通水泥	矿渣水泥、火山灰水泥、粉煤灰水泥、复合水泥
	2	严寒地区的露天混凝土、寒冷地区处于水位升降范围内的混凝土	普通水泥	矿渣水泥（强度等级>32.5）	火山灰水泥、粉煤灰水泥
	3	寒冷地区处于水位升降范围内的混凝土	普通水泥（强度等级42.5）	—	矿渣水泥、火山灰水泥、粉煤灰水泥、复合水泥
	4	有抗渗要求的混凝土	普通水泥		矿渣水泥
	5	有耐磨要求的混凝土	硅酸盐水泥、普通水泥	矿渣水泥（强度等级>32.5）	火山灰水泥、粉煤灰水泥
	6	受侵蚀性介质作用的混凝土	矿渣水泥、火山灰水泥、粉煤灰水泥、复合水泥	—	硅酸盐水泥、普通水泥

§5.2　其他品种的水泥

5.2.1　铝酸盐水泥

凡以铝酸钙为主的铝酸盐水泥熟料，磨细制成的水硬性胶凝材料，称为铝酸盐水泥，代号为 CA。

1. 铝酸盐水泥的组成、水化与硬化

铝酸盐水泥的主要化学成分是：CaO、Al_2O_3、SiO_2，生产原料是铝矾土和石灰石。铝酸盐水泥的主要矿物成分是铝酸一钙（$CaO \cdot Al_2O_3$ 简写式 CA）和二铝酸一钙（$CaO \cdot 2Al_2O_3$，简写式 CA_2），此外还有少量的其他铝酸盐和硅酸二钙。

铝酸一钙是铝酸盐水泥的最主要矿物，具有很高的活性，其特点是凝结正常、硬化迅速，是铝酸盐水泥强度的主要来源。二铝酸一钙的凝结硬化慢，早期强度低，但后期强度较高。含量过多将影响水泥的快硬性能，但随二铝酸一钙的增加，水泥的耐热性会提高。

铝酸盐水泥的水化产物与温度密切相关，主要是十水铝酸一钙（$CaO \cdot Al_2O_3 \cdot 10H_2O$，简写式 CAH_{10}）、八水铝酸二钙（$2CaO \cdot Al_2O_3 \cdot 8H_2O$，简写式 C_2AH_8）和铝胶

($Al_2O_3 \cdot 3H_2O$)。

CAH_{10} 和 C_2AH_8,为片状或针状的晶体,这类晶体互相交错搭接,形成坚固的结晶连生体骨架,同时生成的铝胶填充于晶体骨架的空隙中,形成致密的水泥石结构,因此其强度较高。水化 5~7 天后,水化物的数量很少增长,故铝酸盐水泥的早期强度增长很快,后期强度增进很小。特别需要指出的是,CAH_{10} 和 C_2AH_8 都是不稳定的,会逐步转化为 C_3AH_6,温度升高转化加快,晶体转变的结果,使水泥石内析出了游离水,增大了孔隙率;同时也由于 C_3AH_6 本身强度较低,且相互搭接较差,所以水泥石的强度明显下降,后期强度可能比最高强度降低达 40% 以上。

2. 铝酸盐水泥的技术性质

国家标准《铝酸盐水泥》(GB201—2000)中规定的技术要求是:

(1) 化学成分:各类型水泥的化学成分要求如表 5.2.1 所示。

表 5.2.1 各类型水泥化学成分 (%)

水泥类型	Al_2O_3	SiO_2	Fe_2O_3	R_2O (Na_2O + $0.658K_2O$)	S (注) (全硫)	Cl (注)
CA-50	≥50,<60	≤8.0	≤2.5	≤0.40	≤0.1	≤0.1
CA-60	≥60,<68	≤5.0	≤2.0			
CA-70	≥68,<77	≤1.0	≤0.7			
CA-80	≥77	≤0.5	≤0.5			

注:当用户需要时,生产厂家应提供结果。

(2) 细度:0.045mm 方孔筛筛余不得超过 20%,或比表面积不小于 300 m^2/kg。

(3) 凝结时间:CA-50、CA-70、CA-80 的初凝不得早于 30min,终凝不得迟于 6h;CA-60 的初凝不得早于 60min,终凝不得迟于 18h。

(4) 强度:各类型水泥各龄期强度值不得低于表 5.2.2 中数值。

表 5.2.2 各类型水泥各龄期强度值

水泥类型	抗压强度 (MPa)				抗折强度 (MPa)			
	6h	1d	3d	28d	6h	1d	3d	28d
CA-50	20 (注)	40	50	—	3.0 (注)	5.5	6.5	—
CA-60	—	20	45	85	—	2.5	5.0	10.0
CA-70	—	30	40	—	—	5.0	6.0	—
CA-80	—	25	30	—	—	4.0	5.0	—

注:当用户需要时,生产厂家应提供结果。

3. 铝酸盐水泥的特性与应用

与硅酸盐水泥相比,铝酸盐水泥具有以下特性及相应的应用:

(1) 快硬早强。1d 即可以达到极限强度的 80% 左右，适用于紧急抢修工程。

(2) 水化热大。释放热量主要集中在早期，1d 内即可以释放出水化总热量的 70%～80%，因此，不宜用于大体积混凝土工程，但适用于寒冷地区冬季施工的混凝土工程。

(3) 抗硫酸盐侵蚀性好。这是因为铝酸盐水泥在水化后几乎不含有 $Ca(OH)_2$，且结构致密。适用于抗硫酸盐及海水侵蚀的工程。

(4) 耐热性好。这是因为不存在水化产物 $Ca(OH)_2$ 在较低温度下的分解，且在高温时水化产物之间发生固相反应，生成新的化合物。因此，铝酸盐水泥可以作为耐热砂浆或耐热混凝土的胶结材料，能耐 1300～1400℃ 高温。

(5) 长期强度要降低，一般降低 40%～50%，因此不宜用于长期承载结构。

(6) 耐碱性很差。水化铝酸钙遇碱即发生化学反应，使水泥石结构疏松，强度大幅降低，因此，铝酸盐水泥不宜用于与碱接触的混凝土工程。

除特殊情况外，铝酸盐水泥不得与硅酸盐水泥或石灰等能析出 $Ca(OH)_2$ 的材料混合使用，否则会出现"瞬凝"现象，强度也明显降低。同时，也不得与未硬化的硅酸盐类水泥混凝土拌合物相接触，两类水泥配制的混凝土的接触面也不能长期处在潮湿状态下。

此外，铝酸盐水泥还不得用于高温高湿环境，也不能在高温季节施工或采用蒸汽养护（若需蒸汽养护须低于 50℃）。铝酸盐水泥的碱度较低，当用于钢筋混凝土时，钢筋保护层厚度不得小于 60mm。

5.2.2 快硬硫铝酸盐水泥与快硬铁铝酸盐水泥

以适当成分的生料煅烧所得，以无水硫铝酸四钙和硅酸二钙为主要成分的熟料加入适量石灰石（不得超过 10%）和石膏磨细制成的早期强度高的水硬性胶凝材料，称为快硬硫铝酸盐水泥，代号为 R·SAC。

以适当成分的生料，经煅烧所得以铁相、无水硫铝酸钙和硅酸二钙为主要矿物成分的熟料，加入适量石灰石（不得超过 15%）和石膏，磨细制成的早期强度高的水硬性胶凝材料，称为快硬铁铝酸盐水泥，代号为 R·FAC。

快硬硫铝酸盐水泥和快硬铁铝酸盐水泥的主要技术指标应满足表 5.2.3 中的要求。

表 5.2.3 快硬硫铝酸盐水泥、快硬铁铝酸盐水泥的主要技术指标（JC933—2003）

强度等级	比表面积 /(m²/kg) ≥	凝结时间 /(min)		抗压强度/(MPa)			抗折强度/(MPa)		
		初凝≥	终凝≤	1d	3d	28d	1d	3d	28d
42.5	350	25	180	33.0	42.5	45.0	6.0	6.5	7.0
52.5				42.0	52.5	55.0	6.5	7.0	7.5
62.5				50.0	62.5	65.0	7.0	7.5	8.0
72.5				56.0	72.5	75.0	7.5	8.0	8.5

快硬硫铝酸盐水泥的 pH 值为 11.5～12.0，对钢筋的保护作用较差，因而在水化初期钢筋会产生轻微的锈蚀，但随着水化的进行，混凝土的密实度会迅速提高，钢筋的锈蚀现象就不会再发展。而快硬铁铝酸盐水泥的 pH 值为 12.0～12.5，因而对钢筋具有良好的保

护作用。

快硬硫铝酸盐水泥和快硬铁铝酸盐水泥均具有早强、高强、高抗冻、高抗渗（水泥石结构致密，混凝土抗渗性是同标号硅酸盐水泥的 2~3 倍）、抗碳化性能好、干缩率低、抗腐蚀性能好，尤其是抗海水腐蚀优于高抗硫硅酸盐水泥等特点。两者主要用于冬季施工工程、抢修工程、喷锚支护工程、水工海工工程、桥梁道路工程等混凝土工程。

5.2.3 白色硅酸盐水泥

凡以适当成分的生料烧至部分熔融，所得以硅酸钙为主要成分，且氧化铁含量很少的白色硅酸盐水泥熟料，再加入适量石膏共同磨细制成的水硬性胶凝材料称为白色硅酸盐水泥，简称白水泥。

1. 白色硅酸盐水泥的生产工艺及要求

通用硅酸盐水泥中通常含有较多的氧化铁而多呈灰色，且随着氧化铁含量的增加而颜色变深，水泥中含铁量与水泥颜色的关系如表 5.2.4 所示。为满足工程对水泥颜色的要求，白色硅酸盐水泥在生产时应严格控制水泥原料的铁含量，并严防在生产过程中混入铁质物质。通常，白色硅酸盐水泥中铁含量只有普通水泥的 10% 左右。此外，由于钛、锰、铬等的氧化物也会导致水泥白度的降低，故在生产中亦应控制其含量。

表 5.2.4　　　　　　　　水泥中含铁量与水泥颜色的关系

氧化铁含量（%）	3~4	0.45~0.70	0.35~0.40
水泥颜色	暗灰色	淡绿色	白色

显然，白色硅酸盐水泥与通用硅酸盐水泥的生产原理与方法基本相同，但对原材料的要求有所不同。生产白色水泥所用石灰石及粘土原料中的氧化铁含量应分别低于 0.1% 和 0.7%。为此，常用的粘土质原料主要有高岭土、白泥、石英砂等，石灰岩质原料则多采用白垩。

为防止有色物质对水泥的颜色污染，生产中还需要采取一些特殊措施，如选用无灰烬的气体燃料（天然气）或液体燃料（柴油、重油或酒精等）；在粉磨生料和熟料时，为避免混入铁质，球磨机内壁要镶贴白色花岗岩或高强陶瓷衬板，并采用烧结刚玉、瓷球、卵石等作为研磨体。为提高白色水泥的白度，对白水泥熟料还需经漂白处理，例如，对刚出窑的红热熟料进行喷水、喷油或浸水，使高价色深的 Fe_2O_3 还原成低价色浅的 FeO 或 Fe_3O_4，也可以通过提高白色水泥熟料的饱和比（即 kH 值）增加其中游离 CaO 的含量，并使其吸水消解为 $Ca(OH)_2$，或适当提高水泥的细度。白色硅酸盐水泥所用石膏多采用高白度的雪花石膏来增强其白度。

2. 白水泥的技术性质

（1）强度　根据国家标准《白色硅酸盐水泥》（GB/T2015—2005）中的相关规定，白色硅酸盐水泥的强度等级分为 32.5，42.5，52.5 三个等级，不同标号水泥各龄期的强度不得低于表 5.2.5 中的规定要求值。

（2）其他指标　白水泥的白度应不低于 87，80μm 方孔筛筛余不得大于 10%；初凝不得早于45min，终凝不得迟于10h；为满足对水泥体积安定性的要求，白色硅酸盐水泥熟料中氧化镁的含量（质量分数）不得超过5.0%（如果水泥压蒸试验合格，则水泥中氧化镁的含量允许放宽至6.0%），水泥中三氧化硫含量不得超过3.5%，其体积安定性以沸煮法检验必须合格。

表5.2.5　白色硅酸盐水泥各标号、各龄期强度要求（GB/T2015—2005）

水泥标号	抗压强度/（MPa）		抗折强度/（MPa）	
	3d	28d	3d	28d
32.5	12.0	32.5	3.0	6.0
42.5	17.0	42.5	3.5	6.5
52.5	22.0	52.5	4.0	7.0

5.2.4　彩色硅酸盐水泥

彩色硅酸盐水泥是指除灰色的通用水泥及白色水泥之外的硅酸盐水泥。为获得所期望的色彩，可以采用烧成法或染色法生产彩色水泥。其中烧成法是通过调整水泥生料的成分，使其烧成后生成所需要的彩色水泥；染色法是将硅酸盐水泥熟料（白水泥熟料或普通水泥熟料）、适量石膏和碱性颜料共同磨细而制成的彩色水泥，也可以将矿物颜料直接与水泥粉混合而配制成彩色水泥。

与烧成法相比，尽管染色法生产的彩色水泥颜料用量大，色泽也不易均匀，但其制做便捷，成本也较低，因此工程中更常采用。通常，采用染色法生产彩色水泥时，所用颜料应满足一些特殊要求，如不溶于水、分散性好、耐大气稳定性好（通常要求其耐光性在7级以上）、抗碱性强（应具有一级耐碱性）、着色力强、颜色浓，而且不得显著影响水泥的强度及其他性能。为此，彩色水泥用颜料应以无机矿物颜料为主，有机颜料只能作为辅助颜料以使水泥色泽鲜艳。

彩色硅酸盐水泥的80μm方孔筛筛余不得大于6%；初凝不得早于1h，终凝不得迟于10h；水泥中三氧化硫含量不得超过4.0%，其体积安定性以沸煮法检验必须合格。彩色硅酸盐水泥的强度等级分为22.5，32.5，42.5三个等级，不同标号水泥各龄期的强度不得低于表5.2.6中的规定要求值。

表5.2.6　彩色硅酸盐水泥各标号、各龄期强度要求（JC/T870—2000）

水泥标号	抗压强度/（MPa）		抗折强度/（MPa）	
	3d	28d	3d	28d
22.5	7.5	22.5	2.0	5.0
32.5	10.0	32.5	2.5	5.5
42.5	15.0	42.5	3.0	6.5

白色硅酸盐水泥和彩色硅酸盐水泥在各种装饰工程中应用较多,常用来制作彩色仿石材料(人造大理石等),配制彩色水泥浆或彩色砂浆,生产装饰混凝土,这种硅酸水泥也是制造彩色水刷石及水磨石等各种装饰材料的主要胶凝材料。

5.2.5 道路硅酸盐水泥

道路硅酸盐水泥是由道路硅酸盐水泥熟料、0～10%活性混合材料和适量石膏磨细制得的水硬性胶凝材料,代号为P·R。由于C_4AF具有抗折强度高、抗冲击、耐磨、低收缩等特性,道路硅酸盐水泥熟料中规定C_4AF的含量应不低于16.0%,同时严格限制C_3A的含量应不超过5.0%。

国家标准《道路硅酸盐水泥》(GB13693—2005)中规定,道路硅酸盐水泥的比表面积为300～450 m^2/kg,初凝应不早于1.5h,终凝不得迟于10h,氧化镁含量应不大于5.0%,三氧化硫含量应不大于3.0%,体积安定性用沸煮法检验必须合格,28d干缩率应不大于0.1%,耐磨性28d磨耗量应不大于3.0kg/m^2。道路硅酸盐水泥划分为32.5、42.5、52.5三个强度等级,相应的强度指标不得低于表5.2.7中的要求。

道路水泥可以较好的承受高速车辆的车轮摩擦、循环负荷、冲击和震荡、货物起卸时的骤然负荷,较好的抵抗路面与路基的温差和干湿度差产生的膨胀应力,抵抗冬季的冻融循环。使用道路水泥铺筑路面,可以减少路面裂缝和磨耗,减小维修量,延长道路使用寿命。

道路水泥主要用于道路路面、机场跑道路面和城市广场等工程。

表5.2.7　　道路硅酸盐水泥各标号、各龄期强度要求(GB 13693—2005)

水泥强度等级	抗压强度/(MPa)		抗折强度/(MPa)	
	3d	28d	3d	28d
32.5	16.0	32.5	3.5	6.5
42.5	21.0	42.5	4.0	7.0
52.5	26.0	52.5	5.0	7.5

5.2.6 膨胀硅酸盐水泥与自应力硅酸盐水泥

膨胀水泥和自应力水泥都是硬化时具有一定体积膨胀的水泥品种。通用硅酸盐水泥在空气中硬化,一般都表现为体积收缩,其平均收缩率为0.02%～0.035%。混凝土成型后,7d～60d的收缩率较大,以后趋向缓慢。收缩使水泥石内部产生细微裂缝,导致其强度、抗渗性、抗冻性下降;用于装配式构件接头、建筑连接部位和堵漏补缝时,水泥收缩会使结合不牢,达不到预期效果。而使用膨胀水泥就能改善或克服上述的不足。另外,在钢筋混凝土中,利用混凝土与钢筋的握裹力,使钢筋在水泥硬化发生膨胀时被拉伸,使混凝土内侧产生压应力。钢筋混凝土内由组成材料(水泥)膨胀而产生的压应力称为自应力,自应力的存在使混凝土抗裂性提高。

膨胀水泥膨胀值较小,主要用于补偿收缩;自应力水泥膨胀值较大,主要用于产生预应力混凝土。

使水泥产生膨胀主要有三种途径,即氧化钙水化生成 Ca(OH)$_2$,氧化镁水化生成 Mg(OH)$_2$,铝酸盐矿物生成钙矾石。因前两种反应不易控制,一般多采用以钙矾石为膨胀组分生产各种膨胀水泥。

常用硅酸盐系膨胀水泥主要是明矾石膨胀水泥(标准代号为 JC/T 311—1997),低热微膨胀水泥(标准代号为 GB 2938—1997)和自应力硅酸盐水泥(标准代号为 JC/T 218—1995)。

明矾石膨胀水泥是以一定比例的硅酸盐水泥熟料、天然明矾石、无水石膏和矿渣(或粉煤灰)共同粉磨制成。矿渣作为膨胀稳定剂,明矾石作为铝质原料,其含量要求 $SiO_2 \geq 15\%$,$Al_2O_3 \geq 16\%$,在 Ca(OH)$_2$ 和硫酸盐激发下水化形成钙矾石,产生适度膨胀。其膨胀值要求是:水中养护净浆自由膨胀时线膨胀率 1d 不小于 0.15%,28d 不小于 0.35%,但不得大于 1.20%。胶砂试体水中养护 3d 后,在 1.0MPa 水压下恒压 8h,应不透水。

明矾石膨胀水泥适用于收缩补偿混凝土结构、防渗混凝土、补强和防渗抹面工程,接缝和接头,设备底座和地脚螺栓固结等。

凡以粒化高炉矿渣为主要组分,加入适量硅酸盐水泥熟料和石膏,磨细制成的具有低水化热和微膨胀性能的水硬性胶凝材料,称为低热微膨胀水泥,代号为 LHEC。

低热微膨胀水泥主要用于要求低水化热和要求补偿收缩的混凝土、大体积混凝土工程,也可以用于要求抗渗和抗硫酸盐腐蚀的工程。

自应力硅酸盐水泥是以适当比例的硅酸盐水泥或普通硅酸盐水泥、高铝水泥和天然二水石膏磨制而成的膨胀性的水硬性胶凝材料。自应力水泥的自应力值是指水泥水化硬化后体积膨胀能使砂浆或混凝土在限制条件下产生可资应用的化学预应力,自应力值是通过测定水泥砂浆的限制膨胀率计算得到的。要求其 28d 自由膨胀率不得大于 3%,膨胀稳定期不得迟于 28d。因为这种压应力是依靠水泥本身水化而产生的,所以称为"自应力"。自应力有效的改善了混凝土易产生干燥开裂、抗拉强度低的缺陷。

自应力硅酸盐水泥适用于制造自应力钢筋混凝土压力管及其配件,制造一般口径和压力的自应力水管和城市煤气管。

5.2.7 抗硫酸盐硅酸盐水泥

抗硫酸盐硅酸盐水泥是以特定矿物组成的硅酸盐水泥熟料,加入适量石膏磨细制成的具有抵抗硫酸根离子侵蚀的水硬性胶凝材料,按其抗硫酸盐性能分为中抗硫酸盐硅酸盐水泥(moderate sulfate resistance portland cement)、高抗硫酸盐硅酸盐水泥(high sulfate resistance portland cement)两类。中抗硫酸盐硅酸盐水泥可以抵抗中等浓度硫酸根离子侵蚀,简称中抗硫酸盐水泥,代号为 P·MSR;高抗硫酸盐硅酸盐水泥可以抵抗较高浓度硫酸根离子侵蚀,简称高抗硫酸盐水泥,代号为 P·HSR。

抗硫酸盐硅酸盐水泥的主要矿物成分、化学成分、比表面积、线膨胀率等应满足表 5.2.8 中的规定。抗硫酸盐硅酸盐水泥分为 32.5、42.5 两个强度等级,各强度等级、各龄期的强度值应不低于表 5.2.9 中的规定,初凝不小于 45min,终凝不大于 600min;此外,体积安定性必须合格。

表 5.2.8　抗硫酸盐硅酸盐水泥的主要矿物成分、化学成分、比表面积、线膨胀率要求（GB 748—2005）

抗硫酸盐等级	C_3S/(%)≤	C_3A/(%)≤	SO_3/(%)≤	游离 MgO (%)≤	14d 线膨胀率/(%)<	比表面积/(m^2/kg)>
中抗硫酸盐硅酸盐水泥	55	5			0.060	
高抗硫酸盐硅酸盐水泥	50	3	2.5	5.0	0.040	280

表 5.2.9　抗硫酸盐硅酸盐水泥各标号、各龄期强度要求（GB 748—2005）

强度等级	抗压强度/(MPa)		抗折强度/(MPa)	
	3d	28d	3d	28d
32.5	10.0	32.5	2.5	6.0
42.5	15.0	42.5	3.0	6.5

习　题　5

1. 硅酸盐水泥熟料由哪几种主要矿物组成？各有何特性？
2. 在硅酸盐水泥生产中，加入石膏的作用是什么？掺量一般为多少？
3. 在相关国家标准中，为什么要限制水泥的细度、初凝时间和终凝时间在一定范围内？
4. 何谓水泥体积安定性？引起水泥体积安定性不良的原因有哪些？
5. 试从应用的角度，分析水泥的技术性质及其要求？
6. 水泥在储存和运输过程中应注意哪些事项？水泥过期、受潮后如何处理？
7. 常用掺混合材料的硅酸盐水泥有哪些？与硅酸盐水泥相比有何异同点？
8. 什么是活性混合材料的激发剂？其激发机理是什么？
9. 根据已学过的胶凝材料知识，以及胶凝材料中主要矿物的特性，通过矿物的组合，设计一种具有特性的胶凝材料，并阐述原因。
10. 试论述水及其用量在水泥凝结硬化中的作用，以及对水泥石组成、结构与性能的影响。
11. 试论述水泥石强度的来源及其主要影响因素。
12. 仓库内有三种白色胶凝材料，分别是生石灰粉、建筑石膏和白水泥，试用简易的方法加以辨别。
13. 在下列混凝土中应分别选用哪些水泥？（1）紧急抢修的工程；（2）大体积混凝土坝和大型设备基础；（3）高炉基础；（4）现浇混凝土构件；（5）高强混凝土；（6）耐热混凝土；（7）混凝土路面；（8）海港工程；（9）蒸汽养护的预制构件；（10）有抗渗要求的混凝土。

14. 高铝水泥适用于哪些工程？不能用于哪些工程？

15. 什么是快硬硅酸盐水泥、白色硅酸盐水泥？各有何特性？适用于哪些工程？

16. 试说明下述各条"必须"的原因：（1）制造硅酸盐水泥时必须掺入适量的石膏；（2）水泥粉磨必须具有一定的细度；（3）水泥体积安定性必须合格；（4）测定水泥强度等级、凝结时间和体积安定性时，均必须采用规定加水量。

17. 某硅酸盐水泥各龄期的强度测定值如题17表所示，试评定其强度等级。

题17表　　　某硅酸盐水泥各龄期的强度测定值

龄期	抗折破坏强度/N		抗压破坏强度/kN	
	3d	28d	3d	28d
试验结果	2000	3200	40	90
			42	93
	1900	3300	39	89
			40	91
	1800	3100	41	90
			40	90

第6章 混 凝 土

§6.1 概 述

从广义上来说，混凝土是指以胶凝材料（胶结料）、骨料（或称集料）、水（或不加水）及其他材料为原料，按适当比例配制而成的混合物，再经硬化形成的复合材料。

混凝土作为土木工程材料的历史很久远，用石灰、砂和卵石制成的砂浆和混凝土在公元前500年就已经在东欧使用，但最早使用水硬性胶凝材料制备混凝土的还是罗马人。这种用火山灰、石灰、砂、石制备的"天然混凝土"具有凝结力强、坚固耐久、不透水等特点，在古罗马得到广泛应用，万神殿和罗马圆形剧场就是其中杰出的代表。因此，可以说混凝土是古罗马最伟大的建筑遗产。

混凝土发展史中最重要的里程碑是波特兰水泥的发明，从此，水泥逐渐代替了火山灰、石灰用于制造混凝土，但主要用于墙体、屋瓦、铺地、栏杆等部位。直到1875年，威廉·拉塞尔斯（Willian Lascelles）采用改良后的钢筋强化的混凝土技术获得专利，混凝土才真正成为最重要的现代土木工程材料。1895～1900年间用混凝土成功地建造了第一批桥墩，至此，混凝土开始作为最主要的结构材料，塑造了现代建筑。

6.1.1 混凝土的分类

1. 根据所用胶凝材料的不同分类

根据所用胶凝材料的不同混凝土分为水泥混凝土、石膏混凝土、水玻璃混凝土、树脂混凝土、沥青混凝土等，土木工程中用量最大的为水泥混凝土，属于水泥基复合材料。

2. 按表观密度分类

混凝土按表观密度大小不同可以分为三类：

（1）重混凝土 干表观密度大于$2600kg/m^3$，是用重晶石、铁矿石、钢屑等重骨料或同时用钡水泥、锶水泥等重水泥配置而成。对X射线和γ射线有较高的屏蔽能力，故又称为防辐射混凝土。

（2）普通混凝土 干表观密度为$1950\sim2600kg/m^3$的混凝土，通常是以常用水泥为胶凝材料，且以天然砂、石为骨料配制而成的混凝土，普通混凝土是目前土木工程中最常用的水泥混凝土，广泛的应用于房屋、桥梁、大坝、路面等各种土木工程结构。

（3）轻混凝土 干表观密度小于$1950kg/m^3$的混凝土，通常是采用陶粒等轻质多孔的骨料，或不用骨料而掺入加气剂或泡沫剂等而形成多孔结构的混凝土。根据其性能与用途的不同又可以分为结构用轻混凝土、保温用轻混凝土和结构保温轻混凝土等。

3. 按用途分类

按混凝土在工程中的用途不同混凝土可以分为结构混凝土、水工混凝土、海洋混凝土、道路混凝土、防水混凝土、补偿收缩混凝土、装饰混凝土、耐热混凝土、耐酸混凝土、防辐射混凝土等。

4. 按强度等级分类

按混凝土的抗压强度（f_{cu}）混凝土可以分为低强混凝土（$f_{cu} < 30$ MPa）、中强混凝土（$f_{cu} = 30 \sim 60$ MPa）、高强混凝土（$f_{cu} \geq 60$ MPa）及超高强混凝土（$f_{cu} \geq 100$ MPa）等。

5. 按生产和施工方法分类

按混凝土的生产和施工方法不同混凝土可以分为预拌（商品）混凝土、喷射混凝土、压力灌浆混凝土（预填骨料混凝土）、挤压混凝土、离心混凝土、真空吸水混凝土、碾压混凝土等。

按每立方米混凝土中水泥用量（C）混凝土分为贫混凝土（$C \leq 170$ kg/m^3）和富混凝土（$C \geq 230$ kg/m^3）。另外，还有掺加其他辅助材料的特种混凝土，如粉煤灰混凝土、纤维混凝土、硅灰混凝土、磨细高炉矿渣混凝土、硅酸盐混凝土等。

本章主要介绍以水泥为胶凝材料的普通混凝土，其基本理论或基本规律在其他混凝土中也基本适用。

6.1.2 混凝土的主要特点

混凝土是现代土木工程中主要的工程材料，是目前用量最大的人造石材，我国目前混凝土年使用量达到 5~6 亿 m^3。究其原因是混凝土具有许多优点。

1. 材料来源广泛。混凝土中砂、石等地方材料占 75% 以上，符合就地取材和经济原则。

2. 易于加工成型，可调整性强。在一定范围内调整混凝土的原材料配比，可以获得强度、流动性、耐久性及外观不同的混凝土。

3. 与钢筋的匹配性好。混凝土具有较高的抗压强度，且与钢筋具有良好的共同工作性。硬化混凝土的抗压强度一般为 20~40MPa，有些可以高达 80~100MPa。混凝土不仅与钢筋间有较强的粘结力，并与钢筋具有相近的温度胀缩性，而且其碱性环境能有效地保护钢筋免受腐蚀。这些性能使二者复合成为钢筋混凝土后，可以形成具有互补性的整体，更扩大了混凝土作为工程结构材料的应用范围。

4. 具有较好的耐火性。普通混凝土的耐火性优于木材、钢材和塑料等材料，经高温作用数小时而仍能保持其力学性能，使混凝土结构物具有较高的可靠性。

5. 经久耐用、维修费用低。混凝土具有良好的耐久性，可以抵抗大多数环境破坏作用，与其他结构材料相比，其维修费用很低。

但是，混凝土也有自重大、比强度小、抗拉强度低（一般只有其抗压强度的 6%~10%）、变形能力差、易开裂和硬化较慢、生产周期长等缺点。这些缺陷正随着混凝土技术的不断发展而逐渐得以改善，但在目前工程实践中还应注意其不良影响。

6.1.3 混凝土材料工业的可持续发展

要实现混凝土材料工业可持续发展，可从两个方面入手：其一，改善混凝土结构物的耐久性；其二，原材料资源的保护及再生利用，减少耗能大、污染环境的硅酸盐水泥消耗量，多利用工业废料——绿色化。

1. 改善混凝土结构物的耐久性的途径

可以说，没有混凝土就没有今天的现代土木工程。但是在应用过程中，传统水泥混凝土的缺陷也越来越多地暴露出来，集中体现在耐久性方面。我们寄予厚望的胶凝材料——水泥在混凝土中的表现，远没有我们想象的那么完美。经过近10年来的研究，越来越多的学者认识到传统混凝土过分的依赖水泥是导致混凝土耐久性不良的首要因素。给水泥重新定位，合理地控制水泥浆用量势在必行。改善混凝土结构物的耐久性的主要技术途径如下：

（1）降低水泥用量，由水泥、粉煤灰或磨细矿粉等共同组成合理的胶凝材料体系。
（2）依靠减水剂实现混凝土的低水胶比。
（3）使用引气剂减少混凝土内部的应力集中现象。
（4）通过改变加工工艺，改善骨料的粒形和级配。

2. 原材料绿色化的途径

由于多年来大规模的建设，优质资源的消耗量惊人，我国许多地区的优质骨料趋于枯竭。水泥工业带来的能耗巨大，生产水泥放出的CO_2导致的"温室效应"日益明显，国家的资源和环境已经不堪重负，混凝土工业必须走可持续发展之路。可以采取下列措施：

（1）大量使用工业废弃资源，如用尾矿资源作骨料；大量使用粉煤灰和磨细矿粉替代水泥。
（2）扶植再生混凝土产业，使越来越多的建筑垃圾作为骨料循环使用。
（3）应大力发展中、低强度等级耐久性好的混凝土，不要一味追求高强度等级混凝土。

§6.2 普通混凝土的基本组成材料

普通混凝土是指用水泥作为胶凝材料，砂、石作为骨料，经加水搅拌、浇筑成型、凝结硬化成具有一定强度的"人工石材"，即水泥混凝土，是目前土木工程中使用量最大的混凝土品种，为了改善其性能，可以添加化学外加剂与矿物掺合料。

在普通混凝土中，各组成材料起着不同的作用。砂、石等集料在混凝土中起骨架作用，因此也称为骨料，一般不与水泥浆起化学反应，是廉价的填充材料，这类材料除了起骨架作用外，还可以降低水化热，减少水泥硬化所产生的收缩并可以降低造价。由水泥与水所形成的水泥浆通常包裹在骨料的表面，并填充骨料间的空隙而在混凝土硬化前起润滑作用，水泥浆赋予新拌混凝土一定的流动性以便于施工操作；在混凝土硬化后，水泥浆形成的水泥石又起胶结作用，是水泥浆把砂、石等集料胶结成为整体而成为坚硬的人造石材，并产生力学强度。硬化后混凝土的组织结构如图6.2.1所示。

混凝土的技术性质，在很大程度上是由原材料的性质及其相对含量所决定的，同时也与施工工艺（配料、搅拌、捣实成型、养护等）有关。因此，要获得满足设计性能要求的混凝土，首先必须了解其原材料的性质、作用及其质量要求。

6.2.1 水泥

水泥在混凝土中起胶结作用，水泥是混凝土中最重要的组分，其技术性质除了必须满

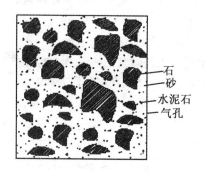

图 6.2.1 混凝土的组织结构图

足相关标准规定之外,还应根据不同使用环境与使用条件合理选择水泥的品种及强度等级,以满足工程对混凝土强度、耐久性及经济性等方面的要求。

1. 水泥品种的选择

配制混凝土所用水泥的品种,应根据实际工程性质、部位、工程所处环境及施工条件,参考各种水泥的特性进行合理选择。常用水泥品种及其适用环境选择如表 5.1.8 所示。

2. 水泥强度等级的选择

对于普通混凝土中水泥强度等级的选择,一般应与混凝土的设计强度等级相适应,原则上是配制高强度的等级混凝土应选用高强度等级水泥,配制低强度等级的混凝土应选用低强度等级水泥,通常以水泥强度等级(MPa)为混凝土等级(MPa)的 1.5~2.5 倍为宜。对高强度混凝土可以取 0.9~1.5 倍。若水泥强度选用过高,较少的水泥用量就可以满足混凝土强度要求,由于高强度水泥用量少,与水形成的砂浆量少,不能完全包裹粗、细骨料表面,不能形成紧密的砂浆层,会导致配制的新拌混凝土施工操作性能不良,甚至影响混凝土的耐久性。反之,若采用强度过低的水泥来配制较高强度的混凝土,则很难达到强度要求,即使达到了强度要求,必然使水泥用量过大,不够经济,而且水泥用量大,收缩开裂性就大,从而影响混凝土质量。

但是,随着混凝土强度等级的不断提高,新工艺的不断出现以及高效外加剂性能的不断改进,高强度和高性能混凝土的配比要求将不受上述比例的约束。

6.2.2 细骨料

粒径(方孔筛)在 0.15~4.75 mm 之间的岩石颗粒为细骨料。

1. 细骨料的种类及其特性

土木工程中常用的水泥混凝土细骨料主要有天然砂和人工砂。天然砂是由天然岩石经长期风化、水流搬运和分选等自然条件作用而形成的岩石颗粒,但不包括软质岩、风化岩石的颗粒。按其产源不同可以分为河砂、湖砂、海砂及山砂。对于河砂、湖砂和海砂,由于长期受水流的冲刷作用,颗粒表面比较圆滑、洁净,且产源较广;但海砂中常含有碎贝壳及可溶盐等有害杂质而不利于混凝土结构。山砂是岩体风化后在山涧堆积下来的岩石碎屑,其颗粒多具棱角,表面粗糙,砂中含泥量及有机杂质等有害杂质较多。在天然砂中河砂的综合性质最好,是土木工程中用量最多的细骨料。

人工砂是由天然岩石或卵石破碎而成,其表面粗糙、棱角多、较为清洁,但砂中有较多的片状颗粒及石粉,且成本较高,一般仅在缺乏天然砂时才采用。采用人工砂时,需掺加引气型高效减水剂,也可以采用与天然砂按一定比例混合使用。路面工程中采用人工砂时,其磨光值应大于35。由泥岩、页岩、板岩制成的人工砂的耐磨性差,不宜用于路面和桥面混凝土。

2. 砂的物理性质及技术要求

(1) 表观密度、堆积密度和空隙率

砂的表观密度反映了砂粒的密实程度,其大小与砂的矿物成分有关,以石英质为主要成分的砂,表观密度大于 2500 kg/m³。

堆积密度与堆积的松紧程度及含水率有关。一般干砂的松散堆积密度为 1350~1650 kg/m³,在振实状态下为 1600~1700 kg/m³。

空隙率的大小反映了砂中不同粒径砂粒的组合和搭配情况,一般天然河砂的空隙率在 40%~47%,级配良好时可以小于 40%。

(2) 砂的颗粒级配和粗细程度

砂的颗粒级配是指粒径大小不同的砂粒互相搭配的情况——不同粒径颗粒的分布情况。一般同样粗细的砂粒堆积到一起,其空隙率较大。但如果各种粒径的颗粒搭配恰当,使粗颗粒砂的空隙由中颗粒砂填充,中颗粒砂的空隙由细颗粒砂填充,这样一级一级地填充,可以使砂形成最密实的堆积且空隙率达到最小,如图 6.2.2 所示。

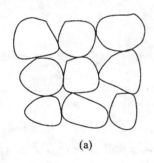 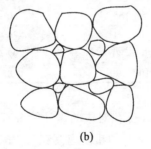 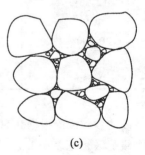

(a)　　　　　　　　　(b)　　　　　　　　　(c)

图 6.2.2　砂的颗粒级配与空隙率示意图

为了保证混凝土拌和物的工作性,必须有足够的水泥浆包裹砂粒表面,并填充砂粒间的空隙。为了节约水泥,减少水泥浆用量,就要求尽量减少砂的空隙率及总表面积。空隙率与颗粒级配有关,砂的颗粒级配用级配区表示。而砂的总表面积与细度有关。砂的细度是指不同粒径的砂粒混合在一起后总体的粗细程度,通常用细度模数 μ_f 表示。

砂的细度模数和颗粒级配用筛分分析法测定。筛分分析法是用一套孔径分别为 9.50mm、4.75mm、2.36mm、1.18mm、600μm、300μm 及 150μm 的标准方孔筛,将 500g 烘干砂样倒入套筛上层,由粗到细顺序放到振动筛分机上筛分 15min,然后从粗到细分别人工检查筛分,称得余留在各个筛上砂的质量(筛余量),并计算各筛的分计筛余 α_1、α_2、α_3、α_4、α_5、α_6。(以百分率表示)。其中,α_1 是孔径为 4.75mm 筛的分计筛余,α_2 是孔径为 2.36mm 筛的分计筛余,其余以此类推。

各号筛上的分计筛余与大于该号筛的各号筛上的分计筛余之总和称为累计筛余,记为 β_1、β_2、β_3、β_4、β_5、β_6。细度模数的计算公式为

$$\beta_i = \sum \alpha_i (i = 1,2,\cdots,6) \tag{6.2.1}$$

$$\mu_f = \frac{\beta_2 + \beta_3 + \beta_4 + \beta_5 + \beta_6 - 5\beta_1}{100 - \beta_1} \tag{6.2.2}$$

式中:α_i——分计筛余百分率,即该号筛的筛余量除以试样总量,(%);

β_i——累计筛余百分率,即该号筛与大于该号各筛分计筛余百分率之和,(%)。

细度模数(μ_f)愈大,表示砂愈粗,砂的细度模数范围一般为 3.7~0.7,其中 μ_f 在 3.7~3.1 为粗砂,μ_f 在 3.0~2.3 为中砂,μ_f 在 2.2~1.6 为细砂,μ_f 在 1.5~0.7 为特细砂。普通混凝土用砂的细度模数一般在 2.2~3.2 之间较为适宜。

根据国家标准 GB/T14684—2001 和 JGJ52—2006 规定,将细度模数为 3.7~1.6 的普通混凝土用砂,以 0.60mm 筛孔的累计筛余量分成三个级配区,如表 6.2.1 及图 6.2.3 所示。

表 6.2.1　　　　砂的颗粒级配区范围（GB/T14684—2001、JGJ52—2006）

筛孔尺寸/(mm)	累计筛余/(%)		
	Ⅰ区	Ⅱ区	Ⅲ区
9.50	0	0	0
4.75	10~0	10~0	10~0
2.36	35~5	25~0	15~0
1.18	65~35	50~10	25~0
0.600	85~71	70~41	40~16
0.300	95~80	92~70	85~55
0.150	100~90	100~90	100~90

砂的颗粒级配根据 0.600mm 筛孔对应的累计筛余百分率 β_4,分成Ⅰ区、Ⅱ区和Ⅲ区三个级配区,见表 6.2.1。级配良好的粗砂应落在Ⅰ区;级配良好的中砂应落在Ⅱ区;级配良好的细砂应落在Ⅲ区。实际使用的砂颗粒级配可能不完全符合要求,除了 4.75mm 和 0.600mm 对应的累计筛余率外,其余各档允许有 5% 的超界,当某一筛档累计筛余率超界 5% 以上时,说明砂级配很差,视为不合格。以累计筛余百分率为纵坐标,筛孔尺寸为横坐标,根据表 6.2.1 的级区可绘制Ⅰ、Ⅱ和Ⅲ级配区的筛分曲线,如图 6.2.3 所示。在筛分曲线上可以直观地分析砂的颗粒级配优劣。

级配合格则空隙率小,有利于降低用水量和水泥用量,提高混凝土的各项性能。若砂的自然级配不符合级配区的要求,应进行调整。其方法是将粗、细不同的两种砂按适当比例混合试配,直至级配合格。

级配曲线符合Ⅱ区的砂,粗细程度适中,级配最好,应优先采用。Ⅰ区砂粗粒较多,保水性较差,宜配制水泥用量较多或流动性较小的普通混凝土。Ⅲ区砂颗粒偏细,用来配制普通混凝土时,粘聚性略大,保水性较好,容易插捣,但其干缩性较大,表面容易产生微裂纹,当采用Ⅲ区砂时,宜适当降低砂率;当采用特细砂时,应符合相应的规定。

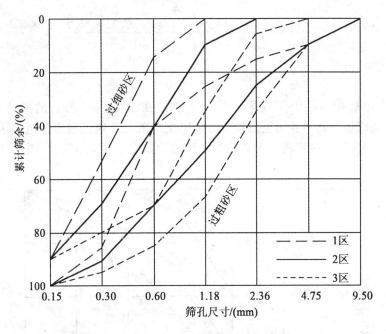

图 6.2.3 砂的颗粒级配区

配制泵送混凝土时,宜选用中砂。

例 6.2.1 某工程用砂,经烘干、称量、筛分分析,测得各号筛上的筛余量列于表 6.2.2。试评定该砂的粗细程度(μ_f)和级配情况。

表 6.2.2 筛分分析试验结果表

筛孔尺寸/(mm)	4.75	2.36	1.18	0.600	0.300	0.150	底盘	合计
筛余量/(g)	28.5	57.6	73.1	156.6	118.5	55.5	9.7	499.5

解

(1) 分计筛余率和累计筛余率计算结果列于表 6.2.3。

表 6.2.3 分计筛余和累计筛余计算结果表

筛孔尺寸/(mm)	分计筛余量/(g)	分计筛余/(%)	累计筛余/(%)
4.75	28.5	$\alpha_1 = 28.5/499.5 = 5.71$	$\beta_1 = \alpha_1 = 5.71$
2.36	57.6	$\alpha_2 = 57.6/499.5 = 11.53$	$\beta_2 = \beta_1 + \alpha_2 = 17.24$
1.18	73.1	$\alpha_3 = 73.1/499.5 = 14.63$	$\beta_3 = \beta_2 + \alpha_3 = 31.87$
0.60	156.6	$\alpha_4 = 156.6/499.5 = 31.35$	$\beta_4 = \beta_3 + \alpha_4 = 63.22$
0.30	118.5	$\alpha_5 = 118.5/499.5 = 23.72$	$\beta_5 = \beta_4 + \alpha_5 = 86.94$
0.15	55.5	$\alpha_6 = 55.5/499.5 = 11.11$	$\beta_6 = \beta_5 + \alpha_6 = 98.05$

（2）计算细度模数

$$\mu_f = \frac{\beta_2 + \beta_3 + \beta_4 + \beta_5 + \beta_6 - 5\beta_1}{100 - \beta_1} = \frac{(17.24 + 31.87 + 63.22 + 86.94 + 98.08) - 5 \times 5.71}{100 - 5.71}$$
$$= 2.85$$

（3）确定级配区、绘制级配曲线：该砂样在 0.600mm 筛上的累计筛余率 β_4 = 63.22，落在Ⅱ级区，其他各筛上的累计筛余率也均落在Ⅱ级区规定的范围内，因此可以判定该砂为Ⅱ级区砂，细度模数为 2.85，级配曲线如图 6.2.4 所示。

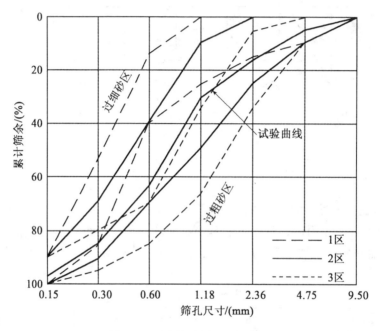

图 6.2.4　砂的颗粒级配曲线图

（4）结果评定：该砂的细度模数为 2.85，属中砂；Ⅱ级区砂，级配良好，可以用于配制混凝土。

（3）有害物质

有害杂质主要包括泥（粒径小于 0.075mm 的粘土、淤泥、石屑等）、泥块（小于 0.60mm 的颗粒，已硬结成大于 1.18mm 的块状物）、硫化物、硫酸盐、氯盐、有机物、轻物质、云母及活性二氧化硅等。

泥、泥块、云母等混入混凝土中，会降低水泥石与砂的粘结力并加大混凝土的收缩，使混凝土的强度及耐久性降低；硫化物、硫酸盐、有机物等对水泥石有腐蚀作用；氯盐对钢筋有腐蚀作用；活性二氧化硅易引起碱—骨料反应，造成混凝土膨胀开裂。重要工程的混凝土所使用的砂，应采用化学法和砂浆长度法进行骨料的碱活性检验。此外，砂中不应混有草根、树叶、树枝、塑料、煤块、炉渣等杂物，这些杂物会影响水泥的水化硬化。因此，国家标准《建筑用砂》（GB/T14684—2001、JGJ52—2006）按技术要求的高低把砂分为Ⅰ、Ⅱ、Ⅲ三类。并建议，Ⅰ类砂宜用于强度等级大于 C60 的混凝土；Ⅱ类砂宜用于强度等级为 C30~C60 的混凝土；Ⅲ类砂宜用于强度等级小于 C30 的混凝土和建筑砂浆，如表 6.2.4 所示。

表 6.2.4　　　　　　　天然砂质量控制指标（GB/T 14684—2001）

项　目	指　标		
	Ⅰ类	Ⅱ类	Ⅲ类
云母（按质量计,%）<	1.0	2.0	2.0
轻物质（按质量计,%）<	1.0	1.0	1.0
有机物（比色法）	合格	合格	合格
硫化物、硫酸盐（按 SO_3 质量计,%）<	0.5	0.5	0.5
氯化物（按氯离子质量计,%）<	0.01	0.02	0.06
含泥量（按质量计,%）<	1.0	3.0	5.0
泥块含量（按质量计,%）	0	<1.0	<2.0
硫酸钠溶液干湿 5 次循环后的质量损失<	8	8	10

对预应力钢筋混凝土不宜用海砂，若必须使用海砂时，则应经淡水冲洗，其氯离子含量不得大于 0.02%（以干砂的质量百分率计，下同）；对钢筋混凝土，海砂中氯离子含量不应大于 0.06%；对素混凝土，海砂中氯离子含量不予限制。

(4) 砂的坚固性与碱活性

砂的坚固性，是指其抵抗自然环境对其腐蚀或风化的能力。用硫酸钠溶液干湿循环 5 次后的质量损失来表示砂坚固性的好坏，即将细骨料试样在硫酸钠饱和溶液中浸泡至饱和，然后取出试样烘干，经 5 次循环后，测定因硫酸钠结晶膨胀引起的质量损失。在严寒地区室外使用，并处于潮湿或干湿交替状态下的混凝土，以及有抗疲劳、耐磨、抗冲击要求的混凝土，或有腐蚀介质作用，或受冰冻与盐冻作用，或经常处于水位变化区的地下结构混凝土，所用砂的坚固性质量损失应小于 8%。其他条件下使用的混凝土，坚固性质量损失应小于 10%。

砂中含有活性氧化硅时，会与水泥中的碱发生反应，称为碱—骨料反应，碱—骨料反应会使混凝土的耐久性下降，砂中不应含有活性氧化硅。对重要工程混凝土使用的砂，应对骨料进行碱活性检验，经检验判断其有潜在危害时，应采取适当措施（参见 6.2.3 粗骨料）后方可使用。

砂的成分一般不作要求，但为满足路面的抗滑性和耐磨性要求，砂的硅质含量不应低于 25%。对于特重、重交通混凝土路面宜使用河砂。

(5) 含水状态

粗、细骨料的含水状态分为干燥状态、气干状态、饱和面干状态和湿润状态 4 种，如

图 6.2.5 所示。干燥状态的骨料含水率等于或接近于零;气干状态的含水率与大气湿度相平衡,但未达到饱和状态;饱和面干状态的骨料,其内部孔隙含水达到饱和,而其表面干燥既不会从混凝土中吸水,也不会给出水,所含的水对混凝土无有害作用;而湿润状态的骨料,不仅内部孔隙含水达到饱和,而且表面还附着一部分自由水,这些自由水将成为混凝土拌和水的一部分,影响混凝土的和易性、强度和耐磨性。

计算普通混凝土配合比时,一般以干燥状态的骨料为基准,计算混凝土配合比时,应扣除骨料所含的水。而一些大型水利工程,常以饱和面干状态的骨料为基准。

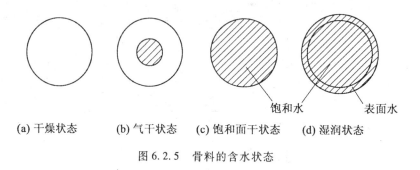

图 6.2.5 骨料的含水状态

砂的外观体积随着砂的湿度变化而变化。假定以干砂体积为标准,当砂的含水率为 5%~7% 时,砂的体积最大,比干松状态下的体积增大 30%~35%;含水率再增加时,体积便开始逐渐减小,当含水率增到 17% 时,体积将缩至与干松状态下相同;当砂完全被水浸泡之后,其密度反而超过干砂,体积可以较原来干松体积缩小 7%~8%,如图 6.2.6 所示,因此,在设计混凝土和各种砂浆配合比时,均应以干松状态下的砂为标准进行计算。

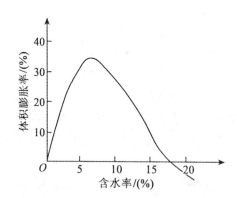

图 6.2.6 天然砂含水率与体积关系曲线

6.2.3 粗骨料

粒径(方孔筛)大于 4.75mm 的骨料为粗骨料。

1. 粗骨料的种类和特性

按照骨料的密度粗骨料可以分为以下三类，如图 6.2.7 所示。

（1）轻骨料　堆积密度 <1200 kg/m³ 的骨料，如陶粒、煅烧页岩、膨胀蛭石、膨胀珍珠岩、泡沫塑料颗粒等，常用于轻混凝土中。

（2）普通骨料　堆积密度在 1520~1680kg/m³，密度在 2500~2700 kg/m³ 的骨料，是应用最多的骨料，工程中大部分混凝土骨料都是普通骨料。

（3）重骨料　堆积密度 >2080 kg/m³ 的骨料，密度在 3500~4000 kg/m³，如铁矿石、重晶石等，常用于防辐射混凝土中。

普通混凝土常用的粗骨料为普通粗骨料，有卵石（砾石）和碎石，如图 6.2.8 所示。

卵石是由天然岩石经自然条件长期作用而形成，按其产源可以分为河卵石、海卵石、山卵石等几种。其中河卵石应用较多；碎石由天然岩石（或卵石）经破碎、筛分而成，其表面粗糙、棱角多，较为清洁，与卵石比较，用碎石配制混凝土时，需水量及水泥用量较大，或混凝土拌合物的流动性较小，但由于碎石与水泥石间的界面粘结力强，故碎石混凝土的强度高于卵石混凝土。特别是在水灰比较小的情况下，强度相差尤为明显。因此配制高强混凝土时，宜采用碎石。

普通骨料　　　　　轻骨料　　　　　重骨料

图 6.2.7　粗骨料的分类

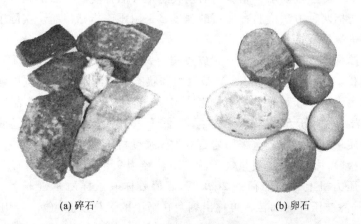

(a) 碎石　　　　　　(b) 卵石

图 6.2.8　普通粗骨料的种类

国家标准《建筑用卵石、碎石》（GB/T14685—2001）中将粗骨料分为三类。Ⅰ类宜用于强度等级大于 C60 的混凝土；Ⅱ类宜用于强度等级为 C30~C60 及有抗冻、抗渗或其他要求的混凝土；Ⅲ类宜用于强度等级小于 C30 的混凝土。高速公路、一级公路、二级公路及有抗冻、抗盐冻要求的三级公路和四级公路的混凝土路面应使用不低于Ⅱ类的粗骨料。无抗冻、抗盐冻要求的三级公路和四级公路的混凝土路面、碾压混凝土及贫混凝土基层可使用Ⅲ类粗骨料。

2. 有害杂质含量

粗骨料中常含有泥土、硫化物、硫酸盐、氯化物和有机质等一些有害杂质，这些杂质的危害作用与细骨料中相同。其含量应符合表 6.2.5 中的规定。

表 6.2.5　　　　　　碎石、卵石质量控制指标（GB/ T 14685—2001）

项　目	指　标		
	Ⅰ类	Ⅱ类	Ⅲ类
有机物（比色法）	合格	合格	合格
硫化物、硫酸盐（按 SO_3 质量计），% <	0.5	1.0	1.0
含泥量（按质量计），% <	0.5	1.0	1.5
泥块含量（按质量计），%	0	<0.5	<0.7
针、片状颗粒含量（按质量计），% <	5	15	25
硫酸钠溶液干湿 5 次循环后的质量损失，% <	8	8	12

3. 强度

为保证混凝土的强度要求，粗骨料必须具有足够的强度。碎石的强度，采用岩石立方体强度和压碎指标两种方法检验；卵石的强度，采用压碎指标检验。实际工程中可以采用压碎指标值来进行质量控制。

岩石立方体强度检验，是将母岩制成边长为 50mm 的立方体（或直径与高均为 50mm 的圆柱体）试件，在水中浸泡 48h，待吸水饱和状态下，测定其极限抗压强度值。岩石立方体的抗压强度应不小于混凝土抗压强度的 1.5 倍。另外，若是火成岩其强度不宜低于 80MPa，变质岩不宜低于 60MPa，水成岩不宜低于 30MPa。在选择采石场或对粗骨料有严格要求以及对质量有争议时，宜采用岩石立方体强度检验。

压碎指标检验，是将一定质量气干状态下粒径为 9.5~19.0mm 的石料装入一定规格的圆筒内，在压力机上均匀加荷达 200kN，卸荷后称取试样质量（m_0），然后用孔径为 2.36mm 的筛筛除被压碎的细粒，再称出剩余在筛上的试样质量（m_1）。压碎指标按下式计算

$$压碎指标 = \frac{m_0 - m_1}{m_0} \times 100\% \qquad (6.2.3)$$

压碎指标值愈小，表示粗骨料抵抗受压破坏的能力越强。压碎指标检验实用方便，用于经常性的质量控制。根据国家推荐标准《建筑用卵石、碎石》（GB/T14685—2001）中的要求，混凝土用碎石和卵石的压碎指标值如表6.2.6所示。

表6.2.6　　　　　碎石、卵石的压碎指标（%）（GB/T14685—2001）

项 目	指 标		
	Ⅰ类	Ⅱ类	Ⅲ类
碎石压碎指标<	10	20	30
卵石的压碎指标<	12	16	16

4. 颗粒形状及表面特征

为了提高混凝土强度和减小骨料间的空隙，粗骨料比较理想的颗粒形状应是三维长度相等或相近的球形或立方体形颗粒，而三维长度相差较大的针状、片状颗粒粒形较差。通常颗粒长度大于该颗粒所属粒级的平均粒径2.4倍者称为针状集料（elongate piece），颗粒厚度小于该颗粒所属粒级的平均粒径的0.4倍者称为片状集料（flat piece），其含量应符合表6.2.5中的要求。C60与C60以上的混凝土，以及泵送混凝土、自密实混凝土、高耐久性混凝土，粗骨料中针状、片状颗粒的含量须小于10%，高性能混凝土须小于5%；C30～C55的混凝土以及有耐久性要求的混凝土，须小于15%；C30以下的混凝土，须小于25%（但道路混凝土须小于20%）；C10及C10以下的混凝土，可放宽到40%。

针状、片状骨料的比表面积与空隙率较大，且内摩擦力大，受力时易折断，这类骨料含量高时会显著增加混凝土的用水量、水泥用量及混凝土的干缩与徐变，降低混凝土拌合物的流动性及混凝土的强度与耐久性。针状、片状颗粒还影响混凝土的铺摊效果和平整度。国内大部分采石厂使用颚式破碎机加工集料，虽然生产效率高，价格便宜，但骨料中的针状、片状颗粒多、质量低，在很大程度上制约了配制的混凝土质量。锤式、反击式、对流式破碎机生产的粒型较好。

5. 最大粒径及颗粒级配

（1）最大粒径

粗骨料公称粒级的上限称为该粒级的最大粒径。例如，当采用5～31.5mm的粗骨料时，该粗骨料的最大粒径为31.5mm。骨料的粒径越大，其表面积相应减小，包裹其表面所需的水泥浆量减少，可以节约水泥，在和易性与水泥用量一定条件下，能减少用水量而提高强度。从图6.2.9中可以看出：对于富水泥浆的混凝土，小粒径骨料可以使混凝土强度较高，大粒径骨料可以使混凝土强度较低，对于贫水泥浆的混凝土，大粒径骨料使混凝土强度较高，小粒径骨料使混凝土强度较低；对于普通混凝土，混凝土强度随骨料粒径增大而提高，但当粗骨料的最大粒径超过37.5mm后，由于减少用水量获得的强度提高，被较少的粘结面积及大粒径骨料造成强度降低所抵消，因而粗骨料的最大粒径宜控制在37.5mm以下。

国家标准《混凝土结构工程施工及验收规范》（GBJ50204—2002）中对粗骨料最大粒径规定：混凝土用粗骨料的最大粒径不得大于结构截面最小尺寸的$\frac{1}{4}$，同时不得大于钢筋

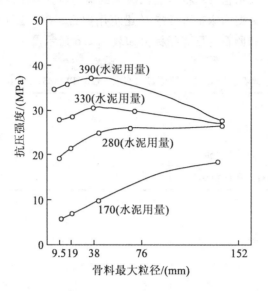

图 6.2.9　骨料最大粒径与混凝土强度的关系

最小净距的 $\frac{3}{4}$；对于混凝土实心板，可以允许采用最大粒径达 $\frac{1}{3}$ 板厚的骨料，但最大粒径不得超过 40mm。对泵送混凝土，碎石最大粒径与输送管内径之比，宜小于或等于 1∶3，卵石宜小于或等于 1∶2.5。对于道路混凝土，混凝土的抗折强度随最大粒径的增加而减小，因而碎石的最大粒径不宜大于 31.5mm、碎卵石的最大粒径不宜大于 26.5mm、卵石的最大粒径不宜大于 19mm。而对于水工混凝土，为降低混凝土的温升，粗骨料的最大粒径可以达 150mm。

（2）颗粒级配

粗骨料与细骨料一样，也要求有良好的颗粒级配。

粗骨料的级配也是通过筛分试验来确定，用孔径 2.36mm、4.75mm、9.5mm、16.0mm、19.0mm、26.5mm、31.5mm、37.5mm、53.0mm、63.0mm、75.0mm 和 90.0mm 的筛进行筛分，分计筛余百分率及累计筛余百分率的计算与砂相同。混凝土用碎石及卵石的颗粒级配应符合表 6.2.7 中的规定。

骨料的级配分为连续级配和单粒级配两种。连续级配是按颗粒尺寸由小到大，每级骨料都占有一定比例，连续级配颗粒级差小，配制的混凝土拌合物和易性好，不易发生离析，应用较广泛。单粒级配是人为剔除某些粒级颗粒，大颗粒的空隙直接由比其小得多的颗粒去填充，可以最大限度地发挥骨料的骨架作用，减少水泥用量。但混凝土拌合物易产生离析现象，增加施工困难，一般工程中应用较少。

路面混凝土对粗骨料的级配要求高于其他混凝土，这主要是为了增强粗骨料的骨架作用和在混凝土中的嵌锁力，减少混凝土的干缩，提高混凝土的耐磨性、抗渗性和抗冻性。路面混凝土对粗骨料的级配应满足表 6.2.8 中的要求。

表 6.2.7　　　　　　　　碎石、卵石的颗粒级配（GB/T14685—2001）

公称粒级/（mm）	累计筛余/（%）	筛孔尺寸（方孔筛）/（mm）									
		2.36	4.75	9.5	16.0	19.0	26.5	31.5	37.5	53.0	63.0	75.0	90.0
连续粒级	5～10	95～100	80～100	0～15	0								
	5～16	95～100	85～100	30～60	0～10	0							
	5～20	95～100	90～100	40～80	—	0～10	0						
	5～25	95～100	90～100	—	30～70	—	0～5	0					
	5～31.5	95～100	95～100	70～90	—	15～45	—	0～5	0				
	5～40	—	95～100	70～90	—	30～65	—	—	0～5	0			
单粒级配	5～20	—	95～100	85～100	—	0～15	0						
	16～31.5	—	95～100	—	85～100	—	—	0～10	0				
	20～40	—	—	95～100	—	80～100	—	—	0～10	0			
	31.5～63	—	—	—	95～100	—	75～100	45～75	—	—	0～10	0	
	40～80	—	—	—	—	95～100	—	—	70～100	—	30～60	0～10	0

表 6.2.8　　　　　　　　碎石和卵石的颗粒级配范围（JTG F30—2003）

公称粒级/（mm）	累计筛余/（%）	筛孔尺寸（方孔筛）/（mm）							
		2.36	4.75	9.5	16.0	19.0	26.5	31.5	37.5
连续粒级	5～16	95～100	85～100	40～60	0～10	0			
	5～19	95～100	85～95	60～75	30～45	0～5	0		
	5～26.5	95～100	90～100	70～90	50～70	25～40	0～5	0	
	5～31.5	95～100	90～100	75～90	60～75	40～60	20～35	0～5	0
单粒级配	5～10	95～100	80～100	0～15	0				
	10～16	—	95～100	80～100	0～15	0			
	10～19	—	95～100	85～100	40～60	0～15	0		
	16～26.5	—	—	95～100	55～75	25～40	0～10	0	
	16～31.5	—	—	95～100	85～100	55～70	25～40	0～10	0

级配或最大粒径不符合要求时，应进行调整。其方法是将两种或两种以上最大粒径与级配不同的粗骨料按适当比例混合试配，直到符合要求。

6.2.4　混凝土拌合及养护用水

混凝土拌合及养护用水应是清洁的水。混凝土拌合及养护用水分为饮用水、地表水、地下水、海水以及经适当处理或处置的工业废水。

混凝土中的拌合水有两个作用：一是供水泥的水化反应；二是赋予混凝土的和易性。剩余水留在混凝土的孔（空）隙中，使混凝土中产生孔隙，对防止塑性收缩裂缝与和易性有利，但对渗透性、强度和耐久性不利。

国家标准《混凝土结构工程施工及验收规范》（GB50204—2002）中规定，拌制及养护混凝土宜采用符合国家标准的饮用水。若采用其他水时，水质应符合《混凝土拌合用水标准》（JGJ63—2006）对混凝土用水提出的质量要求。对混凝土拌合及养护用水的质量要求是：不影响混凝土的凝结和硬化；无损于混凝土强度发展及耐久性；不加快钢筋锈蚀；不引起预应力钢筋脆断；不污染混凝土表面。海水中含有较多硫酸盐和氯盐，可以加速钢筋混凝土中钢筋的锈蚀，并影响混凝土的耐久性，因此，对于钢筋混凝土结构，不得采用海水拌制混凝土，当对混凝土有饰面要求时，也不得采用海水拌制，以免因混凝土表面产生盐析现象而影响装饰效果。生活污水的水质比较复杂，一般不得用于拌制混凝土。经处理过的工业废水（中水），应经试验检验确认不会影响混凝土性能后方可使用。对于使用钢丝或热处理钢筋的预应力混凝土结构，其混凝土用水中的氯离子含量不得超过350mg/L。

值得注意的是，在野外或山区施工采用天然水拌制混凝土时，均应对水的有机质、氯离子和硫酸根离子含量等进行检测，合格后方可使用。特别是某些污染严重的河道或池塘水，一般不得用于拌制混凝土，其相关指标如表6.2.9所示。

表 6.2.9　　　　　　　水中有害物质含量限值（JGJ 63—2006）

项　　目	预应力混凝土	钢筋混凝土	素混凝土
pH 值	≥5	≥4.5	≥4.5
不溶物（mg/L）	≤2000	≤2000	≤5000
可溶物（mg/L）	≤2000	≤5000	≤10000
氯离子（mg/L）	≤500	≤1000	≤3500
硫酸根离子（mg/L）	≤600	≤2000	≤2700
碱含量（mg/L）	≤1500	≤1500	≤1500

注：1. 对于使用年限为100年的结构混凝土，氯离子含量不得超过500mg/L；对使用钢丝或经处理钢筋的预应力混凝土，氯离子不得超过350mg/L。

2. 碱含量按 $Na_2O + 0.658 Na_2O$ 计算值来表示。采用非碱性活性集料时，可以不检验碱含量。

§6.3　混凝土外加剂

在混凝土拌和过程中掺入用以改善混凝土性能的、一般情况下掺量不超过水泥质量5%的材料，称为混凝土外加剂。

随着科学技术的进步，人们对土木工程技术、工程质量和建筑物使用寿命的要求越来越高，使用混凝土外加剂是提高和改善混凝土各项性能、满足工程耐久性要求的最佳、最有效、最易行的途径之一。混凝土外加剂的使用推动了混凝土技术的发展，混凝土外加剂在工程中应用的比例越来越大，已成为混凝土中一种重要组分。

6.3.1　混凝土外加剂的分类

混凝土外加剂种类繁多，每一种外加剂常常具有一种或多种功能。混凝土外加剂按其主要功能分为四类：

1. 改善混凝土拌合物流变性能的外加剂。如减水剂、泵送剂、引气剂等。
2. 调节混凝土凝结时间、硬化性能的外加剂。如缓凝剂、早强剂、速凝剂等。

3. 改善混凝土耐久性的外加剂。如引气剂、防水剂、阻锈剂等。
4. 改善混凝土其他性能的外加剂。如加气剂、膨胀剂、防冻剂、着色剂等。

工程中常用的外加剂主要有减水剂、早强剂、缓凝剂、引气剂、防冻剂等。

6.3.2 常用的混凝土外加剂

1. 减水剂（water reducing admixture）

减水剂是指在混凝土坍落度基本相同的条件下，能显著减少混凝土拌合水量的外加剂。减水率大于12%（JT/T 523—2004、DL/T 5100—1999等规定大于15%）的称为高效减水剂或高效塑化剂或超塑化剂。减水剂大多属于表面活性剂，其分子是由亲水基团和憎水基团两个部分组成。

（1）减水剂的作用原理

水泥加水拌合后，由于水泥颗粒间分子凝聚力的作用，使水泥浆形成絮凝结构，如图6.3.1（a）所示。在这絮凝结构中，包裹了一定的拌和水（游离水），使水泥颗粒表面不能充分与水接触，浆体显得较干稠，从而降低了混凝土拌合物的和易性。若在水泥浆中加入适量的减水剂，由于减水剂的表面活性作用，致使憎水基团定向吸附于水泥颗粒表面，亲水基团指向水溶液，使水泥颗粒表面带有相同的电荷，在电性斥力作用下，使水泥颗粒互相分开，如图6.3.1（b）所示，絮凝结构解体，包裹的游离水被释放出来，从而有效地增加了混凝土拌合物的流动性。当水泥颗粒表面吸附足够的减水剂后，使水泥颗粒表面形成一层稳定的溶剂化膜层，该膜层阻止了水泥颗粒间的直接接触，并在颗粒间起润滑作用，改善了混凝土拌合物的和易性，如图6.3.1（c）所示。

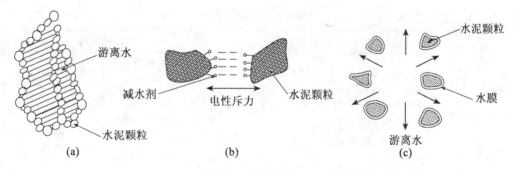

图 6.3.1 水泥浆的絮凝结构和减水剂作用示意图

（2）减水剂的技术经济效果

①在混凝土用水量、水灰比不变的情况下，提高混凝土拌合物的流动性，如坍落度可以增大50~150mm，如图6.3.2所示。

②在保持混凝土拌合物流动性及水泥用量不变的情况下，可以减少拌合水量8%~30%，使混凝土强度提高10%~40%，特别是有利于混凝土早期强度提高。

③在保持混凝土强度不变的情况下，可以节约水泥用量10%~20%。

④提高混凝土抗渗、抗冻、抗化学侵蚀及防锈蚀等能力，改善混凝土的耐久性。

⑤改善混凝土拌合物的泌水、离析现象，延缓混凝土拌合物的凝结时间，减慢水泥水

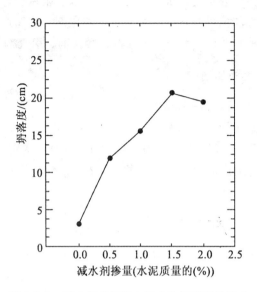

图 6.3.2 减水剂对混凝土拌合物坍落度的影响

化放热速度等。

(3) 常用减水剂的品种

减水剂是使用最广泛、效果最显著的外加剂。其种类很多,目前有木质素系、糖蜜系、萘系和树脂系等几类。常用减水剂的品种及性能如表 6.3.1 所示。

表 6.3.1　　常用减水剂品种及性能

类　别	普通减水剂		高效减水剂	
	木质素系	糖蜜系	多环芳香族磺酸盐系（萘系）	水溶性树脂系
主要品种	木质素磺酸钙（木钙） 木质素磺酸钠（木钠） 木质素磺酸镁（木镁）	3FG, TF, ST	NNO, NF, FDN, UNF, JN, MF, SN—2, NHJ, SP—1, DM, JW—1	SM, CRS 等
主要成分	木质素磺酸钙 木质素磺酸钠 木质素磺酸镁	矿渣、废蜜经石灰中和处理而成	芳香族磺酸盐甲醛缩合物	三聚氰胺树脂磺酸（SM） 古玛隆树脂磺酸钠（CRS）
适宜掺量（占水泥质量）/（%）	0.2~0.3	0.2~0.3	0.2~1.0	0.5~2.0

续表

类别		普通减水剂		高效减水剂	
		木质素系	糖蜜系	多环芳香族磺酸盐系（萘系）	水溶性树脂系
效果	减水率/（%）	10 左右	6~10	15~25	18~30
	早强	—	—	明显	显著
	缓凝	1~3h	3h 以上		
	引气/（%）	1~2	—	一般为非引气或引气<2	<2

2. 早强剂（hardening accelerating admixture）

早强剂是指能促进凝结，提高混凝土早期强度，并对后期强度无显著影响的外加剂。只起促凝作用的称为促凝剂（set accelerating admixture）。目前，普遍使用的早强剂有氯盐系、硫酸盐系和三乙醇胺等。早强剂多用于冬季施工和抢修工程，炎热环境条件下不宜使用早强剂及早强减水剂。三乙醇胺稍有缓凝作用，故必须严格控制其掺量。常用早强剂品种及性能如表6.3.2所示。

表6.3.2 常用早强剂品种及性能

类别	氯盐类	硫酸盐类	有机胺类	复合类
常用品种	氯化钙	硫酸钠（元明粉）	三乙醇胺	①三乙醇胺（A）+氯化钠（B）； ②三乙醇胺（A）+氯化钠（B）+亚硝酸钠（C）； ③三乙醇胺（A）+亚硝酸钠（C）+二水石膏（D）； ④硫酸盐复合早强剂（NC）
适宜掺量（占水泥的质量）/（%）	0.5~1.0	0.5~2.0	0.02~0.05 一般不单独使用，常与其他早强剂复合用	①（A）0.05+（B）0.5； ②（A）0.05+（B）0.5+（C）0.5； ③（A）0.05+（C）1.0+（D）2.0； ④（NC）2.0~4.0

续表

类别	氯盐类	硫酸盐类	有机胺类	复合类
早强效果	显著 3天强度可提高50%~100%，7天强度可提高20%~40%	显著 掺1.5%时达到混凝土设计强度70%的时间可以缩短一半	显著 早期强度可提高50%左右，28天强度不变或稍有提高	显著 3天强度可提高70%，28天强度可以提高20%

不同品种的早强剂，其早强作用机理也不尽相同，常用品种早强剂的作用机理如下：

（1）氯化钙 当水泥混凝土中掺加入氯化钙时，氯化钙会很快与水泥浆中的水化C_3A反应，生成几乎不溶于水的水化氯铝酸钙（$3CaO \cdot Al_2O_3 \cdot 3CaCl_2 \cdot 32H_2O$），并与水泥水化产物$Ca(OH)_2$反应，生成溶解度极小的氧氯化钙（$CaCl_2 \cdot 3Ca(OH)_2 \cdot 12H_2O$），其中生成的水化氯铝酸钙和氧氯化钙固相会很快析出，并促进其硬化骨架的形成，加速了水泥浆体结构的硬化过程；同时，由于水泥浆中$Ca(OH)_2$浓度的降低，又促进了C_3S的进一步水化。由于这些反应的综合作用，使混凝土硬化加快，早期强度显著提高。

（2）硫酸钠 当水泥混凝土中掺加入硫酸钠Na_2SO_4后，硫酸钠可以迅速与水泥水化产物$Ca(OH)_2$反应，生成呈高度分散状态的$CaSO_4 \cdot 2H_2O$，该物质又很快与C_3A的水化物反应迅速生成难溶于水的水化硫铝酸钙（钙矾石）。此外，$Ca(OH)_2$浓度的降低又加速了C_3S的水化，从而加速了混凝土的硬化速度，促进了早期强度的发展。

（3）三乙醇胺 三乙醇胺是一种络合剂，在水泥水化的碱性溶液中，三乙醇胺能与Fe^{3+}和Al^{3+}等离子形成较稳定的络合离子，这种络合离子与水泥的水化物作用后可以生成并析出溶解度很小的络盐，从而促进了早期骨架的形成，使混凝土早期强度得到提高。

下列结构中严禁采用含有氯盐配制的早强剂及早强减水剂：①相对湿度大于80%环境中使用的结构、处于水位变化部位的结构、露天结构或经常受水淋、受水流冲刷的结构；②大体积混凝土结构；③预应力混凝土结构；④与镀锌钢材或铝铁相接触部位的结构，以及有外露预埋件而无防护措施的结构；⑤与含有酸、碱或其他侵蚀性介质相接触的结构；⑥经常处于温度为60℃以上的结构；⑦需经蒸养的钢筋混凝土结构；⑧使用冷拉钢筋或冷拔低碳钢丝的结构，薄壁结构，中级和重级工作制吊车的梁、屋架、落锤或锻锤混凝土基础等结构；⑨含有活性骨料的混凝土结构。

下列结构中严禁采用含有强电解质无机盐类的早强剂及早强减水剂：①与镀锌钢材或铝铁相接触部位的结构，以及有外露钢筋预埋铁件而无防护措施的结构；②使用直流电源的结构及距高压直流电源100m以内的结构；③含有活性骨料的混凝土结构。

3. 引气剂（air entraining admixture）

在混凝土搅拌过程中能引入大量均匀分布且稳定而封闭的微小气泡的外加剂，称为引气剂。主要有松香热聚物、松香皂及801引气剂等。其中松香热聚物的效果较好，应用最多。

松香热聚物是由松香与硫酸、苯酚起聚合反应，再经氢氧化钠中和而得到的憎水性表面活性物质，该物质不能直接溶解于水，使用时需先将其溶解在加热的氢氧化钠溶液中，再加水配制成一定浓度的溶液。

引气剂的作用机理与减水剂基本相似,区别在于减水剂分子是吸附在液—固界面,而引气剂分子是吸附在液—气界面。混凝土在搅拌过程中必然会混入一些空气,引气剂分子便吸附在液—气界面上,显著降低水的表面张力和界面能,在搅拌力的作用下产生大量气泡。引气剂分子定向排列在泡膜界面上,阻碍泡膜内水分子的移动,增加了泡膜的厚度及强度,使气泡不易破灭;水泥等微细颗粒吸附在泡膜上,水泥浆中的氢氧化钙与引气剂作用生成的钙皂沉积在膜壁表面,也提高了气泡的稳定性。引气剂属憎水性表面活性剂,因引气剂定向吸附在气泡表面,形成大量微小、封闭且均匀分布的气泡,使混凝土的某些性能得到明显改善或改变。

(1) 改善混凝土拌合物的和易性

由于大量微小封闭球状气泡在混凝土拌合物内形成如同滚珠一样,使混凝土拌合物流动性增加。同时,由于水分均匀分布在大量气泡的表面,使能自由移动的水量减少,混凝土拌合物的保水性、粘聚性也随之提高。

(2) 显著提高混凝土的抗渗性、抗冻性

大量均匀分布的封闭气泡切断了混凝土中毛细管渗水通道,改变了混凝土的孔结构,使混凝土抗渗性显著提高。同时,封闭气泡有较大的弹性变形能力,对由水结冰所产生的膨胀应力有一定的缓冲作用,因而混凝土的抗冻性得到提高。

(3) 降低混凝土强度

由于大量气泡的存在,减少了混凝土的有效受力面积,使混凝土强度有所降低。

引气剂可以用于抗渗混凝土、抗冻混凝土、抗硫酸盐侵蚀混凝土、泌水严重的混凝土、轻混凝土以及对饰面有要求的混凝土等,但引气剂不宜用于蒸养混凝土及预应力混凝土。

4. 缓凝剂(set retarder, or retarding admixture)

缓凝剂是指能延缓混凝土凝结时间,并对混凝土后期强度发展无不利影响的外加剂,兼有缓凝和减水作用的外加剂称为缓凝减水剂。缓凝剂、缓凝减水剂主要有四类:糖类、木质素磺酸盐类、羟基羧酸类及盐类,常用的缓凝剂是木钙和糖蜜,其中糖蜜的缓凝效果最好。如表6.3.3所示。

表6.3.3 常用缓凝剂的品种及性能

类 别	品 种	掺量(占水泥质量%)	延缓凝结时间/(h)
糖 类	糖、蜜等	0.2~0.5(水剂) 0.1~0.3(粉剂)	2~4
木质素磺酸盐类	木质素磺酸钙(钠)等	0.2~0.3	2~3
羟基羧酸类	柠檬酸、酒石酸钾(钠)等	0.03~0.1	4~10
无机盐类	锌盐、硼酸盐、磷酸盐等	0.1~0.2	不稳定

有机类缓凝剂多为表面活性剂,掺入混凝土中,能吸附在水泥颗粒表面,并使其表面的亲水膜带有同性电荷,从而使水泥颗粒相互排斥,阻碍了水泥水化产物的凝聚。

无机类缓凝剂往往是在水泥颗粒表面形成一层难溶的薄膜,对水泥颗粒的正常水化起阻碍作用,从而导致缓凝。

缓凝剂能使新拌混凝土在较长时间内保持塑性状态,以便于有足够的时间进行浇筑成型等施工操作,并能降低水泥的早期水化热。

缓凝剂及缓凝减水剂,适用于大体积混凝土、炎热气候条件下施工的混凝土、碾压混凝土、滑模施工或拉模施工的混凝土以及需长时间停放或长距离运输的混凝土。若与高效减水剂复合使用可以减少坍落度损失并达到节省水泥的目的。但不宜用于日最低气温5℃以下施工的混凝土,也不宜单独用于有早强要求的混凝土及蒸养混凝土。柠檬酸、酒石酸钾钠等缓凝剂,不宜单独用于水泥用量较低、水灰比较大的贫混凝土。

5. 速凝剂(flash setting admixture, or rapid setting admixture)

速凝剂是指能使混凝土迅速凝结硬化的外加剂。多用于喷射混凝土及抢修堵漏工程。速凝剂主要有无机盐类和有机物类两类,其作用机理是:作为速凝剂主要成分的铝酸钠、碳酸钠在碱性溶液中能迅速与水泥中的石膏反应生成硫酸钠,使石膏丧失其原有的缓凝作用,从而使 C_3A 迅速水化结晶,使水泥混凝土迅速凝结。常用的速凝剂主要有红星Ⅰ型、711型、782型等品种。如表6.3.4所示。

表6.3.4　　　　　　　　　　常用速凝剂品种及性能

种　类	红星Ⅰ型	711型	782型
主要成分	铝酸钠+碳酸钠+生石灰	铝氧熟料+无水石膏	矾泥+铝氧熟料+生石灰
适宜掺量(占水泥的质量%)	2.5~4.0	3.0~5.0	5.0~8.0
初凝时间/(min)	≤5		
终凝时间/(min)	≤10		
强　度	1天产生强度,1天强度可提高2~3倍,28天强度为不掺的80%~90%		

6. 防冻剂(anti—freezing admixture)

防冻剂是能使混凝土在负温下硬化,并在规定养护条件下达到预期性能的外加剂。

在我国北方,为防止混凝土早期受冻,冬季施工(日平均气温低于5℃)常掺加防冻剂。防冻剂能降低水的冰点,使水泥在负温下仍能继续水化,提高混凝土早期强度,以抵抗水结冰产生的膨胀压力,起到防冻作用。

常用防冻剂是由多组分复合而成,其主要组分有防冻组分、减水组分、引气组分和早强组分等。防冻组分可以分为三类:氯盐类(如氯化钙、氯化钠),氯盐阻锈类(氯盐与阻锈剂复合,阻锈剂有亚硝酸钠、铬酸盐、磷酸盐等),无氯盐类(硝酸盐、亚硝酸盐、碳酸盐、尿素、乙酸盐等),减水、引气和早强组分则分别采用前面所述的各类减水剂、引气剂和早强剂。

防冻剂的防冻组分可以改变混凝土的液相浓度,降低冰点,保证了混凝土在负温下有液相存在，使水泥仍能继续水化；减水组分可以减少混凝土拌合用水量，从而减少了混凝土中的成冰量，并使冰晶粒度细小且均匀分散，减小对混凝土的破坏应力；引气组分引入一定量的微小封闭气泡，减缓冻胀应力；早强组分提高混凝土早期强度，增强混凝土抵抗冰冻的破坏能力。因此，防冻剂的综合效果是能显著提高混凝土的抗冻性。

7. 膨胀剂（expanding admixture）

膨胀剂是能使混凝土产生一定体积膨胀的外加剂。实际工程中常用的膨胀剂有硫铝酸钙类、硫铝酸钙—氧化钙类、氧化钙类等。

硫铝酸钙类有明矾石膨胀剂（主要成分是明矾石与无水石膏或二水石膏）；CSA 膨胀剂（主要成分是兰方石（$3CaO \cdot 3Al_2O_3 \cdot CaSO_4$）、生石灰、无水石膏）；U 形膨胀剂（主要成分是无水硫铝酸钙、明矾石、石膏）等。

硫铝酸钙类膨胀剂加入混凝土中后，膨胀剂组分参与水泥矿物的水化或与水泥水化产物反应，生成高硫型水化硫铝酸钙（钙矾石），使固相体积大为增加，从而导致体积膨胀。氧化钙类膨胀剂的膨胀作用主要由氧化钙晶体水化生成氢氧化钙晶体时的体积增大所引起。

膨胀剂主要用于补偿收缩混凝土、自应力混凝土、填充混凝土和有较高抗裂防渗要求的混凝土工程，膨胀剂的掺量与应用对象和水泥及掺和料的活性有关，一般为水泥、掺和料与膨胀剂总量的 8%~25%，并应通过试验确定。加强养护（最好是水中养护）和限制膨胀变形是能否取得预期效果的关键，否则可能会导致出现更多的裂缝。

8. 泵送剂（pumping aid）

泵送剂是指能改善混凝土拌合物泵送性能的外加剂。泵送剂主要由高效减水剂、缓凝剂、引气剂、助泵剂等组成，引气剂起到保证混凝土拌合物的保水性和粘聚性的作用，助泵剂起减少混凝土拌合物与泵管内壁的摩擦阻力的作用。泵送剂可以提高混凝土拌合物的坍落度 80~150mm 以上，并可以保证混凝土拌合物在管道内输送时不发生严重的离析、泌水，从而保证混凝土畅通无阻。

泵送剂主要用于泵送施工的混凝土，特别是预拌混凝土、大体积混凝土、高层建筑混凝土施工等，也可以用于水下灌注混凝土，但尚应加入水中抗分离剂。

9. 其他外加剂

混凝土常用的其他外加剂还有防水剂、起泡剂（泡沫剂）、加气剂（发气剂）、阻锈剂、消泡剂、保水剂、灌浆剂、着色剂、养护剂、隔离剂（脱模剂）、碱骨料反应抑制剂等。这里不再一一详述，使用时可以参照相关要求和产品说明书。

6.3.3 混凝土外加剂的使用与注意事项

为了保证外加剂的使用效果，确保混凝土工程的质量，在使用混凝土外加剂时还应注意以下几个方面的问题：

1. 环境对混凝土外加剂品种与成分的要求

依据国家标准《混凝土外加剂应用技术规范》（GB50119—2003）的要求，混凝土外加剂除了满足工程对混凝土技术性能的要求外，还应严格控制外加剂的环保性指标。一般要求不得使用以铬盐或亚硝酸盐等有毒成分为有效成分的外加剂；对于用于居住或办公用建筑物的混凝土中还不得采用以尿素或硝胺为有效成分的外加剂，因为尿素和硝胺在混凝土中会逐渐分解并向环境中释放氨而影响环境质量。

对于含有氯离子的外加剂更应严格控制，通常对于预应力结构、湿度大于80%或处于水位变化部位的结构、经常受水冲刷的结构、大体积混凝土、直接接触酸碱等强腐蚀性介质的结构、长期处于60℃以上环境的结构、蒸养混凝土结构、有装饰性要求的结构、表面进行金属装饰的结构、薄壁结构、工业厂房吊车梁和落锤基础、使用冷拉钢筋或冷拔钢丝的混凝土结构、采用碱活性集料的混凝土结构不得使用含氯离子的外加剂。与镀锌钢件或铝件接触或接触直流电的结构不得采用含强电解质的无机盐早强剂或早强减水剂。

2. 掺量确定

混凝土外加剂品种选定后，需要慎重确定其掺量。掺量过小，往往达不到预期效果。掺量过大，可能会影响混凝土的其他性能，甚至造成严重的质量事故。在没有可靠资料供参考时，其最佳掺量应通过现场试验来确定。

3. 掺入方法选择

混凝土外加剂的掺入方法往往对其作用效果具有较大的影响，因此，必须根据外加剂的特点及施工现场的具体情况来选择适宜的掺入方法。若将颗粒状外加剂与其他固体物料直接投入搅拌机内的分散效果，一般不如混入或溶解于拌合水中的外加剂更容易分散。

4. 施工工序质量控制

对掺有混凝土外加剂的混凝土应做好各施工工序的质量控制，尤其是对计量、搅拌、运输、浇筑等工序，必须严格加以要求。

5. 材料保管

混凝土外加剂应按不同品种、规格、型号分别存放和严格管理，并有明显标志。尤其是对外观易与其他物质相混淆的无机物盐类外加剂（如 $CaCl_2$、Na_2SO_4、$NaNO_2$ 等）必须妥善保管，以免误食误用，造成中毒或不必要的经济损失。已经结块或沉淀的外加剂在使用前应进行必要的试验以确定其效果，并应进行适当的处理使其恢复均匀分散状态。

§6.4 混凝土矿物掺合料

在混凝土拌合物制备过程中，为了节约水泥，改善混凝土性能、调节混凝土强度等级而加入的天然的或人造的矿物材料，统称为混凝土掺合料（mineral admixture）。

6.4.1 矿物掺合料在混凝土中的作用

矿物掺合料在混凝土中的主要作用有：

（1）改善混凝土拌合物的和易性　细度适宜的优质矿物掺合料可以提高混凝土拌合物的流动性，显著改善粘聚性和保水性，并提高混凝土拌合物的体积稳定性。

（2）降低混凝土温升　除硅灰外，掺加矿物掺合料替代水泥后，可以使混凝土的放热率和温升明显降低，同时出现温峰的时间推迟。如掺30%粉煤灰的混凝土和掺75%磨细矿渣的混凝土较基准混凝土的温升可以分别降低7℃、12℃。

（3）提高混凝土的抗化学侵蚀性能力，增强混凝土的耐久性。掺加矿物掺合料后，减少了水泥用量，使易受腐蚀的 $Ca(OH)_2$、C_3A 减少，同时活性矿物掺合料的火山灰效应与微集料效应改善了混凝土的孔结构和界面过渡层，增大混凝土的密实度和抗渗性，使侵蚀性物质难以进入；同时，对碱—集料反应也有很好的抑制作用。

（4）提高混凝土的后期强度　在适量的掺加范围内，掺加矿物掺合料后（除硅灰外），混凝土的早期强度一般均有所降低，掺量越高，早期强度降低越大，但使用超细粉时，早期强度不一定会降低。后期由于火山灰潜在活性逐步发挥作用，可以使混凝土90d、120d强度有较大的提高。

（5）减少混凝土的干缩　细度适宜的优质矿物掺合料可以减少混凝土的干缩。

（6）降低混凝土的成本　掺入适量的掺合料在不影响混凝土强度的前提下，可以节约水泥用量。

矿物掺合料的掺入会降低混凝土的抗碳化性和碱度，而不利于保护钢筋，但矿物掺合料又使混凝土的密实度提高、CO_2 和 H_2O 的扩散与渗透能力降低。因此，适量的矿物掺合料对钢筋的保护作用影响不大。

6.4.2　常用的矿物掺合料

常用的矿物掺合料有粉煤灰、硅粉、磨细矿渣等，这些掺合料的化学组成与水泥的比较如表6.4.1所示。

表6.4.1　　　　　　　主要矿物外加剂（掺合料）的化学组成

氧化物	粉煤灰		磨细矿渣	硅　粉	水　泥
	低钙	高钙			
SiO_2/（%）	48	40	36	97	20
Al_2O_3/（%）	27	18	9	2	5
Fe_2O_3/（%）	9	8	1	0.1	4
MgO/（%）	2	4	11	0.1	1
CaO/（%）	3	20	40		64
Na_2O/（%）	1				0.2
K_2O/（%）	4				0.5

1. 粉煤灰

粉煤灰有高钙和低钙之分，由褐煤燃烧形成的氧化钙含量大于10%的为高钙粉煤灰，具有一定的水硬性；由烟煤和无烟煤燃烧形成的氧化钙含量小于10%的为低钙粉煤灰，一般具有火山灰活性。我国的高钙粉煤灰较少，低钙粉煤灰来源比较广泛，是用量最大、使用范围最广的混凝土掺合料。

（1）粉煤灰的质量要求

粉煤灰的化学成分主要为 SiO_2、Al_2O_3，其总含量约在60%以上，这些化学成分是粉煤灰活性的来源。此外，还含有少量 Fe_2O_3、CaO、MgO 和 SO_3。

粉煤灰的矿物组成主要为硅铝玻璃体，呈实心或空心的微细球型颗粒，称为实心微珠或空心微珠。其中实心微珠颗粒最细，表面光滑，是粉煤灰中需水量最小、活性最高的有效成分。粉煤灰中还含有未燃尽碳粒、多孔玻璃体、玻璃体碎块和结晶体等。未燃尽碳粒颗粒较粗，会降低粉煤灰的活性，增大需水性，是有害成分之一。多孔玻璃体等非球型颗粒，表面粗糙，粒径较大，会增大需水量，含量较多时会降低粉煤灰的品质。

  粉煤灰用于不同的工程，所采用的标准不一样，指标要求也不相同。如表6.4.2所示是《用于水泥和混凝土中的粉煤灰》（GB/T1596—2005）中对粉煤灰指标的要求；如表6.4.3所示是《水工混凝土掺用粉煤灰技术规范》（DL/T5055—1996）中对粉煤灰指标的要求；如表6.4.4所示是《水泥混凝土路面用粉煤灰》（公路水泥混凝土路面施工技术规范 JTG F30—2003）中对粉煤灰指标的要求。

表6.4.2　　　《用于水泥和混凝土中的粉煤灰》（GB/T1596—2005）

质量指标	I级	II级	III级
细度（45μm方孔筛筛余%）不大于	12	25	45
烧失量（%）不大于	5	8	15
需水量比（%）不大于	95	105	115
三氧化硫（%）不大于	3	3	3
氯离子（%）不大于	0.02	0.02	0.02
含水率（%）不大于	1.0	1.0	1.0

表6.4.3　　　《水工混凝土掺用粉煤灰技术规范》（DL/T5055—1996）

质量指标	I级	II级	III级
细度（45μm方孔筛筛余%）不大于	12	20	45
烧失量（%）不大于	5	8	15
需水量比（%）不大于	95	105	115
三氧化硫（%）不大于	3	3	3
氯离子（%）不大于	—	—	—
含水率（%）不大于	1.0	1.0	1.0
总碱量（Na_2O计,%）不大于	1.5	1.5	1.5

表 6.4.4 《水泥混凝土路面用粉煤灰》
(公路水泥混凝土路面施工技术规范 JTG F30—2003)

质量指标	Ⅰ级	Ⅱ级	Ⅲ级
细度（45μm 方孔筛筛余%）不大于	12	20	45
烧失量（%）不大于	5	8	15
需水量比（%）不大于	95	105	115
三氧化硫（%）不大于	3	3	3
氯离子（%）不大于	0.02	0.02	0.02
含水率（%）不大于	1.0	1.0	1.5

细度是评定粉煤灰质量的重要指标，用 45μm 方孔筛筛余的百分率来表示。实心微珠含量较多，未燃尽碳粒及不规则的粗颗粒含量较少时，粉煤灰较细。一般说来，细度越细，粉煤灰活性越好。经过磨细加工的粉煤灰，在加工过程中会破碎多孔玻璃体和部分颗粒较大的空心微珠，使之含有较多的非球型颗粒，质量虽较磨细前有所提高，但比静电收尘的含有大量实心微珠的细灰要差，风选灰不破坏粉煤灰的颗粒形貌，其质量较磨细灰要好。

烧失量是指在 950~1000℃ 下，灼烧 15~20 min 至恒重时的质量损失，其大小反映未燃尽碳粒的多少。未燃尽碳粒是有害成分，其含量越小越好。

需水量比是水泥粉煤灰砂浆（水泥∶粉煤灰 = 70∶30）与纯水泥砂浆在达到相同流动度的情况下的需水量之比，是影响混凝土强度和拌和物流动性的重要参数。

Ⅰ级粉煤灰的品质最好，是在电厂经静电收尘器收集，细度较细（80μm 以下颗粒一般占 95% 以上），颗粒为表面光滑的球状玻璃体。这种粉煤灰掺入到混凝土中可以取代较多的水泥，并能减低混凝土的用水量且提高密实度。因此掺这种粉煤灰的混凝土的变形性能好于基准混凝土（不掺粉煤灰的对比试验用混凝土），可以应用于各种混凝土结构、钢筋混凝土结构和跨度小于 6 m 的预应力混凝土结构。

Ⅱ级粉煤灰细度较粗，经加工才能达到细度要求。适用于钢筋混凝土和无筋混凝土。我国大多数火力发电厂的机械收尘灰为Ⅱ级粉煤灰，有些则需经过加工后才能达到Ⅱ级粉煤灰的标准。

Ⅲ级粉煤灰为火电厂的直接排出物，大多数为机械收尘的原状灰，含碳量较高或粗颗粒含量较多。掺入混凝土中减水效果较差，增加强度作用较小。因此只能用于 C30 以下的中、低强度的无筋混凝土，或以代砂方式掺用的混凝土工程。

(2) 粉煤灰效应

详见 5.1.2 掺混合材料的通用硅酸盐水泥。

在混凝土中掺入粉煤灰，不仅具有保护环境、节约能源、变废为宝的重要意义，而且可以改善和提高混凝土的诸多技术性能，如改善混凝土拌和物的和易性、可泵性和抹面性；降低大体积混凝土水化热；提高混凝土抗渗性、抗硫酸盐侵蚀性能和抑制碱—骨料反应等。

我国在修建三门峡大坝时就开始掺用粉煤灰，现在几乎所有水工大体积混凝土和大多数商品混凝土搅拌站都掺用粉煤灰。

2. 硅灰

硅灰又称为硅粉，是生产硅铁合金或硅钢等所排放的烟气中收集到的颗粒极细的烟尘，色呈浅灰到深灰。硅灰的颗粒是微细的玻璃球体，其粒径为 $0.1 \sim 0.2 \mu m$，比表面积为 $20000 \sim 25000 \text{ m}^2/\text{kg}$，密度为 $2100 \sim 2200 \text{ kg/m}^3$，堆积密度为 $250 \sim 300 \text{ kg/m}^3$。硅灰中无定形 SiO_2 的含量在 $85\% \sim 96\%$，有很高的火山灰活性，其掺量一般为水泥用量的 $5\% \sim 15\%$。

硅灰取代水泥的效果远远高于粉煤灰，硅灰可以大幅度提高混凝土的强度、抗渗性、抗侵蚀性，并可以明显抑制碱—骨料反应，降低水化热，减小温升。由于硅灰的活性极高，即使在早期也会与氢氧化钙发生水化反应。所以，利用硅灰取代水泥后还可以提高混凝土的早期强度。

由于硅灰具有很大的比表面积，因而需水量很大，一方面可以改善拌合物的粘聚性和保水性，但也会严重降低流动性。因此将其作为混凝土掺合料时须配以高效减水剂方可保证混凝土的和易性；硅灰对混凝土的早期干裂有促进作用，使用时需特别注意。

硅灰的取代水泥量一般为 $5\% \sim 15\%$，使用时必须同时掺加减水剂，以保证混凝土的流动性。同时掺用硅灰和高效减水剂可以配制出 100MPa 的高强混凝土，但由于硅灰的价格很高，故一般只用于高强或超高强混凝土、泵送混凝土、高耐久性混凝土以及其他高性能的混凝土。

3. 磨细粒化高炉矿渣

磨细矿渣具有较高的活性，其掺量一般为 $10\% \sim 70\%$，对拌合物的流动性影响不大，可以明显降低混凝土的温升（尤其是大体积混凝土，温升太大或太快，均将对混凝土微结构产生伤害）。细度较低时，随掺量的增大，泌水量增大。对混凝土的干缩影响不大，但超细矿渣会加大混凝土的塑性开裂。磨细矿渣的适用范围与粉煤灰基本相同，但掺量更高。

4. 沸石粉

沸石粉是天然的沸石岩经磨细而成，颜色为白色。沸石岩是一种火山灰质铝硅酸盐矿物质，含有一定量活性二氧化硅和三氧化二铝，能与水泥水化析出的氢氧化钙作用生成胶凝物质。沸石粉具有很大的内表面积和开放性结构，其细度为 $80\mu m$ 筛筛余小于 5%，平均粒径为 $5.0 \sim 6.5 \mu m$。

沸石粉的适宜掺量依所需达到的目的而定，配制高强混凝土时的掺量为 $10\% \sim 15\%$；配制普通混凝土时的掺量为 $10\% \sim 27\%$，可以置换水泥 $10\% \sim 20\%$。沸石粉用做混凝土掺合料可以实现提高混凝土强度、改善混凝土和易性及可泵性的目的。

5. 超细矿物掺合料

超细微粒矿物掺合料是将高炉矿渣、粉煤灰、液态渣、沸石粉等超细粉磨而成，其比表面积一般大于 $500 \text{ m}^2/\text{kg}$，可以等量替代水泥 $15\% \sim 50\%$，是配制高性能混凝土必不可少的组分。

硅灰是理想的超细矿物掺合料，但其资源有限。因此将高炉矿渣、粉煤灰或沸石粉等超细粉磨制成比表面积大于 $500 \text{ m}^2/\text{kg}$ 的超细微粒掺合料，用于配制高强、超高强混凝土。超细微粒矿物掺合料是高性能混凝土不可缺少的组分。其特点是表面能高、化学活性好、具有微观填充作用，有显著的流化与增强作用。并能使结构致密化，显著改善混凝土的耐久性，利用超细矿物掺合料是当今混凝土技术发展的趋势之一。

§6.5 普通混凝土的主要技术性质

普通混凝土的主要技术性质是：混凝土拌合物的和易性，硬化混凝土的强度、变形，混凝土的耐久性等。

6.5.1 混凝土拌合物的和易性

1. 和易性的概念

和易性是指混凝土拌合物易于各种施工工序（拌和、运输、浇筑、振捣等）操作并能获得质量均匀、成型密实的性能。和易性是一项综合技术性质，包括流动性、粘聚性和保水性三方面的含义。

（1）流动性是指混凝土拌合物在自重或机械振捣作用下能产生流动，并均匀密实地填满模板的性能，流动性反映出拌合物的稀稠。若混凝土拌合物太干稠，流动性差，难以振捣密实；若拌合物过稀，流动性好，但容易出现分层离析现象，从而影响混凝土的质量。

（2）粘聚性是指混凝土拌合物各颗粒间具有一定的粘聚力，在施工过程中能够抵抗分层离析，使混凝土保持整体均匀的性能。所谓分层离析现象是指粗骨料从混凝土的水泥砂浆中分离出来的倾向。其危害是分层离析将导致硬化后的混凝土产生蜂窝和麻面，影响结构的均匀性。

（3）保水性是指混凝土拌合物具有一定的保持水分的能力，在施工过程中不致产生严重的泌水现象。所谓泌水现象是指混凝土中粗骨料下沉、水分上升直到表面，与拌合物的保水性有关。泌水将导致混凝土中粗骨料和水平钢筋下方形成水囊和水膜，降低骨料或钢筋与水泥石的粘结力；表面还会形成酥松层等。

保水性反映混凝土拌合物的稳定性。保水性差的混凝土内部容易形成透水通道，影响混凝土的密实性，并降低混凝土的强度和耐久性。

混凝土拌合物的和易性是以上三个方面性能的综合体现，这三方面之间既相互联系，又相互矛盾。粘聚性好时保水性往往也好；流动性增大时，粘聚性和保水性往往变差。不同的工程对混凝土拌合物和易性的要求也不同，应根据工程具体情况既要有所侧重，又要互相照顾。一般良好性能的混凝土有以下特点：运输中不易分层离析；浇灌时容易捣实或自密实；成型后表面容易修正。

2. 和易性的测定方法

因为新拌混凝土和易性所包含的内容比较复杂，所以难以用一种简单的测定方法和指标来全面恰当地予以表达。根据现行国家标准《普通混凝土拌合物性能试验方法》（GB/T50080—2002），土木工程建设中常用坍落度法或维勃稠度法来测定新拌混凝土的流动性，至于保水性、粘聚性，目前还没有什么仪器设备测试，只有辅以经验来目测评定，从而综合判定其和易性。其中，坍落度法适用于较稀（自重作用下具有可塑性）的新拌混凝土，维勃稠度法则适用于较干硬的新拌混凝土。

（1）坍落度法检测混凝土和易性　坍落度法可以用六个字描述：一测、二敲、三看。其具体操作如下。

首先测流动性，将新拌混凝土分三层装入标准坍落度圆锥筒内（使捣实后每层高度为筒高的 $\frac{1}{3}$ 左右），每层用弹头棒均匀地捣插 25 次，多余试样用镘刀刮平，然后将圆锥筒垂直向上提起。在圆锥筒垂直向上提起时新拌混凝土就会因其自重而产生向下的坍落趋势，将圆锥筒与混凝土料并排放置，所测得新拌混凝土坍落前后最高点之间的高差（以 mm 为单位）就称其为坍落度。如图 6.5.1 所示。

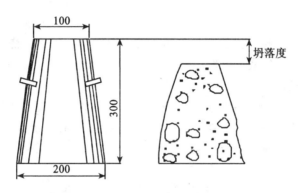

图 6.5.1　混凝土拌合物坍落度测定示意图

新拌混凝土的坍落度值越大，表明其流动性越好。

再敲一敲、看一看　在测定坍落度的同时，应观察新拌混凝土的粘聚性和保水性，以全面地评价其和易性。例如，用捣棒轻轻敲击已坍落的新拌混凝土锥体的一侧，此时若锥体四周渐渐均匀下沉，则表明其粘聚性良好；若锥体突然倒坍、部分崩裂或发生离析现象，则表明其粘聚性不好。保水性可以根据新拌混凝土中稀浆析出的程度来评定，当坍落度筒提起后，若有较多的稀浆从底部析出，锥体部分也因失浆而骨料外露，则表明新拌混凝土的保水性能不好；若坍落度筒提起后无稀浆或仅有少量稀浆由底部析出，则表明新拌混凝土的保水性良好。

由于坍落度试验操作简便，使其成为土木工程中检测新拌混凝土和易性时普遍采用的方法。但是，该方法只适用于骨料最大粒径不大于 40mm，且坍落度值为 10～220mm 的新拌混凝土。对于坍落度值大于 220mm 的新拌混凝土，应以坍落度扩展度检测，即测量坍落后混凝土的扩展直径最大和最小两个方向的直径 D_{max}、D_{min}，当二者的差值小于 50mm 时（当二者的差值大于 50mm 时则表示因实验操作失误而无效），则以其平均值作为坍落度扩展度。混凝土的坍落度扩展度值越大，则表明混凝土的自流平性和自密实性越高，说明混凝土拌合物的粘度越小，流动性就越高。

根据新拌混凝土坍落度值的大小不同，可以将其划分为 4 个流动性级别的混凝土，如表 6.5.1 所示。

表 6.5.1　　　　　　　依据坍落度值对新拌混凝土流动性的分级

级别	名称	坍落度/（mm）
T_1	低塑性混凝土	10～40
T_2	塑性混凝土	50～90
T_3	流动性混凝土	100～150
T_4	大流动性混凝土	≥160

（2）维勃稠度法检测混凝土和易性　维勃稠度法是由瑞士 V. 勃纳（V. Bahrner）所提出的新拌混凝土和易性检测方法，该方法主要适合于坍落度值小于10mm的干硬性新拌混凝土。其检测仪器称为维勃稠度仪，如图 6.5.2 所示，试验时先将新拌混凝土按规定方法装入在圆桶内的截头圆锥（无底）桶内，装满后将圆锥桶垂直向上提出，并在新拌混凝土锥体顶面盖一透明玻璃圆盘；然后开启振动台并记录时间，从开始振动至玻璃圆盘底面布满水泥浆时所经历的时间（以秒计），即为新拌混凝土的维勃稠度值。维勃稠度法只适用于骨料最大粒径小于40mm且维勃稠度值在 5～30s 之间的新拌混凝土。根据新拌混凝土维勃稠度值的大小，也可以将干硬性混凝土分为4个流动性等级，如表 6.5.2 所示。

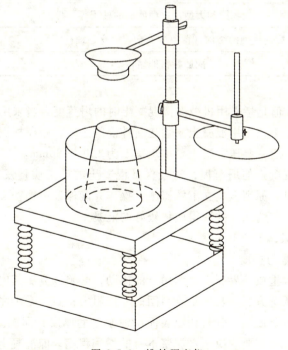

图 6.5.2　维勃稠度仪

3. 新拌混凝土和易性的选择

土木工程中选择新拌混凝土和易性时，应根据施工方法、结构构件截面尺寸大小、配筋疏密等条件，并参考相关资料及经验等来确定。对截面尺寸较小、形状复杂或配筋较密的构件，或采用人工插捣时，应选择较大的坍落度。反之，对无筋厚大结构、钢筋配置稀疏易于施工的结构，应尽可能选用较小的坍落度，以减少水泥浆用量。

表 6.5.2　　　　　　　　　　混凝土按维勃稠度的分级

级　别	名　称	维勃稠度/（s）
V_1	超干硬性混凝土	≥31
V_2	特干硬性混凝土	30～21
V_3	干硬性混凝土	20～11
V_4	半干硬性混凝土	10～5

根据国家标准《混凝土结构工程施工及验收规范》（GB50204）中的规定，混凝土浇筑时的坍落度，宜参照表 6.5.3 选用。

表 6.5.3　　　　　　　　　不同结构对新拌混凝土坍落度的要求

项目	结构种类	坍落度/（mm）
1	基础或地面等的垫层，无筋的厚大结构或配筋稀疏的结构构件	10～30
2	板、梁和大型及中型截面的柱子等	30～50
3	配筋密列的结构（薄壁、斗仓、筒仓、细柱等）	50～70
4	配筋特密的结构	70～90

表 6.5.3 中的数值是指采用机械振捣混凝土时的坍落度，当采用人工捣实时应适当提高坍落度值。当施工工艺采用混凝土泵输送新拌混凝土时，则应根据施工工艺选择相应的新拌混凝土流动性，通常泵送混凝土要求坍落度为 120～180mm。

正确选择新拌混凝土的坍落度，对于保证混凝土的施工质量及节约水泥具有重要意义。在选择坍落度时，原则上应在不妨碍施工操作并能保证振捣密实的条件下，尽可能采用较小的坍落度，以节约水泥并获得质量较好的混凝土。

4. 影响新拌混凝土和易性的因素

（1）水泥浆数量与稠度

新拌混凝土在自重或外界振动力作用下的流动，必须以克服其内部的阻力为前提。该内部阻力主要包括两个方面，其一是骨料间的摩擦阻力；其二是水泥浆的粘滞阻力。骨料间摩擦阻力的大小主要取决于骨料颗粒表面水泥浆层的厚度，即混凝土中水泥浆的数量；水泥浆的粘滞阻力大小主要取决于水泥浆本身的稀稠程度，即混凝土中水泥浆的稠度。显然，水泥浆是赋予新拌混凝土流动性的关键因素。

首先，在水灰比不变的情况下，新拌混凝土中的水泥浆数量越多，包裹在骨料颗粒表面的浆层越厚，其润滑能力就越强，则会因骨料间摩擦阻力的减小而使新拌混凝土的流动性越大。反之则小。但是，若水泥浆含量过多，不仅浪费了水泥，而且会出现流浆及泌水现象，导致新拌混凝土的粘聚性及保水性变差，甚至对混凝土的强度与耐久性也会产生一定的影响。若水泥浆含量过少，则不能填满骨料间的空隙或不能完全包裹集料表面时，新拌混凝土的流动性与粘聚性就会变差，甚至产生崩坍现象。因此，新拌混凝土中水泥浆含量不能太少，但也不能过多，应以满足流动性要求为度。

其次，在水泥用量不变的情况下，水灰比越小，水泥浆就越干稠，水泥浆的粘滞阻力或粘聚力增大，新拌混凝土的流动性就越小。当水灰比过小时，水泥浆就过于干稠，从而导致新拌混凝土的流动性很低，使其运输、浇筑和振实施工操作困难，难以保证混凝土的成型密实质量。相反，增加用水量而使水灰比增大后，可以降低水泥浆的粘滞阻力或粘聚力，在一定范围内可以增大新拌混凝土的流动性。但若水灰比过大时，水泥浆因过稀而几乎失去粘聚力，由于其粘聚性和保水性的严重下降而容易产生分层离析和泌水现象，这将严重影响混凝土的强度及耐久性。因此，实际工程中绝不能以单纯加水的办法来增大流动性，而应在保持水灰比不变的条件下，以增加水泥浆量的办法来提高新拌混凝土的流动性。

无论是水泥浆的含量还是水泥浆的稠度，这些因素对新拌混凝土流动性的影响最终都体现为用水量的多少。实际上，在配制混凝土时，当粗、细骨料的种类及比例确定后，对于某一流动性的新拌混凝土，其拌合用水量基本不变，即使水泥用量有所变动（如 $1m^3$ 混凝土水泥用量增减 $50\sim100kg$）时，新拌混凝土的坍落度也可以保持基本不变，这一关系称为恒定用水量法则，该法则为混凝土配合比设计时确定拌合用水量带来很大方便。

根据上述法则，当采用常用水灰比（0.4~0.8）时，可以根据骨料品种、粒径及施工要求的流动性来直接确定配制 $1m^3$ 塑性或干硬性混凝土的用水量（参见表6.7.1）。

(2) 砂率

砂率（β_s）是指混凝土中砂的质量（m_s）占砂、石（m_g）总质量的百分率，其计算公式为

$$\beta_s = \frac{m_s}{m_s + m_g} \times 100\% \tag{6.5.1}$$

砂率表示混凝土中砂、石的组合或配合程度。砂率对粗、细骨料总的比表面积和空隙有很大的影响。若砂率过大，则粗、细骨料总的比表面积和空隙率大，在水泥浆含量一定的前提下，减薄了起润滑骨料作用的水泥浆层的厚度，使混凝土拌合物的流动性减小；若砂率过小，则粗、细骨料总空隙率大，混凝土拌合物中砂浆量不足，包裹在粗骨料表面的砂浆层的厚度过薄，对粗骨料的润滑程度和粘聚力不够，甚至不能填满粗骨料的空隙，因而砂率过小也会使混凝土拌合物的流动性减小，并严重影响其粘聚性和保水性，使其产生粗骨料离析、水泥浆流失，甚至溃散等现象，如图6.5.3所示。

适当的砂率不但填满了石间的空隙，而且还能保证粗骨料间有一定厚度的砂浆层，以减小骨料间的摩擦阻力，使新拌混凝土获得较好的流动性。这个适宜的砂率，称为合理砂率。采用合理砂率时，在用水量及水泥用量一定的情况下，能使新拌混凝土获得最大的流动性，保持良好的粘聚性和保水性。砂率对混凝土流动性的影响规律如图6.5.3所示。此外，采用合理砂率，还能使新拌混凝土在具有较好流动性、粘聚性与保水性的同时，而使水泥用量达到最少，其影响规律如图6.5.4所示。

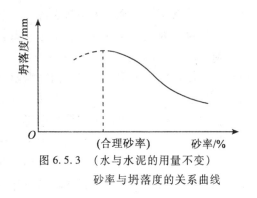
图 6.5.3 （水与水泥的用量不变）
砂率与坍落度的关系曲线

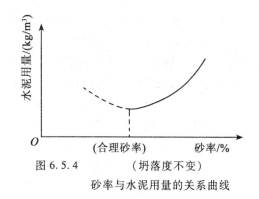
图 6.5.4 （坍落度不变）
砂率与水泥用量的关系曲线

砂率的确定可以依据砂石混合料中砂体积以填满石空隙后略有富余为度这一原则进行理论计算求得；也可以配制多组砂率不同的混凝土，通过试验检测其和易性（坍落度），并依据其相互关系来确定最佳砂率。在实际工程中配制混凝土时，对于坍落度为 10～60mm 的新拌混凝土，常依据粗骨料品种、粒径及水灰比等根据经验来确定其砂率（参见表 6.7.2），其具体操作如下。

① 粗骨料的 D_{max} 较大，级配较好时，可以选用较小砂率；
② 砂的细度模数较小时，砂的总表面积较大，可以选用较小砂率；
③ 水灰比较小、水泥浆较稠时，可以选用较小砂率；
④ 流动性要求较大时，需采用较大砂率；
⑤ 掺用引气剂或减水剂时，可以适当减小砂率。

(3) 组成材料性质的影响

①水泥品种 水泥对新拌混凝土和易性的影响主要表现在水泥的需水量上。需水量大的水泥品种所配制的混凝土，达到相同坍落度时所需的用水量较多。在常用的通用硅酸盐水泥中，以硅酸盐水泥或普通硅酸盐水泥所配制的新拌混凝土的流动性及粘聚性较好。矿渣、火山灰质混合材料在水泥中的需水量都较高，这些水泥所配制的混凝土需水量也较高；在加水量相同的条件下，这些水泥所配制的新拌混凝土流动性较低。

②骨料性质 骨料性质是指混凝土所用骨料的品种、级配、粒形、颗粒粗细及表面状态等。骨料性质对新拌混凝土和易性的影响较大。通常，采用卵石及河砂拌制的新拌混凝土流动性要比用碎石及山砂拌制的新拌混凝土流动性较好。这是因为前者表面光滑且呈等径形状的颗粒比粗糙表面且有棱角的颗粒更利于骨料的滑动，而且，前者的表面积小于后者。因此，在水泥浆用量相同时，前者拌制的混凝土拌和物坍落度大于后者；当坍落度或维勃稠度相同时，前者拌制的混凝土拌和物所需用水量小于后者。而针状片状的颗粒比等径形状的颗粒更不利于骨料的滑动，因此，不利于混凝土拌合物的流动性。

骨料级配与粗细也会影响新拌混凝土的和易性。级配良好的骨料则其空隙率小，在水泥浆量一定的情况下，包裹骨料表面的水泥浆层则较厚，故新拌混凝土的和易性较好。细砂的比表面积大，用细砂拌制的新拌混凝土的流动性则较差，但粘聚性和保水性可能较好。

③外加剂 外加剂是掺加进混凝土中专门改善其性能的化学物质（其性能与作用可以参见本教材§6.3），当在混凝土中掺加某些外加剂后，会使新拌混凝土的和易性有明

显改善,外加剂在不增加水泥用量的条件下,能使其流动性显著提高,或粘聚性提高或保水性明显改善。

④时间及环境温度 搅拌后的新拌混凝土会随着存放时间的延长而逐渐变得越来越干稠,其坍落度将逐渐减小,这种现象称为混凝土的坍落度损失。其原因是新拌混凝土中一部分水已参与水泥水化,另一部分水逐渐被骨料所吸收,还有一部分水被蒸发。这些因素综合作用的结果,使得新拌混凝土随着时间的延长逐渐形成内部凝聚结构,对混凝土的流动阻力逐渐增大,从而表现为新拌混凝土坍落度的逐渐损失。因此,新拌混凝土的坍落度会随着时间的延长而明显下降,如图 6.5.5 所示。

新拌混凝土的坍落度还受温度的影响。随着环境温度的升高,混凝土坍落度损失将更快。因为温度的增大可以使水分的蒸发及水泥的水化反应速率加快,如图 6.5.6 所示。为此,土木工程施工过程中应注意温度对新拌混凝土坍落度的影响。

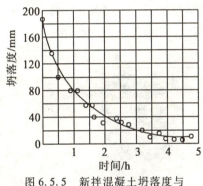

图 6.5.5 新拌混凝土坍落度与存放时间的关系曲线

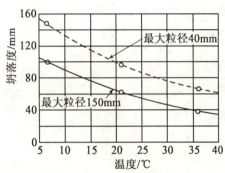

图 6.5.6 温度对新拌混凝土坍落度的影响曲线

掌握了新拌混凝土和易性的影响因素与变化规律,就可以运用这些规律对其进行和易性调整,以满足工程的不同需要。在实际工程中,为改善新拌混凝土的和易性,可以采取以下措施:

①改善砂、石(特别是石)的级配,在可能的条件下,尽量采用较粗的砂、石;采用合理的砂率,以改善新拌混凝土内部结构,获得良好的和易性并节约水泥。

②当新拌混凝土坍落度太小时,应在保持水灰比不变的情况下,增加适量的水泥浆;当坍落度太大时,应在保持砂率不变的情况下,增加适量的砂、石。

③有条件时应掺用适当的外加剂或混合材料来改善新拌混凝土的和易性。

5. 混凝土拌合物的凝结时间

水泥的水化反应是混凝土产生凝结的主要原因,由于水泥浆体的凝结和硬化过程要受到水化产物在空间填充情况的影响,因此混凝土的凝结时间与所用水泥的凝结时间并不一致,一般情况下,混凝土的水灰比越大,凝结时间越长。混凝土的凝结时间还会受到其他各种因素的影响,例如,环境温度的变化、混凝土中掺入某些外加剂,如缓凝剂或速凝剂等,都会明显影响混凝土的凝结时间。

混凝土拌和物的凝结时间通常用贯入阻力法进行测定,所用仪器为贯入阻力仪。将从拌和物中筛取的砂浆,按一定方法装入规定的容器中,然后每隔一定时间测定砂浆贯入到一定深度时的贯入阻力,绘制贯入阻力与时间的关系曲线,以贯入阻力 3.5 MPa 及 280 MPa 绘制两条平行于时间坐标轴的直线,直线与曲线交点的时间即分别为混凝土拌和物的初凝和终凝时间。

6.5.2 硬化混凝土的强度

一般认为混凝土结构包括三个相,即骨料、硬化水泥浆体以及二者之间的界面过渡区。其实作为一种复合材料,混凝土的内部结构非常复杂,混凝土不仅具有高度的不均匀性,而且是多相(气相、液相和固相)、多孔的材料。硬化混凝土的力学性能不仅取决于混凝土的组成材料,而且还与其内部结构存在着密切关系。

一般认为,对于新拌混凝土浆体,在重力作用下,水泥颗粒将向下运动,水则向上运动,而骨料对水的这种运动起到阻碍作用,使水在骨料下面形成水囊。同时,水泥熟料颗粒水化释放出了大量的 Ca^{2+},带到了骨料下面,并在骨料下富集,形成了界面过渡区。界面过渡区是粗骨料表面到水泥石之间的过渡层,厚度约 $10 \sim 50 \mu m$。其结构形态如图 6.5.7 所示,具有如下特点:

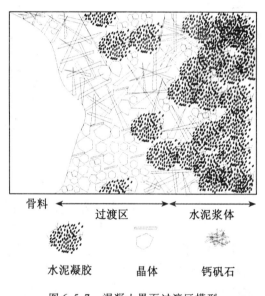

图 6.5.7 混凝土界面过渡区模型

(1)在新捣实的混凝土中,沿粗骨料表面包裹了一层水膜,使水灰比从骨料到水泥石逐渐减小,水泥石与骨料的粘结较弱。

(2)由于贴近粗骨料表面的水灰比较大,使氢氧化钙晶体较大并以层状平行于骨料表面生长,其取向程度随距骨料表面距离的增大而下降。

(3)钙矾石结晶颗粒大,数量多。

(4)孔隙率大,水化硅酸钙凝胶少,水泥石结构比较疏松,强度较低。

过渡区内由于水泥水化造成的化学收缩和物理收缩受到骨料的约束,使界面过渡区在混凝土未受外力作用之前就存在许多杂乱分布的微裂缝,成为混凝土结构的薄弱环节。使混凝土在承受远比水泥石和骨料强度低得多的荷载作用以及温度、湿度发生变化时,界面过渡区会因微裂缝的扩展而破坏,并在破坏过程中呈现出非弹性特征;在拉伸荷载作用下,微裂缝的扩展比受压荷载作用时更为迅速,混凝土也越呈脆性破坏。

在界面区域,这些缺陷的存在,对混凝土的承载力和强度有着较大的影响。因为,混凝土作为一种结构工程材料,工程技术人员在选用时首先关注其承载力大小,因此混凝土强度通常是首先要评价的性质。

混凝土强度是硬化混凝土最重要的技术性质。混凝土的强度包括抗压强度、抗拉强度、抗折强度和抗剪强度,其中抗压强度是确定混凝土强度等级的依据,与其他强度有一定的相关性,可以根据抗压强度的大小估计其他强度。

1. 混凝土的抗压强度

混凝土的抗压强度包括立方体抗压强度和轴心抗压强度。

(1) 立方体抗压强度

按照国家标准《普通混凝土力学性能试验方法》(GB/T50081—2002)中的规定,将混凝土制作成边长为 150 mm 的立方体试件,在标准条件下(温度 20±2℃,相对湿度 95% 以上;或温度 20±2℃的不流动的 Ca(OH)$_2$ 饱和溶液中)养护 28d,按标准试验方法测得的抗压强度值为混凝土立方体试件抗压强度,简称为立方体抗压强度,以 f_{cu} 表示。

采用标准试验方法是为了使测试结果具有可比性。测定混凝土立方体试件抗压强度,也可以按粗骨料最大粒径选用不同的试件尺寸。但在计算其抗压强度时,应乘以相关换算系数。这是因为试件尺寸的大小,会影响抗压强度的测定值,试件尺寸越大,测得的抗压强度值越小。

混凝土立方体试件尺寸选择及换算系数列于表 6.5.4。

表 6.5.4 　　　　　　　混凝土立方体试件尺寸及换算系数表

试件尺寸/(mm×mm×mm)	粗骨料最大粒径/(mm)	换算系数
100×100×100	30	0.95
150×150×150	40	1.00
200×200×200	50	1.05

实际工程中常将混凝土立方体试件放在与工程中混凝土构件相同的养护条件下进行养护,如常用的自然养护(须采取一定的保温与保湿措施)、蒸汽养护(就是将成型后的混凝土制品放在 100℃以下的常压蒸汽中进行养护)等。自然养护、蒸汽养护条件下测得的抗压强度,分别称为自然养护抗压强度和蒸汽养护抗压强度,二者用以检验和控制混凝土的质量,但不能用以确定混凝土的强度等级。

(2) 混凝土受压变形及破坏过程

混凝土受外力作用时,很容易在具有几何形状为楔形的微裂缝顶部形成应力集中,随着应力的逐渐增大,微裂缝将进一步延伸、连通、扩大,最后形成几条可见的裂缝。试件就随着这些裂缝的发展而破坏。

以混凝土单轴受压为例,典型的静力受压荷载—变形曲线如图 6.5.8 所示。

通过显微镜观察所查明的裂缝扩展过程可以分为 4 个阶段,每个阶段的裂缝状态示意

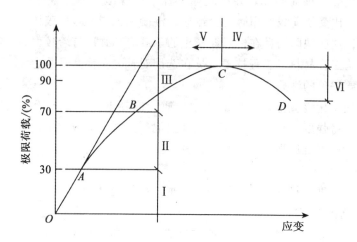

Ⅰ—界面裂缝无明显变化；Ⅱ—界面裂缝增长；Ⅲ—出现砂浆裂缝及连续裂缝；
Ⅳ—连续裂缝迅速发展；Ⅴ—裂缝缓慢增长；Ⅵ—裂缝迅速增长

图 6.5.8　混凝土受压变形曲线

图如图 6.5.9 所示。

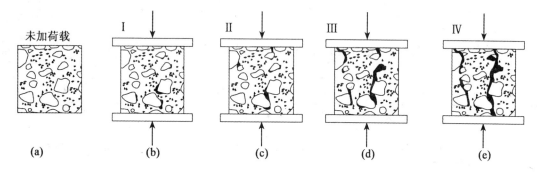

图 6.5.9　混凝土受压时裂缝的扩展过程示意图

阶段Ⅰ：当荷载低于极限荷载的 30% 左右时，界面裂缝比较稳定，虽然局部也可能会因拉应变高度集中引发一些附加裂缝，但这一阶段内混凝土的荷载—变形曲线几乎为直线（如图 6.5.8 中 OA 段）。

阶段Ⅱ：当荷载超过极限荷载的 30% 以后，界面裂缝开始扩展。起初比较缓慢，且其扩展多数仍在界面过渡区，但荷载—变形曲线开始出现弯曲。随着荷载的逐渐增加，界面裂缝的数量、长度和宽度都不断增大。此时界面继续承担荷载，尚无明显的砂浆裂缝（如图 6.5.8 中 AB 段）。

阶段Ⅲ：当荷载超过极限荷载的 70%～90% 以后，在界面裂缝继续发展的同时，开始出现砂浆裂缝，并将邻近的界面裂缝连接起来成为连续裂缝。此时，变形增大的速度进一步加快，荷载—变形曲线明显地弯向变形轴方向（如图 6.5.8 中 BC 段）。

阶段Ⅳ：荷载超过极限荷载以后，连续裂缝急速发展，此时，混凝土的承载能力下降，荷载减小而变形迅速增大，最后导致试件的完全破坏（如图 6.5.8 中 CD 段）。

由此可见，荷载与变形的关系是内部微裂缝发展规律的体现。混凝土在外力作用下的变形和破坏过程，也就是内部裂缝的发生和发展过程，这一变形、破坏过程是一个从量变发展到质变的过程。只有当混凝土内部的微观破坏发展到一定量级时才使混凝土的整体遭受破坏。

(3) 混凝土立方体抗压标准强度与强度等级

国家标准《混凝土强度检验与评定标准》（GBJ 107—1987）中规定，混凝土的强度等级按立方体抗压强度标准值划分。混凝土的立方体抗压强度标准值（简称抗压强度标准值）是测得的抗压强度总体分布中的一个值，其强度低于该值的百分率不超过5%，或具有95%强度保证率。即按标准方法制作和养护的边长为150 mm的立方体试件，用标准试验法测得的28 d强度总体中具有不低于95%保证率的抗压强度值，以 $f_{cu,k}$ 表示。

混凝土强度等级是按混凝土立方体抗压标准强度来划分的。混凝土强度等级采用符号C与立方体抗压强度标准值（以MPa计）表示。普通混凝土有下列强度等级：C7.5、C10、C15、C20、C25、C30、C35、C40、C45、C50、C55、C60、C65、C70、C75、C80、C85、C90、C95、C100等。混凝土强度等级是混凝土结构设计时强度计算取值的依据，同时也是混凝土施工中控制工程质量和工程验收时的重要依据。

水工混凝土在设计时经常采用90d或180d时的强度，其强度代号相应用 C_{90}、C_{180} 表示，如 $C_{90}30$。

(4) 混凝土轴心抗压强度

混凝土立方体抗压强度并不能代表混凝土抗压强度的真实值。混凝土立方体试件在压力机上受压时，在沿加荷方向发生纵向变形的同时，也按泊松比效应产生横向变形。压力机上、下两块压板（钢板）的弹性模量比混凝土大5~15倍，而泊松比则不大于混凝土的2倍，故压板的横向应变小于混凝土的横向应变。上、下压板与试件的上、下表面之间产生的摩擦力对试件的横向膨胀起着约束作用，愈接近试件的端面，这种约束作用就愈大。在距离端面大约 $\frac{\sqrt{3}}{2}a$（a 为试件横向尺寸）的范围以外，约束作用才消失。试件破坏以后，其上、下部分各呈一个较完整的棱锥体，如图6.5.10所示。这种约束作用的结果通常称为环箍效应。环箍效应会使实测强度高于真实值。

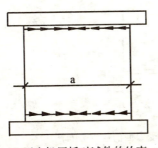 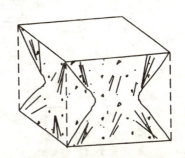

(a) 压力机压板对试件的约束　　(b) 试件破坏后残存的棱锥体

图 6.5.10　立方体试件的环箍效应图

在实际工程中，钢筋混凝土结构的形式大部分是棱柱体型或圆柱体型。为了使测得的混凝土强度接近于混凝土结构的实际情况，在钢筋混凝土结构设计中，计算轴心受压构件都是采用混凝土的轴心抗压强度作为计算依据。测定混凝土轴心抗压强度采用 150 mm × 150 mm × 300mm 棱柱体作为标准试件。若有必要，也可以采用非标准尺寸的棱柱体试件，但其高宽比（试件高度与受压断面边长之比）应在 2~3 的范围内，以消除环箍效应的影响。

轴心抗压强度 f_{cp} 比同截面的立方体强度 f_{cu} 小，棱柱体试件高宽比越大，轴心抗压强度越小，但到一定值后，强度就不再降低。因为这时在试件的中间区段已无环箍效应，形成了纯压状态。在立方体抗压强度 f_{cu} = 10~55 MPa 的范围内，轴心抗压强度 f_{cp} = $(0.7~0.8)f_{cu}$。

2. 混凝土的抗拉强度

混凝土的抗拉强度只有抗压强度的 5%~10%，且随着混凝土强度等级的提高，比值有所降低。混凝土直接受拉时，在变形很小的情况下就会突然开裂。因此钢筋混凝土结构的拉应力往往由钢筋承担，并不是依靠混凝土的抗拉强度来抵抗破坏。但抗拉强度对于开裂现象有重要意义，在工程结构设计中抗拉强度是确定混凝土抗裂度的重要指标。有时也用抗拉强度来间接衡量混凝土与钢筋的粘结强度。

混凝土抗拉试验过去多用 8 字形试件或棱柱体试件直接测定其轴向抗拉强度，但是这种方法由于很难避免夹具附近局部破坏，而且外力作用线与试件轴心方向不易调成一致，所以现在我国采用立方体（国际上多用圆柱体）的劈裂抗拉试验来测定混凝土的抗拉强度，称为劈裂抗拉强度。

该方法的原理是当试件两个相对的表面上作用着均布线荷载时，会在外力作用的竖向平面内产生拉应力，图 6.5.11 中劈裂试验的拉应力分布，可以根据弹性理论计算。该方法大大地简化了抗拉试件的制作，并且能比较正确地反映试件的抗拉强度。

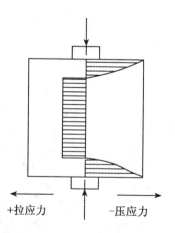

图 6.5.11 劈裂试验时垂直于受力面的应力分布图

混凝土劈裂抗拉强度应按下式计算

$$f_{ts} = \frac{2P}{\pi A} = 0.637 \frac{P}{A} \tag{6.5.2}$$

式中：f_{ts}——混凝土劈裂抗拉强度（MPa）；
　　　P——破坏荷载（N）；
　　　A——试件劈裂面面积（mm²）。

混凝土按劈裂试验所得的抗拉强度换算成轴拉试验所得的抗拉强度时，应乘以换算系数，该系数可以由试验确定。

3. 混凝土的抗折强度

混凝土抗折强度又称为混凝土弯曲抗拉强度，是混凝土的一项重要强度指标。混凝土弯曲破坏是钢筋混凝土结构破坏的主要形式，例如，路面、桥梁以及工业与民用建筑中的梁、板、柱等，由于混凝土的脆性，使其破坏时没有明显的特征，故称为混凝土抗折强度。如图6.5.12所示。我国《公路水泥混凝土路面设计规范》（JTJ012—94）规定，道路与机场路面用水泥混凝土的强度控制指标以抗折强度为准，抗压强度仅作为参考指标。

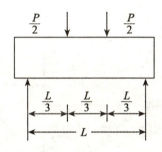

图6.5.12　抗折试验示意图

测定混凝土的抗折强度应采用150 mm×150 mm×550mm的小梁作为标准试件，在标准条件下养护28 d，按三分点加荷方式测其抗折强度，然后按下式计算：

$$f_{cf} = \frac{PL}{bh^2} \tag{6.5.3}$$

式中：f_{cf}——混凝土抗折强度（MPa）；
　　　P——破坏荷载（N）；
　　　L——支座间距（mm）
　　　b，h——试件的宽度和高度（mm）。

4. 影响混凝土强度的因素

界面过渡区是普通混凝土的薄弱部位，普通混凝土受力破坏一般出现在骨料和水泥石的分界面上。当水泥石强度较低时，水泥石本身的破坏也是常见的破坏形式。在普通混凝土中，骨料的强度往往比水泥石和粘结面的强度高很多，骨料首先破坏的可能性较小。因此，混凝土的强度主要取决于水泥石强度及其与骨料表面的粘结强度。而水泥石强度及其与骨料的粘结强度又与水泥强度、水灰比及骨料的性质有密切关系。此外，混凝土的强度还受施工质量、养护条件及龄期的影响。

（1）水灰比和水泥强度

水灰比和水泥强度是决定普通混凝土强度的主要因素。在配合比相同的条件下，水泥强度越高，制成的混凝土强度也越高。当水泥强度一定时，混凝土的强度主要取决于水灰比。水泥水化时所需的结合水，一般只占水泥质量的23%左右，但在拌制混凝土拌和物时，为了获得必要的流动性，常常需用较多的水（约占水泥质量的40%~70%）。当混凝土硬化后，多余的水分就残留在混凝土中形成水泡或蒸发后形成气孔，大大地减少了混凝土抵抗荷载的实际有效断面。因此，在水泥强度相同的情况下，水灰比愈小，水泥石的强度愈高，与骨料粘结力也愈大，混凝土的强度就愈高。但如果加水太少（水灰比太小），拌和物过于干硬，在一定的捣实成型条件下，无法保证浇灌质量，混凝土中将出现较多的蜂窝、孔洞，其强度也将下降。

相关试验证明，普通混凝土的强度随水灰比的增大而降低，呈曲线关系，而与灰水比的变化则呈直线关系。如图6.5.13所示。

水泥石与骨料的粘结力还与骨料的表面状况有关，碎石表面粗糙，其粘结力比较大，卵石表面光滑，其粘结力比较小。因而在水泥强度和水灰比相同的条件下，碎石混凝土的强度往往高于卵石混凝土的强度。

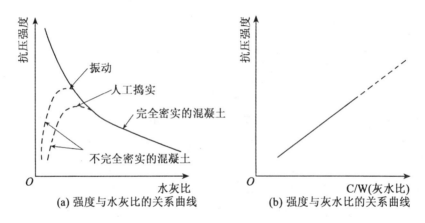

图 6.5.13 混凝土强度与水灰比及灰水比的关系曲线

根据大量工程实践的经验，混凝土强度与灰水比、水泥强度等因素之间保持近似恒定的关系。一般采用下面直线型的经验公式来表示：

$$f_{cu} = \alpha_a f_{ce}\left(\frac{C}{W} - \alpha_b\right) \tag{6.5.4}$$

式中：$\frac{C}{W}$——灰水比（水泥与水质量比）；

f_{ce}——水泥28d抗压强度实测值（MPa）；

α_a、α_b——与骨料品种有关的系数，其数值通过试验求得。也可以根据所用骨料品种，按《普通混凝土配合比设计规程》（JGJ/T55—2000）提供的经验系数值取用：

采用碎石：$\alpha_a = 0.46$，$\alpha_b = 0.07$；采用卵石：$\alpha_a = 0.48$，$\alpha_b = 0.33$。

水泥出厂时，其实际抗压强度往往比其强度等级要高些。当无法取得28d抗压强度实测值时，可以用下式计算水泥的28d抗压强度实测值：

$$f_{ce} = \gamma_c \times f_{ce,k} \tag{6.5.5}$$

式中：γ_c——水泥强度等级值的富余系数，可以按实际统计资料确定。如果没有资料，一一般取 1.06～1.25。若水泥已存放一定时间，则取 1.0；若存放时间超过 3 个月，或水泥已有结块现象，可能小于 1.0，必须通过实验测定；

$f_{ce,k}$——水泥强度等级值（MPa）。

上述经验公式适用于塑性混凝土和低流动性混凝土，不适用于干硬性混凝土。对于塑性混凝土来说，也只有在原材料相同、工艺措施相同的条件下 α_a、α_b 才可被视为常数。该经验公式可用于根据所用水泥强度等级和水灰比来估计所制成混凝土的强度，也可根据水泥强度等级和要求的混凝土强度等级来计算混凝土的水灰比。

（2）养护温度与湿度

混凝土所处的环境温度与湿度对其强度发展具有重要影响，养护温度高可以加快初期水化速度，提高混凝土初期强度。如图 6.5.14 所示。而在养护温度较低的情况下，由于水化缓慢，具有充分的扩散时间，从而使水化物在水泥石中均匀分布，有利于混凝土后期强度的发展。当温度降至冰点以下时，由于混凝土中的水分大部分结冰，水泥颗粒不能和冰发生化学反应，不仅混凝土的强度停止发展，而且孔隙内的水分因结冰而引起膨胀（水结冰体积可以膨胀约 9%），会产生相当大的压力，混凝土已经获得的强度（如果在结冰前混凝土已经不同程度地硬化）受到损失。如此反复冻融，混凝土内部的微裂缝会逐渐增长、扩大，使混凝土强度逐渐降低，表面开始剥落，甚至混凝土完全崩溃。混凝土早期强度低时更容易冻坏。如图 6.5.15 所示。所以应当特别防止混凝土早期受冻。

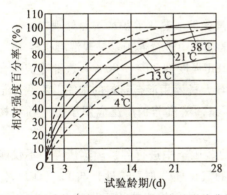

图 6.5.14 养护温度对混凝土强度的影响曲线

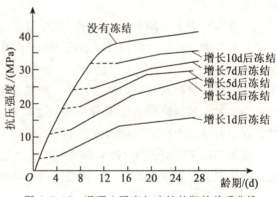

图 6.5.15 混凝土强度与冻结龄期的关系曲线

周围环境的湿度对水泥的水化作用有显著影响，湿度适当时水泥水化能顺利进行，混凝土强度得到充分发展；如果湿度不够，混凝土会因失水干燥而影响水泥水化作用的正常进行，甚至停止水化，造成混凝土结构疏松，渗水性增大或形成干缩裂缝，从而影响混凝土的耐久性。如图 6.5.16 所示。

为了使混凝土正常硬化，必须在成型后一定时间内维持周围环境有一定温度和湿度。混凝土在自然条件下养护，称为自然养护。自然养护的温度随气温变化，为保持潮湿状态，在混凝土凝结以后（一般在 12h 以内），表面应用草袋等覆盖并不断洒水养护，这样既可以保证水化反应的不断进行，又能防止表面干缩裂缝。使用硅酸盐水泥、普通水泥和矿渣水泥时，洒水养护应不少于 7d；使用火山灰水泥和粉煤灰水泥、在施工中掺用缓凝型外加剂或有抗渗要求时，洒水养护应不少于 14d；若用高铝水泥，洒水养护不得少于

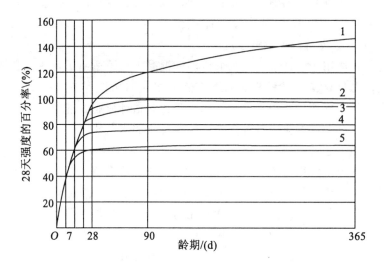

1—长期保持潮湿；2—保持潮湿14天；3—保持潮湿7天；
4—保持潮湿3天；5—保持潮湿1天
图6.5.16 混凝土的强度与保持潮湿时间的关系曲线

3d。在夏季应特别注意浇水，保持必要的湿度，在北方的冬季则应特别注意采取适宜的保温措施。

为提高混凝土早期强度，实际工程中常采用蒸汽养护或蒸压养护的湿热处理方法。

蒸汽养护是将混凝土构件放在低于100℃的常压蒸汽中进行养护。一般混凝土经16~20h蒸汽养护后，其强度可以达到标准条件下养护28d强度的70%~80%。这种养护适合于早期强度较低的水泥，如矿渣水泥、粉煤灰水泥等大量掺用混合材料的水泥，不适合于硅酸盐水泥、普通硅酸盐水泥等早期强度较高的水泥，蒸汽养护广泛应用于生产预制构件、预应力混凝土桩、预应力混凝土梁及墙板等。

蒸压养护是混凝土在175℃温度和8个大气压的蒸压釜中进行养护。蒸压养护不仅能促进活性混合材料的化学反应，而且能使结晶状态的氧化硅（如石英砂）与$Ca(OH)_2$化合，生成水化硅酸钙结晶，从而提高混凝土的强度。这种养护主要用于生产硅酸盐制品，如加气混凝土、蒸压粉煤灰砖和灰砂砖等。

蒸汽养护和蒸压养护的28d强度比正常养护条件下的强度降低10%~15%。

（3）龄期

正常养护条件下，混凝土强度将随着龄期的增加而增长。最初7~14d强度增长较快，28d以后增长缓慢。但强度增长过程可以延续数十年之久。普通水泥制成的混凝土在标准条件养护下，混凝土强度的发展大致与其龄期的对数成正比关系（龄期不小于3d），即

$$f_n = f_{28} \frac{\lg n}{\lg 28} \tag{6.5.6}$$

式中：f_n——nd龄期混凝土的立方体抗压强度，（MPa）；

f_{28}——28d龄期混凝土的立方体抗压强度，（MPa）；

n——龄期天数（d），$n \geq 3$。

式（6.5.6）适用于在标准条件下养护的普通水泥拌制的中等强度等级的混凝土。由于混凝土强度影响因素很多，强度发展也很难一致，因此式（6.5.6）仅供参考。

实际工程中利用混凝土的成熟度来估算混凝土强度也是一种有效的方法。混凝土的成熟度是指混凝土所经历的时间和温度的乘积的总和，单位为 h·℃。混凝土的初始温度在某一范围内，并且在所经历的时间内不发生干燥失水的情况下，混凝土强度和成熟度的对数呈线性关系。

（4）骨料的种类、质量、表面状况

当骨料中含有杂质较多，或骨料材质低劣、强度较低时，会降低混凝土的强度。表面粗糙并富有棱角的骨料，与水泥石的粘结力较强，可以提高混凝土的强度，所以在相同混凝土配合比的条件下，用碎石拌制的混凝土强度比用卵石拌制的混凝土强度高。

（5）试验条件

试验条件，如试件尺寸、试件承压面的平整度及加荷速度等，都对测定混凝土的强度有影响。试件尺寸越小，测得的强度越高；尺寸越大，测得的强度越低。试件承压面越光滑平整，测得的抗压强度越高；如果受压面不平整，会形成局部受压使测得的强度降低。加荷速度越快，测得的强度越高。当试件表面涂有润滑剂时，测得的强度较低。因此，在测定混凝土的强度时，必须严格按照国家相关规范规定的试验规程进行，以确保试验结果的准确性。

5. 提高混凝土强度的主要措施

（1）选料方面

①采用高强度等级水泥，可以配制出高强度的混凝土，但成本较高。

②选用级配良好的骨料，提高混凝土的密实度。

③选用合适的外加剂。如掺入减水剂，可以在保证和易性不变的情况下减少用水量，提高其强度；掺入早强剂，可以提高混凝土的早期强度。

④掺加混凝土矿物掺合料。掺加细度大的活性矿物掺合料，如硅粉、粉煤灰、沸石粉等可以提高混凝土强度，特别是硅粉可以大幅度提高混凝土的强度。

（2）采用机械搅拌和振捣

混凝土采用机械搅拌不仅比人工搅拌工效高，而且搅拌得更均匀，故能提高混凝土的密实度和强度。采用机械振捣混凝土，可以使混凝土拌和物的颗粒产生振动，降低水泥浆的粘度及骨料之间的摩擦力，使混凝土拌和物转入流体状态，提高其流动性。同时混凝土拌和物被振捣后，其颗粒互相靠近并把空气排出，使混凝土内部孔隙大大减少，从而使混凝土的密实度和强度都得到提高。从图 6.5.17 可以看出机械捣实的混凝土强度高于人工捣实的混凝土强度，尤其当水灰比较小的情况下更为明显。

（3）养护工艺方面

采用湿热养护，能促进水泥的水化，明显提高混凝土的早期强度。

6.5.3 混凝土的变形

混凝土在硬化期间和使用过程中，会受到各种因素作用而产生变形。混凝土的变形直接影响到混凝土的强度和耐久性，特别是对裂缝的产生有直接影响。引起混凝土变形的因素很多，归纳起来可以分为两大类，即非荷载作用下的变形和荷载作用下的变形。

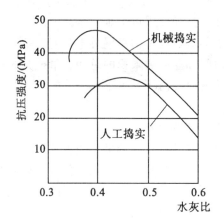

图 6.5.17 捣实方法对混凝土强度的影响

1. 非荷载作用下的变形

(1) 化学收缩

一般水泥水化生成物的体积比水化反应前物质的总体积要小,因此会导致水化过程的体积收缩,这种收缩称为化学收缩。化学收缩随混凝土硬化龄期的延长而增加,在40d内收缩值增长较快,以后逐渐稳定。化学收缩是不能恢复的,对结构物不会产生明显的破坏作用,但在混凝土中可以产生微细裂缝。

(2) 塑性收缩

塑性收缩是混凝土在浇筑后尚未硬化前因混凝土表面水分蒸发而引起的收缩。当新拌混凝土的表面水分蒸发速率大于混凝土内部向表面泌水的速率,且水分得不到补充时,混凝土表面就会失水干燥,在表面产生很大的湿度梯度,从而导致混凝土表面开裂。高强和高性能混凝土的用水量较小,基本上不泌水,尤其是掺有较多矿物掺合料时更是如此,所以高强和高性能混凝土非常容易发生塑性开裂。

混凝土塑性收缩裂缝极少贯穿整个混凝土板,而且通常不会延伸到混凝土板的边缘。塑性收缩裂纹的宽度一般为 0.1~2mm,深度为 25~50mm,并且很多裂纹相互平行,间距约为 25~75mm。

气温越高,相对湿度越小,风速越大,则产生塑性开裂的时间越早,出现塑性裂缝的数量越多且宽度越大。

预防混凝土塑性收缩开裂的方法是降低混凝土表面失水速率,采取防风、降温等措施。最有效的方法是混凝土凝结硬化前保持混凝土表面的湿润,如在混凝土表面覆盖塑料膜、喷洒养护剂等。

(3) 干湿变形

混凝土干湿变形取决于周围环境的湿度变化。当混凝土在水中硬化时,水泥凝胶体中胶体离子的吸附水膜增厚,胶体离子间距离增大,使混凝土产生微小膨胀。当混凝土在干燥空气中硬化时,混凝土中水分逐渐蒸发,水泥凝胶体或水泥石毛细管失水,使混凝土产生收缩。若把已收缩的混凝土再置于水中养护,原收缩变形一部分可以恢复,但仍有一部分(占 30%~50%)不可恢复。

混凝土的湿胀变形量很小,对结构一般无破坏作用。但干缩变形对混凝土危害较大,干缩可能使混凝土表面出现拉应力而开裂,严重影响混凝土的耐久性。因此,应采取措施减少混凝土的收缩,可以采用以下措施。

①加强养护,在养护期内使混凝土保持潮湿环境。

②减小水灰比,水灰比大,会使混凝土收缩量大大增加。

③减小水泥用量,水泥含量减少,骨料含量相对增加,骨料的体积稳定性比水泥浆好,可以减少混凝土的收缩。

④加强振捣,混凝土振捣得越密实,内部孔隙量越少,其收缩量也就越小。

(4) 自收缩

混凝土自收缩是由于水泥水化时消耗水分,使混凝土内部的相对湿度降低,造成毛细孔、凝胶孔的液面弯曲,体积减小,产生所谓的自干缩现象。

C40以上的混凝土水胶比相对较低,自收缩大,且主要发生在早期。对未掺缓凝剂的混凝土,从初凝(浇筑后 5~8h)时开始就产生很大的自收缩,特别在浇筑后的24h内自收缩速度很快,1d 的自收缩值可以达到 28d 的 50%~60%,往往导致混凝土在硬化期间产生大量微裂缝。

水泥强度高,特别是早期强度高、水化快、水胶比小,以及能加快水泥水化速度的早强剂、促凝剂、膨胀剂等的掺入,都会加剧混凝土的早期自收缩。

(5) 温度变形

混凝土的热胀冷缩变形称为温度变形。混凝土的热膨胀系数一般为 $(0.6~1.3) \times 10^{-5} m/℃$,即温度每升、降1℃,1m 的混凝土的胀、缩约为 0.01mm,温度变形对大体积混凝土非常不利。在混凝土硬化初期,水泥水化放出较多的热量,而混凝土是热的不良导体,散热缓慢,使大体积混凝土内、外产生较大的温差,从而在混凝土外表面产生很大的拉应力,严重时会产生裂缝。因此对大体积混凝土工程,应设法降低混凝土的发热量,如使用低热水泥、减少水泥用量、采用人工降温措施等,以减少内、外温差,防止裂缝的产生和发展。

对纵向较长的混凝土及钢筋混凝土结构,应考虑混凝土温度变形所产生的危害,每隔一段长度应设置温度伸缩缝。

2. 荷载作用下的变形

(1) 在短期荷载作用下的变形

混凝土是由水泥石、砂、石等组成的不均匀复合材料,是一种弹塑性体。混凝土受力后既会产生可以恢复的弹性变形,又会产生不可恢复的塑性变形。全部应变(ε)是由弹性应变($\varepsilon_{弹}$)与塑性应变($\varepsilon_{塑}$)组成,如图 6.5.18 所示。

混凝土的变形模量是反映应力与应变关系的物理量,混凝土应力与应变之间的关系不是直线关系而是曲线关系,因此混凝土的变形模量不是定值。混凝土的变形模量有三种表示方法,即初始弹性模量 $E_0 = \tan\alpha_0$、割线变形模量 $E_c = \tan\alpha_1$ 和切线弹性模量 $E_h = \tan\alpha_2$,α_0、α_1、α_2,如图 6.5.19 所示。

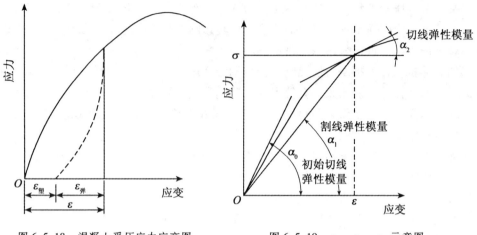

图 6.5.18 混凝土受压应力应变图　　图 6.5.19 α_0、α_1、α_2 示意图

在计算钢筋混凝土构件的变形、裂缝以及大体积混凝土的温度应力时，都需要掌握混凝土的弹性模量。在钢筋混凝土构件设计中，常采用一种按标准方法测得的静力受压弹性模量作为混凝土的弹性模量。我国目前规定，采用 150mm×150mm×300mm 的棱柱体试件，取测定点的应力等于试件轴心抗压强度的 40%，经三次以上反复加荷和卸荷后，测得应力与应变的比值，作为混凝土的弹性模量。

混凝土的强度等级越高，其弹性模量也越高，两者存在一定的相关性。当混凝土的强度等级由 C15 增高到 C80 时，其弹性模量大致由 2.20×10^4 MPa 增至 3.80×10^4 MPa。

（2）在长期荷载作用下的变形——徐变

混凝土在荷载长期作用下，随时间增长而沿受力方向增加的非弹性变形，称为混凝土的徐变。图 6.5.20 表示混凝土的徐变曲线，当混凝土开始加荷时产生瞬时应变，随着荷载持续作用时间的增长，逐渐产生徐变变形。徐变变形初期增长较快，以后逐渐变慢，一般要延续 2~3 年才稳定下来。当变形稳定以后卸掉荷载，混凝土立即发生稍少于瞬时应变的恢复，称为瞬时恢复。在卸荷后的一段时间内，变形还会继续恢复，称为徐变恢复。最后残留下来的不能恢复的应变，称为残余应变。混凝土的徐变一般为 $(3\sim15)\times10^{-4}$，即 0.3~1.5mm/m。

混凝土的徐变，一般认为是由于水泥石中的凝胶体在长期荷载作用下的粘性流动，并向毛细孔中移动的结果。影响混凝土徐变的因素很多，混凝土所受初应力越大，加荷载时龄期越短，水泥用量越多，水灰比越大，都会使混凝土的徐变增加；混凝土弹性模量越大，混凝土养护时温度越高、湿度越大，水泥水化越充分，徐变越小。

混凝土的徐变对混凝土构件来说，能消除混凝土内的应力集中，使应力较均匀地重新分布；对大体积混凝土，则能消除一部分由于温度变形所产生的破坏应力。但是，徐变会使构件的变形增加；在预应力钢筋混凝土结构中，徐变会使钢筋的预应力受到损失，从而降低结构的承载能力。

6.5.4 混凝土的耐久性

在人们的传统观念中，认为混凝土是经久耐用的，钢筋混凝土结构是由最为耐久的混

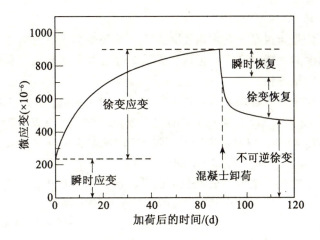

图 6.5.20 混凝土的徐变曲线

凝土材料浇筑而成,虽然钢筋易腐蚀,但有混凝土保护层,钢筋也不会锈蚀,因此,对钢筋混凝土结构的使用寿命期望值也很高,忽视了钢筋混凝土结构的耐久性问题,并为此付出了巨大代价。据相关调查显示,美国目前每年由混凝土各种腐蚀引起的损失约 2 500 亿~3 500 亿美元;瑞士每年仅用于桥面检测及维护的费用就高达 8 000 万瑞士法郎;我国每年由混凝土腐蚀造成的损失约 1 800 亿~3 600 亿元。因此,加强混凝土结构耐久性研究,提高建筑物、构筑物使用寿命显得十分迫切和必要。

钢筋混凝土结构耐久性包括材料的耐久性和结构的耐久性两个方面,本节仅介绍混凝土材料的耐久性。

混凝土的耐久性是指混凝土能抵抗环境介质的长期作用,保持正常使用性能和外观完整性的能力。混凝土的耐久性是一项综合技术指标,包括抗渗性、抗冻性、抗侵蚀性及抗碳化性等。

1. 混凝土的抗渗性

混凝土的抗渗性是指混凝土抵抗压力液体(水、油等)渗透的能力。抗渗性是混凝土耐久性的一项重要指标,混凝土的抗渗性直接影响混凝土的抗冻性和抗侵蚀性。当混凝土的抗渗性较差时,不但容易透水,而且由于水分渗入其内部,当有冰冻作用或水中含侵蚀性介质时,混凝土就容易受到冰冻或侵蚀作用而破坏。对钢筋混凝土还可能引起钢筋的锈蚀,以及保护层的开裂和剥落。

混凝土的抗渗性用抗渗等级表示。国家标准《普通混凝土长期性能和耐久性试验方法》(GBJ821985)中规定,在标准试验条件下以 6 个 28d 龄期的标准试件(厚度为 150mm)中 4 个试件未出现渗水时,试件所能承受的最大水压(MPa)来确定和表示抗渗性。抗渗等级用代号 P 表示,如 P2、P4、P6、P8、P10、P12 等不同的抗渗等级,这一组指标分别表示能抵抗 0.2、0.4、0.6、0.8、1.0、1.2MPa 的水压力而不出现渗透现象,大于或等于 P6 的混凝土称为抗渗混凝土。

混凝土内部连通的孔隙、毛细管和混凝土浇筑中形成的孔洞、蜂窝等,都会引起混凝土渗水,因此提高混凝土密实度、改变孔隙结构、减少连通孔隙是提高混凝土抗渗性的重要措施。

2. 混凝土的抗冻性

混凝土的抗冻性是指混凝土在水饱和状态下，能经受多次冻融循环作用而不破坏，同时也不严重降低强度的性能。在寒冷地区，尤其是经常与水接触、容易受冻的外部混凝土构件，应具有较高的抗冻性。

混凝土的抗冻性用抗冻等级表示。抗冻等级是以28d龄期的混凝土标准试件，在浸水饱和状态下，反复冻结（-15℃至-20℃的空气中）与融化（+20℃的水中），以同时满足强度损失率不超过25%，质量损失率不超过5%时的最大循环次数来表示。混凝土的抗冻等级分为F15、F25、F50、F100、F150、F200、F250、F300八个等级（GB50164—1992）。如F100表示混凝土能够承受反复冻融循环次数为100次，强度下降不超过25%，质量损失不超过5%。大于或等于F50的混凝土称为抗冻混凝土。

混凝土的抗冻性与混凝土的密实程度、水灰比、孔隙特征和数量等有关。一般来说，密实的、具有封闭孔隙的混凝土，抗冻性较好；水灰比越小，混凝土的密实度越高，抗冻性也越好；在混凝土中加入引气剂或减水剂，能有效提高混凝土的抗冻性。

3. 混凝土的抗侵蚀性

混凝土的抗侵蚀性是指混凝土抵抗外界侵蚀性介质破坏作用的能力。化学物质对混凝土的侵蚀包括化学作用（见第5章）和物理作用。化学物质对混凝土的物理作用主要是盐结晶作用。当水或土壤中含有较多盐类时，这些盐通过混凝土中的毛细孔渗入混凝土内，经过长期的渗入、浓缩而在混凝土的孔隙内结晶析出，如此反复进行，最终因盐结晶膨胀而使混凝土被胀裂。干湿交替越频繁，空气相对湿度越低，混凝土的盐类结晶破坏越严重，而且这种破坏较单纯的化学作用要严重得多。这种破坏在浪溅区、潮汐区等水位变化区的混凝土中，以及地平面以上数百毫米以内的混凝土中比较常见。我国部分高浓度盐湖水，会因温度下降导致盐类过饱和结晶析出，该结晶对暴露于空气中的混凝土有破坏作用，对水下的混凝土同样也有破坏作用。

混凝土的抗侵蚀性主要取决于水泥的品种与混凝土的抗渗性。解决混凝土抗侵蚀性最有效的方法是提高混凝土的抗渗性和适量引气，在混凝土表面涂抹密封性材料也可以改善混凝土的抗侵蚀性。

特殊情况下，混凝土的抗侵蚀性也与所用骨料的性质有关，若环境中含有酸性物质，应采用耐酸性高的骨料（石英岩、花岗岩、安山岩、铸石等）；若环境中含有强碱性的物质，应采用耐碱性高的骨料（石灰岩、白云岩、花岗岩等）。当工程所处的环境有侵蚀介质时，对混凝土必须提出抗侵蚀性要求。

4. 混凝土的碳化

混凝土的碳化作用是指混凝土中的$Ca(OH)_2$与空气中的CO_2作用生成$CaCO_3$和水，使表层混凝土的碱度降低。

影响混凝土碳化速率的环境因素是二氧化碳浓度及环境湿度等，混凝土碳化速率随空气中二氧化碳浓度的增高而加快。在相对湿度为50%~75%的环境中，混凝土碳化速率最快；当相对湿度达100%或相对湿度小于25%时，混凝土碳化作用停止。混凝土的碳化还与所用水泥品种有关，在常用水泥中，火山灰水泥碳化速率最快，普通硅酸盐水泥碳化速率最慢。

混凝土碳化对混凝土有不利的影响，混凝土碳化减弱了混凝土对钢筋的保护作用，可能导致钢筋锈蚀；混凝土碳化还会引起混凝土的收缩，并可能导致产生微细裂缝。混凝土碳化作用对混凝土也有一些有利的影响，主要是提高了混凝土碳化层的密实度和抗压强度。总的来说，混凝土碳化对混凝土的影响是弊多利少，因此应设法提高混凝土的抗碳化能力。为防止钢筋锈蚀，钢筋混凝土结构构件必须设置足够的混凝土保护层。

5. 碱—骨料反应

碱—骨料反应是指混凝土内水泥石中的碱（Na_2O、K_2O）与骨料中活性氧化硅间的反应，该反应的产物为碱—硅酸凝胶，吸水后会产生巨大的体积膨胀而使混凝土开裂。碱—骨料反应破坏的特点是，混凝土表面产生网状裂纹，活性骨料周围出现反应环，裂纹及附近孔隙中常含有碱—硅酸凝胶等。

碱—骨料反应必须同时具备以下三个条件。

(1) 混凝土中必须有相当数量的碱，水泥中的碱含量一般按 Na_2O 当量计算 Na_2O + $0.658K_2O$，大于 0.60% 的水泥称为高碱水泥。

(2) 混凝土中必须有相当数量的碱活性骨料，属于活性氧化硅的矿物有蛋白石、玉髓、鳞石英等，这些矿物常存在于流纹岩、安山岩、凝灰岩等天然岩石中。

(3) 有水存在或潮湿环境中，只有在空气湿度大于 80%，或直接接触水的环境，碱—骨料的破坏作用才会发生。

碱—骨料反应的速度极慢，其危害需数年或十数年时间，甚至更长时间才逐渐表现出来。因此，在潮湿环境中一旦采用了碱活性骨料和高碱水泥，这种破坏将无法避免和挽救，其破坏性极大，难以加固处理，因此应加强防范。一般可以采取以下措施：

(1) 尽量采用非活性骨料。

(2) 当确认为碱活性骨料又非用不可时，则应严格控制混凝土中的碱含量，使用碱含量小于 0.60% 的水泥，外加剂带入混凝土中的碱含量不宜超过 $1.0kg/m^3$，并应控制混凝土中最大碱含量不超过 $3.0\ kg/m^3$。

(3) 掺加磨细的活性矿物掺合料。利用活性矿物掺合料，特别是硅灰与火山灰质混合材料可以吸收和消耗水泥中的碱，使碱—骨料反应的产物均匀分布于混凝土中，而不致集中于骨料的周围，以降低膨胀应力。

(4) 掺加引气剂或引气减水剂，这类材料可以在混凝土内产生微小气泡，使碱—骨料反应的产物能分散嵌入到这些微小的气泡内，以降低膨胀应力。

6. 提高混凝土耐久性的主要措施

以上所述，影响混凝土耐久性的各项指标虽不相同，但对提高混凝土耐久性的措施来说，却有很多共同之处。混凝土的耐久性主要取决于组成材料的品种与质量、混凝土本身的密实度、施工质量、孔隙率和孔隙特征等，其中最关键的是混凝土的密实度。常用提高混凝土耐久性的措施主要有以下几个方面。

(1) 合理选择水泥品种和水泥强度等级。

水泥品种的选择应与工程结构所处环境条件相适应，可以参照第 5 章表 5.1.6 选用水泥品种。尽量避免使用早强型水泥。根据使用环境条件，掺加适量的活性矿物掺合料。

(2) 控制混凝土的最大水灰比及最小水泥用量。

在一定的工艺条件下，混凝土的密实度与水灰比有直接关系，与水泥用量有间接关系。所以混凝土中的水泥用量和水灰比，不能仅满足于混凝土对强度的要求，还必须满足混凝土耐久性要求。JGJ55—2000 对建筑工程所用混凝土的最大水灰比和最小水泥用量做了规定，如表 6.5.5 所示；JTJ041—2000 对公路桥涵所用混凝土的最大水胶比和最小胶凝材料用量做了规定，如表 6.5.6 所示；JTG F30—2003 对路面所用混凝土的最大水胶比、最小水泥用量及最大水泥用量做了规定，如表 6.5.7 所示。

（3）选用较好的砂、石骨料。

质量良好、技术条件合格的砂、石骨料，是保证混凝土耐久性的重要条件。改善粗、细骨料的级配，在允许的最大粒径范围内，尽量选用较大粒径的粗骨料，可以减少骨料的空隙率和总表面积，节约水泥，提高混凝土的密实度和耐久性。

（4）掺入引气剂或减水剂，提高混凝土的抗冻性、抗渗性。

（5）改善混凝土的施工操作方法，应搅拌均匀、振捣密实、加强养护等。

表 6.5.5　普通混凝土的最大水灰比和最小水泥用量（JGJ55—2000）

环境条件		结构物类型	最大水灰比			最小水泥用量/（kg/m³）		
			素混凝土	钢筋混凝土	预应力混凝土	素混凝土	钢筋混凝土	预应力混凝土
干燥环境		正常的居住或办公用房屋内部件	不作规定	0.65	0.60	200	260	300
潮湿环境	无冻害	①高湿度的室内部件②室外部件③在非侵蚀土和（或）水中的部件	0.70	0.60	0.60	225	280	300
	有冻害	①经受冻害的室外部件②在非侵蚀土和（或）水中且经受冻害的部件③高湿度且经受冻害的室内部件	0.55	0.55	0.55	250	280	300
有冻害和除冰剂的潮湿环境		经受冻害和除冰剂作用的室内和室外部件	0.50	0.50	0.50	300	300	300

注：1. 当用活性掺和料取代部分水泥时，表 6.5.5 中的最大水灰比及最小水泥用量即为替代前的水灰比和水泥用量。

2. 配制 C15 级及其以下等级的混凝土，可以不受表 6.5.5 限制。

表 6.5.6　公路桥涵混凝土的最大水胶比和最小胶凝材料用量（JTJ041—2000）

混凝土所处环境	最大水胶比		最小胶凝材料用量/(kg/m³)	
	无筋混凝土	钢筋混凝土	无筋混凝土	钢筋混凝土
温暖地区或寒冷地区，无侵蚀物质影响，与土直接接触	0.60	0.55	250	275
严寒地区或使用除冰盐的桥涵	0.55	0.50	275	300
受侵蚀性物质影响	0.45	0.40	300	325

注：1. 最大胶凝材料用量不宜超过 500kg/m³，大体积混凝土不宜超过 350kg/m³。

2. 严寒地区指最冷月平均气温≤-10℃，且日平均气温≤5℃的天数≥145 天。

表 6.5.7　路面混凝土耐久性与最大水灰（胶）比、最小水泥用量及最大水泥用量要求（JTG F30—2003）

公路技术等级		高速公路、一级公路	二级公路	三、四级公路
最大水灰（胶）比		0.44	0.46	0.48
抗冰冻要求最大水灰（胶）比		0.42	0.44	0.46
抗盐冻要求最大水灰（胶）比		0.40	0.42	0.44
最小水泥用量/（kg/m³）	42.5 级	300	300	290
	32.5 级	310	310	305
抗盐冻时最小水泥用量/（kg/m³）	42.5 级	320	320	315
	32.5 级	330	330	325
掺粉煤灰时最小水泥用量/（kg/m³）	42.5 级	260	260	255
	32.5 级	280	270	265
抗冰（盐）冻掺粉煤灰最小水泥用量（42.5 级水泥）/（kg/m³）		280	270	265
最大水泥用量（最大胶凝材料用量）/（kg/m³）		不宜大于 400（420）		
抗冻性，不宜小于		严寒地区：F250；寒冷地区：F200		

注：1. 掺粉煤灰并有抗冰（盐）冻要求时，不得使用 32.5 级水泥；
　　2. 水灰（胶）比计算以砂石料的自然风干状态计（砂含水率≤1.0%；石含水率≤0.5%）；
　　3. 处在除冰盐、海风、酸雨或硫酸盐等腐蚀性环境中，或在大纵坡等加、减速车道上的混凝土，最大水灰（胶）比可以比表 6.5.7 中数值降低 0.01~0.02。

§6.6　混凝土的质量控制与评定

6.6.1　混凝土质量的波动与控制

所谓混凝土质量控制，是根据实测混凝土质量特性，将其与相关质量标准相比较，并对混凝土质量特性与相关质量标准之间存在的差异采取相应措施的过程。采取相应措施的目的是力求混凝土质量稳定，即波动于所允许的范围内。

1. 混凝土质量的波动规律

由于引起混凝土质量波动的因素很多（原材料质量、施工因素、试验条件等），归纳起来可以分为两类因素：

（1）正常因素（又称偶然因素，随机因素）

正常因素是指不可避免的正常变化的因素，如砂、石质量的波动，称量时的微小误差,操作人员技术上的微小差异等,这些因素是不可避免的,不易克服的因素,如果我们把主要精力集中在解决这些问题上,收效较小。在施工中,只是由于受正常因素的影响而引起的质量波动,是正常波动。

(2) 异常因素(又称异常波动)

异常因素是指施工中出现的不正常情况,如搅拌混凝土时随意加水,混凝土组成材料称量错误等。这些因素对混凝土质量影响很大,是可以避免和克服的因素。受异常因素影响引起的质量波动,是异常波动。

对混凝土质量控制的目的,在于发现和排除异常因素,使质量只受正常因素的影响,质量波动呈正常波动状态。

2. 混凝土质量的控制

(1) 严格控制各组成材料的质量

各组成材料的质量均须满足相应的技术规定与要求,且各组成材料的质量与规格应满足工程设计与施工等的要求。

(2) 严格计量

各组成材料的计量误差须满足水泥、矿物掺合料、水、化学外加剂的误差不得超过表6.6.1的规定。并应随时测定砂、石骨料的含水率,以保证混凝土配合比的准确性。

表6.6.1 混凝土原材料称量的允许偏差

材料名称	每盘计量允许偏差/(%)
水泥、掺合料	±1
粗、细骨料	±2
水、外加剂	±1

(3) 加强施工过程的管理

采用正确的搅拌与振捣方式,并严格控制搅拌与振捣时间。按规定的方式运输与浇筑混凝土。加强对混凝土的养护,严格控制养护温度与湿度。

(4) 绘制混凝土质量管理图

对混凝土的强度,可以通过绘制质量管理图来掌握混凝土质量的波动情况。利用质量管理图分析混凝土质量波动的原因,并采取相应的对策,达到控制混凝土质量的目的。

6.6.2 混凝土强度的波动规律与正态分布曲线

1. 强度波动的统计计算

在正常生产条件下混凝土的强度受许多随机因素的作用,即混凝土的强度也是随机变化的,对同一混凝土进行系统的抽样检查,测试结果表明混凝土的强度的波动规律符合正态分布,如图6.6.1所示。衡量混凝土施工质量指标主要包括生产控制条件下混凝土强度的平均值、标准差、变异系数等。

(1) 强度的平均值 $\bar{f}_{cu}$

混凝土强度的平均值 $\bar{f}_{cu}$ 按下式计算

第6章 混 凝 土

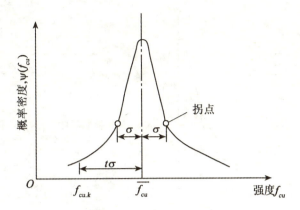

图 6.6.1 强度正态分布曲线

$$\bar{f}_{cu} = \frac{1}{n}\sum_{i=1}^{n} f_{cu,i} \tag{6.6.1}$$

式中：n——混凝土强度试件的组数；

$f_{cu,i}$——第 i 组混凝土试件的强度值，（MPa）。

混凝土强度平均值只能反应混凝土总体强度水平，即强度数值集中的位置，而不能说明强度波动的大小。

（2）强度标准差（σ）

混凝土强度标准差可以按下式计算

$$\sigma = \sqrt{\frac{\sum_{i=1}^{n}(f_{cu,i}^2 - \bar{f}_{cu})^2}{n-1}} = \sqrt{\frac{\sum_{i=1}^{n}(f_{cu,i}^2 - n\bar{f}_{cu}^2)}{n-1}} \tag{6.6.2}$$

混凝土强度标准差 σ 反映强度波动的程度（或离散程度），标准差 σ 越小，说明混凝土强度波动越小。

（3）变异系数 C_v

混凝土变异系数 C_v 按下式计算

$$C_v = \frac{\sigma}{\bar{f}_{cu}} \tag{6.6.3}$$

混凝土变异系数 C_v 反映混凝土强度的相对波动程度，变异系数 C_v 越小，说明混凝土强度越均匀。

正态分布曲线的高峰对应的横坐标为混凝土强度平均值，且以混凝土强度平均值为对称轴。曲线与横坐标所围成的面积为 100%，即概率的总和为 100%，对称轴两边出现的概率各为 50%。对称轴两侧各有一个拐点，对应于 $\bar{f}_{cu} \pm \sigma$，拐点之间曲线向下弯曲，拐点以外曲线向上弯曲。离强度平均值越近，出现的概率越大。正态分布曲线高而窄时，说明混凝土强度的波动较小，即混凝土的施工质量控制较好，如图 6.6.2 所示。当正态分布曲线矮而宽时，说明混凝土强度的波动较大，即混凝土的施工质量控制较差。

2. 强度保证率与混凝土的质量的评定

混凝土的强度保证率 P（%）是指混凝土强度总体中，大于或等于设计强度等级

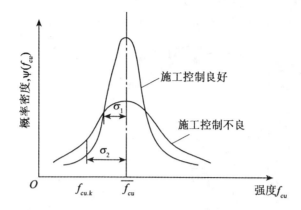

图 6.6.2 离散程度不同的强度分布曲线

($f_{cu,k}$) 的概率,在混凝土强度正态分布曲线图中以阴影面积表示,如图 6.6.3 所示。强度保证率 P(%)可以由正态分布曲线方程积分求得,即

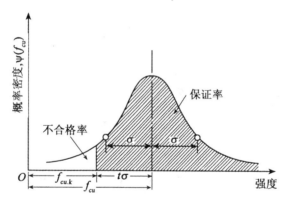

图 6.6.3 混凝土强度保证率

$$P = \frac{1}{\sqrt{2\pi}} \int_{t}^{+\infty} e^{-\frac{t^2}{2}} dt \tag{6.6.4}$$

式中 t 表示概率度,可以按下式求得

$$t = \frac{f_{cu,k} - \bar{f}_{cu}}{\sigma} \quad \text{或} \quad t = \frac{f_{cu,k} - \bar{f}_{cu}}{C_v \bar{f}_{cu}}$$

强度保证率 P(%)除了可以按上式求出外还可以按表 6.6.2 查取。

表 6.6.2　　　　　　　　　不同概率度 t 的保证率 P(%)

t	0.00	0.50	0.84	1.00	1.20	1.28	1.40	1.60
P/(%)	50.0	69.2	80.0	84.1	88.5	90.0	91.9	94.5
t	1.645	1.70	1.81	1.88	2.00	2.05	2.33	3.00
P/(%)	95.0	95.5	96.5	97.0	97.7	98.0	99.0	99.87

混凝土的生产质量水平可根据统计周期内混凝土强度标准差和试件强度不低于相关要求强度等级的百分率评定,分为优良、一般、差三个等级,如表6.6.3所示。

表6.6.3　　　　　　　　混凝土生产质量水平（GBJ107—87）

生产质量水平			优良		一般		差	
混凝土强度等级			<C20	≥C20	<C20	≥C20	<C20	≥C20
评定指标	强度标准差 σ/（MPa）	预拌混凝土厂 预制混凝土构件厂	≤3.0	≤3.5	≤4.0	≤5.0	>4.0	>5.0
		集中搅拌混凝土的施工现场	≤3.5	≤4.0	≤4.5	≤5.5	>4.5	>5.5
	强度不低于要求强度等级的百分率 P/（%）	预拌混凝土厂和预制混凝土构件厂及集中搅拌混凝土的施工现场	≥95		>85		≤85	

3. 混凝土的配制强度

混凝土设计要求的强度等级为 $f_{cu,k}$,强度保证率为 P（%）,则该混凝土强度等级的配制强度 $f_{cu,0}$ 可以通过如下方法求出

$$f_{cu,0} = f_{cu,k} - t\sigma \tag{6.6.5}$$

由式（6.6.5）可以看出：混凝土配制强度 $f_{cu,0}$ 大小,在设计强度等级 $f_{cu,k}$ 一定的情况下,决定于设计要求的保证率 P（定出 t 值）及施工水平（σ 或 C_v）。设计的保证率愈大,配制强度愈高；施工质量水平愈低（σ 愈大）,配制强度愈应提高。

根据《普通混凝土配合比设计规程》（JGJ55—2000）中的规定,工业与民用建筑用混凝土的强度保证率为95%,对应的 $t = -1.645$,因此当混凝土强度保证率要求达到95%时, $f_{cu,0}$ 可以采用下式计算

$$f_{cu,0} = f_{cu,k} + 1.645\sigma \tag{6.6.6}$$

σ 可以采用至少25组试件的无偏估计值,若具有25组以上混凝土试配强度的统计资料,可以用计算法求得。当混凝土设计强度等级为C20或C25时,若计算得到的 σ 低于2.5 MPa,取 $\sigma = 2.50$ MPa；当混凝土设计强度等级等于或大于C30时,若计算得到的 σ 低于3.0 MPa,取 $\sigma = 3.0$ MPa。

若施工单位没有近期的同一品种混凝土强度资料,对于普通混凝土工程 σ 可以按表6.6.4取用,对于水利工程 σ 可以按表6.6.5取用。

表6.6.4　　　　　　　　普通混凝土工程混凝土的 σ 取值表

混凝土强度等级	低于C20	C20~C35	高于C35
σ/（MPa）	4.0	5.0	6.0

注：在采用表6.6.4时,施工单位可以根据实际情况,对 σ 做调整。

表 6.6.5　　　　　水工混凝土的 σ 取值表（DL/T5144—2001）

混凝土强度等级	$C_{90}15$	$C_{90}20 \sim C_{90}25$	$C_{90}30 \sim C_{90}35$	$C_{90}40 \sim C_{90}45$	$\geqslant C_{90}50$
σ /（MPa）	3.5	4.0	4.5	5.0	5.5

6.6.3　混凝土强度的评定

混凝土强度的检验评定必须按国家标准《混凝土强度评定标准》（GB107—1987）执行。

1. 统计方法（一）

当混凝土的生产条件在较长时间内能保持一致，且同一品种混凝土的强度变异性能保持稳定时，应由连续的三组试件组成一个验收批，其强度同时满足下式要求

$$\bar{f}_{cu} \geqslant f_{cu,k} + 0.7\sigma_0 \tag{6.6.7}$$

$$f_{cu,\min} \geqslant f_{cu,k} - 0.7\sigma_0 \tag{6.6.8}$$

当混凝土强度等级 ≤ C20 时，强度最小值尚应满足下式要求

$$f_{cu,\min} \geqslant 0.85 f_{cu,k} \tag{6.6.9}$$

当混凝土强度等级 > C20 时，强度最小值尚应满足下式要求

$$f_{cu,\min} \geqslant 0.90 f_{cu,k} \tag{6.6.10}$$

式中：$f_{cu,\min}$——同一验收批混凝土立方体抗压强度的最小值，（MPa）；

σ_0——验收批混凝土立方体抗压强度的标准差，（MPa）。

验收批混凝土立方体抗压强度的标准差，应根据前一个检验期内同一品种混凝土试件的强度数据，按下列公式确定

$$\sigma_0 = \frac{0.59}{m} \sum_{i=1}^{m} \Delta f_{cu,i} \tag{6.6.11}$$

式中：$\Delta f_{cu,i}$——第 i 批试件立方体抗压强度中最大值与最小值之差；

m——用以确定该验收批混凝土立方体抗压强度标准差的数据总批数，不得小于 15。

上述检验期不应超过三个月，且在该期间内强度数据的总批数不得小于 15。

2. 统计方法（二）

当混凝土的生产条件在较长时间内不能保持一致，且混凝土强度变异性不能保持稳定时，或在前一个检验期内的同一品种混凝土没有足够的数据用以确定验收批混凝土立方体抗压强度的标准差时，应由不少于 10 组的试件组成一个验收批，其强度应同时满足下列两式的规定要求

$$\bar{f}_{cu} - \lambda_1 S_{f_{cu}} \geqslant 0.9 f_{cu,k} \tag{6.6.12}$$

$$f_{cu,\min} \geqslant \lambda_2 f_{cu,k} \tag{6.6.13}$$

式中：$S_{f_{cu}}$——同一验收批混凝土立方体抗压强度的标准差，（MPa），当 $S_{f_{cu}}$ 的计算值小于 $0.06 f_{cu,k}$，取 $S_{f_{cu}} = 0.06 f_{cu,k}$；

λ_1、λ_2——合格判定系数，按表 6.6.6 取用。

表 6.6.6　　　　　　　　混凝土强度合格判定系数 λ_1、λ_2 取值

试件组数	10~14	15~24	≥25
λ_1	1.70	1.65	1.60
λ_2	0.90		0.85

混凝土立方体抗压强度的标准差 $S_{f_{cu}}$ 可以按下列公式计算

$$S_{f_{cu}} = \sqrt{\frac{\sum_{i=1}^{n} f_{cu,i}^2 - n\bar{f}_{cu}^2}{n-1}} \tag{6.6.14}$$

式中：$f_{cu,i}$——第 i 组混凝土试件的立方体抗压强度，（MPa）；

n——一个验收批混凝土试件的组数。

3. 非统计方法

当不具备按统计方法评定混凝土强度的条件时，可以采用非统计方法，其强度应同时满足下列要求

$$\bar{f}_{cu} \geq 1.15 f_{cu,k} \tag{6.6.15}$$

$$f_{cu,\min} \geq 0.90 f_{cu,k} \tag{6.6.16}$$

混凝土强度的合格性判断：当检验结果能满足上述统计方法（一）或（二），或非统计方法要求时，则该批混凝土判为合格；当不满足时，该批混凝土判为不合格。

由不合格批混凝土制成的结构或构件应进行鉴定，对不合格的结构或构件必须及时处理。当对混凝土试件强度的代表性有怀疑时，可以采用从结构或构件中钻取试件的方法或采用非破损检验方法，按相关标准的规定对结构或构件中混凝土的强度进行鉴定。

§6.7　普通混凝土的配合比设计

混凝土的配合比是指混凝土中各组成材料数量之间的比例关系。混凝土配合比设计就是要确定 1m³ 混凝土中各组成材料的用量，使得按该用量拌制出的混凝土能够满足工程所需的各项性能要求。

混凝土配合比常用的表示方法有两种。一种是以 1m³ 混凝土中各项材料的质量用量来表示，例如 1m³ 混凝土中各项材料用量为：水泥 310kg，水 155 kg，砂 750 kg，石 1 500kg；另一种是以混凝土各项材料的质量比来表示（以水泥质量为 1），例如

水泥∶水∶砂∶石 = 1∶0.46∶2.20∶3.46

在现场施工时，也可以根据搅拌机的实际容积，以每次实际投料量表示。

6.7.1　普通混凝土配合比设计的基本要求

普通混凝土配合比的设计一般要满足以下 5 项要求：

1. 满足混凝土结构设计的强度要求，以保证构筑物能安全地承受各种设计荷载。混凝土在 28 天时的强度或规定龄期时的强度应满足结构设计的要求。

2. 满足混凝土施工所要求的和易性，以便硬化后能得到均匀密实的混凝土。所谓和

易性是指混凝土拌合物易于各种施工工序（拌和、运输、浇筑、振捣等）操作并能获得质量均匀、成型密实的性能。

3. 具有与工程环境相适应的耐久性，以保证构筑物在所处环境中服役寿命。
4. 满足用户和施工单位希望的经济性要求。
5. 满足可持续发展所必需的生态型要求等。

6.7.2　普通混凝土配合比设计的基本资料

混凝土配合比设计前应掌握以下两方面的资料。

1. 工程要求与施工水平方面

为确定混凝土的和易性、强度标准差、骨料的最大粒径、配制强度、最大水灰比与最小水泥用量等，必须首先掌握设计要求的强度等级、混凝土工程所处的使用环境条件与所要求的耐久性；掌握混凝土构件或混凝土结构的断面尺寸和配筋情况；掌握混凝土的施工方法与施工质量水平。

2. 原材料方面

为确定用水量、砂率，并最终确定混凝土的配合比，必须掌握水泥的品种、强度等级、密度等参数；掌握粗、细骨料的规格（粗细程度或最大粒径）、品种、表观密度、级配、含水率及杂质与有害物的含量等；掌握水质情况；掌握矿物掺合料与化学外加剂等的品种、性能等。各种原材料的规格、质量等需满足相应的要求。

6.7.3　普通混凝土配合比设计的步骤

进行混凝土配合比设计时首先要正确选定原材料品种、检验原材料质量，然后按照混凝土技术要求进行初步计算，得出"试配配合比"。经实验室试拌调整，得出"基准配合比"。经调整和易性和强度复核（如有其他性能要求，则须作相应的检验项目）定出"实验室配合比"，最后以现场原材料实际情况（如砂、石含水等）修正"实验室配合比"，从而得出"施工配合比"。

1. 试配配合比的计算

（1）计算配制强度

$$f_{cu,0} = f_{cu,k} + 1.645\sigma \tag{6.7.1}$$

式中：$f_{cu,0}$——混凝土的配制强度，（MPa）；

$f_{cu,k}$——混凝土的设计强度等级，（MPa）；

σ——混凝土强度标准差（MPa）。可以根据混凝土生产单位的历史资料统计计算。无历史资料时，按表6.6.4或表6.6.5取值（见6.6.2节）。

（2）初步确定水灰比（W_0/C_0）

①根据配制强度$f_{cu,0}$，按下式计算所要求的水灰比值（其中α_a、α_b取值为不具备试验统计资料时的取值）：

采用碎石时：

$$f_{cu,0} = 0.46 f_{ce}\left(\frac{C_0}{W_0} - 0.07\right) \tag{6.7.2}$$

采用卵石时：

$$f_{cu,0} = 0.48 f_{ce}\left(\frac{C_0}{W_0} - 0.33\right) \tag{6.7.3}$$

其中

$$f_{ce} = \gamma_c \times f_{ce,k}$$

式中：$f_{ce,k}$——水泥强度等级值，（MPa）；

γ_c——水泥强度等级值的富余系数，一般取 1.06~1.25。若水泥已存放一定时间，则取 1.0；若存放时间超过 3 个月，或水泥已有结块现象，可能小于 1.0，必须通过实验测定。

②为了保证混凝土必要的耐久性，水灰比还不得大于表 6.5.5 或表 6.5.6 或表 6.5.7 中规定的最大水灰比值，若计算所得的水灰比大于规定的最大水灰比值，应取规定的最大水灰比（水胶比）值。

(3) 确定 1m³ 混凝土用水量（m_{w0}）

①对于干硬性和塑性混凝土，根据所用骨料的种类、最大粒径及施工所要求的坍落度值，查表 6.7.1，选取 1m³ 混凝土的用水量。

表 6.7.1 混凝土用水量（kg/m³）（JGJ55—2000）

拌和物稠度		卵石最大粒径/（mm）				碎石最大粒径/（mm）			
项目	指标	10	20	31.5	40	16	20	31.5	40
维勃稠度/（s）	16~20	175	160		145	180	170		155
	11~15	180	165		150	185	175		160
	5~10	185	170		155	190	180		165
坍落度/（mm）	10~30	190	170	160	150	200	185	175	165
	35~50	200	180	170	160	210	195	185	175
	55~70	210	190	180	170	220	205	195	185
	75~90	215	195	185	175	230	215	205	195

注：1. 表 6.7.1 用水量系采用中砂时的平均取值，采用细砂时，每 m³ 混凝土用水量可以增加 5~10 kg，采用粗砂则可以减少 5~10 kg。

2. 掺用各种外加剂或掺和料时，用水量应相应调整。

必须注意，在试拌混凝土时，不能用单纯改变用水量的办法来调整混凝土拌合物的流动性，而应在保持水灰比不变的条件下用调整水泥浆量的办法调整其流动性，否则会影响混凝土的强度和耐久性。

②对于大流动性混凝土（坍落度大于 90 mm），若不掺外加剂，混凝土的单位用水量应以表 6.7.1 中坍落度 90 mm 的用水量为基础，按每增加 20mm 坍落度时需增加 5kg 用水量来计算。若掺加外加剂，混凝土的单位用水量可以按下式计算

$$m_{wa0} = m_{w0}\left(1 - \frac{\beta}{100}\right) \tag{6.7.4}$$

式中：m_{wa0}——掺外加剂混凝土的单位用水量，（kg/m³）；

m_{w0}——未掺外加剂混凝土的单位用水量，（kg/m³）；

β——外加剂的减水率（%），其值可经试验确定。

（4）计算 $1m^3$ 混凝土水泥用量（m_{c0}）

①根据已初步确定的水灰比 $\left(\dfrac{W}{C}\right)$ 和选用的单位用水量（m_{w0}），可以计算出水泥用量（m_{c0}）

$$m_{c0} = \dfrac{m_{w0}}{\dfrac{W_0}{C_0}} \tag{6.7.5}$$

②为保证混凝土的耐久性，由式（6.7.5）计算得出的水泥用量还应满足表6.5.5或表6.5.6或表6.5.7中规定的最小水泥用量的要求，若计算得出的水泥用量少于规定的最小水泥用量，则应取规定的最小水泥用量值，但水泥用量不应超过500kg，胶凝材料用量不宜超过550kg。

（5）选取合理的砂率值（β_S）

应当根据混凝土拌合物的和易性，通过试验求出合理砂率。若无试验资料，可以根据骨料品种、规格和水灰比，按表6.7.2选用。

表6.7.2　　　　　　　　混凝土的砂率（%）（JGJ55—2000）

水灰比 $\dfrac{W}{C}$	卵石最大粒径/(mm)			碎石最大粒径/(mm)		
	10	20	40	16	20	40
0.40	26~32	25~31	24~30	30~35	29~34	27~32
0.50	30~35	29~34	28~33	33~38	32~37	30~35
0.60	33~38	32~37	31~36	36~41	35~40	33~38
0.70	36~41	35~40	34~39	39~44	38~43	36~41

注：1. 表6.7.2中数值系中砂的选用砂率。对细砂或粗砂，可以相应地减少或增加砂率。
    2. 只用一个单粒级粗骨料配制混凝土时，砂率值应当增加。
    3. 对薄壁构件，砂率取偏大值。
    4. 表6.7.2中粗集料的尺寸为圆孔筛尺寸。

坍落度大于60mm混凝土，应经试验确定砂率，也可以在表6.7.2的基础上，按坍落度每增大20mm，砂率增大1%的幅度予以调整；坍落度小于10mm的混凝土，其砂率应通过试验确定。

（6）计算 $1m^3$ 混凝土的砂用量（m_{s0}）、石用量（m_{g0}）

砂、石的用量可以用体积法或质量法求得。

①体积法　该方法假定混凝土各组成材料的体积（指各材料排开水的体积，即水泥与水以密度计算体积，砂、石以表观密度计算体积）与拌合物所含的少量空气的体积之和等于混凝土拌合物的体积，即 $1m^3$ 或1000L。由此即有下述方程组

$$\begin{cases} \dfrac{m_{c0}}{\rho_c} + \dfrac{m_{g0}}{\rho_g} + \dfrac{m_{s0}}{\rho_s} + \dfrac{m_{w0}}{\rho_w} + 0.01\alpha = 1 \\ \beta_S = \dfrac{m_{s0}}{m_{s0} + m_{g0}} \end{cases} \tag{6.7.6}$$

式中：ρ_c——水泥密度（kg/m³），可以取 2900~3100 kg/m³；

ρ_g——粗骨料的表观密度（kg/m³）；

ρ_s——细骨料的表观密度（kg/m³）；

ρ_w——水的密度（kg/m³），可以取 1000 kg/m³；

β_S——砂率（%）；

α——混凝土的含气量百分数，在不使用引气型外加剂时，α 可以取为1。

②质量法（或称体积密度法） 当混凝土所用原材料的性能相对稳定时，即使各组成材料的用量有所波动，混凝土拌合物的体积密度基本上不变，接近于一恒定数值，可以在 2 350~2 450 kg/m³ 之间选取，当混凝土强度等级较高、集料密实时，应选择上限。因此，该方法假定混凝土各组成材料的质量之和等于混凝土拌合物的质量。由此即有下述方程组

$$\begin{cases} m_{c0} + m_{w0} + m_{s0} + m_{g0} = m_{cp} \\ \beta_S = \dfrac{m_{s0}}{m_{s0} + m_{g0}} \end{cases} \quad (6.7.7)$$

式中：m_{cp}——1m³混凝土拌合物的假定质量（kg），其值可以取 2350~2450kg。

2. 试拌检验与调整和易性及确定基准配合比

初步配合比是根据一些经验公式或表格通过计算得到的，或是直接选取的，因而不一定符合实际情况，故须进行检验与调整，并通过实测的混凝土拌合物体积密度 ρ_{0t} 进行校正。

（1）和易性调整

试拌时，若混凝土流动性大于要求值，可以保持砂率不变，适当增加砂用量和石用量；若混凝土流动性小于要求值，可以保持水灰比不变，适当增加水泥用量和水用量，其数量一般为5%或10%，若混凝土粘聚性或保水性不合格，则应适当增加砂用量，直至和易性合格。

（2）含气量检验与调整

若掺加引气剂或对含气量有要求，则应在和易性合格后检验混凝土拌合物的含气量。若含气量在要求值的 ±0.5% 以内，则不必调整；当含气量在要求值的 ±0.5% 以外时，则应增减引气剂的掺量，重新拌合检验，直至含气量合格。

（3）计算基准配合比

混凝土和易性与含气量合格后，应测定混凝土拌合物的体积密度 ρ_{0t}，并计算出各组成材料的拌合用量：水泥 m_{c0b}、水 m_{w0b}、砂 m_{s0b}、石 m_{g0b}，则拌合物的总用量 m_{tb} 为

$$m_{tb} = m_{c0b} + m_{w0b} + m_{s0b} + m_{g0b} \quad (6.7.8)$$

由此可以计算出和易性合格时的配合比，即混凝土的基准配合比，按下式计算：

$$m_{cr} = \dfrac{m_{c0b}}{m_{tb}} \times \rho_{0t} \quad (6.7.9)$$

$$m_{wr} = \dfrac{m_{w0b}}{m_{tb}} \times \rho_{0t} \quad (6.7.10)$$

$$m_{sr} = \dfrac{m_{s0b}}{m_{tb}} \times \rho_{0t} \quad (6.7.11)$$

$$m_{gr} = \frac{m_{g0b}}{m_{tb}} \times \rho_{0t} \tag{6.7.12}$$

需要说明的是,即使混凝土拌合物的和易性、含气量不需调整,也必须用实测的体积密度 ρ_{0t} 按上式校正配合比。

3. 检验强度与确定实验室配合比

检验强度时,应采用不少于三组的配合比。其中一组为基准配合比;另两组的水灰比分别比基准配合比增加或减小 0.05,而用水量、砂用量、石用量与基准配合比相同(也可以将砂率增减 1%)。

三组配合比分别成型、养护、测定 28d 抗压强度 f_I,f_{II},f_{III}。由三组配合比的灰水比和抗压强度,绘制 f_{28}—$\frac{C}{W}$ 关系曲线,如图 6.7.1 所示。

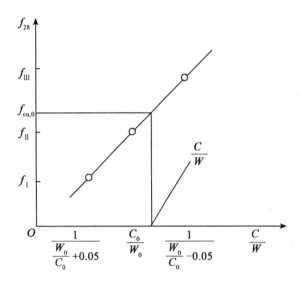

图 6.7.1 抗压强度与水灰比的关系曲线

由图 6.7.1 可得满足配制强度 $f_{cu,0}$ 的灰水比 $\frac{C}{W}$,称为实验室灰水比,该灰水比既满足了强度要求,又满足了水泥用量最少的要求。此时,满足配制强度要求的四种材料的用量为:水泥为 $\left(\frac{C}{W}\right) \cdot m_{wr}$,而其余三者为保证和易性的不受影响仍取基准配合比,即水为 m_{wr},砂为 m_{sr},石为 m_{gr}。因四者的体积之和不等于 $1m^3$,须根据混凝土的实测体积密度 ρ_{0t} 和计算体积密度 ρ_{0c} 折算为 $1m^3$。计算体积密度按下式计算

$$\rho_{0c} = \frac{C}{W} \times m_{wr} + m_{wr} + m_{sr} + m_{gr} \tag{6.7.13}$$

则校正系数 δ 为:$\delta = \frac{\rho_{0t}}{\rho_{0c}}$

混凝土的实验室配合比为:

$$m_c = \delta \times \left(\frac{C}{W} \times m_{wr}\right) \tag{6.7.14}$$

$$m_w = \delta \times m_{wr} \tag{6.7.15}$$

$$m_s = \delta \times m_{sr} \tag{6.7.16}$$

$$m_g = \delta \times m_{gr} \tag{6.7.17}$$

上述配合比一般均能满足普通耐久性要求（指无具体指标要求），若对混凝土的耐久性有专门指标要求（如 P8、F250 等），需在制作强度试件时，同时制作相应组数的耐久性检验用试件，养护至 28d（或规定龄期）时测定相应的耐久性指标，并根据耐久性测定值，确定出满足耐久性设计要求的配合比。将该配合比与上述满足强度设计的配合比进行比较，取水灰比（或水胶比）较小者为实验室配合比。

实际配制时，在和易性检验及调整合格后，不必计算基准配合比，而是直接配制三组不同水灰比的混凝土，由此确定混凝土的实验室配合比，其方法如下：

强度检验时，三组混凝土的水灰比分别为 $\left(\dfrac{W_0}{C_0}+0.05\right)$、$\dfrac{W_0}{C_0}$、$\left(\dfrac{W_0}{C_0}-0.05\right)$，而水、砂、石的用量均取为水 m_{w0b}、砂 m_{s0b}、石 m_{g0b}（或将砂率增减 1%），另两组的水泥用量分别为水用量除以各自的水灰比。

三组混凝土分别成型、养护，并测定 28d 抗压强度 f_I，f_{II}，f_{III}。由三组配合比的灰水比和抗压强度，绘制抗压强度—灰水比关系曲线（见图 6.7.1）。由图可得配制强度 $f_{cu,0}$ 所对应的灰水比 $\dfrac{C}{W}$。该灰水比 $\dfrac{C}{W}$ 既满足了强度要求，又保证了水泥用量最少。此时四种材料的拌合用量：水泥 $m_{w0b} \times \dfrac{C}{W}$、水 m_{w0b}、砂 m_{s0b}、石 m_{g0b}，拌合物的总用量 m_{tb} 为

$$m_{tb} = \left(m_{w0b} \times \dfrac{C}{W}\right) + m_{w0b} + m_{s0b} + m_{g0b} \tag{6.7.18}$$

混凝土的实验室配合比为

$$m_c = \dfrac{m_{w0b} \times \dfrac{C}{W}}{m_{tb}} \times \rho_{0t} \tag{6.7.19}$$

$$m_w = \dfrac{m_{w0b}}{m_{tb}} \times \rho_{0t} \tag{6.7.20}$$

$$m_s = \dfrac{m_{s0b}}{m_{tb}} \times \rho_{0t} \tag{6.7.21}$$

$$m_g = \dfrac{m_{g0b}}{m_{tb}} \times \rho_{0t} \tag{6.7.22}$$

4. 确定施工配合比

工地的砂、石均含有一定数量的水分，为保证混凝土配合比的准确性，设施工配合比 1m^3 混凝土中水泥、水、砂、石的用量分别为 m_c'、m_s'、m_g'、m_w'；并设工地砂含水率为 $a\%$，石含水率为 $b\%$。则施工配合比 1 m^3 混凝土中各材料用量为

$$m_c' = m_c$$

$$m_s' = m_s \cdot (1 + a\%)$$

$$m_g' = m_g \cdot (1 + b\%)$$

$$m_w' = m_w \cdot - m_s \cdot a\% - m_g \cdot b\%$$

施工配合比应根据集料含水率的变化，随时做相应的调整。

6.7.4 普通混凝土配合比设计实例

例 6.7.1 某框架结构工程现浇钢筋混凝土梁，混凝土设计强度等级为 C30，施工要求混凝土坍落度为 30～50mm，根据施工单位历史资料统计，混凝土强度标准差 σ = 5MPa。所用原材料情况如下：

水泥：42.5 级普通硅酸盐水泥，水泥密度为 3.10g/cm³，水泥强度等级标准值的富余系数为 1.08；

砂：中砂，级配合格，砂表观密度 2.60 g/cm³；

石：5～30mm 碎石，级配合格，石表观密度 2.65 g/cm³；

减水剂：HSP 高效减水剂，减水率为 20%。

试求：混凝土初步配合比。

解

（1）确定配制强度 $f_{cu,0}$

$$f_{cu,0} = f_{cu,k} - t\sigma = f_{cu,k} + 1.645\sigma = 30 + 1.645 \times 5 = 38.2 \text{（MPa）}$$

（2）确定水灰比 $\left(\dfrac{W_0}{C_0}\right)$

$$\frac{W_0}{C_0} = \frac{\alpha_a \times f_{ce}}{f_{cu,u} + \alpha_a \times \alpha_b \times f_{ce}} = \frac{0.46 \times 1.08 \times 42.5}{38.2 + 0.46 \times 0.07 \times 1.08 \times 42.5} = 0.53$$

查表 6.5.5，该值小于所规定的最大值，即取 $\dfrac{W_0}{C_0} = 0.53$，故可以确定水灰比为 0.53。

（3）确定 1m³ 混凝土用水量（m_{w0}）

根据坍落度为 30～50mm、碎石且最大粒径为 30mm、中砂，查表 6.7.1，选取混凝土的用水量 $m_{w0} = 185$kg。

HSP 减水率为 20%。

$$m_{wa0} = m_{w0}\left(1 - \frac{\beta}{100}\right) = 185 \times (1 - 20\%) = 148\text{kg}$$

（4）确定 1m³ 混凝土水泥用量（m_{c0}）

$$m_{c0} = \frac{m_{w0}}{\dfrac{W_0}{C_0}} = \frac{148}{0.53} = 279\text{kg}$$

查表 6.5.5，该值大于所规定的最小值，即取 $m_{c0} = 279$kg。

（5）确定砂率（β_s）

根据水灰比 $\dfrac{W_0}{C_0} = 0.53$、碎石最大粒径为 30mm、中砂，查表 6.7.2，可以选取混凝土的砂率 $\beta_s = 35\%$。

（6）计算 1m³ 混凝土的砂用量（m_{s0}）和石用量（m_{g0}）

以体积法计算

$$\begin{cases} \dfrac{m_{c0}}{\rho_c} + \dfrac{m_{g0}}{\rho_g} + \dfrac{m_{s0}}{\rho_s} + \dfrac{m_{w0}}{\rho_w} + 0.01\alpha = 1 \\ \beta_S = \dfrac{m_{S0}}{m_{s0} + m_{g0}} \end{cases}$$

因未掺引气剂,故 α 可以取为1。

$$\dfrac{279}{3100} + \dfrac{148}{1000} + \dfrac{m_{S0}}{2600} + \dfrac{m_{g0}}{2650} + 0.01 \times 1 = 1$$

$$\beta_S = \dfrac{m_{s0}}{m_{s0} + m_{g0}} \times 100\% = 35\%$$

求解该方程组,即得 $m_{s0} = 696$kg,$m_{g0} = 1295$kg。

减水剂 HSP:J $= 279 \times 1.5\% = 4.19$kg

则 $1m^3$ 混凝土中各项材料用量为:水泥 279kg;水 148kg;砂 696 kg;石 1295kg;减水剂:4.19kg

例 6.7.2 严寒地区的某工程框架梁,其设计强度等级为 C25,施工要求的坍落度为 35~50mm,采用机械搅拌和机械振动成型。施工单位无历史统计资料。试确定混凝土的配合比。原材料条件为:强度等级为 32.5 的普通硅酸盐水泥,强度富余系数为 1.13,密度为 3.1 g/cm³;级配合格的中砂(细度模数为 2.8),表观密度为 2.65g/cm³,含水率为 3%;级配合格的碎石,最大粒径为 31.5mm,表观密度为 2.70 g/cm³,含水率为 1%,饮用水。

解 (1) 确定初步配合比

① 确定配制强度 $f_{cu,0}$

查表 6.6.4,$\sigma = 5.0$MPa。因而配制强度 $f_{cu,0}$ 为

$$f_{cu,0} = f_{cu,k} - t\sigma = f_{cu,k} + 1.645\sigma = 25 + 1.645 \times 5.0 = 33.2 \text{ (MPa)}$$

② 确定水灰比 $\left(\dfrac{W_0}{C_0}\right)$

$$\dfrac{W_0}{C_0} = \dfrac{\alpha_a \times f_{ce}}{f_{cu,0} + \alpha_a \times \alpha_b \times f_{ce}} = \dfrac{0.46 \times 1.13 \times 32.5}{33.2 + 0.46 \times 0.07 \times 1.13 \times 32.5} = 0.49$$

查表 6.5.5,该值小于所规定的最大值,即取 $\dfrac{W_0}{C_0} = 0.49$。

③ 确定 $1m^3$ 混凝土用水量 (m_{w0})。

根据坍落度为 35~50mm、碎石且最大粒径为 31.5mm、中砂,查表 6.7.1,选取混凝土的用水量 $m_{w0} = 185$kg。

④ 确定 $1m^3$ 混凝土水泥用量 (m_{c0})

$$m_{c0} = \dfrac{m_{w0}}{\dfrac{W_0}{C_0}} = \dfrac{185}{0.49} = 377.6\text{kg}$$

查表 6.5.5,该值大于所规定的最小值,即取 $m_{c0} = 377.6$kg。

⑤ 确定砂率 (β_S)

根据水灰比 $\dfrac{W_0}{C_0} = 0.49$、碎石最大粒径为 31.5mm、中砂,查表 6.7.2,选取混凝土的

砂率 $\beta_s = 33\%$。

⑥计算 $1m^3$ 混凝土的砂用量（m_{s0}）和石用量（m_{g0}）

以体积法计算。

$$\begin{cases} \dfrac{m_{c0}}{\rho_c} + \dfrac{m_{g0}}{\rho_g} + \dfrac{m_{s0}}{\rho_s} + \dfrac{m_{w0}}{\rho_w} + 0.01\alpha = 1 \\ \beta_s = \dfrac{m_{s0}}{m_{s0} + m_{g0}} \end{cases}$$

因未掺引气剂，故 α 可取为 1

$$\frac{377.6}{3100} + \frac{185}{1000} + \frac{m_{s0}}{2650} + \frac{m_{g0}}{2700} + 0.01 \times 1 = 1$$

$$\beta_s = \frac{m_{s0}}{m_{s0} + m_{g0}} \times 100\% = 33\%$$

求解该方程组，即得 $m_{s0} = 605 \text{kg}$，$m_{g0} = 1228 \text{kg}$

则 $1m^3$ 混凝土中各项材料用量为：水泥 377.6kg，水 185 kg，砂 605 kg，石 1228kg

（2）试拌检验、调整及确定实验室配合比

按初步配合比试拌 15L 混凝土拌合物，各材料用量为：水泥 5.66kg、水 2.78kg、砂 9.08kg、石 18.42kg。搅拌均匀后，检验其和易性，测得坍落度为 20mm，粘聚性和保水性合格。

水泥用量和水用量增加 5% 后（水灰比不变），测得坍落度为 40mm，且粘聚性和保水性均合格。此时，拌合物的各材料用量为：水泥 $m_{c0b} = 5.66 (1+5\%) = 5.94 \text{kg}$；水 $m_{w0b} = 2.78 (1+5\%) = 2.92 \text{kg}$；砂 $m_{s0b} = 9.08 \text{kg}$；石 $m_{g0b} = 18.42 \text{kg}$

以 0.54、0.49、0.44 的水灰比分别拌制三组混凝土，对应的水灰比、水泥用量、水用量、砂用量及石用量分别为：

Ⅰ 0.54，5.41kg，2.92kg，9.08kg，18.42kg

Ⅱ 0.49，5.94kg，2.92kg，9.08kg，18.42kg

Ⅲ 0.44，6.64kg，2.92kg，9.08kg，18.42kg

养护至 28d，测得的抗压强度分别为：$f_Ⅰ = 29.9 \text{MPa}$、$f_Ⅱ = 34.4 \text{MPa}$、$f_Ⅲ = 39.2 \text{MPa}$。绘制灰水比与抗压强度线性关系曲线，如图 6.7.2 所示。

由图 6.7.2 可得配制强度 $f_{cu,0} = 33.2 \text{MPa}$

所对应的灰水比 $\dfrac{C}{W} = 1.98$。此时混凝土的各材料用量为：水泥 $2.92 \times 1.98 = 5.78 \text{kg}$、水用量 2.92kg、砂用量 9.08kg，石用量 18.42kg，拌合物的总用量 m_{tb} 为：

$$m_{tb} = 5.78 + 2.92 + 9.08 + 18.42 = 36.20 \text{kg}$$

并测得拌合物的体积密度 $\rho_{0t} = 2390 \text{kg/m}^3$。因而混凝土的实验室配合比为

$$m_c = \frac{5.78}{36.20} \times 2390 = 382 \text{kg} \qquad m_w = \frac{2.92}{36.20} \times 2390 = 193 \text{kg}$$

$$m_s = \frac{9.08}{36.20} \times 2390 = 599 \text{kg} \qquad m_g = \frac{18.42}{36.20} \times 2390 = 1216 \text{kg}$$

（3）确定施工配合比

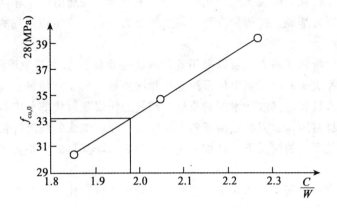

图 6.7.2　抗压强度 $f_{cu,0}$ 与灰水比 $\dfrac{C}{W}$ 的关系曲线

$$m'_c = m_c = 382 \text{kg}$$
$$m'_s = m_s \cdot (1 + a\%) = 599 + 599 \times 3\% = 617 \text{kg}$$
$$m'_g = m_g \cdot (1 + b\%) = 1216 + 1216 \times 1\% = 1228 \text{kg}$$
$$m'_w = m_w - m_s \cdot a\% - m_g \cdot b\% = 193 - 599 \times 3\% - 1216 \times 1\% = 163 \text{kg}$$

例 6.7.3　某混凝土拌合物经试拌调整满足和易性要求后,各组成材料用量为水泥 3.15kg,水 1.89kg,砂 6.24kg,卵石 12.48kg,实测混凝土拌合物表观密度为 2450kg/m³;试计算每 m³ 混凝土的各种材料用量。

解　由题意得:水泥 $m_{c0b} = 3.15$ kg、水 $m_{w0b} = 1.89$ kg、砂 $m_{s0b} = 6.24$ kg、石 $m_{g0b} = 12.48$ kg

则拌合物的总用量 m_{tb} 为:
$$m_{tb} = m_{c0b} + m_{w0b} + m_{s0b} + m_{g0b} = 3.15 + 1.89 + 6.24 + 12.48 = 23.76 \text{kg}$$

由此可以计算出和易性合格时的配合比:

$$m_{cr} = \frac{m_{c0b}}{m_{tb}} \times \rho_{0t} = \frac{3.15}{23.76} \times 2450 = 325 \text{kg}$$

$$m_{wr} = \frac{m_{w0b}}{m_{tb}} \times \rho_{0t} = \frac{1.89}{23.76} \times 2450 = 195 \text{kg}$$

$$m_{sr} = \frac{m_{s0b}}{m_{tb}} \times \rho_{0t} = \frac{6.24}{23.76} \times 2450 = 644 \text{kg}$$

$$m_{gr} = \frac{m_{g0b}}{m_{tb}} \times \rho_{0t} = \frac{12.48}{23.76} \times 2450 = 1287 \text{kg}$$

则每 m³ 混凝土的各种材料用量为:水泥:325 kg;砂:644 kg;卵石:1287 kg;水:195 kg。

6.7.5　粉煤灰混凝土的配合比设计

粉煤灰混凝土是指将粉煤灰在混凝土搅拌前或搅拌过程中与混凝土其他组分一起掺入

所制得的混凝土。粉煤灰混凝土配合比设计的基本要求与普通混凝土相同，是以未掺粉煤灰混凝土的配合比为基础，按等稠度和等强度等级的原则，按照粉煤灰的不同掺入法进行调整。

混凝土中掺用粉煤灰的方法可以采用等量取代（水泥）法、超量取代法和外加法等。等量取代是指以等质量的粉煤灰取代混凝土中相同质量的水泥；超量取代是指掺入混凝土中的粉煤灰的掺入量超过其取代水泥的质量，超量的粉煤灰取代部分细骨料。其目的是增加混凝土中胶凝材料用量，以补偿由于粉煤灰取代水泥而造成的强度降低；外加法是指在混凝土中水泥用量不变的情况下，外加一定量的粉煤灰。其目的只是为了改善混凝土拌合物的和易性。

实践证明，当粉煤灰取代水泥量过多时，混凝土的抗碳化耐久性将变差，所以粉煤灰取代水泥的最大限量应符合相关规范的规定。

1. 等量取代法配合比设计

（1）选定与基准混凝土相同或稍低的水灰比 $\left(\dfrac{W_0}{C_0}\right)$。

（2）根据确定的粉煤灰取代率 β_f 和基准混凝土的水泥用量 m_{c0} 计算水泥用量与粉煤灰用量。按下式计算粉煤灰混凝土的粉煤灰用量 m_{f0} 和水泥用量 m_{c0f}

$$m_{f0} = m_{c0} \times \beta_f \tag{6.7.23}$$

$$m_{c0f} = m_{c0} - m_{f0} \tag{6.7.24}$$

（3）计算粉煤灰混凝土用水量 m_{w0f}，

$$m_{w0f} = \dfrac{W_0}{C_0} \times (m_{c0f} + m_{f0}) \tag{6.7.25}$$

（4）确定砂率

选用与基准混凝土相同或稍低的砂率 β_S。

（5）计算砂石用量 m_{s0f}、m_{g0f}

利用体积法计算，即各材料的体积之和为 $1\,\mathrm{m}^3$

$$m_{s0f} = V_a \cdot \beta_S \cdot \rho_s = (1 - m_{c0f}/\rho_c - m_{f0}/\rho_f - m_{w0f}/\rho_w - 0.01\alpha) \cdot \beta_S \cdot \rho_s \tag{6.7.26}$$

$$m_{g0f} = V_a \cdot (1-\beta_S) \cdot \rho_g = (1 - m_{c0f}/\rho_c - m_{f0}/\rho_f - m_{w0f}/\rho_w - 0.01\alpha) \cdot (1-\beta_S) \cdot \rho_g \tag{6.7.27}$$

式中：V_a——集料的总体积，m^3；

ρ_f——粉煤灰的密度，$\mathrm{kg/m}^3$；

ρ_s——细骨料的表观密度（$\mathrm{kg/m}^3$）；

ρ_g——粗骨料的表观密度（$\mathrm{kg/m}^3$）。

则混凝土的配合比为：m_{c0f}、m_{f0}、m_{w0f}、m_{s0f}、m_{g0f}。

2. 超量取代法配合比设计

（1）确定粉煤灰取代率 β_f 和超量系数 K（应符合相关规范的规定）。

（2）确定粉煤灰取代水泥量 m_{fc}、总粉煤灰掺量 m_{f0t} 和超量部分粉煤灰质量 m_{fe}

$$m_{fc} = m_{c0} \cdot \beta_f \tag{6.7.28}$$

$$m_{f0t} = K \cdot m_{fc} \tag{6.7.29}$$

$$m_{fe} = (K-1) m_{fc} \tag{6.7.30}$$

(3) 计算水泥用量 m_{c0f}

$$m_{c0f} = m_{c0} - m_{fc} \quad (6.7.31)$$

(4) 计算粉煤灰超量部分代砂后的砂用量 m_{s0f}

$$m_{s0f} = m_{s0} - \frac{m_{fe}}{\rho_f} \times \rho_s \quad (6.7.32)$$

则混凝土的配合比为：m_{c0f}、m_{f0t}、m_{w0f}、m_{s0f}、m_{g0f}。

3. 外加法配合比设计

(1) 根据基准配合比计算的各组成材料用量（m_{c0}、m_{w0}、m_{s0}、m_{g0}），选定外加粉煤灰的掺量 β_{fm}。

(2) 计算外加粉煤灰质量 m_{f0}

$$m_{f0} = m_{c0} \times \beta_{fm} \quad (6.7.33)$$

(3) 计算粉煤灰代砂后的砂用量 m_{s0f}

$$m_{s0f} = m_{s0} - \frac{m_{f0}}{\rho_f} \times \rho_s \quad (6.7.34)$$

则混凝土的配合比为：m_{c0}、m_{f0}、m_{w0}、m_{s0f}、m_{g0}。

以上计算的粉煤灰混凝土配合比，需经过试配调整，其过程与普通混凝土相同。

§6.8 其他品种混凝土

除了普通水泥混凝土外，还有许多其他品种的混凝土也在土木工程中得到了广泛应用。这些混凝土基本上是在普通混凝土的基础上发展而来的，但又不同于普通混凝土。这些混凝土或因材料组成不同、或因施工工艺不同而具有某些特殊功能，主要用于那些有特殊要求的工程。本节只对工程上应用较多的几种混凝土加以介绍，并且把侧重点放在材料组成、技术特点、工程应用、配合比设计要点及使用注意事项几个方面，读者若需更为详尽的了解可以参阅相关文献。

6.8.1 轻混凝土

轻混凝土的表观密度小、导热系数低，具有较好的保温、隔热、隔音及抗震性能，耐久性好，既可以用于承重结构，也适用做围护结构，广泛应用于高层建筑、软土地基、大跨度结构、耐火等级要求的建筑、节能建筑、抗震建筑、旧建筑加层等。

轻混凝土分为轻骨料混凝土、大孔混凝土和多孔混凝土。

1. 轻骨料混凝土

用轻粗骨料、轻细骨料（或普通砂）、水泥和水配制的表观密度不大于1950 kg/m³ 的混凝土，称为轻骨料混凝土。粗、细骨料均采用轻质骨料配制的混凝土称为全轻混凝土，多用做保温材料或结构保温材料。用轻质粗骨料和普通砂配制的混凝土称为砂轻混凝土，多用做承重的结构材料。

(1) 轻骨料的种类及性质

粒径不大于 5 mm，堆积密度小于 1200 kg/m³ 的骨料称为轻细骨料；粒径大于 5mm，堆积密度小于 1 000 kg/m³ 的骨料称为轻粗骨料。轻骨料按来源可以分为三类：

①工业废料轻骨料 以工业废料为原料，经加工而成的轻质骨料，如粉煤灰陶粒、自燃煤矸石、膨胀矿渣珠、煤渣及轻砂等；

②天然轻骨料 天然形成的多孔岩石，经加工而成的轻质骨料，如浮石、火山渣等；

③人工轻骨料 以地方材料为原料，经加工而成的轻质骨料，如页岩陶粒、粘土陶粒、膨胀珍珠岩及轻砂等。

轻粗骨料按其粒形还可以分为圆球型、普通型和碎石型三种。

《轻集料混凝土技术规程》（JGJ51—2002）中规定，轻骨料的技术性质除了耐久性、体积安定性和有害成分含量应符合相关要求外，对轻骨料必须检验其堆积密度、颗粒级配、筒压强度和吸水率；对轻砂必须检验其堆积密度和细度模数。

按堆积密度的大小，把轻粗骨料划分为300、400、500、600、700、800、900、1 000等8个密度等级；把轻细骨料也划分为500、600、700、800、900、1 000、1 100、1 200等8个密度等级。轻骨料堆积密度的大小直接影响所配制混凝土的表观密度。

在轻骨料混凝土中，轻粗骨料的强度对混凝土强度影响很大，是决定混凝土强度的主要因素。表示轻骨料强度高低的指标是筒压强度，采用筒压法测定，其方法是将轻骨料装入 $\phi 115 mm \times 100 mm$ 的标准承压筒中，通过 $\phi 113 mm \times 70 mm$ 的冲压模施加压力，用压入深度为20 mm时的压力值除以承压面积即得筒压强度（MPa）。

轻骨料的筒压强度并不是轻骨料在混凝土中的真实强度，用筒压法测定轻粗骨料强度时，荷载传递是通过颗粒间接触点传递，而在混凝土中，骨料被砂浆包裹，处于受周围硬化砂浆约束的状态，硬化砂浆外壳能起拱架作用，所以混凝土中轻骨料的承压强度要比筒压强度高得多。故实际工作中也可以利用轻骨料配制的混凝土直接测定轻骨料在混凝土中表现的强度等级。

轻骨料的吸水率比普通砂石大，对混凝土拌和物的工作性、水灰比及强度有显著影响。在轻骨料混凝土配合比设计时，若采用干燥骨料则需根据轻骨料的吸水率计算出被轻骨料吸收的"附加水量"。国家相关标准对轻骨料一小时吸水率的规定是：粉煤灰陶粒不大于22%；粘土陶粒和页岩陶粒不大于10%。

（2）轻骨料混凝土的技术性质

强度等级和密度等级是轻骨料混凝土的两个重要指标。强度等级的确定方法与普通混凝土强度等级的确定方法相似，根据边长为150mm的立方体试件，标准养护28d的抗压强度标准值划分为：CL5.0、CL7.5、CL10、CL15、CL20、CL25、CL30、CL35、CL40、CL45、CL50、CL55和CL60等强度等级。轻骨料混凝土按用途分为保温轻骨料混凝土、结构保温轻骨料混凝土和结构轻骨料混凝土等三类，每类轻骨料混凝土的适用范围及其对应的强度等级和表观密度等级如表6.8.1所示。

虽然轻骨料强度较低，但轻骨料混凝土可以达到较高的强度。这是因为轻骨料表面粗糙而内部多孔，早期的吸水作用使骨料表面水灰比变小，从而提高了轻骨料与水泥石的界面粘结力。混凝土受力破坏时不是沿界面破坏，而是轻骨料本身先遭到破坏。对低强度的轻骨料混凝土，也可能是水泥石先开裂，然后裂缝向骨料延伸。因此轻骨料混凝土的强度主要取决于轻骨料的强度和水泥石的强度。

轻骨料混凝土的弹性模量一般较普通混凝土低25%～65%，当结构构件处于温差较大的条件下，弹性模量低有利于控制裂缝的发展，同时轻骨料弹性模量低，不能有效地阻止水泥石收缩,轻骨料混凝土的干缩及极限应变较大,有利于改善结构物的抗震性能或抵抗荷载的作用。

表 6.8.1　　　　　　　　轻集料混凝土按用途分类（JGJ51—2002）

类别分类	强度等级的合理范围	混凝土密度等级的合理范围	用　　途
保温轻骨料混凝土	LC5.0	800	保温围护结构或热工构筑物
结构保温轻骨料混凝土	LC5.0、LC7.5、LC10、LC15	800~1400	既承重又保温的围护结构
结构轻骨料混凝土	LC15、LC20、LC25、LC30、LC35、LC40、LC45、LC50、LC55、LC60	1400~1900	承重构件或构筑物

轻骨料混凝土具有较优良的保温性能。由于轻骨料具有较多孔隙,故其导热系数小。但随着其表观密度和含水率的增加,导热系数会增大。

(3) 轻骨料混凝土施工注意事项

轻骨料混凝土施工时,可以采用干燥骨料,当骨料露天堆放时,其含水率变化较大,施工中必须及时测定其含水率并调整加水量。也可以预先将轻粗骨料作润湿处理。预湿的骨料拌制出的拌合物,和易性和水灰比比较稳定,预湿时间可以根据外界气温和骨料的自然含水状态确定,一般提前半天或一天对骨料进行淋水预湿,然后滤干水分进行投料。

由于轻骨料混凝土拌合物中轻骨料容易上浮,不易搅拌均匀,因此宜选用强制式搅拌机,且搅拌时间应较普通混凝土略长,但不宜过长,以防较多的轻骨料被搅碎而影响混凝土的强度和体积密度。外加剂应在轻骨料吸水后加入。

拌合物的运输距离应尽量缩短,若出现坍落度损失或离析较严重时,浇筑前宜采用人工二次拌合。

轻骨料混凝土拌合物应采用机械振捣成型,对流动性大者,也可以采用人工插捣成型,对干硬性拌合物,宜采用振动台和表面加压成型。

轻骨料混凝土浇筑成型后,应避免由于表面失水太快引起表面网状裂纹,早期应加强潮湿养护,养护时间一般不少于7~14 d。若采用蒸汽养护,则升温速度不宜太快,但采用热拌工艺,则允许快速升温。

2. 大孔混凝土

大孔混凝土是以粗骨料、水泥和水配制而成的一种轻型混凝土,又称无砂混凝土。在这种混凝土中,水泥浆包裹粗骨料颗粒的表面,将粗骨料粘结在一起,但水泥浆并不填满粗骨料颗粒之间的空隙,因而形成大孔结构的混凝土。为了提高大孔混凝土的强度,有时也加入少量细骨料(砂),这种混凝土又可以称为少砂混凝土。

大孔混凝土按其所用骨料品种可以分为普通大孔混凝土和轻骨料大孔混凝土。前者用天然碎石、卵石或重矿渣配制而成,表观密度在1500~1950 kg/m^{3}之间,抗压强度为3.5~10 MPa。主要用于承重及保温外墙体。后者用陶粒、浮石等轻骨料配制而成,表观密度在 800~1500 kg/m³ 之间，抗压强度为 1.5~7.5MPa，主要用于保温外墙体。

大孔混凝土的导热系数小，保温性好，吸湿性较小。收缩比普通混凝土小 30%~50%。抗冻性可以达 15~25 次冻融循环。由于大孔混凝土不用砂或少用砂，故水泥用量较低。每 m³ 混凝土的水泥用量仅为 150~200kg，其成本低。

大孔混凝土可以用于制作小型空心砌块和各种板材，也可以用于现浇墙体，普通大孔混凝土还可以制成滤水管、滤水板等，广泛应用于市政工程。

3. 多孔混凝土

多孔混凝土是内部均匀分布着大量微小气泡的不使用骨料的轻质混凝土。其孔隙率极大，一般可以达混凝土总体积的 85%，是一种轻质多孔材料。结构用多孔混凝土的标准抗压强度在 3MPa 以上，表观密度大于 500 kg/m³；非承重多孔混凝土的标准抗压强度低于 3 MPa，表观密度小于 500 kg/m³。多孔混凝土又称为硅酸盐建筑制品，可以制成砌块、屋面板、内外墙板等制品，用于工业与民用建筑及保温工程。

根据气孔形成方式的不同可以将多孔混凝土分为加气混凝土和泡沫混凝土。

(1) 加气混凝土

加气混凝土是用含钙材料（水泥、石灰）、含硅材料（石英砂、粉煤灰、粒化高炉矿渣等）和发气剂作为原材料，经过磨细、配料、搅拌、浇筑、切割和蒸压养护等工序生产而成。

加气混凝土中最常使用的发气剂是铝粉。铝粉加入料浆后，与含钙材料中的氢氧化钙发生化学反应，放出氢气并形成大量气泡，使料浆形成多孔结构。除铝粉外，也可以采用双氧水、碳化钙和漂白粉等作为加气剂。

加气混凝土制品一般采用蒸压养护，料浆在高压蒸汽养护下，钙质材料与硅质材料发生反应，产生水化硅酸钙，使坯体产生强度。

加气混凝土制品主要有砌块和条板两种。砌块可以作为三层或三层以下房屋的承重墙，也可以作为工业厂房、多层、高层框架结构的非承重填充墙。配有钢筋的加气混凝土条板可以作为承重和保温合一的屋面板。加气混凝土还可以与普通混凝土预制成复合板，用于外墙兼有承重和保温作用。

由于加气混凝土能利用工业废料，产品成本较低，能大幅度降低建筑物自重，其保温性能好，因此具有较好的经济技术效果。

(2) 泡沫混凝土

泡沫混凝土是将水泥浆与泡沫剂拌和后经硬化而成的一种多孔混凝土。

泡沫剂是泡沫混凝土中的重要成分。在机械搅拌作用下，泡沫剂能形成大量稳定的泡沫。常用的泡沫剂有松香胶泡沫剂及水解牲血泡沫剂。使用时先掺入适量水，然后用机械搅拌成泡沫，再与水泥浆搅拌均匀，然后进行蒸汽养护或自然养护，硬化后即为成品。

配制自然养护的泡沫混凝土，水泥强度等级不宜太低，否则会严重影响制品强度。在制品生产中，常常采用蒸汽养护或蒸压养护，这样可以缩短养护时间且提高其强度，而且还能掺用粉煤灰、炉渣或矿渣等工业废料，以节省水泥。甚至可以全部利用工业废料代替水泥。

泡沫混凝土的技术性能和应用，与相同表观密度的加气混凝土大体相同。泡沫混凝土还可以在现场直接浇筑，用做屋面保温层。

6.8.2 水泥路面混凝土

由于道路路面常年受到行驶车辆的重力作用和车轮的冲击、磨损,同时还要经受日晒风吹、雨水冲刷和冰雪冻融的侵蚀、因此要求路面混凝土必须具有较高的抗弯拉强度、良好的耐磨性和耐久性。

水泥路面混凝土主要是以混凝土抗弯拉强度为设计指标,其抗弯拉强度应不低于 4.5MPa。抗折弹性模量不低于 3.9×10^4 MPa。为保证道路混凝土的耐磨性、耐久性和抗冻性,其抗压强度应不低于30MPa。其设计方法现简要介绍如下。

1. 配制强度的确定

$$f_{f,0} = \frac{f_{f,k}}{1 - 1.04C_v} + ts \quad (6.8.1)$$

式中:$f_{f,0}$——配制 28d 弯拉强度的均值,(MPa);

$f_{f,k}$——设计弯拉强度标准值,(MPa);

s——弯拉强度试验样本的标准差,(MPa);

t——保证率系数,应按表 6.8.2 确定;

C_v——弯拉强度变异系数,应按统计数据在表 6.8.3 的规定范围内取值;在无统计数据时,弯拉强度变异系数应按设计取值;如果施工配制弯拉强度超出设计给定的弯拉强度变异系数上限,则必须改进机械装备并提高施工控制水平。

表 6.8.2 保证率系数 t 值表(JTG F30—2003)

公路等级	判别概率	样本数 (n) 组				
		3	6	9	15	20
高速公路	0.05	1.36	0.79	0.61	0.45	0.39
一级公路	0.10	0.95	0.59	0.46	0.35	0.30
二级公路	0.15	0.72	0.46	0.37	0.28	0.24
三、四级公路	0.20	0.56	0.37	0.29	0.22	0.19

表 6.8.3 混凝土抗折强度变异系数(JTG F30—2003)

公路等级	高速公路	一级公路	二级公路	三、四级公路		
混凝土弯拉强度变异水平等级	低	低	中	中	中	高
变异系数 C_v 允许变化范围	0.05~0.10	0.05~0.10	0.10~0.15	0.10~0.15	0.10~0.15	0.15~0.20

2. 水灰比

水灰比按以下统计经验公式估算

碎石混凝土

$$\frac{W_0}{C_0} = \frac{1.5684}{f_{f,0} + 1.0097 - 0.3595 f_{fe}} \quad (6.8.2)$$

卵石混凝土

$$\frac{W_0}{C_0} = \frac{1.2618}{f_{f,0} + 1.5492 - 0.4709 f_{fe}} \quad (6.8.3)$$

式中：f_{fe}——水泥实际抗折强度，（MPa）；

$f_{f,0}$——混凝土配制抗折强度，（MPa）。

以上计算出的水灰比还必须满足耐久性要求，比较计算出的水灰比和耐久性要求的水灰比（见表6.5.7），取较小值作为最终水灰比值。

3. 和易性指标

混凝土应具有与铺路机械相适应的和易性，其选择如表6.8.4、表6.8.5所示。

（1）滑模摊铺机前拌合物最佳工作性及允许范围应符合表6.8.4。

表6.8.4　　滑模摊铺机前拌合物最佳工作性及允许范围（JTG F30—2003）

指标 界限	坍落度/（mm）		振动粘度系数 η/（N·s/m²）
	卵石混凝土	碎石混凝土	
最佳工作性	20~40	25~50	200~500
允许波动范围	5~55	10~65	100~600

（2）轨道摊铺机、三辊轴机组、小型机具摊铺的路面混凝土坍落度及最大单位用水量，应满足表6.8.5。

表6.8.5　　不同路面施工方式混凝土坍落度及最大单位用水量

摊铺方式	轨道摊铺机摊铺		三辊轴机组摊铺		小型机具摊铺	
出机坍落度	40~60		30~50		10~40	
摊铺坍落度	20~40		10~30		0~20	
最大单位用水量/（kg/m³）	碎石156	卵石153	碎石153	卵石148	碎石150	卵石145

4. 砂率的选择

砂率应根据砂细度模数和粗骨料的种类查表6.8.6选取，在软做抗滑槽施工时，砂率在此基础上应增大1%~2%。

表 6.8.6　砂细度模数与最优砂率的关系（JTG F30—2003）

砂细度模数		2.2~2.5	2.5~2.8	2.8~3.1	3.1~3.4	3.4~3.7
砂率	碎石	30~34	32~36	34~38	36~40	38~42
	卵石	28~32	30~34	32~36	34~38	36~40

5. 单位用水量

单位用水量按如下经验公式计算

碎石混凝土：

$$m_{w0} = 104.97 + 0.309T + 11.27\frac{C_0}{W_0} + 0.61\beta \tag{6.8.4}$$

卵石混凝土：

$$m_{w0} = 86.89 + 0.370T + 11.24\frac{C_0}{W_0} + 1.00\beta \tag{6.8.5}$$

式中：m_{w0}——每立方米混凝土的用水量，（kg/m³）；

T——混凝土拌和物的坍落度，（mm）；

$\frac{C_0}{W_0}$——灰水比；

β——砂率（%）。

若掺加外加剂时，混凝土的单位用水量可以按下式计算

$$m_{wa0} = m_{w0}\left(1 - \frac{\beta}{100}\right) \tag{6.8.6}$$

水泥路面混凝土配合比设计中，用水量按骨料为饱和面干状态计算。当骨料以干燥状态为基准时，应作适当调整。也可以采用经验数值；当砂为粗砂或细砂时，用水量应酌情减少或增加 5 kg；掺用外加剂或掺和料时，应相应增减用水量。

6. 水泥用量

水泥用量按下式计算

$$m_{c0} = \frac{m_{w0}}{\frac{W_0}{C_0}} \quad \text{或} \quad m_{c0} = \frac{m_{wa0}}{\frac{W_0}{C_0}} \tag{6.8.7}$$

并将其计算结果与表 6.5.7 中规定值比较，取符合规定值。

7. 粗、细骨料的用量

粗、细骨料的用量按体积法确定，这里不再重述。

8. 配合比的试配、调整与确定

水泥路面混凝土配合比的试配、调整和设计配合比的确定方法与普通混凝土基本相同，不同之处是应检验混凝土的抗弯拉强度。

6.8.3　高强混凝土

高强混凝土是一个随混凝土技术进步而不断变化的概念。在过去相当长的一段时期内，结构混凝土的强度通常在 20~30 MPa。那时强度达 40 MPa 以上便称为高强混凝土。

近年来，高强度的混凝土已在国内外得到普遍应用。现阶段通常认为强度等级等于或大于 C60 的混凝土为高强混凝土。

高强混凝土的特点是强度高、变形小，能适应现代工程结构向大跨度、重载、高耸方向发展的需要。使用高强混凝土可以获得明显的工程效益和经济效益。但随着强度的提高，混凝土抗拉强度与抗压强度的比值将会降低，亦即混凝土的脆性相对增大，这是当前研究和开发应用高强混凝土的主要课题。

配制高强混凝土的技术途径，一是提高水泥石基材本身的强度；二是增强水泥石与骨料界面的胶结能力；三是选择性能优良的混凝土骨料。高强度等级的硅酸盐水泥、高效减水剂、高活性的超细矿物掺和料以及优质粗细骨料是配制高强混凝土的基础，低水灰比是高强技术的关键，获得高密实度水泥石、改善水泥石和骨料的界面结构、增强骨料骨架作用是主要环节。

在进行高强混凝土配合比设计时需要掌握的技术要点如下。

1. 选用高强度等级水泥

配制高强混凝土应选用质量稳定、强度等级不低于 42.5 的硅酸盐水泥或普通硅酸盐水泥。水泥细度应比一般水泥稍细，以保证水泥强度正常发挥，另外水泥用量不宜过高，不应超过 550kg/m^3，胶凝材料总量不应超过 600kg/m^3。

2. 降低水灰比，选用优质高效减水剂

目前高强混凝土的水灰比在 0.40~0.25 之间，有的更低。在这样低的水灰比下，还要保证混凝土拌和物具有足够的和易性，以获得高密实性的混凝土，就必须使用高效减水剂。

3. 使用高活性超细矿物质掺合料

在水灰比较低的混凝土中，有一部分水泥是永远不能水化的，只能起填充作用，同时还会妨碍水泥的进一步水化。用高活性超细矿物质掺合料代替这一部分水泥，可以促进水泥水化，减少水泥石孔隙率，改善水泥石孔径分布和骨料与水泥石界面结构，从而提高混凝土强度及耐久性。目前最常用的超细矿物质掺和料是硅粉。

4. 选用优质骨料

配制高强混凝土最重要的是选择骨料的强度、粗骨料最大粒径和级配。选择具有高强度的硬质骨料，粗骨料最大粒径不宜大于 31.5 mm，针状、片状颗粒含量不宜大于 5.0%，含泥量（质量比）不应大于 0.5%，泥块含量（质量比）不应大于 0.2%；细骨料宜采用中砂，细度模数宜大于 2.6，含泥量不应大于 2.0%，泥块含量不应大于 0.5%，而且颗粒级配要良好。此外，还可以用各种短纤维代替部分骨料，以改善胶结材料的韧性。

6.8.4 高性能混凝土

高性能混凝土（High Performance Concrete，简写为 HPC）是 1990 年美国首次提出的新概念。虽然到目前为止各国对高性能混凝土的要求和确定的含义不完全相同，但大家都认为高性能混凝土应具有的技术特征是：高耐久性；高体积稳定性（低干缩、低徐变、低温度变形和高弹性模量）；适当的高抗压强度（早期强度高，后期强度不倒缩）；良好的工作性（高流动性、高粘聚性、自密实性）等。

高性能混凝土不仅是对传统混凝土的重大突破,而且在节能、节料、工程经济、劳动保护以及环境等方面都具有重要意义,是一种环保型、集约型的新型材料,可以称为"绿色混凝土"。绿色混凝土的概念是已故中国工程院院士、混凝土专家吴中伟教授提出的,他主要针对混凝土的生态功能协调和环境保护意义而倡导研究并广泛应用高性能混凝土。绿色混凝土应包含三层含义:①对自然资源应是低消耗的,并且尽可能利用废弃的工业残渣(如各种矿渣、粉煤灰、煤矸石等)和城市垃圾;②混凝土本身在施工和使用过程中对环境无污染或低污染,有益于生态的良性循环;③提高混凝土的耐久性,并且使混凝土本身可以循环再利用。

配制高性能混凝土的主要途径有如下几点。

1. 改善原材料性能 如采用高品质水泥,选用级配良好、致密坚硬的骨料,掺加超活性掺和料等。

2. 优化配合比 普通混凝土配合比设计方法在这里不再适用,必须通过试配优化后确定配合比。

3. 掺入高效减水剂 高效减水剂可以减小水灰比,获得高流动性,提高抗压强度。

4. 加强生产质量管理 严格控制每个施工环节,如加强养护,加强振捣等。

5. 掺入某些纤维材料以提高混凝土的韧性。

高性能混凝土是水泥混凝土的发展方向之一,广泛应用于高层建筑、工业厂房、桥梁工程、港口及海洋工程、水工结构等工程中。

6.8.5 防水混凝土

防水混凝土是以调整混凝土配合比、掺外加剂或使用特殊水泥等方法提高混凝土自身的密实性、憎水性和抗渗性,使其满足抗渗压力大于 0.6 MPa 的不透水性混凝土。防水混凝土的使用范围很广,主要用于工业、民用建筑的地下工程(地下室、地下沟道、交通隧道、城市地铁等),储水构筑物(如水池、水塔等)和江心、河心的取水构筑物以及处于干湿交替作用或冻融作用的工程(如桥墩、海港、码头、水坝等)。

防水混凝土一般分为普通防水混凝土、外加剂防水混凝土和膨胀水泥混凝土三种。其适用范围如表 6.8.7 所示。

1. 普通防水混凝土

普通防水混凝土通过调整配合比的方法,来改变混凝土内部孔隙的特征(形态和大小),堵塞漏水通路,从而使之不依赖其他附加防水措施,仅靠提高混凝土自身密实性达到防水的目的。

配制普通防水混凝土所用的水泥应泌水性小、水化热低,并具有一定的抗侵蚀性,根据使用要求选用不同品种的水泥,如表 6.8.8 所示;其他材料的选择与普通混凝土相同。

普通防水混凝土的配合比设计首先应满足抗渗性的要求,同时考虑抗压强度、施工和易性和经济性等方面的要求。必要时还应满足抗侵蚀性、抗冻性和其他特殊要求。其设计原则是:提高砂浆的不透水性,在混凝土粗骨料周边形成足够数量和良好质量的砂浆包裹层,并使粗骨料彼此隔离,有效地阻隔沿粗骨料互相连通的渗水孔网。

表 6.8.7　　　　　　　　　　防水混凝土的适用范围

种　类		特　点	适用范围
普通防水混凝土		施工方便、材料来源广泛	适用于一般工业、民用建筑及公共建筑的地下防水工程。
外加剂防水混凝土	引气剂防水混凝土	抗冻性好	适用于北方高寒地区，抗冻性要求较高的防水工程及一般防水工程，不适于抗压强度大于 20 MPa 或耐磨性要求较高的防水工程。
	减水剂防水混凝土	拌和物流动性好	适用于钢筋密集或捣固困难的薄壁防水构筑物，也适用于对混凝土凝结时间和流动性有特殊要求的防水工程。
	三乙醇胺防水混凝土	早期强度好、抗渗标号高	适用于工期紧迫，要求早强及抗渗性较高的防水工程及一般防水工程。
	氯化铁防水混凝土	密实性好、抗渗标号高	适用于水中结构的无筋或少筋厚大防水混凝土工程及一般地下防水工程。
膨胀水泥混凝土		密实性好、抗裂性好	适用于地下工程和地上构筑物、山洞、非金属油罐和主要工程的后浇缝。

表 6.8.8　　　　　　　　　　防水混凝土水泥品种选择

水泥品种	普通硅酸盐水泥	火山灰质硅酸盐水泥	矿渣硅酸盐水泥
优点	在低温下强度增长快，泌水性小，干缩率小，抗冻耐磨性好。	水化热低，抗硫酸盐侵蚀能力好。	水化热低，抗硫酸盐侵蚀性能优于普通硅酸盐水泥。
缺点	抗硫酸盐侵蚀能力比火山灰质硅酸盐水泥差。	早期强度低，在低温环境下强度增长较慢，干缩变形大，抗冻、耐磨性差。	泌水性和干缩变形大，抗冻、耐磨性差。
适用范围	一般地下和水中结构及受冻融作用及干湿交替的防水工程，应优先采用。含硫酸盐地下水侵蚀时不宜采用。	适用于有硫酸盐侵蚀介质的地下防水工程。受反复冻融作用及干湿交替作用的防水工程不宜采用。	必须采取提高水泥研磨细度或掺入外加剂的办法减小或消除泌水现象后，方可用于一般地下防水工程。

2. 外加剂防水混凝土

外加剂防水混凝土是依靠少量的有机物外加剂或无机物外加剂来改善混凝土的和易性，提高其密实性和抗渗性，以适应工程需要的防水混凝土。按所掺外加剂种类的不同可以分为减水剂防水混凝土、氯化铁防水混凝土、引气剂防水混凝土和三乙醇胺防水混凝土。

（1）减水剂防水混凝土

在混凝土拌和物中掺入适量的不同类型的减水剂，以提高其抗渗能力为目的的防水混凝土，称为减水剂防水混凝土。

减水剂掺入混凝土后可以大大降低拌和用水量，从而大幅度降低泌水率，进而使其硬化后混凝土中的孔结构性状得以改善：孔径小，孔隙率明显减少，混凝土结构致密，抗渗性得到明显提高。

（2）氯化铁防水混凝土

氯化铁防水混凝土是在混凝土拌和物中加入少量氯化铁防水剂拌制而成的具有高抗渗性的混凝土。氯化铁防水混凝土是几种常用的外加剂防水混凝土中抗渗性最好的一种。

氯化铁防水混凝土是依靠化学反应产物氢氧化铁等胶体的密实填充作用，新生的氯化钙对水泥熟料的激化作用，易溶性物转化为难溶性物，以及降低析水性等作用而增强混凝土的密实性，提高其抗渗性的。因而这种混凝土早强且早期就具有相当高的抗渗能力，这对于要求施工后很快承受水压的工程，有较大的使用价值。

氯化铁防水混凝土中生成了大量的氢氧化铁胶体，使混凝土密实性提高，水、氧难以进入，同时在钢筋周围生成氢氧化铁胶膜，也保护了钢筋，这是抑制钢筋腐蚀的有利因素。但是新生氯化铁除了与水泥结合外还剩余部分氯离子，则是引起钢筋腐蚀的因素。故对接触直流电源的工程及预应力混凝土工程禁止使用。可以使用于水中结构、无筋或少筋厚大混凝土工程、砂浆修补抹面工程。

（3）引气剂防水混凝土

引气剂防水混凝土是在混凝土拌和物中掺入微量引气剂配制而成的防水混凝土。引气剂加入混凝土后可以显著减少混凝土渗水通道，改善其和易性，减少其沉降泌水和分层离析，弥补混凝土结构的缺陷，从而提高混凝土的密实性和抗渗性。

使用较多的引气剂有松香酸钠和松香热聚物，此外尚有烷基磺酸钠、烷基苯磺酸钠等。这些材料均需经过一定的工艺过程进行配制，才能得到工程上可以使用的引气剂。

（4）三乙醇胺防水混凝土

在混凝土拌和物中掺入适量的三乙醇胺，以提高其抗渗性能为目的而配制的混凝土称为三乙醇胺防水混凝土。

依靠三乙醇胺的催化作用，在早期生成较多的水化产物，部分游离水结合为结晶水，相应地减少了毛细管通路和孔隙，从而提高了混凝土的抗渗性且具有早强作用。当三乙醇胺和氯化钠、亚硝酸钠等无机盐复合时，三乙醇胺不仅能促进水泥本身的水化，还能促进氯化钠、亚硝酸钠等无机盐与水泥的反应，所生成的氯铝酸盐等络合物体积膨胀能堵塞混凝土内部的孔隙和切断毛细管通路，增大混凝土的密实性。

3. 膨胀水泥防水混凝土

膨胀水泥防水混凝土即膨胀混凝土，其内容介绍见本节相关内容。

6.8.6 流态混凝土和泵送混凝土

流态混凝土是指坍落度大于 180～220mm、浇筑时不需振捣或稍加振捣即可密实，能像水一样流动的混凝土。在美国、英国、加拿大等国称为超塑性混凝土或流动混凝土，在联邦德国和日本称为流动混凝土。

用高效塑化剂（高效减水剂）配制的流态混凝土主要用于现浇混凝土、泵送混凝土、大体积和超大型结构物的连续浇筑以及预制构件生产等，流态混凝土的应用范围是：

（1）泵送混凝土，泵送垂直高度最高 310 m；

(2) 商品混凝土,特别是运输时间可以长达 1~2h;

(3) 连续浇筑的大体积混凝土,可以浇筑数百万立方米混凝土;

(4) 钢筋密集和混凝土不易进入的部位,或不允许振捣的部位浇筑;

(5) 轻微振捣或自流平,如地坪、基础梁、路面等;

(6) 大型预制构件和制品,如直径 3 m 的预应力混凝土管等。

将粉煤灰和高效塑化剂同时掺用,配制流态混凝土是最节能的,可以减少水泥用量,提高新拌混凝土的工作性能,以及提高硬化混凝土的性能,特别是耐久性,即在性能和节能方面可以得到令人满意的效果。

泵送混凝土是利用混凝土泵在泵送压力作用下沿管道内进行垂直和水平输送的混凝土。从材料成分上讲,泵送混凝土与一般混凝土没有什么区别,但在质量上泵送混凝土有其特殊要求,这就是混凝土的可泵性。

所谓可泵性,即混凝土拌和物能顺利通过管道、摩阻力小、不离析、不堵塞和粘塑性良好的性能。可泵性良好的混凝土拌合物能顺利通过管道输送到达浇筑地点,否则,容易造成堵塞,影响混凝土的正常施工。

为使泵送混凝土具有较好的可泵性,须加入泵送剂,泵送剂包括高效减水剂及适量的引气剂或其他化学外加剂。泵送混凝土粗集料的最大粒径,碎石不应大于管道内径的 $\frac{1}{3}$,卵石不应大于 $\frac{2}{5}$;细骨料中小于 0.315mm 的颗粒不应少于 15%。

应当指出,泵送混凝土的坍落度满足施工及管道输送的要求既可,不一定是流态混凝土,但流态混凝土在一般情况下需要采用混凝土泵送和浇灌。

6.8.7 纤维混凝土

纤维混凝土就是人们考虑如何改善混凝土的脆性,提高其抗拉、抗弯等力学性能的基础上研究发展起来的一种混凝土。纤维混凝土,又称纤维增强混凝土,是以水泥净浆、砂浆或混凝土作为基材,以纤维作为增强材料,均布地掺合在混凝土中而形成的一种新型增强建筑材料。一般来说,纤维可以分为两类:一类为高弹性模量的纤维,包括玻璃纤维、钢纤维和碳纤维等;另一类为低弹性模量的纤维,如尼龙、聚丙烯、人造丝以及植物纤维等。高弹性模量纤维中钢纤维应用最多;低弹性模量纤维不能提高混凝土硬化后的抗拉强度,但能提高混凝土的抗冲击强度,所以其应用领域也逐渐扩大,其中聚丙烯纤维应用较多。各类纤维中以钢纤维对抑制混凝土裂缝的形成、提高混凝土抗拉和抗弯强度、增加韧性效果最好。

纤维混凝土由于抗疲劳和抗冲击性能良好,用于多震灾国家的抗震建筑,将是发挥纤维混凝土特长的另一发展途径。如日本,现在已投入相当的技术人员致力于这方面的探讨和研究,并取得了一定成果。可以预见纤维混凝土将会以其独特的优点,应用于抗震建筑的设计与施工中,为人类做出更大的贡献。

就目前的情况来看,纤维混凝土,特别是钢纤维混凝土在大面积混凝土工程中的应用最为成功。钢纤维掺量大约为混凝土体积的 2%,其抗弯强度可以提高 2.5~3.0 倍,韧性可以提高 10 倍以上,抗拉强度可以提高 20%~50%。钢纤维混凝土在实际工程中应用很广，如桥面部分的罩面和结构；公路、地面、街道和飞机跑道；坦克停车场的铺面和结构；采矿和隧道工程、耐火工程以及大体积混凝土工程的维护等。此外，在预制构件方面也有许多应用，而且除了钢纤维，玻璃纤维、聚丙烯纤维在混凝土中的应用也取得了一定经验。纤维混凝土预制构件主要有：管道、楼板、墙板、柱、楼梯、梁、浮码头、船壳、机架、机座及电线杆等。

6.8.8 聚合物混凝土

聚合物混凝土结合了有机聚合物和无机胶凝材料的优点，而克服了水泥混凝土的一些缺点。聚合物混凝土一般可以分为以下三种。

1. 聚合物水泥混凝土

聚合物水泥混凝土是以有机高分子材料替代部分水泥，并和水泥共同作为胶凝材料而制成的混凝土。通常是在搅拌水泥混凝土的同时掺加一定量的有机高分子聚合物，水泥的水化与聚合物的固化同时进行，相互填充形成整体结构。但聚合物与水泥之间并不发生化学反应。聚合物的掺入形态有胶乳、粉末和液体树脂等。聚合物可以为天然聚合物（如天然橡胶）与各种合成聚合物（如聚醋酸乙烯、苯乙烯、聚氯乙烯等）。

与普通混凝土相比，聚合物水泥混凝土的抗拉、抗折强度高，延性、粘结性和抗渗、抗冲、耐磨性能好，但耐热、耐火、耐候性较差。主要用于铺设无缝地面，也常用于修补混凝土路面和机场跑道面层和防水层等。

2. 树脂混凝土

树脂混凝土是指完全以液体树脂为胶结材料的混凝土。所用的骨料与普通混凝土相同。常用的树脂有不饱和聚酯树脂、呋喃树脂和环氧树脂等。树脂混凝土具有硬化快、强度高、耐磨、耐腐蚀等优点，但其成本较高。主要用做工程修复材料（如修补路面、桥面等）或制做耐酸储槽、铁路轨枕、核废料容器和人造大理石等。

3. 聚合物浸渍混凝土

聚合物浸渍混凝土是将有机单体渗入混凝土中，然后用加热或放射线照射的方法使其聚合，使混凝土与聚合物形成一个整体。这种混凝土具有高强度（抗压强度可以达200MPa以上）、高防水性（几乎不吸水、不透水），以及抗冻性、抗冲击性、耐蚀性和耐磨性等特点。

单体可以用甲基丙烯酸甲酯、苯乙烯、醋酸乙烯、乙烯、丙烯腈、聚酯—苯乙烯等材料，最常用的是甲基丙烯酸甲酯。此外，还要加入催化剂和交联剂等。

其制做工艺是在混凝土制品成型、养护完毕后，先干燥至恒重并在真空罐内抽真空，然后使单体浸入混凝土中，浸渍后须在80%的湿热条件下养护或用放射线照射（γ射线、X射线和电子射线等），以使单体最后聚合。

聚合物浸渍混凝土因其工艺复杂、成本高，目前其应用还十分有限。

6.8.9 膨胀混凝土

混凝土内部由于收缩会产生微裂纹，不仅使混凝土结构的整体性破坏，而且影响混凝土的力学性能和耐久性，甚至造成侵蚀介质侵入混凝土内部，腐蚀混凝土和钢筋。为了克服上述缺点，国内外相关专家经过多年潜心研究，成功地研制出了一种膨胀混凝土，为混凝土系列增添了一个新的品种。

为克服混凝土硬化收缩的缺点，可以根据需要给予混凝土一定的弱膨胀性，掺入膨胀剂或直接用膨胀水泥配制的混凝土称为膨胀水泥混凝土，简称膨胀混凝土。

膨胀混凝土是用膨胀水泥或添加膨胀剂，使水泥石在凝结硬化过程中产生一定量的膨胀，然后对膨胀变形进行约束控制，使混凝土内部产生预压应力。根据所产生的预压应力的大小，膨胀混凝土分为补偿收缩混凝土和自应力混凝土两类。

补偿收缩混凝土的预压应力较小，一般在 0.2~0.7MPa，大致可以抵消因收缩所产生的拉应力，能减少或防止混凝土的收缩裂缝。主要应用于防渗建筑、地下建筑、屋面、地板、路面、接缝、回填等工程。自应力混凝土的预压应力为 2~7 MPa，是通过水泥石凝结硬化初期产生的膨胀能拉伸钢筋所建立的，除了一部分用于抵消收缩应力外，还有一部分可以用于抵抗结构外力。自应力混凝土主要应用于制造输水压力管道、水池、水塔和钢筋混凝土预制构件等。

除膨胀水泥外，还可以采取掺膨胀剂的办法制造膨胀混凝土。膨胀剂的掺量一般为水泥用量的 8%~15%。常用的膨胀剂主要有：以硫铝酸钙、明矾石和石膏为膨胀组分的 U 型膨胀剂 UEA；以高铝水泥熟料、天然明矾石和石膏为膨胀组分的铝酸盐膨胀剂 AEA；以氧化钙、天然明矾石和石膏为膨胀组分的复合膨胀剂和以天然明矾石、石膏为膨胀组分的明矾石膨胀剂等。

膨胀混凝土有许多优点，但施工技术和质量控制要求严格，否则不仅达不到预期的性能要求，甚至还可能出现质量问题。使用膨胀混凝土时必须注意以下几点：

(1) 应根据使用要求选择最合适的膨胀值范围和膨胀剂掺量；
(2) 膨胀混凝土应有最低限度的强度值和合适的膨胀速度；
(3) 混凝土长期与水接触时，必须保证其后期膨胀稳定性；
(4) 膨胀混凝土的养护是影响其质量的重要环节，膨胀混凝土的养护分为预养和冷水养护两个阶段，预养的主要目的是使混凝土获得一定的早期强度，使之成为冷水养护阶段发生膨胀时的结晶骨架，为发挥膨胀性能准备条件。膨胀混凝土浇筑成型后，预养期愈短，水养期愈早，膨胀就愈大。一般在混凝土浇筑后 12~14 h 开始浇水养护，冷水养护期以 14 d 为宜。

6.8.10 防辐射混凝土

随着原子能工业的发展，放射性同位素在国防、工业、农业及医疗方面的应用日益增多，对射线的防护已成为一个重要课题。

防辐射混凝土又称为屏蔽混凝土或重混凝土。防辐射混凝土由水泥、水及重骨料配制而成，其表观密度一般在 $3000kg/m^3$ 以上。混凝土表观密度愈大，防护 X 射线、γ 射线的性能越好，且防护结构的厚度可以减小。但对中子流的防护，混凝土中还需要含有足够多的氢元素。

各种射线的穿透能力不同，α 射线、β 射线的穿透能力较弱，在许多场合可以用铅板进行屏蔽；X 射线和 γ 射线穿透能力较强，采用高密度的物质具有较好的防御能力；防护中子射线则以含有轻质原子的材料，特别是含有氢原子的水最为有效。但中子与水作用会产生强烈的 γ 射线，又需要密度大的物质来防护。因此，防护中子射线的材料不仅要有大量含氢的材料,而且还要有较大的密度。

配制防辐射混凝土所用的胶凝材料以采用胶凝性能好、水化热低、水化结合水量高的水泥为宜,一般可以采用硅酸盐水泥,最好采用高铝水泥或其他特种水泥(如钡水泥)。重质骨料可以抵抗 γ 射线,而较轻的含氢骨料则可以减弱中子射线的强度。常用的重骨料有重晶石、赤铁矿、磁铁矿、金属碎块(如圆钢、扁钢、角铁等碎料)或铸铁块等。

防辐射混凝土要求表观密度大、结合水多、质量均匀、收缩小,不允许出现空洞、裂缝等质量缺陷,同时要有足够的强度和耐久性。

6.8.11 喷射混凝土

喷射混凝土是用压缩空气喷射施工的混凝土。施工时将预先配好的水泥、砂、石和一定数量的速凝剂装入喷射机,利用压缩空气将其送至喷头与水混合后,高速喷向岩石或混凝土的表面。

掺加速凝剂可以保证喷射混凝土能在几分钟内凝结,并能提高混凝土的早期强度,减少回弹量。目前常用的速凝剂有红星一型速凝剂和711型速凝剂等。

喷射混凝土宜采用凝结硬化较快的硅酸盐水泥或普通水泥,并仔细选择所用骨料的级配以免发生堵管现象,10mm 以上的粗骨料要控制在30%以下。碎石对管路磨损严重,但回弹量少,卵石则反之。砂宜为中砂或粗砂,并含有适量的细粉颗粒。

喷射混凝土的配合比一般采用水泥:砂:石 = 1:(2.0~2.5):(2.0~2.5);水泥用量为 300~450 kg/m³,水灰比为 0.4~0.5。

喷射混凝土密实性较高,抗压强度为 25~40 MPa,抗拉强度为 2.0~2.5 MPa,与岩石的粘结力为 1.0~1.5 MPa。喷射混凝土广泛应用于岩石地下工程、开挖边坡和基坑的加固、隧洞开挖的临时支护和矿井支护工程等。

在实际工程应用中,除了上述各种混凝土外,还有耐热混凝土、耐酸混凝土、水下不分散混凝土、真空脱水混凝土等,这里不再一一详述,需要时可以参阅相关文献。

6.8.12 耐酸混凝土

能抵抗多种酸及大部分腐蚀性气体侵蚀作用的混凝土称为耐酸混凝土。

普通混凝土是以水泥为胶凝材料的,因而在酸性介质下将受到腐蚀。耐酸混凝土采用耐酸的胶凝材料和耐酸的骨料。常用的胶凝材料有水玻璃、硫磺、沥青等;耐酸的骨料有石英砂、石英岩或花岗岩碎石。

目前常用的是水玻璃混凝土,这种混凝土是由水玻璃、氟硅酸钠(促硬剂)、耐酸粉料及耐酸粗、细骨料按一定比例配制而成。耐酸粉料有辉绿岩、耐酸陶瓷碎料、含石英高的材料磨细而成。

为增强耐酸混凝土对酸性介质的适应性和提高其抗渗性能,待耐酸混凝土完成硬结过程后,尚应进行表面酸化处理。所谓酸化处理,就是采用硫酸、盐酸、硝酸任何一种材料,涂刷混凝土表面,一般用浓度为40%~60%的硫酸、20%的盐酸或40%的硝酸每隔8小时涂刷表面一次,并清除白色析出物,酸化处理一直到表面不再析出结晶物为止,一般约涂刷4次。

水玻璃混凝土拌合物的坍落度应不大于20mm,硬化后的强度应不小于20MPa。

水玻璃耐酸混凝土能抵抗除氢氟酸以外的各种酸的侵蚀，特别是对硫酸、硝酸有良好的抗腐性，且具有较高的强度，多用于化工车间的地坪、防酸槽、电镀槽等。

6.8.13 耐碱混凝土

耐碱混凝土是在碱性介质作用下具有抗腐蚀能力的混凝土。耐碱混凝土在冶金、化学等工业防腐蚀工程结构中，用于地坪面层及贮碱池槽等。

1. 原材料

（1）胶结材料　耐碱混凝土所采用的水泥应采用强度等级在32.5号以上的普通硅酸盐水泥，而水泥熟料中的铝酸三钙含量应不大于9%；或采用碳酸盐水泥（这种材料是由硅酸盐水泥熟料和破碎石灰石粉按1:1混合而成），每立方米耐酸混凝土中，水泥用量一般不得少于300kg，水灰比不得大于0.60。

（2）骨料　粗、细骨料和粉料应采用耐碱、密实的石灰岩类（如石灰岩、白云石、大理石等）、火成岩类（如辉绿岩、花岗石等）岩石制成的碎石。砂和粉料也可以采用石英质的普通砂作细骨料，粗、细骨料和粉料的碱溶率不大于1g/L。

2. 耐腐蚀性能

在普通混凝土中掺入氧化亚铁或氢氧化铁对提高混凝土的耐碱性能也有良好的效果。

耐碱混凝土在50℃以下时，可以耐浓度为25%的氢氧化钠和铝酸溶液的腐蚀，也可以耐任何浓度的氨水、碳酸钠溶液的腐蚀，以及耐任何浓度的氨水、碳酸钠、碱性气体和粉尘等的腐蚀。

3. 施工注意事项

（1）耐碱混凝土宜用机械搅拌，混凝土在搅拌机中连续搅拌的最短时间不得少于2分钟。

（2）耐碱混凝土在浇灌过程中，必须采用振动器仔细捣实，使混凝土获得最佳密实度，具有良好的抗渗性。

（3）耐碱混凝土的养护按普通混凝土养护方法进行。

§6.9　砂　　浆

砂浆是由胶凝材料、细集料、掺合料和水按适当比例配制而成的建筑工程材料。砂浆在建筑工程中起粘结、衬垫和传递应力的作用。砂浆常用于砌筑砌体（如砖、石、砌块）结构，建筑物或构筑物内外表面（如墙面、地面、顶棚）的抹面，大型墙板、砖石墙的勾缝，以及装饰装修材料的粘结等。

按所用的胶凝材料，砂浆可以分为水泥砂浆、混合砂浆（包括水泥石灰砂浆、水泥粘土砂浆、石灰粉煤灰砂浆、石灰粘土砂浆）、石灰砂浆、石膏砂浆等。按其功能和用途，可以分为砌筑砂浆、抹面砂浆（包括普通抹面砂浆、装饰抹面砂浆）、特种砂浆（如修补砂浆、绝热砂浆和防水砂浆）等。

砂浆与混凝土的基本组成相近，只是少了粗骨料，因此砂浆也可以称为无粗骨料的混凝土。有关混凝土拌合料和易性与混凝土强度的基本规律，原则上也适用于砂浆，但由于砂浆的组成及用途不同，砂浆还有其自身的特点。如细骨料用量大，胶凝材料用量大，干燥收缩大，强度低等。因此，学习砂浆的相关知识，应在掌握混凝土相关理论的基础上，进一步掌握砂浆的性能特点和应用特点。

6.9.1 砂浆的组成材料

砂浆的组成材料主要是胶凝材料、细骨料、外加剂和水。

1. 胶凝材料

砂浆常用的胶凝材料有水泥、石灰等。选择胶凝材料应根据使用环境及用途合理选用。如干燥环境中使用的砂浆可以选用气硬性胶凝材料，也可以选用水硬性胶凝材料；处于潮湿环境或水中使用的砂浆则必须选用水硬性胶凝材料。选用的各类胶凝材料均应满足相应的技术要求。

（1）水泥

水泥的品种可以根据工程要求选择砌筑水泥或掺混合材料的通用硅酸盐水泥，对特种砂浆可以选择白色或彩色硅酸盐水泥、膨胀水泥等。水泥的强度宜取砂浆强度等级的 4～5 倍，且水泥砂浆采用的水泥，其强度等级不宜大于 32.5，水泥混合砂浆采用的水泥，其强度等级不宜大于 42.5。强度过高将使砂浆中水泥用量不足，而导致其保水性不良。

（2）其他胶凝材料及掺合料

为改善砂浆的和易性，减少水泥用量，降低成本，通常掺入一些廉价的其他胶凝材料（如石灰膏、粉煤灰、粘土膏等）制成混合砂浆。

为了保证质量，所用的石灰膏的沉入度应控制在（120±5）mm，且必须陈伏，陈伏时间不得少于 2d，并经 3mm×3mm 的筛网过滤，去除大于 3mm 的颗粒。磨细生石灰的细度为 0.080mm 筛筛余量不应大于 15%。消石灰粉不得直接用于砌筑砂浆中，严禁使用已经脱水干燥、冻结、污染及脱水硬化的石灰膏。

粘土也先制成粘土膏，用搅拌机加水搅拌，通过孔径不大于 3mm×3mm 的筛网过滤，稠度以沉入度（120±5）mm 为宜。

掺用的粉煤灰技术指标必须符合国家标准《用于水泥和混凝土中的粉煤灰》（GB1596—2005）中的相关规定。

2. 细骨料

砂浆用砂的质量要求原则上与混凝土相同，但由于砂浆多铺成薄层，因此对砂的最大粒径应加以限制。砌筑砂浆用砂的最大粒径应小于灰缝的 1/4～1/5，其中砌砖用的砂浆宜采用中砂或细砂，且砂的粒径应小于 2.5mm；石砌体中砂的粒径应小于 5mm，且适宜选用级配合格的中砂。对于面层的抹面砂浆或勾缝砂浆应采用细砂，且最大粒径小于 1.2mm。当强度等级 > M5.0 时，砌筑砂浆用砂的含泥量应不大于 5%；当强度等级 < M5.0 时，含泥量应 <10%；防水砂浆用砂的含泥量不应超过 3%。

若使用细砂配制砂浆，砂中的含泥量应经试验来确定。

在配制保温砌筑砂浆、抹面砂浆及吸声砂浆时应采用轻砂，如膨胀珍珠岩、火山渣等。

配制装饰砂浆或装饰混凝土时应采用白色或彩色砂（粒径可以放宽到 7～8mm）、或石屑、玻璃或陶瓷碎粒等。

3. 外加剂

在水泥砂浆中，可以使用减水剂或防水剂、膨胀剂、微沫剂等改善砂浆的性能。微沫剂可以使砂浆产生大量微小气泡，增加水泥的分散性，改善砂浆的和易性，微沫剂掺量应通过试验确定，一般为水泥用量的 0.005%～0.01%。水泥粘土砂浆中不宜掺入微沫剂。

4. 水

砌筑砂浆拌制用水应符合现行行业标准《混凝土拌合用水标准》（JGJ 63—2006）中的相关规定。

6.9.2 砂浆的技术性质

新拌砂浆应具有良好的和易性，砂浆硬化后应具有一定的强度、良好的粘结力，同时砂浆还应具有良好的耐久性，能起到保护工程结构的作用。

1. 新拌砂浆的和易性

新拌砂浆和易性是指新拌砂浆是否便于施工操作并保证硬化后砂浆的质量及砂浆与底面材料间的粘结质量满足要求的性能，主要包括流动性与保水性。和易性好的砂浆易在粗糙、多孔的底面铺设成均匀的薄层，并能与底面牢固地粘结在一起。

（1）流动性

砂浆的流动性又称稠度，是指新拌砂浆在自重或外力作用下产生流动并能均匀摊铺到基层表面的性能。砂浆稠度用砂浆稠度仪（JGJ 70—1990）测定，并以试锥下沉深度作为砂浆的稠度值（亦称沉入度，以 mm 计）。沉入度愈大，砂浆流动性愈大。

影响砂浆稠度的因素与普通混凝土类似，即与胶凝材料的品种和用量、用水量、砂的粗细、粒形和级配、搅拌时间等有关。当原材料条件和胶凝材料与砂的比例一定时，砂浆稠度主要取决于单位用水量。

砌筑砂浆的稠度根据砌体种类和施工天气情况确定，多孔、吸水性强的砌体材料在较高的温度下施工，流动性应选择大些；密实的、不吸水的砌筑材料在较低温度下施工，流动性可以选择小些。一般可以参考表 6.9.1 选取。

表 6.9.1　　砌筑砂浆的流动性选择（沉入度 mm）（JGJ 98—2000）

砌 体 种 类	干燥气候	寒冷气候
振实毛石砌体	20～30	10～20
普通毛石砌体	60～70	40～50
炉渣混凝土砌块砌体	70～90	50～70
砖或多孔砌块砌体	80～100	60～80

（2）保水性

搅拌好的砂浆在运输、停放和使用过程中，能够保持水分的能力为砂浆的保水性。保水性差的砂浆会产生如下影响：

①运输和停放过程中的分离可以使砂浆内部上、下层之间的组成差别很大，容易出现上层细浆和下层沉砂的现象。此时，砂浆的流动性、粘结能力和变形性能难以满足施工

要求。

②运输和停放过程中的泌水，使大量水分及部分胶凝材料丢失，砂浆的流动性下降，难以铺成均匀密实的砂浆薄层。

③砌筑后的砂浆内，水分很快被块体基面吸走而过早失水，致使水泥难以水化，砂浆强度和粘结力严重下降。

砂浆的保水性用分层度（以 mm 计）表示。测定时将拌合好的砂浆装入内径为150mm、高为300mm 的圆桶内，测定其沉入度；静止 30min 以后，去掉上面 200mm 厚的砂浆，再测定剩余 100mm 砂浆的沉入度，前后测得的沉入度之差，即为砂浆的分层度值（mm）。分层度值大，表明砂浆的保水性不好，不便于施工；但分层度值过小（如分层度为零），虽然砂浆的保水性好，但往往是因为胶凝材料用量过多，或砂过细，既不经济还易造成砂浆干裂。砌筑砂浆的保水性要求也随基底材料的种类（多孔的，或密实的）、施工条件和气候条件而变。普通砂浆的分层度宜为 10~20mm，砌筑砂浆的分层度不得大于30mm。

影响砂浆保水性的因素与普通混凝土相同，即主要取决于新拌砂浆组分中微细颗粒的含量。实践表明：为保证砂浆的和易性，水泥砂浆的最小水泥用量不宜小于 200kg/m³，水泥混合砂浆中胶凝材料总用量宜为 300~350 kg/m³，实际工程中常采用在水泥砂浆中掺石灰膏、粉煤灰、微沫剂等方法来提高砂浆的保水性。

（3）砂浆的凝结时间

砂浆的凝结时间是指在规定条件下，自加水拌合起，直至砂浆凝结时间测定仪测定的惯入阻力值为 0.5MPa 时所需的时间。砂浆的凝结时间决定了工程施工速度和砂浆拌合后的允许运输和停放时间，一般水泥砂浆不宜超过 8 h，水泥混合砂浆不宜超过 10 h。影响砂浆凝结时间的因素有胶凝材料的种类、用水量、失水速度及气候条件等，必要时可以加调凝剂调节凝结时间。

2. 砂浆的强度与强度等级

建筑砂浆以抗压强度作为强度指标。砂浆的强度等级是以六块边长为 70.7mm 的立方体试件，在标准养护条件下（水泥混合砂浆为 (20±2)℃，相对湿度为 60%~80%；水泥砂浆和微沫砂浆为 (20±2)℃，相对湿度为 90% 以上），用标准试验方法测得 28d 龄期的抗压强度来确定，并划分为 M2.5、M5.0、M7.5、M10、M15、M20 六个等级，对特别重要的砌体和有耐久性要求的工程，宜采用 M10 以上的砂浆。

影响砂浆强度的因素比较多，除了与砂浆的组成材料、配合比以及施工工艺等因素有关外，还与基层材料的吸水率有关。

用于吸水底面（如各种烧结砖或其他吸水的多孔材料）的砂浆，即使用水量不同，在经过底面材料吸水后，保留在砂浆中的水量几乎是相同的。因而当原材料质量一定时，砂浆的强度主要取决于水泥强度与水泥用量。砂浆的强度可以用下式表示

$$f_m = \alpha \cdot f_{ce} \cdot \frac{m_c}{1000} + \beta = \alpha \cdot \gamma_c \cdot f_{ce,k} \cdot \frac{m_c}{1000} + \beta \tag{6.9.1}$$

式中：f_m——砂浆抗压强度，（MPa）；

f_{ce}——水泥的实测抗压强度，（MPa）；

$f_{ce,k}$——水泥的强度等级值，（MPa）；

γ_c——水泥强度等级的富余系数，应按相关统计资料确定，无统计资料时可以取

1.0；

m_c——1m³砂浆的水泥用量，（kg）；

α、β——经验系数，按 α = 3.03，β = - 15.09 选取。各地也可以使用本地区试验资料确定 α、β 值，统计用的试验组数不得少于 30 组。

3. 粘结强度

粘结强度无论对砌筑砂浆还是抹面砂浆都是非常重要的。砂浆粘结力的大小影响砌体的强度、耐久性、稳定性、抗震性等，与工程质量有密切关系。一般砂浆的抗压强度越高，粘结力越大。此外，砂浆的粘结力还与基层材料的表面状态、润湿状况、清洁程度及施工养护等条件有关，在粗糙的、润湿的、清洁的基层上使用且养护良好的砂浆，与基层的粘结力较好。因此，砌筑墙体前应将块材表面清理干净，浇水润湿，必要时凿毛，砌筑后应加强养护，从而提高砂浆与块材之间的粘结力，保证砌体的质量。

4. 变形性

砂浆在承受荷载或温度条件变化时，容易变形。如果变形过大或不均匀，会降低砌体及面层质量，引起沉陷或产生裂缝。砂浆中混合料掺量过多或使用轻骨料，会产生较大的收缩变形。为了减少收缩，可以在砂浆中加入适量的膨胀剂。

6.9.3 砌筑砂浆

1. 砌筑砂浆

砌筑砂浆是用来砌筑砖、石等材料的砂浆，起着传递荷载的作用，有时还起到保温等其他作用。

在土木工程中，所用砂浆的种类及强度等级应根据工程类别、砌筑部位、使用条件等合理地进行选择。水泥砂浆宜用于砌筑潮湿环境和强度要求比较高的砌体，如地下的砖石基础、多层房屋的墙、钢筋砖过梁等；水泥石灰混合砂浆宜用于砌筑干燥环境中的砌体，如地面以上的承重或非承重的砖石砌体；石灰砂浆宜用于干燥环境及强度要求不高的砌体，如平房或临时性建筑。

砌筑砂浆的强度等级应根据设计要求或相关规范规定确定。一般的砖混多层住宅、多层商店、办公楼、教学楼等工程采用 M5 ~ M10 的砂浆；平房宿舍、商店等工程采用 M2.5 ~ M5 的砂浆；食堂、仓库、工业厂房等采用 M2.5 ~ M10 的砂浆；特别重要的砌体采用 M15 ~ M20 的砂浆；高层混凝土空心砌块建筑，应采用 M20 及以上强度等级的砂浆。

2. 砌筑砂浆的配合比设计

砂浆配合比设计可以通过查相关资料或手册来选取或通过计算来进行，然后再进行试拌调整。本书以计算法为例介绍水泥混合砂浆的配合比。

（1）砌筑砂浆配合比设计的基本要求与一般规定

砌筑砂浆配合比设计应满足以下基本要求：

①砂浆拌合物的和易性应满足施工要求；水泥砂浆拌合物的体积密度不宜小于 1900kg/m³；水泥混合砂浆拌合物的体积密度不宜小于 1800 kg/m³。

②砌筑砂浆的强度、耐久性应满足相关设计的要求。

③经济上应合理，水泥及掺加料的用量应较少。

（2）水泥混合砂浆的配合比设计

1）初步配合比计算

①确定配制强度 $f_{m,0}$

当保证率为95%时,砌筑砂浆的试配强度为

$$f_{m,0} = f_{m,k} + 0.645\sigma \qquad (6.9.2)$$

式中:$f_{m,0}$——砂浆的配制强度,(MPa);

$f_{m,k}$——砂浆的强度等级(即砂浆抗压强度平均值),(MPa);

σ——砂浆现场强度标准差(MPa)。统计周期内同一砂浆试件的组数 $n \geq 25$ 时按统计方法计算,无统计资料时可以按表6.9.2选取。

表6.9.2　　　　水泥混合砂浆强度标准差选用表(JGJ 98—2000)(MPa)

施工水平	砂浆强度等级					
	M2.5	M5.0	M7.5	M10	M15	M20
优　良	0.50	1.00	1.50	2.00	3.00	4.00
一　般	0.62	1.25	1.88	2.50	3.75	5.00
较　差	0.75	1.50	2.25	3.00	4.50	6.00

②计算水泥用量 m_c

由 $f_m = \alpha \cdot f_{ce} \cdot \dfrac{m_c}{1000} + \beta$ 可得 $m_c = \dfrac{1000(f_{m,0} - \beta)}{\alpha f_{ce}}$

当计算出水泥砂浆中的水泥计算用量不足200 kg/m³时,应取200 kg/m³。

③计算掺合料用量 m_a

水泥混合砂浆的掺合料按下式计算

$$m_a = m_t - m_c \qquad (6.9.3)$$

式中:m_t——1m³砂浆中水泥和掺合料的总量(kg),一般应为300~350 kg/m³。

粉煤灰应以干质量计,对于石灰膏、粘土膏应以稠度为(120±5)mm 计。

④确定砂用量 m_s

砂用量为1m³(含水率小于0.5%),当含水率大于0.5%时,应考虑砂的含水率。砂用量取砂的堆积密度值计算。

⑤确定用水量 m_w

根据施工要求的稠度,每立方米砂浆中的用水量可以在240~310kg之间选取(混合砂浆中的用水量,不包括石灰膏或粘土膏中的水)。当采用细砂或粗砂时,用水量分别取上限或下限;当稠度小于70mm时,用水量可以小于下限;炎热或干燥季节,可以酌情增加用水量。

2)配合比的调整与确定

①试配检验、调整和易性,确定基准配合比　按计算配合比进行试拌,测定拌合物的稠度和分层度,若不能满足要求,则应调整用水量或掺加料,直到符合要求为止。由此得到的即为基准配合比。

②砂浆强度调整与确定　检验强度时至少应采用三个不同的配合比,其中一个为基准配合比,另外两个配合比的水泥用量按基准配合比分别增加和减少10%,在保证稠度、分层度合格的条件下,可以将用水量或掺加料用量作相应的调整。三组配合比分别成型、

养护、测定28d强度，由此选定符合强度要求的且水泥用量较少的配合比。

（3）水泥砂浆的配合比设计

配制水泥砂浆时，往往较少的水泥用量即可以满足强度，较少的水泥不能填充砂的空隙，稠度、分层度无法保证。因而水泥砂浆的配合比常常按经验选取，常用水泥砂浆的配合比如表6.9.3所示。

表6.9.3　　　　　　水泥砂浆配合比（JGJ 98—2000）

强度等级	每立方米砂浆水泥用量/（kg）	每立方米砂浆砂用量/（kg）	每立方米砂浆用水量/（kg）
M2.5~M5.0	200~230	1m³砂的堆积密度值	270~330
M7.5~M10	220~280		
M15	280~340		
M20	340~400		

注：1. 表6.9.3适用于水泥强度等级为32.5级，大于32.5级水泥用量宜取下限；
　　2. 根据施工水平合理选择水泥用量；
　　3. 当采用细砂或粗砂时，用水量分别取上限或下限；
　　4. 当稠度小于70mm时，用水量可以小于下限；干燥或炎热季节可以酌情增加用水量。

选定水泥砂浆的配合比后，也需进行检验调整。

3. **砂浆配合比设计计算实例**

例6.9.1 某砌筑工程用于砌筑砖墙的砂浆为M7.5水泥石灰混合砂浆，稠度为70~80mm。所用原材料为：水泥：强度等级为32.5的矿渣硅酸盐水泥，强度富余系数为1.0；石灰膏：稠度为120mm；中砂：堆积密度为1 450 kg/m³，含水率为2%；施工水平一般。试计算砂浆的施工配合比。

解　（1）确定配制强度 $f_{m,0}$

查表6.9.2可得 $\sigma = 1.88$MPa

因而　　　　　　$f_{m,0} = f_{m,k} + 0.645\sigma = 7.5 + 0.645 \times 1.88 = 8.7$MPa

（2）计算水泥用量 m_c

$$m_c = \frac{1000(f_{m,0} - \beta)}{\alpha f_{ce}} = \frac{1000(8.7 + 15.09)}{3.03 \times 1.0 \times 32.5} = 242\text{kg}$$

（3）计算石灰膏用量 m_a

取 $m_t = 350$kg，则

$$m_a = m_t - m_c = 350 - 242 = 108\text{kg}$$

（4）确定砂用量 m_s

$$m_s = m_s(1 + a\%) = 1450(1 + 2\%) = 1479\text{kg}$$

（5）确定用水量 m_w

根据砂浆稠度，取用水量为300kg，扣除砂中所含的水量，拌合用水量为

$$m_w = 300 - 1450 \times 2\% = 271\text{kg}$$

砂浆的配合比为：$m_c : m_a : m_s : m_w = 242 : 108 : 1479 : 271 = 1 : 0.446 : 6.11 : 1.12$

4. 干混砂浆

干混砂浆又称为干粉料、干混料或干粉砂浆。干混砂浆是由胶凝材料、细骨料、外加剂（有时根据需要加入一定量的掺加料）等固体材料组成，经工厂准确配料和均匀混合而制成的砂浆半成品。使用时，在现场将拌合水加入搅拌。干混砂浆的品种很多，分别适合于砌筑不同的砌筑材料。此外还有抹面砂浆，适合于不同的抹面工程等。

相对于在施工现场配置砂浆的传统工艺，干混砂浆具有以下优势：

（1）品质稳定，目前施工现场配置的砂浆（无论是砌筑砂浆、抹面砂浆，还是地面找平砂浆），质量不稳定。而干混砂浆采用工业化生产，可以对原材料和配合比进行严格控制，确保砂浆质量稳定、可靠。

（2）工效提高如同商品混凝土，不仅提高了干混砂浆的生产效率，而且采用干混砂浆后，施工效率也得到了很大的提高。

（3）文明施工当前，市区施工现场狭窄、交通拥挤，采用干混砂浆可以取消现场材料堆场、有利于施工物料管理及施工现场的整洁、文明。

6.9.4 抹面砂浆

凡涂抹在建筑物或建筑构件表面的砂浆，统称为抹面砂浆。根据抹面砂浆的功能不同，可以分为普通抹面砂浆、装饰砂浆、具有某些特殊功能的抹面砂浆（防水、耐酸、绝热和吸音等）。

对抹面砂浆要求：具有良好的和易性，容易抹成均匀平整的薄层，便于施工；要有足够的粘结力，能与基层材料粘结牢固和长期使用不致开裂或脱落等性能。

抹面砂浆的组成材料与砌筑砂浆基本相同，但有时加入一些纤维增强材料（如麻刀、纸筋、玻璃纤维等），提高抹灰层的抗拉强度，增加抹灰层的弹性和耐久性，防止抹灰层开裂。还可以加入胶粘剂（如聚乙烯醇缩甲醛胶或聚醋酸乙烯乳液等），提高面层强度和柔韧性，加强砂浆层与基层材料的粘结，减少开裂。

1. 普通抹面砂浆

普通抹面砂浆是建筑工程中用量最大的抹面砂浆。其功能主要是保护墙体、地面不受风雨及有害介质侵蚀，提高其防潮、防腐蚀、抗风化性能，增加耐久性；同时可以使建筑物达到表面平整、清洁和美观的效果。

抹面砂浆通常分为二层或三层进行施工，每层砂浆的组成也不相同。一般底层砂浆起粘结基层的作用，要求砂浆应具有良好的和易性及较高的粘结力。因此底层砂浆的保水性要好，否则水分就容易被基层材料所吸收而影响砂浆的流动性和粘结力；中层抹灰主要是为了找平，有时可以省去不用；面层抹灰主要为了平整、美观，因此应选用细砂。各层的成分和稠度要求各不相同，如表6.9.4所示。

表6.9.4　砂浆的骨料最大粒径及稠度选择表

抹面层	沉入度/（mm）	砂的最大粒径/（mm）
底层	100~120	2.5
中层	70~90	2.5
中层	70~80	1.2

对于防水、防潮要求的部位和容易受到碰撞的部位以及外墙抹灰应采用水泥砂浆；室内砖墙多采用石灰砂浆；混凝土梁、柱板、墙等基层多采用水泥石灰混合砂浆；用于面层的抹灰砂浆多采用混合砂浆、麻刀石灰浆或纸筋石灰浆，可以加强表面的光滑程度及质感。在容易受碰撞的部位，宜采用水泥砂浆。表6.9.5为常用抹面砂浆配合比及应用范围。

2. 装饰砂浆

涂抹在建筑物内外墙表面，具有美观装饰效果的抹面砂浆统称为装饰砂浆。装饰砂浆的底层和中层与普通抹面砂浆基本相同，主要是面层，要选用具有一定颜色的胶凝材料和骨料以及采用某些特殊的操作工艺，使表面呈现出不同的色彩、线条与花纹等装饰效果。常用的胶凝材料有石膏、彩色水泥、白水泥或普通水泥，骨料有大理石、花岗岩等带颜色的碎石渣或玻璃、陶瓷碎粒等，常见的装饰砂浆有拉毛、弹涂、水刷石、干粘石、斩假石、喷涂等。

常用装饰砂浆的工艺做法如下：

（1）水磨石，由普通硅酸盐水泥或彩色水泥与破碎的大理石石碴（约5mm）按1:1.8~1:3.5配比，再加入适量的耐碱颜料，加水拌合后，浇筑在水泥砂浆的基底上，待硬化后表面磨平、抛光，经草酸清洗上蜡而成。水磨石有现浇和预制两种。水磨石色彩丰富，装饰质感接近于磨光的天然石材，且造价较低。一般多用于室内地面、柱面、墙裙、楼梯、踏步和窗台板等。

表6.9.5　　　　　　　　　　常用抹面砂浆配合比及应用范围

抹面砂浆组成材料	配合比（体积比）	应用范围
石灰：砂	1:3	砖石墙面打底找平（干燥环境）
石灰：砂	1:1	墙面石灰砂浆面层
水泥：石灰：砂	1:1:6	内外墙面混合砂浆打底找平
水泥：石灰：砂	1:0.3:3	墙面混合砂浆面层
水泥：砂	1:2	地面顶棚或墙面水泥砂浆面层
水泥：石膏；砂：锯末	1:1:3.5	吸声粉刷
石灰膏：麻刀	100:2.5	木板条顶棚面层
石灰膏：麻刀	100:1.3	木板条顶棚面层
石灰膏：纸筋	100:3.8	木板条顶棚面层
石灰膏：纸筋	$1m^3$石灰膏掺3.6kg纸筋	较高级墙面及顶棚

（2）斩假石又称剁斧石，原料与水磨石相同，但石碴粒径稍小，约为2~6mm。硬化后其表面用斧刃剁毛。斩假石表面酷似新铺的灰色花岗岩，一般用于室外柱面、栏杆、踏步等处的装饰。

（3）水刷石，用颗粒细小（约5mm）的石渣拌成的砂浆做面层，在水泥终凝前喷水冲刷表面，冲洗掉石渣表面的水泥浆，使石渣表面外露。水刷石用于建筑物的外墙面，具有一定的质感，且经久耐用，不需维护。

（4）干粘石。干粘石是在水泥砂浆面层的表面，粘结粒径 5mm 以下的白色或彩色石渣、小石、彩色玻璃、陶瓷碎粒等。要求石渣粘结均匀、牢固。干粘石的装饰效果与水刷石相近，且石表面更洁净艳丽，避免了喷水冲洗的湿作业，施工效率高，而且节约材料和水。干粘石在预制外墙板的生产中，有较多的应用。

（5）拉毛。拉毛是用铁抹子或木蟹将罩面灰轻压后顺势拉起，形成一种凹凸质感较强的饰面层。拉毛是过去广泛采用的一种传统饰面做法，通常所用的灰浆是水泥石灰砂浆或水泥纸筋灰浆。表面拉毛花纹、斑点分布均匀，颜色一致，具有装饰和吸声效果，一般用于外墙面及有吸声要求的内墙面和天棚的饰面。

3. 特殊用途砂浆

（1）防水砂浆

防水砂浆是一种抗渗性高的砂浆，又称刚性防水层。砂浆防水层仅适用于不受振动和具有一定刚度的混凝土或砖石砌体工程。

防水砂浆可以采用普通水泥砂浆、聚合物水泥砂浆或在水泥砂浆中掺入防水剂来制作。水泥砂浆宜选用 32.5 级以上的普通硅酸盐水泥和级配良好的中砂配制。防水砂浆的配合比，一般采用水泥与砂的质量比不宜大于 1:2.5，水灰比控制在 0.5~0.6 之间，稠度不应大于 80mm。

常用的防水剂有氯化物金属盐类防水剂、水玻璃类防水剂和金属皂类防水剂等。

氯化物金属盐类防水剂主要由氯化钙、氯化铝和水按一定比例配成有色液体。其配合比为氯化铝:氯化钙:水 = 1:10:11。掺量一般为水泥质量的 3%~5%。这种防水剂在水泥凝结硬化过程中形成不透水的复盐，起促进结构密实作用，从而提高砂浆的抗渗性能。

水玻璃类防水剂是以水玻璃为基料，加入二种或四种矾的水溶液，又称二矾或四矾防水，其中四矾防水剂凝结速度快，一般不超过 1min。适合用于防水堵漏，不能用于大面积施工。

金属皂类防水剂是由硬脂酸、氨水、氢氧化钾（或碳酸钾）和水按一定比例混合加热皂化而成。金属皂类防水剂起堵塞毛细孔的作用，掺量一般为水泥质量的 3% 左右。

此外，还可以使用膨胀剂、有机硅憎水剂等来配制防水砂浆。

防水砂浆的防渗水效果，主要取决于施工质量。采用喷浆法施工，使用高压空气将砂浆以约 100m/s 的高速喷至建筑物表面，砂浆密实度大，抗渗性好。采用人工多层抹压法，是将搅拌均匀的防水砂浆，分 4~5 层分层涂抹在基面上，每层厚度约为 5mm，总厚度为 20mm~30mm。每层在初凝前用木抹子压实一遍，最后一层要压光。抹完之后要加强养护，防止脱水过快造成干裂。

（2）保温砂浆

保温砂浆又称绝热砂浆，是采用水泥、石灰、石膏等胶凝材料与膨胀珍珠岩、膨胀蛭石、浮石砂和陶粒砂等轻质多孔骨料按一定比例配制的砂浆。具有轻质、保温隔热等特性，保温砂浆的导热系数约为 0.07~0.10W/（m·K）。常用的有水泥膨胀珍珠岩砂浆、水泥膨胀蛭石砂浆、水泥石灰膨胀蛭石砂浆等。可以用于屋面隔热层、隔热墙壁、供热管道隔热层、冷库等处的保温。

（3）吸声砂浆

吸声砂浆一般是由轻质多孔骨料制成的保温砂浆，具有吸声性能。另外，工程中也常采用水泥、石膏、砂和锯末（体积比为 1∶1∶3∶5）配制成吸声砂浆，或在石灰、石膏砂浆中掺入玻璃纤维和矿棉等松软纤维材料。吸声砂浆主要用于室内墙壁和顶棚的吸声。

（4）耐酸砂浆

用水玻璃（硅酸钠）和氟硅酸钠作为胶凝材料，掺入适量石英岩、花岗岩、铸石等粉状细骨料，可以拌制成耐酸砂浆。硬化后的水玻璃耐酸性能好，拌制的砂浆可以用于耐酸地面和耐酸容器的内壁防护层。

（5）防辐射砂浆

在水泥浆中掺入重晶石粉、重晶石砂可以配制成具有防 X 射线和 γ 射线能力的砂浆。配合比约为水泥∶重晶石粉∶重晶石砂 = 1∶0.25∶(4~5)。在水泥浆中掺加硼砂、硼酸等可以配制具有防中子辐射能力的砂浆。

习 题 6

1. 普通混凝土的主要组成有哪些？在混凝土中各起什么作用？
2. 砂、石中的粘土、淤泥、细屑等粉状杂质及泥块对混凝土的性质有哪些影响？
3. 什么是砂的粗细程度和颗粒级配？如何评定砂的粗细程度和颗粒级配？
4. 为什么要限制砂、石中活性氧化硅的含量，活性氧化硅对混凝土的性质有什么不利作用？
5. 配制高强混凝土时，宜采用碎石还是卵石？对其质量有何要求？
6. 什么是石的最大粒径？实际工程中石的最大粒径是如何确定的？为什么要尽量选用粒径较大和较粗的砂、石？
7. 简述石的连续级配及间断级配的特点。
8. 某钢筋混凝土梁的截面尺寸为 300mm×400mm，钢筋的最小净间距为 50mm，试确定石的最大的粒径。
9. 取 500g 干砂，经筛分后，其结果见下表。试计算该砂的细度模数，确定砂的粗细程度，绘制出级配曲线并判断该砂的级配是否合格。

题 9 表

筛孔尺寸/（mm）	4.75	2.36	1.18	0.600	0.300	0.150	底盘	合计
筛余量/（g）	8.0	80.0	69.2	99.0	124.0	107.8	12.0	500.0

10. 现浇钢筋混凝土板式楼梯，混凝土强度等级为 C25，楼梯截面最小尺寸为 120mm，钢筋间最小净距为 40mm。现提供有普通硅酸盐水泥 42.5 和 52.5，备有粒级为 5~20mm 的卵石。试问：

（1）选用哪一强度等级水泥最好？

(2) 卵石粒级是否合适？

(3) 取卵石烘干，称取 5kg，经筛分得筛余量如下表所示，试判断卵石级配是否合格。

题 10 表

筛孔尺寸 /（mm）	26.5	19.0	16.0	9.50	4.75	2.36
筛余量 /（kg）	0	0.30	0.90	1.70	1.90	0.20

11. 常用外加剂有哪些？各类外加剂在混凝土中的主要作用有哪些？

12. 有下列混凝土工程及制品，一般选用哪一种外加剂较为合适？试简要说明其原因。

（1）大体积混凝土；

（2）高强混凝土；

（3）现浇普通混凝土；

（4）混凝土预制构件；

（5）抢修及喷锚支护的混凝土；

（6）有抗冻要求的混凝土；

（7）商品混凝土；

（8）冬季施工用混凝土；

（9）补偿收缩混凝土；

（10）泵送混凝土；

（11）道路混凝土。

13. 粉煤灰用做混凝土掺合料时，对其质量有哪些要求？粉煤灰掺入混凝土中，对混凝土产生什么效应？粉煤灰活性激发的基本思路是什么？

14. 何谓恒定用水量法则？该法则对确定混凝土配合比有何意义？

15. 影响混凝土拌合物和易性的因素有哪些？改善和易性的措施有哪些？

16. 什么是合理砂率？采用合理砂率有何技术及经济意义？

17. 什么是立方体抗压强度、立方体抗压强度标准值、强度等级、设计强度和配制强度？

18. 影响混凝土强度的因素有哪些？提高混凝土强度的措施有哪些？

19. 什么是混凝土材料的标准养护、自然养护、蒸汽养护、蒸压养护？

20. 现有甲、乙两组边长为 100mm、200mm 的混凝土立方体试件，将这两组试件在标准养护条件下养护 28d，测得甲、乙两组混凝土试件的破坏荷载分别为 300kN、293kN、275kN，及 676kN、685kN、730kN。试确定甲、乙两组混凝土试件的抗压强度、抗压强度标准值、强度等级（假定混凝土的抗压强度标准差均为 4.0MPa）。

21. 干缩与徐变对混凝土性能有什么影响？减小混凝土干缩与徐变的措施有哪些？

22. 何谓混凝土的耐久性？提高混凝土耐久性的措施有哪些？

23. 配制混凝土时，为什么不能随意增加用水量或改变水灰比？

24. 试简述混凝土的受压变形破坏特征及其破坏机理。
25. 配制混凝土时,如何减少混凝土的水化热?
26. 配制混凝土时,如何解决流动性和强度对用水量相矛盾的要求?
27. 在下列情况下均可能导致混凝土产生裂缝,试解释裂缝产生的原因是什么?并提出防止裂缝产生的措施。
    (1) 水泥水化热大;
    (2) 水泥体积安定性不良;
    (3) 混凝土碳化;
    (4) 气温变化大;
    (5) 碱—骨料反应;
    (6) 混凝土早期受冻;
    (7) 混凝土养护时缺水;
    (8) 混凝土遭硫酸盐腐蚀。
28. 进行混凝土抗压试验时,在下述情况下,试验值将有无变化?如何变化?
    (1) 试件尺寸加大;
    (2) 试件高宽比加大;
    (3) 试件受压表面加润滑剂;
    (4) 试件位置偏离支座中心;
    (5) 加荷速度加快。
29. 某建筑物的一现浇混凝土梁(不受风雪和冰冻作用),要求混凝土的强度等级为C20,坍落度为35~50mm。现有32.5普通硅酸盐水泥,密度为3.1g/cm³,强度富余系数为1.13;级配合格的中砂,表观密度为2.60 g/cm³;碎石的最大粒径为37.5mm,级配合格,表观密度为2.65 g/cm³。采用机械搅拌和振捣成型。试计算初步配合比。
30. 为确定混凝土的配合比,按初步配合比试拌30L的混凝土拌合物。各材料的用量为水泥9.63kg、水5.4kg、砂18.99kg、石36.84kg。经检验混凝土的坍落度偏小。在加入5%的水泥浆(水灰比不变)后,混凝土的流动性满足要求,粘聚性与保水性均合格。在此基础上,改变水灰比,以0.61、0.56、0.51分别配制三组混凝土(拌合时,三组混凝土的用水量、用砂量、用石量均相同),混凝土的实测体积密度为2 380kg/m³。标准养护至28d的抗压强度分别为23.6MPa、26.9MPa、31.1MPa。试求C20混凝土的实验室配合比。
31. 某实验室试拌混凝土,经调整后各材料用量为:32.5级普通水泥4.5kg,水2.7kg,砂9.9kg,碎石18.9kg,又测得拌合物体积密度为2.38kg/m³,试求:
    (1) 每立方米混凝土的各材料用量;
    (2) 当施工现场砂含水率为3.5%,石含水率为1%时,求施工配合比;
    (3) 如果把实验室配合比直接用于现场施工,则现场混凝土的实际配合比将如何变化?对混凝土强度将产生多大影响(通过计算来说明)?
32. 轻骨料混凝土的主要技术特性有哪些?与普通混凝土相比较,具有什么特点?轻骨料混凝土施工时应注意哪些事项?
33. 新拌砂浆的和易性包括哪些含义?如何测定?

34. 影响砌筑砂浆抗压强度的主要因素有哪些？

35. 对抹面砂浆与砌筑砂浆的组成材料和技术性质的要求有何不同？

36. 某工程需配制强度等级为 M7.5 的水泥混合砂浆，用于砌筑蒸压加气混凝土砌块。采用 32.5 级矿渣硅酸盐水泥，实测 28d 抗压强度值为 35.4MPa；石灰膏的稠度为 120mm；砂为中砂，含水率为 3%，堆积密度为 1 450 kg/m³；施工水平优良。试确定砂浆配合比。

37. 配制砂浆时，为什么除水泥外常常还要加入一定量的其他胶凝材料？

38. 何谓防水砂浆？如何配制防水砂浆？

39. 某工程砌筑砖墙所用强度等级为 M5 的水泥石灰混和砂浆。采用强度等级为 32.5 的矿渣水泥；砂为中砂，含水率为 2%，干燥堆积密度为 1 500 kg/m³；石灰膏的稠度为 120mm。该工程施工水平优良，试计算该砂浆的配合比。

第7章 砌筑材料

砌体结构是砖砌体、砌块砌体、石砌体建造的结构的统称。砌体在建筑物中起着承重、围护或分隔的作用。目前用于砌体的材料主要有砖、砌块、板材和石材，这些材料与建筑物的功能、自重、成本、工期及建筑能耗等均有着直接的关系。

砌体材料较多的是用做墙体材料。墙体材料在建筑材料中占有很大的比重，约占房屋建筑总重的50%，是土木工程中最重要的材料之一。我国传统的墙体材料粘土砖、石材等耗用大量的土地资源与矿山资源，影响农业生产和生态环境，不利于资源节约和资源保护，且粘土砖和石材的自重大、体积小，生产效率低，单位能耗大，影响建筑业的发展速度。传统粘土砖是我国将淘汰和限制使用的砌体材料，将逐步退出历史舞台。

新型墙体材料系指粘土实心砖以外的墙体材料。目前主要包括：非粘土砖、砌块、建筑板材、预制及现浇混凝土墙体、钢结构和玻璃幕墙，以及原料中掺有不少于30%的工业废渣、农作物秸秆、垃圾、江河（湖、海）淤泥的墙体材料产品。新型墙体材料具有节土、节能、利废、轻质、环保、改善建筑物功能等特点，有利于提高施工效率、降低工程成本、改善建筑物功能、增大使用面积。这类砌筑材料正朝着大型化、轻质化、节能化、复合化、装饰化及集约化等方向发展。

§7.1 砌 墙 砖

凡是由粘土、工业废料或其他地方资源为主要原料，以不同工艺制成的，在建筑物中用于砌筑墙体的小型块状材料统称为砌墙砖。

砌墙砖按制造工艺分为烧结砖和非烧结砖（或称免烧砖）。烧结砖是经焙烧制成的砖，常以主要原料命名，如粘土砖、页岩砖等。免烧砖主要有蒸养砖和蒸压砖。蒸养砖是经常压蒸汽养护硬化而成的砖，如蒸养粉煤灰砖；蒸压砖是经高压蒸汽养护硬化而成的砖，如蒸压灰砂砖。

砌墙砖按孔洞率大小分为实心砖、多孔砖和空心砖。实心砖称为烧结普通砖，又称标准砖，无孔洞或孔洞率<15%，尺寸为240 mm×115mm×53mm；多孔砖孔洞率≥25%，孔的尺寸小且数量多；空心砖孔洞率≥40%，孔的尺寸大且数量少。

7.1.1 烧结普通砖

以粘土、页岩、煤矸石、粉煤灰等为主要原料，经950~1000℃焙烧制成的标准尺寸的实心砖，称为烧结普通砖。

烧结普通砖按所用主要原料，可以分为粘土砖（N）、页岩砖（Y）、煤矸石砖（M）、粉煤灰砖（F）。我国烧结普通砖主要是粘土砖。

1. 烧结普通砖的生产

烧结普通砖的生产工艺流程为：

采制原料→配料调制→制坯成型→干燥→焙烧→成品

按焙烧方法不同，烧结粘土砖分为内燃砖和外燃砖。内燃砖是将可燃性工业废料（含有未燃尽碳的煤矸石、粉煤灰和煤渣等）按一定比例掺入粘土中制坯，砖坯中未燃尽的碳随砖的焙烧在坯体中燃烧。焙烧时热源均匀，内燃原料燃烧后留下封闭孔隙，使砖表观密度小，强度提高，保温隔热性能提高，相对外燃砖可以节约20%以上的能源和减少粘土用量。

烧结粘土砖有红砖和青砖。当焙烧窑中为氧化气氛时，粘土中所含的铁被氧化成红色的高价氧化物（Fe_2O_3），可以制得红砖；当砖先在氧化气氛焙烧，然后再浇水闷窑，使窑中形成还原气氛时，砖内的红色高价铁的氧化物会还原为青灰色的低价氧化物（FeO），可以制得青砖。青砖较红砖结实、耐碱、耐久性较好，但燃料消耗多，很少生产。

由于砖在焙烧时窑内温度分布难以绝对均匀，因此，除正火砖外，还常出现过火砖和欠火砖。过火砖（1200℃以上烧成）色深、敲击时声音清脆、吸水率低、强度较高，但有弯曲变形，尺寸不规则，一般不得用于砌筑工程；欠火砖（900℃以下烧成）色浅、敲击时声音发哑、吸水率大、强度低、耐久性差，不宜用于承重砌体或潮湿环境。过火砖和欠火砖均属不合格产品。

2. 烧结普通砖的技术性能指标

烧结普通砖的各项技术性能指标应满足国家标准《烧结普通砖》（GB 5101—2003）中的规定。强度、抗风化性能和放射性物质合格的烧结普通砖，根据尺寸偏差、外观质量、泛霜和石灰爆裂分为优等品（A）、一等品（B）、合格品（C）三个质量等级。

(1) 形状、尺寸及允许偏差

烧结普通砖外形为直角六面体，标准尺寸是240mm×115mm×53mm，如图7.1.1所示，通常将240mm×115mm的面称为大面，240mm×53mm的面称为条面，115mm×53mm的面称为顶面。4块砖长、8块砖宽、16块砖厚，再加上10mm的砌筑灰缝，长度均为1m，则1m^3砖砌体需用砖512块。砖的尺寸允许偏差应符合表7.1.1中的规定。

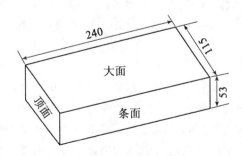

图7.1.1 普通砖的尺寸和平面名称（单位：mm）

(2) 外观质量

烧结普通砖的外观质量要求包括两条面高度差、弯曲程度、杂质、凸出高度、缺棱掉角等，如表7.1.2所示。

表 7.1.1　　　　　　　　　普通烧结砖的尺寸允许偏差　　　　　　　　（单位：mm）

公称尺寸	优等品		一等品		合格品	
	样本平均偏差	样本极差≤	样本平均偏差	样本极差≤	样本平均偏差	样本极差≤
240	±2.0	6	±2.5	7	±3.0	8
115	±1.5	5	±2.0	6	±2.5	7
53	±1.5	4	±1.6	5	±2.0	6

表 7.1.2　　　　　　　　　烧结普通砖外观质量要求　　　　　　　　（单位：mm）

项　目		优等品	一等品	合格
两条面高度差　≤		2	3	4
弯曲　≤		2	3	4
杂质凸出高度　≤		2	3	4
缺棱掉角的三个破坏尺寸　不得同时大于		5	20	30
裂纹长度≤	a. 大面上宽度方向及其延伸至条面的长度	30	60	80
	b. 大面上长度方向及其延伸至顶面的长度或条顶面上水平裂纹的长度	50	80	100
完整面　不得少于		二条面和二顶面	一条面和一顶面	
颜色		基本一致		

注：1. 为装饰而施加的色差、凹凸纹、拉毛、压花等不算做缺陷。

　　2. 凡有下列缺陷之一者，不得称为完整面：

　　　（1）缺损在条面或顶面上造成的破坏面尺寸同时大于 10mm×10mm。

　　　（2）条面或顶面上裂纹宽度大于 1mm，其长度超过 30mm。

　　　（3）压陷、粘底、焦花在条面或顶面上的凹陷或凸出超过 2mm，区域尺寸同时大于 10mm×10mm。

优等品颜色应基本一致，合格品颜色无要求。产品中不允许有欠火砖、酥砖和螺旋纹砖。酥砖是由于在生产中砖坯受水淋、受潮、受冻，或在焙烧过程中受热不均等原因，使砖产生大量网状裂纹，砖的强度和抗冻性严重降低。螺纹砖是在生产砖坯时，从挤泥机挤出的砖坯上存在螺旋纹，螺旋纹在烧结时不易消除，导致砖受力时易产生应力集中，使砖的强度下降。

（3）强度等级

烧结普通砖强度等级的划分，是通过取 10 块砖试样进行抗压强度试验，根据试验结果划分为 MU10、MU15、MU20、MU25、MU30 五个强度等级，如表 7.1.3 所示。

表 7.1.3　　　　　　　　　烧结普通砖的强度等级　　　　　　　（单位：MPa）

强度等级	抗压强度平均值 $\bar{f} \geqslant$	变异系数 $\delta \leqslant 0.21$ 强度标准值 $f_k \geqslant$	变异系数 $\delta > 0.21$ 单块最小抗压强度值 $f_{\min} \geqslant$
MU30	30.0	22.0	25.0
MU25	25.0	18.0	22.0
MU20	20.0	14.0	16.0
MU15	15.0	10.0	12.0
MU10	10.0	6.5	7.5

烧结普通砖的抗压强度的标准差 s 按下式计算

$$s = \sqrt{\frac{1}{9}\sum_{i=1}^{10}(f_i - \bar{f})^2} \tag{7.1.1}$$

烧结普通砖的抗压强度标准值 f_k 为

$$f_k = \bar{f} - 1.8s \tag{7.1.2}$$

变异系数 δ 为：

$$\delta = \frac{s}{\bar{f}} \tag{7.1.3}$$

式中：f_i——单块砖的抗压强度值，（MPa）；

$\bar{f}$——10 块砖的抗压强度算术平均值，（MPa）；

s——10 块砖的抗压强度标准差，（MPa）。

烧结普通砖的强度等级评定方法是：

①平均值—标准值法：当变异系数 $\delta \leqslant 0.21$ 时，按表 7.1.3 中抗压强度平均值 $\bar{f}$ 和抗压强度标准值 f_k，评定砖的强度等级。

②平均值—最小值法：当变异系数 $\delta > 0.21$ 时，按表 7.1.3 中抗压强度平均值 $\bar{f}$ 和单块最小抗压强度值 $f_{\min}$ 评定砖的强度等级。

(4) 耐久性指标

①抗风化能力

抗风化性能是指在干湿变化、温度变化、冻融变化等物理因素作用下，材料不破坏并长期保持原有性质的能力。砖的抗风化性能除与砖本身性质有关外，还与所处的环境风化指数有关。

我国按风化指数分为严重风化区（风化指数 $\geqslant 12700$）和非严重风化区（风化指数 < 12700），如表 7.1.4 所示。风化指数是指日气温从正温降至负温或负温升至正温的每年平均天数与每年从霜冻之日起至消失霜冻之日止这一期间降雨总量（以 mm 计）的平均值的乘积。

表 7.1.4　　　　　　　　　　　我国风化区划分

严重风化区		非严重风化区	
1. 黑龙江省	11. 河北省	1. 山东省	11. 福建省
2. 吉林省	12. 北京市	2. 河南省	12. 台湾省
3. 辽宁省	13. 天津市	3. 安徽省	13. 广东省
4. 内蒙古自治区		4. 江苏省	14. 广西壮族自治区
5. 新疆维吾尔自治区		5. 湖北省	15. 海南省
6. 宁夏回族自治区		6. 江西省	16. 云南省
7. 甘肃省		7. 浙江省	17. 西藏自治区
8. 青海省		8. 四川省	18. 上海市
9. 陕西省		9. 贵州省	19. 重庆市
10. 山西省		10. 湖南省	

抗风化性能属于烧结普通砖的耐久性，是一项重要的综合性能，可以用抗冻性、吸水率及饱和系数来评定。吸水饱和的砖经 15 次冻融循环，质量损失和裂缝长度不超过相关标准规定，即认为抗冻性合格。冻融试验后，每块砖不允许出现裂纹、分层、掉皮、缺棱、掉角等冻坏现象，质量损失不得大于 2%。严重风化区的前 5 个省区的砖必须进行冻融试验，其他地区砖的吸水率和饱和系数指标符合表 7.1.5 规定时，可以不做冻融试验，否则也必须进行冻融试验。

表 7.1.5　　　　　　　　　　　烧结普通砖的抗风化性能

砖种类	严重风化区				非严重风化区			
	5h 沸煮吸水率,% ≤		饱和系数 ≤		5h 沸煮吸水率,% ≤		饱和系数 ≤	
	平均值	单块最大值	平均值	单块最大值	平均值	单块最大值	平均值	单块最大值
粘土砖	18	20	0.85	0.87	19	20	0.88	0.90
粉煤灰砖	21	23			23	25		
页岩砖	16	18	0.74	0.77	18	20	0.78	0.80
煤矸石砖								

注： 粉煤灰掺入量（体积比）小于 30% 时，按粘土砖规定判定。

②泛霜

泛霜是砖在使用过程中的一种盐析现象。砖内过量的可溶盐（如硫酸钠）受潮吸水溶解，随水分蒸发而沉积于砖的表面，形成絮团状斑点的白色粉状物。泛霜不仅影响建筑物的美观，而且盐析结晶膨胀还会引起砖表层酥松粉化，甚至脱落。如轻微泛霜会对清水墙建筑外观产生较大影响，中等泛霜砖用于潮湿部位 7~8 年后因盐析结晶膨胀会引起砖表层粉化剥落，在干燥环境中约使用 10 年后也将剥落。相关国家标准要求优等品应无泛霜，一等品不允许出现中等泛霜，合格品不允许出现严重泛霜。

③石灰爆裂

石灰爆裂是指砖中含有石灰，砖吸水后，由于石灰逐渐熟化而膨胀产生爆裂现象。石灰爆裂不仅造成砖的外观缺陷（表面剥落、脱皮）和强度降低，严重时还会使砌体结构破坏。试验要求砖面上出现的爆裂点不应超过国家标准《烧结普通砖》（GB 5101—2003）中的标准规定。

3. 烧结普通砖的应用

烧结普通砖的表观密度在 1600~1800kg/m³，吸水率在 6%~8%，其导热系数约为 0.55W/(m·K)，有一定强度，较好的耐久性，可以用于砌筑承重或非承重的内外墙、柱、拱、基础、烟囱和窑炉等。优等品可以用于清水墙，合格品可以用于混水墙，中等泛霜砖不能用于潮湿部位。

在使用烧结普通砖砌筑前，必须预先将砖进行吸水润湿方可使用。烧结普通砖是一种传统的墙体材料，其历史悠久，价格低廉，性能良好，但砖块小，施工效率低，自重大，抗震能力差，且毁田取土，破坏资源，生产能耗高，污染环境等缺点使实心粘土砖在大、中城市已被禁用。目前我国墙体材料的发展方向是逐步限制和淘汰实心粘土砖，大力发展多孔砖、空心砖与空心砌块、蒸压砖、废渣砖、混凝土砌块以及各种内外复合墙板等新型墙体材料。

7.1.2 烧结多孔砖与烧结空心砖

烧结多孔砖与烧结空心砖是以粘土、页岩、煤矸石等为主要原料，经成型、焙烧而成。多孔砖为大面有孔洞，孔小而多，孔洞率≥25%的砖，主要用于承重墙；空心砖为顶面有孔洞，孔大且少，孔洞率≥40%的砖，主要用于非承重墙。

烧结多孔砖与烧结空心砖的原料及生产工艺和烧结普通砖基本相同，只是在生产砖坯时要形成孔洞，故对原料的可塑性要求较高。与烧结普通砖相比较，生产烧结多孔砖与烧结空心砖，可以节省粘土 20%~30%，节约燃料 10%~20%，且砖坯焙烧均匀，烧成率高；砌墙时砂浆用量少，可以减轻自重 30% 左右，工效提高约 40%，同时还能改善墙体的热工性能，在相同隔声条件下，可以使墙体厚度减薄半砖左右。因省地节能，墙体保温隔热效果好，故烧结多孔砖和空心砖得到了广泛应用，大力推广空心砖和多孔砖是墙体材料的改革方向之一。

1. 烧结多孔砖

烧结多孔砖为直角六面体，如图 7.1.2 所示，其大面有孔洞，孔小且多，孔洞率≥25%，使用时孔洞垂直于承压面。其内圆孔径≤22mm，非圆孔内切圆直径≤15mm，手抓孔(30~40mm)×(75~85mm)，长、宽、高尺寸应符合下列要求（单位为 mm）：290、240、190、180、175、140、115、90。其他规格由供需双方协商确定。产品还可以有 $\frac{1}{2}$ 长度或 $\frac{1}{2}$ 宽度的配砖，配套使用。目前我国多孔砖有 190mm×190mm×90mm（M 型）和 240mm×115mm×90mm（P 型）两种规格。

烧结多孔砖的主要技术性能指标应符合国家标准《烧结多孔砖》（GB 13544—2000）中的规定。烧结多孔砖根据抗压强度平均值和标准值或单块最小抗压强度分为 MU30、MU25、MU20、MU15、MU10 共五个强度等级。各强度等级的强度值与烧结普通砖相同，均不得低于表 7.1.3 中所规定的数值，否则为不合格品。

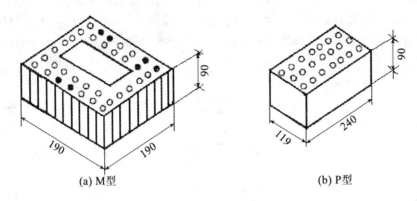

图 7.1.2 烧结多孔砖的外形图（单位：mm）

烧结多孔砖的尺寸允许偏差、外观质量及抗风化性能指标应分别符合表 7.1.6～表 7.1.8 中的规定。

表 7.1.6　　　　　　　　　　烧结多孔砖的尺寸允许偏差

尺　寸	优等品		一等品		合格品	
	样本平均偏差	样本极差≤	样本平均偏差	样本极差≤	样本平均偏差	样本极差≤
290、240	±2.0	6	±2.5	7	±3.0	8
190、180、175、140、115	±1.5	5	±2.0	6	±2.5	7
90	±1.5	4	±1.7	5	±2.0	6

烧结多孔砖的泛霜和石灰爆裂要求与烧结普通砖相同，产品中也不允许有欠火砖、酥砖和螺旋纹砖。强度和抗风化性能合格的多孔砖，根据尺寸偏差、外观质量、孔型及孔洞排列、泛霜、石灰爆裂可以划分为优等品（A）、一等品（B）和合格品（C）三个质量等级。

砖的产品标记按产品名称、品种、规格、强度等级、质量等级和标准编号顺序编写。标记实例：规格尺寸 290mm×140mm×90mm、强度等级 MU25、优等品的粘土砖，其标记为：烧结多孔砖 N 290×140×90 25A GB 13544。

烧结多孔砖的表观密度在 1200kg/m³，具有较高的强度，隔热保温性优于普通砖，可以代替粘土砖用于六层以下建筑物的承重墙及部分地区建筑物的外墙砌筑。

表 7.1.7　　　　　　　　　　烧结多孔砖的外观质量

项目	优等品	一等品	合格品
1. 颜色（一条面和一顶面）	一致	基本一致	—
2. 完整面不得少于	一条面和一顶面	一条面和一顶面	—
3. 缺棱掉角的三个破坏尺寸不得同时大于	15	20	30
4. 裂纹长度不得大于			
a. 大面上深入孔壁 15mm 以上宽度方向及其延伸到条面的长度	60	80	100
b. 大面上深入孔壁 15mm 以上长度方向及其延伸面到顶面的长度	60	100	120
c. 条顶面上的水平裂纹	80	100	150
5. 杂质在砖面上造成的凸出高度不大于	3	4	5

注：1. 为装饰而施加的色差、凹凸纹、拉毛、压花等不算缺陷。
　　2. 凡有下列缺陷之一者，不能称为完整面：
　　　（1）缺损在条面或顶面上造成的破坏面尺寸同时大于 20mm×30mm；
　　　（2）条面或顶面上裂纹宽度大于 1mm，其长度超过 70mm；
　　　（3）压陷、焦花、粘底在条面或顶面上的凹陷或凸出超过 2mm，区域尺寸同时大于 20mm×30mm。

表 7.1.8　　　　　　　　　　烧结多孔砖的抗风化性能

项目 砖种类	严重风化区				非严重风化区			
	5h 沸煮吸水率% ≤		饱和系数 ≤		5h 沸煮吸水率% ≤		饱和系数 ≤	
	平均值	单块最大值	平均值	单块最大值	平均值	单块最大值	平均值	单块最大值
粘土砖	21	23	0.85	0.87	23	25	0.88	0.90
粉煤灰砖	23	25			30	32		
页岩砖	16	18	0.74	0.77	18	20	0.78	0.80
煤矸石砖	19	21			21	23		

注：粉煤灰掺入量（体积比）小于 30% 时按粘土砖规定判定。

2. 烧结空心砖

烧结空心砖是以粘土、页岩、煤矸石、粉煤灰及其他废料为主原料，经过焙烧制成的孔洞率≥40% 的砖。如图 7.1.3 所示，烧结空心砖为直角六面体，顶面有孔洞，孔大且少，使用时孔洞平行于承压面，在与砂浆的接合面上应设有增加结合力的深度 1mm 以上的凹线槽。根据国家标准《烧结空心砖和空心砌块》（GB 13545—2003）中的规定，空心砖的长、宽、高尺寸应符合下列要求（单位为 mm）：390、290、240、190、180（175）、140、115、90。其他规格由供需双方协商确定。砖的壁厚应大于 10mm，肋厚应大于 7mm。

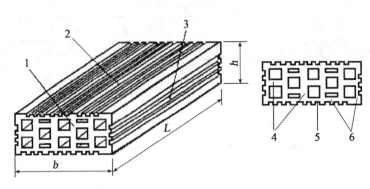

1—顶面；2—大面；3—条面；4—肋；5—凹线槽；6—外壁
L—长度；b—宽度；h—高度

图 7.1.3 烧结空心砖的外形图

烧结空心砖按体积密度分为800,900,1000和1100四个密度级别,如表7.1.9所示。根据抗压强度分为MU10,MU7.5,MU5.0,MU3.5,MU2.5共五个强度等级,各强度等级的抗压强度应符合表7.1.10中的规定,否则为不合格品。强度、密度、抗风化性能和放射性物质合格的砖根据尺寸偏差、外观质量、孔型及孔洞排列、泛霜、石灰爆裂和吸水率分为优等品(A)、一等品(B)和合格品(C)三个质量等级。尺寸偏差、外观质量、吸水率、抗风化性能等技术指标应符合国家标准《烧结空心砖和空心砌块》(GB 13545—2003)中的规定。

表 7.1.9　　　　烧结空心砖和空心砌块的密度等级

密度等级	5块密度平均值/(kg/m³)	密度等级	5块密度平均值/(kg/m³)
800	≤800	1000	901~1000
900	801~900	1100	1001~1100

表 7.1.10　　　　烧结空心砖和空心砌块的强度等级　　　　(单位:MPa)

强度等级	抗压强度平均值 $\bar{f} \geq$	变异系数 $\delta \leq 0.21$ 强度标准值 $f_k \geq$	变异系数 $\delta > 0.21$ 单块最小抗压强度值 $f_{min} \geq$	密度等级范围 /(kg/m³) ≤
MU10.0	10.0	7.0	8.0	1100
MU7.5	7.5	5.0	5.8	
MU5.0	5.0	3.5	4.0	
MU3.5	3.5	2.5	2.8	
MU2.5	2.5	1.6	1.8	800

砖和砌块的产品标记按产品名称、类别、规格、密度等级、强度等级、质量等级和标准编号顺序编写。如规格尺寸 290mm×190mm×90mm，密度等级 800，强度等级，优等品的页岩空心砖，其标记为：烧结空心砖 Y（290×190×90）800 MU7.5A GB 13545。

烧结空心砖的表观密度在 800~1100kg/m³，自重较轻，强度不高，绝热性能较好，主要适用于非承重隔墙和框架结构的填充墙。

将粉煤灰、聚苯乙烯泡沫微珠、植物壳等作为造孔料掺入制砖混合料中，使其在焙烧过程中分解出气体或自身燃尽而产生大量微孔，还可以制成烧结微孔砖，其对烧结砖的隔热保温、吸声、隔声、抗冻等性能起到进一步的改善作用。

例 7.1.1 烧结粘土砖在砌筑施工前为什么一定要浇水润湿？

分析：由于烧结粘土砖有很多毛细管，在干燥状态下吸水能力很强，使用时如果不浇水，砌筑砂浆中的水分便会很快被砖吸走，使砂浆和易性降低，操作时难以摊平铺实，再者由于砂浆中的部分水分被砖吸去，会导致早期脱水，而不能很好地起到水化作用，使砖与砂浆的粘结力削弱，大大降低了砂浆和砌体的抗压、抗剪强度，影响砌体的整体性和抗震性能。因此为操作方便，使砂浆有一个适宜的硬化和强度增长环境，保证砌体的质量，砖使用前必须浇水湿润。

评注：浇水程度对普通砖、空心砖含水率以 10%~15% 为宜，灰砂砖、粉煤灰砖含水率以 5%~8% 为宜。从操作上讲，湿砖上墙操作好揉好挤，操作顺手，灰浆易饱满，灰缝易控制，墙面易做到平整，砌体规整。但是应注意的是浇水不宜过度（指饱和与接近饱和），砖过湿将给操作带来一定困难，会增大砂浆的流动性。砌体易滑动变形，易污染墙面，必须严加控制。

7.1.3 非烧结砖

没有经过高温烧结的砖称为非烧结砖，如蒸压（养）砖、碳化砖等。目前在土木工程中应用较多的是蒸压（养）砖。蒸压（养）砖是以石灰或电石废渣等钙质材料和砂、粉煤灰、炉渣等硅质材料与水拌合，经挤压成型，在常压或高压下蒸养而成的砖。蒸压（养）砖主要品种有灰砂砖、粉煤灰砖、煤渣砖等。

蒸压（养）砖属于硅酸盐制品，是水硬性材料，即在潮湿环境中使用，强度将会有所提高。蒸压（养）砖大量利用工业废料，不占用农田，减少环境污染，且不受气候与季节影响，可以常年稳定生产，故这种砖是我国目前砖生产的发展方向。

1. 灰砂砖

灰砂砖是以石灰、砂为原料，经配料、拌合、压制成型和蒸压（温度 175~203℃，0.8~1.6MPa 饱和蒸汽）养护而制成的实心砖。用料中石灰占 10%~20%。

灰砂砖的技术性能指标应符合国家标准《蒸压灰砂砖》（GB 11945—1999）中的规定。根据砖的尺寸偏差、外观质量、强度及抗冻性分为优等品（A）、一等品（B）和合格品（C）三个质量等级。灰砂砖按砖浸水 24h 后的抗压强度和抗折强度分为 MU25、MU20、MU15、MU10 四个强度等级，如表 7.1.11 所示。MU25、MU20、MU15 的砖可用于基础或其他建筑；MU10 的砖仅用于防潮层以上的建筑。

表 7.1.11　　　　　　　　　蒸压灰砂砖的强度等级

强度等级	抗压强度/(MPa)		抗折强度/(MPa)		抗　冻　性	
	平均值不小于	单块值不小于	平均值不小于	单块值不小于	抗压强度平均值不小于/(MPa)	单块砖的干质量损失不大于/(%)
MU25	25.0	20.0	5.0	4.0	20.0	2.0
MU20	20.0	16.0	4.0	3.2	16.0	2.0
MU15	15.0	12.0	3.3	2.6	12.0	2.0
MU10	10.0	8.0	2.5	2.0	8.0	2.0

灰砂砖的规格尺寸与烧结普通砖相同，表观密度比烧结普通砖小（1800~1900kg/m^3），导热系数为0.6w/（m·K），保温性能比烧结普通砖好，具有足够的抗冻性，可以抵抗15次以上的冻融循环，砖在长期潮湿环境中强度变化不大，但抗流水冲刷的能力较弱，不耐酸，也不耐热（灰砂砖中的某些水化产物如氢氧化钙、水化硅酸钙在高温时会分解）。灰砂砖可以用于工业与民用建筑的承重部位，如墙体和基础。但不得用于长期受热高于200℃或急冷、急热交替作用及有酸性介质侵蚀的建筑部位，也不宜用于受流水冲刷的部位，如落水管出水处和水龙头下。

灰砂砖表面光滑，与砂浆粘结力差，砌筑时砖的含水率应控制在5%~8%。刚出釜的蒸压灰砂砖不宜立即使用，需存放一个月后才能上墙。在干燥天气，灰砂砖应在砌筑前1~2d浇水。砌筑砂浆宜用混合砂浆，不宜用微沫砂浆。

例7.1.2　灰砂砖墙体严重开裂事故。

概述： 新疆某石油基地库房砌筑采用蒸压灰砂砖，由于工期紧，灰砂砖亦紧俏，出厂四天的灰砂砖即砌筑。8月完工后，发现墙体有较多垂直裂缝，至11月底裂缝基本固定。

分析： 经调查，工程原设计采用红砖MU7.5，因红砖供应短缺，改用MU10灰砂砖。而对灰砂砖性能未进行深入了解，只是按等强度替换。经检验，灰砂砖的抗压性能与普通粘土砖相当，但抗剪强度的平均值只有普通粘土砖的80%。由于灰砂砖供应紧张，砖出厂到上墙时间太短，而且在使用前猛浇水，灰砂砖含水量大，其水分挥发速率较普通粘土砖慢，20多天后才基本稳定，灰砂砖砌筑前后干缩变形大。此外施工时值7、8月间，砌筑时气温高，砌筑后气温明显下降，温差导致墙体产生冷缩，从而造成墙体大面积开裂。

2. 粉煤灰砖

粉煤灰砖是利用粉煤灰为主要原料，掺入适量的石灰和石膏或再加入部分炉渣等，经配料、拌合、压制成型和蒸压（或常压蒸汽）养护而制成的实心砖。

粉煤灰砖的规格尺寸与烧结普通砖相同，呈深灰色，表现密度（1500 kg/m^3）比烧结普通砖小，其技术性能指标应符合《粉煤灰砖》（JC 239—2001）中的规定。粉煤灰砖根据抗压和抗折强度分为MU30、MU25、MU20、MU15、MU10 五个强度等级，如表7.1.12所示。根据尺寸偏差、外观质量、强度等级及干燥收缩值等分为优等品（A）、一等品（B）、合格品（C）三个质量等级。优等品的强度等级应不低于MU15级，由于粉煤灰砖的收缩较大，因此规定：优等品和一等品干燥收缩率≤0.60mm/m，合格品干燥收缩率≤0.85mm/m。

粉煤灰砖作为实心粘土砖的代用品，可以用于工业与民用建筑的墙体和基础。但用于基础或用于易受冻融和干湿交替作用的建筑部位时，必须使用 MU15 及以上的砖。粉煤灰砖不得用于长期受热 200℃ 以上或受急冷、急热交替作用或有酸性介质侵蚀的建筑部位。为避免或减少收缩裂缝的产生，用粉煤灰砖砌筑的建筑物，应适当增设圈梁及伸缩缝。

表 7.1.12　　　　　　　　　　粉煤灰砖的强度等级

强度等级	抗压强度/（MPa）		抗折强度/（MPa）		抗 冻 性	
	平均值不小于	单块值不小于	平均值不小于	单块值不小于	抗压强度平均值不小于/（MPa）	单块砖的干质量损失不大于/（%）
MU30	30.0	24.0	6.2	5.0	24.0	2.0
MU25	25.0	20.0	5.0	4.0	20.0	2.0
MU20	20.0	16.0	4.0	3.2	16.0	2.0
MU15	15.0	12.0	3.3	2.6	12.0	2.0
MU10	10.0	8.0	2.5	2.0	8.0	2.0

注：强度等级以蒸汽养护后 1d 的强度为准。

3. 煤渣砖

煤渣砖又称炉渣砖，是以燃烧后的煤渣为主要原料，配以一定数量的石灰和石膏，经混合、压制、成型、蒸养或蒸压养护而制成的砖。

根据《煤渣砖》（JC 525—1993）中的规定，煤渣砖按抗压和抗折强度分为 MU20、MU15、MU10、MU7.5 四个强度等级，如表 7.1.13 所示。根据尺寸偏差、外观质量、强度等级分为优等品（A）、一等品（B）、合格品（C）三个产品质量等级。煤渣砖呈黑灰色，表观密度为 1 500~2 000 kg/m³，吸水率为 6%~18%。煤渣砖可以用于一般工程的内墙和非承重外墙，也可以作为禁用实心粘土砖的代用品。但不得用于受高温或急冷、急热交替作用或有酸性介质侵蚀的建筑部位。

表 7.1.13　　　　　　　　　　煤渣砖的强度等级

强度等级	抗压强度/（MPa）		抗折强度/（MPa）	
	10 块砖平均强度值不小于	单块最小值不小于	10 块砖平均强度值不小于	单块最小值不小于
MU20	20.0	15.0	4.0	3.2
MU15	15.0	11.0	3.2	2.4
MU10	10.0	7.5	2.5	1.9
MU7.5	7.0	5.6	2.0	1.5

注：强度等级以蒸汽养护后 24~36h 的强度为准。

煤渣砖初期吸水速度较慢，与砂浆的粘结性能差，故在施工时应根据气候条件和砖的不同湿度及时调整砂浆稠度；应注意控制砌筑速度，尤其雨季施工时，当砌筑到一定高度后，要有适当间隔时间，以避免由于砌体游动而影响施工质量。对经常受干湿交替及冻融作用的建筑部位（如勒脚、窗台、落水管等），最好使用高强度煤渣砖，或采用水泥砂浆抹面等措施。防潮层以下的建筑部位，应采用MU15以上的煤渣砖；MU10级煤渣砖最好用在防潮层以上。

灰砂砖、粉煤灰砖和炉渣砖节省土地资源，减少环境污染，是很有发展前途的砌体结构材料。但是这些砌墙砖收缩性很大且易开裂，由于应用历史较短，还需要进一步研究更适用于这类砖的墙体结构和砌筑方法。除上述砖外，非烧结砖的类型还有很多。如以石灰为胶凝材料，加入骨料，成型后经二氧化碳处理硬化而成的碳化砖；铺设人行道或室内地面的混凝土彩色路面砖；装修用轻质艺术性墙面装饰砖；屋面轻质保温隔热砖等。这些砖的原料基本都是工业废渣、水泥、砂或碎石。随着经济、科技的发展与进步，人们对建筑多样性的要求越来越高，各种新型砖将会大量出现。

§7.2 墙用砌块

砌块是土木工程中用于砌筑墙体的尺寸较大、用以代替砖的人造块状材料，外形多为直角六面体，也有各种异形的。砌块系列中主规格的长度、宽度或高度有一项或一项以上分别大于365mm、240mm或115mm。但高度不大于长度或宽度的六倍，长度不超过高度的三倍。砌块按用途可以分为承重砌块和非承重砌块；按砌块的孔洞特征可以分为实心砌块、多孔砌块和空心砌块；按砌块的原材料可以分为粉煤灰砌块、炉渣砌块、水泥混凝土砌块、加气混凝土砌块、轻骨料混凝土砌块等；按尺寸大小可以分为小型（砌块系列中主规格的高度为115~380mm）、中型（砌块系列中主规格的高度为380~980mm）、大型（砌块系列中主规格的高度大于980mm）。由于受起重设备的限制，目前我国在承重墙体材料中使用最普遍的是小型空心砌块。

砌块的出现给古老的砌体结构注入了新的生命力，砌块是代替粘土砖的理想砌筑材料，已成为我国建筑墙体材料改革的一个重要途径，并得到广泛应用。砌块的主要优点是：

（1）原料来源丰富，可以充分利用工业废渣和地方资源，节省粘土资源，保护环境。砌块的主要原料为水泥、骨料或磨细的硅质材料、石灰等。

（2）生产工艺简单，能耗低。一般为免烧砖，生产小砌块的能耗不足生产粘土砖能耗的一半。

（3）自重轻，有利于地基处理和抗震。一块标准小砌块相当于9.8块标准砖，砌块墙体自重比240和370的粘土砖墙分别轻30%和50%，不仅减轻了基础的负载，也增大了结构的抗震能力。

（4）尺寸大，施工速度快，节省砂浆。砌筑$1m^2$的小砌块墙需标准块12.5块，而$1m^2$的240砖墙需用128块砖。用小砌块砌墙，不仅大大降低了砌筑的劳动强度，而且可以提高砌筑速度30%~100%，砂浆用量也可以节省许多。

目前，混凝土空心砌块已成为世界各国的主导性墙体材料，在发达国家其应用比例已占墙体材料的70%。美国小型砌块年产量已超过45亿块，约占其墙体材料总产量的80%，其中混凝土小型砌块建筑占房屋总面积的33%，占住宅建筑的50%。日本小型砌块年产量超过13亿块，以大板为主要墙体材料的俄罗斯，如今也大量发展小型砌块，其年产量已占粘土砖的27%左右。从全世界发展趋势看，空心砌块将会得到更大规模的发展，空心砌块成为第一大墙体材料已是不争的事实。

在西欧诸国中，混凝土砌块产品丰富多彩，主要分为两类：一类是用于地面敷设为主的铺地水泥砌块，主要有路沿石、路沿块石、阶梯石、花坛石、铺路砖、挡土墙用柱型水泥砌块等；另一类是墙体砌筑材料，主要有空心水泥砌块、混凝土砖、烟囱水泥砌块、水泥瓦当块等。在花色品种上有水泥仿旧砖、装饰水泥砖、霹雳水泥砖等。欧洲的现代水泥砌块产品大多采用仿天然石料的色彩，用来顶替原来以天然石料为主体的传统石砌建筑。

国外小型砌块的发展趋势是：砌块品质规格多样化；砌块生产系统高度机械化、自然化，自然养护与蒸养并举，生产效率高，既节能又节约水泥；广泛采用天然和人造轻骨料，利用工业废料大力发展多功能小型砌块。为适应小型砌块向高层建筑发展，而采用配筋砌块，提高砌块建筑的抗震、抗裂性能。随着砌块在建筑领域的应用越来越广泛，砌块建筑将在我国住宅建筑中占有相当份额。除用于砌筑墙体外，砌块还可以用于砌筑挡土墙、高速公路音障及其他砌块构成物。

7.2.1 混凝土小型空心砌块

混凝土小型空心砌块是由水泥、水、砂、石，按一定比例配合，经搅拌、成型和养护而成的块状材料。通常为减轻自重，多做成空心小型砌块，其空心率不小于25%，如图7.2.1所示。

混凝土小型空心砌块分为普通混凝土小型空心砌块、轻骨料混凝土小型空心砌块两类。北方寒冷地区多用浮石、火山渣、陶粒等轻骨料制成轻骨料混凝土小型空心砌块，是较理想的节能墙体材料，多用于非承重结构；南方地区多用普通混凝土做成空心砌块，为普通混凝土小型空心砌块（简称混凝土小砌块），以解决粘土砖与农田争地的矛盾，多用于承重结构。

1. 普通混凝土小型空心砌块

根据国家标准《普通混凝土小型空心砌块》（GB 8239—1997）中的规定，普通混凝土小型空心砌块的主规格为390mm×190mm×190mm，最小外壁厚应≥30mm，最小肋厚应≥25mm，空心率应≥25%。其他规格由供需双方协商。常见混凝土砌块外形如图7.2.2所示。

砌块按尺寸偏差、外观质量分为优等品（A）、一等品（B）、合格品（C）三个产品质量等级。根据抗压强度分为MU3.5、MU5.0、MU7.5、MU10.0、MU15.0、MU20.0六个强度等级，如表7.2.1所示。相对含水率对于潮湿、中等、干燥地区应分别不大于45%、40%、35%。

普通混凝土小型空心砌块空心率为50%时，其导热系数约为0.26W/(m·K)。普通混凝土小型空心砌块广泛用于地震设计烈度为8度及8度以下地区的一般民用和工业建筑物（低层和中层）的内、外墙体，还可以用于挡土墙工程、地面和路面工程等。强度等级MU7.5以上的普通混凝土小型空心砌块主要用于承重墙体，MU5.0以下的只用于非承重砌体。承重墙不能采用砌块和砖混合砌筑。这种砌块在砌筑时一般不宜浇水，但在气候特别干燥炎热时，可以在砌筑前稍喷水润湿。

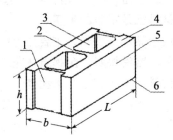

1—顶面；2—肋；3—壁；4—坐浆面；5—条面；6—铺浆面；
L—长度；b—宽度；h—高度

图 7.2.1　混凝土空心砌块

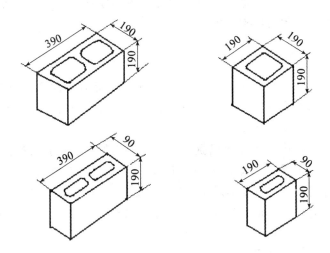

图 7.2.2　混凝土小型空心砌块

表 7.2.1　　　　　　　普通混凝土小型空心砌块强度等级

强度等级	砌块抗压强度/（MPa）	
	平均值不小于	单块最小值不小于
MU3.5	3.5	2.8
MU5.0	5.0	4.0
MU7.5	7.5	6.0
MU10.0	10.0	8.0
MU15.0	15.0	12.0
MU20.0	20.0	16.0

2. 轻骨料混凝土小型空心砌块

轻骨料混凝土小型空心砌块是用硅酸盐系列水泥为胶凝材料，普通砂为细骨料，浮石、火山渣、陶粒等为粗骨料制成的轻骨料混凝土小型空心砌块。

根据国家标准《轻骨料混凝土小型空心砌块》(GB 15229—2002)中的规定,轻骨料混凝土小型空心砌块主规格尺寸为 390mm×190mm×190mm,按砌块孔的排数分为五级:实心(0)、单排孔(1)、双排孔(2)、三排孔(3)、四排孔(4);按砌块的表观密度等级分为八级:500、600、700、800、900、1000、1200、1400,密度等级应符合表 7.2.2 中的要求;按砌块抗压强度分为 1.5、2.5、3.5、5.0、7.5、10.0 六个强度等级,如表 7.2.3 所示。

表 7.2.2　　　　　　　轻骨料混凝土砌块的密度等级

密度等级	表观密度范围/(kg/m³)	密度等级	表观密度范围/(kg/m³)
500	≤500	900	810~900
600	510~600	1000	910~1000
700	610~700	1200	1010~1200
800	710~800	1400	1210~1400

表 7.2.3　　　　　　　轻骨料混凝土砌块的强度等级

强度等级	砌块抗压强度/(MPa)		密度等级范围≤
	平均值≥	最小值	
1.5	1.5	1.2	600
2.5	2.5	2.0	800
3.5	3.5	2.8	1200
5.0	5.0	4.0	
7.5	7.5	6.0	1400
10.0	10.0	8.0	

轻骨料混凝土小型空心砌块主要用于保温墙体、非承重墙体及承重保温墙体。特别适合高层建筑的内隔墙和填充墙。这类砌块在砌筑时一般不宜浇水,但在气候特别干燥炎热时,可以在砌筑前稍喷水湿润。严禁雨天施工,表面有浮水时亦不得施工。

7.2.2　蒸压加气混凝土砌块

蒸压加气混凝土砌块是用钙质材料(如水泥、石灰)、硅质材料(如粉煤灰、石英砂、粒化高炉矿渣等)和加气剂(水铝粉等)作为原料,经混合搅拌、浇筑发泡、坯体静停、切割,再经蒸压养护而成的轻质多孔块体材料。

根据国家标准《蒸压加气混凝土砌块》(GB/T 11968-2006)中的规定,砌块的规格尺寸,长度(L)600mm,宽度(B)100mm、125mm、150mm、200mm、250mm、

300mm，高度（H）200mm、250mm、300 mm。

砌块按抗压强度划分为 A1.0、A2.0、A2.5、A3.5、A5.0、A7.5、A10.0 七个强度级别，如表 7.2.4 所示。按表观密度分为 B03、B04、B05、B06、B07、B08 共六个级别，如表 7.2.5 所示。砌块的质量按其尺寸偏差、外观质量、表观密度级别及强度级别分为优等品（A）及合格品（C）两个质量等级。

表 7.2.4　　　　　　　　　　蒸压加气混凝土砌块的强度等级

强度级别	A1.0	A2.0	A3.0	A4.0	A5.0	A7.5	A10.0
立方体抗压强度平均值/（MPa），≥	1.0	2.0	2.5	3.5	5.0	7.5	10.0
立方体抗压强度最小值/（MPa），≥	0.8	1.6	2.0	2.8	4.0	6.0	8.0

表 7.2.5　　　　　　　　　蒸压加气混凝土砌块的表观密度（kg/m³）

表观密度级别		B03	B04	B05	B06	B07	B08
表观密度/（kg/m³），≤	优等品	300	400	500	600	700	800
	一等品	330	430	530	630	730	830
	合格品	350	450	550	650	750	850

蒸压加气混凝土砌块干燥收缩值为：在 50±1℃、相对湿度 28%~32% 的条件下，不大于 0.8mm/m；在温度 20±2℃、相对湿度 41%~45% 的条件下，不大于 0.5mm/m。抗冻性为：冻后质量损失≤5%，强度损失≤20%。

蒸压加气混凝土砌块质量轻，内部具有较多孔隙，其表观密度为粘土砖的 $\frac{1}{3}$，导热系数为粘土砖的 $\frac{1}{5}$，可以使建筑物自重减轻 $\frac{2}{5} \sim \frac{1}{2}$，与普通混凝土小型砌块相比质轻、保温、隔热、隔声性能好。但其强度较低，长期暴露在大气中，日晒雨淋，干湿交替，加气混凝土会风化而产生开裂破坏。

蒸压加气混凝土砌块可以用于三层或三层以下民用建筑的承重墙，大型框架结构的非承重墙（分隔墙）、填充墙、外墙或屋面隔热保温层。不能用于建筑物基础和处于浸水、高湿和有化学侵蚀的环境（如强酸、强碱或高浓度 CO_2），也不能用于表面温度高于 80℃ 的承重结构部位。当其应用于外墙时，应进行饰面或憎水处理。

7.2.3　蒸养粉煤灰小型空心砌块

蒸养粉煤灰小型空心砌块是指以粉煤灰、水泥、石灰、石膏为胶结料，以煤渣为骨料，经加水搅拌、振动成型、蒸汽养护而制成的密实或空心硅酸盐砌块，简称为粉煤灰砌块。其中粉煤灰用量不低于原材料质量的 20%，水泥用量不低于原材料质量的 10%。

根据《粉煤灰小型空心砌块》（JC862—2000）中的规定，砌块主规格为 390mm×190mm×190mm，其他规格尺寸可以由供需双方商定。粉煤灰小型空心砌块按孔的排数分为单排孔、双排孔、三排孔、四排孔四类；强度等级分为 MU2.5、MU3.5、MU5.0、MU7.5、MU10.0、MU15.0 六个等级；按尺寸偏差、外观质量、碳化系数分为优等品（A）、一等品（B）、合格品（C）。

粉煤灰小型空心砌块保温、隔音、防渗、可锯、可凿、可吊、可钉，粉刷容易，粘结力强。可以用于一般工业和民用建筑的墙体。但不宜用于有酸性介质侵蚀的建筑部位，也不宜用于经常受高温影响的建筑物，如铸铁车间、炼钢车间和锅炉房等的承重结构部位。在常温施工时，砌块应提前浇水润湿，冬季施工时则不必。

7.2.4 石膏空心砌块

石膏空心砌块是以建筑石膏为主要原料，经加水搅拌、浇筑成型和干燥制成的新型隔墙材料。为减小石膏砌块的表观密度和降低导热性，可以掺入适量的锯末、膨胀珍珠岩、陶粒等轻质多孔材料，也可以在石膏中掺入纤维增强材料，加防水剂提高其耐水性。

根据《石膏砌块》（JC/T 698—1998）中的规定，砌块尺寸为 666mm × 500mm ×（60mm、80mm、90mm、100mm、110mm、120mm）。结构示意图如图 7.2.3 所示，孔洞率不小于 43%。

石膏空心砌块轻质、吸声、绝热、不燃、可锯、可钉，生产工艺简单，成本低，施工方便，多用于高层建筑物的分隔墙和填充墙。

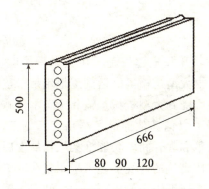

图 7.2.3 石膏空心砌块结构示意图

7.2.5 混凝土砌块房屋的裂缝

根据相关调查发现，小型砌块房屋的裂缝比砖砌体房屋多而且更为普遍。砌块房屋建成使用后可能出现墙体裂缝，墙体裂缝可以分为受力裂缝和非受力裂缝。在各种荷载直接作用下墙体产生的相应形式的裂缝称为受力裂缝，而由于砌体收缩，温度、湿度变化，地基沉降不均匀等引起的裂缝称为非受力裂缝。又称为变形裂缝。从材料学的角度，我们更关注的是变形裂缝。

热胀冷缩是绝大多数物体的基本物理性能，砌体也不例外。由于温度变化不均使砌体产生不均匀收缩，或砌体的伸缩受到约束时，则会引起砌体开裂。

粘土砖是烧结而成的，成品后干缩极小，所以砖砌体房屋的收缩问题一般不予考虑。而小型空心砌块是由混凝土拌和料经浇筑、振捣、养护而成的。目前我国普通混凝土小型空心砌块的收缩值为 0.235~0.427mm/m。砌块上墙后的干缩可以引起砌体干缩，而在砌体内部产生一定的收缩应力，当砌体的抗拉、抗剪强度不足以抵抗收缩应力时，就会产生裂缝。

与烧结砖比，普通混凝土小型空心砌块建筑的墙体较易产生裂缝。其原因，一是由于砌块失去水分而产生收缩；二是由于砂浆失去水分而收缩。混凝土在硬化过程中会逐渐失水而干缩，其干缩量因材料和成型质量而异，并随时间增长而逐渐减小。对于干缩已经稳定的普通混凝土砌块，若再次被水浸湿后，会再次发生干缩，通常称为第二次干缩。普通混凝土砌块在含水饱和后的第二次干缩，其稳定时间比成型硬化过程的第一次干缩时间要短，一般为15d左右，第二次干缩的收缩率为第一次干缩的80%左右。砌块的收缩值取决于所采用的集料种类、混凝土配合比、养护方法和使用环境的相对湿度。

砌块的含水量是影响干缩裂缝的主要因素，所以国外对砌块的含水率（指与最大总吸水量的百分比）有较严格的规定。日本要求各砌块的含水率均不超过40%。美国和加拿大等国，则根据使用砌块的湿度环境和砌块线收缩系数等提出不同要求。例如美国规定混凝土砌块的线收缩系数不大于0.03%时，对于高湿环境允许的砌块含水率为45%，中湿环境为40%，干燥环境时要求含水率不大于35%。所以，对于实际建筑工程中砌筑用的砌块在上墙前必须保持干燥。

§7.3 墙用板材

传统的民用建筑施工工艺是一砖一石砌筑而成，即使应用各种墙板也是局部使用。1976年唐山大地震后，不少民用住宅建设是采用大型整体墙板，即在预制板厂按设计图纸将整面墙和地板预制好，由大型运输机械运到工地用吊车整体组装，这种施工工艺速度快，建筑物抗震性能好，但因受到大型机械运输和施工单位施工水平的限制，其推广受到限制。但从中可以看到房子可以像其他商品一样由工厂加工，这是建筑业未来发展的方向。随着建筑结构体系的改革和大开间多功能框架结构的发展，各种轻质及复合墙板蓬勃兴起，墙板的出现改变了墙体砌筑的传统工艺，采用粘结、组合等方法进行墙体施工，由于其质量轻、节能降耗、施工速度快、使用面积大、开间布置灵活等特点，具有良好的发展前景。

墙用板材按其功能可以分为承重墙板和非承重墙板。按使用的原材料可以分为水泥类墙用板材、石膏类墙用板材、植物纤维类墙用板材、复合墙板等。

7.3.1 石膏类墙用板材

石膏类墙用板材有纸面石膏板、纤维石膏板、石膏空心板、石膏刨花板等。

1. 纸面石膏板

纸面石膏板有普通纸面石膏板（P）、耐水纸面石膏板（S）和耐火纸面石膏板（H）三种。

纸面石膏板是以建筑石膏为主要原料，掺入适量添加剂（增粘调凝的聚乙烯醇等）与纤维（玻璃纤维、纸浆等）做板芯，以特制的板纸为护面，经加工制成的板材。若在芯料中加入防水防潮外加剂，并用耐水护面纸，可以制成耐水纸面石膏板；若在芯料中加入适量轻集料、无机耐火纤维增强材料，可以制成耐火纸面石膏板。

纸面石膏板一般规格为：长1800mm、2100mm、2400mm、2700mm、3000mm、3300mm、3600mm；宽900mm、1200mm；厚9.5mm、12mm、15mm、18mm、21mm、25mm。其性能指标应满足国家标准《纸面石膏板》（GB/T 9775—199）中的规定。纸面石膏板具有表面平整、质轻、防火、隔音、保温、调湿、抗震、加工性良好（可刨、可钉、可锯）、施工方便、可拆装性能好，增大使用面积等优点，在各种工业建筑、民用建筑中广泛用做非承重墙的内墙材料和室内贴面板、吊顶等装饰装修材料。

（1）普通纸面石膏板

普通纸面石膏板为象牙白色板芯，灰色纸面，是最为经济与常见的品种。可以用于无特殊要求、连续相对湿度不超过65%的使用场所的吊顶或隔墙。

（2）耐水纸面石膏板

耐水纸面石膏板的板芯和护面纸均经过了防水处理，国标要求吸水率≤10%。耐水纸面石膏板适用于连续相对湿度不超过95%的使用场所，如卫生间、浴室等的吊顶和隔墙。

（3）耐火纸面石膏板

耐火纸面石膏板的板芯内增加了耐火材料和大量玻璃纤维，适用于对防火等级要求较高的建筑物，如影剧院、体育场、飞机场、娱乐场所、电梯间的吊顶、隔墙等。

2. 纤维石膏板

纤维石膏板是以建筑石膏为主要原料，掺入适量有机纤维或无机纤维作为增强材料，经打浆、铺浆、脱水、成型、烘干而制成的一种无纸面纤维石膏薄板。

其规格尺寸与纸面石膏板基本相同，强度高于纸面石膏板。这种板材具有较好的尺寸稳定性和防火、防潮、隔声性能及可钉、可锯、可装饰的二次加工性能。也可以调节室内空气湿度，不产生有害于人体健康的挥发性物质，但也存在表观密度大，板面不够光滑，价格较高等不足。纤维石膏板可以用做工业与民用建筑中的隔墙、吊顶及预制石膏复合墙板，还可以用来代替木材制作家具。

3. 石膏空心条板

石膏空心条板是以天然石膏为主要材料，添加少量增强纤维，并以水泥、石灰、粉煤灰等为辅料，搅拌合成浆，浇筑成型、抽芯、干燥等工艺制成的轻质板材。

根据《石膏空心条板》（JC/T 829—1998）中的规定，石膏空心条板产品规格为：长2 500mm～3 000mm，宽500～600mm，厚度90mm、1 200mm，如图7.3.1所示。

石膏空心条板表面平整光滑，具有质量轻、强度高、隔热、隔声、防水等性能，可锯、可刨、可钻，施工简便。与纸面石膏板相比，石膏用量多、不用纸和胶粘剂、不用龙骨，工艺设备简单，比纸面石膏板造价低。石膏空心条板主要用于工业与民用建筑非承重的内隔墙，其墙面可以做喷浆、涂料、贴瓷砖、贴壁纸等各种饰面。

4. 石膏刨花板

石膏刨花板是一种以建筑石膏粉为胶结材料，木质刨花为加强筋材料，加入适量缓凝剂和水，经混合搅拌、气流铺装、叠压成型、保压养护和人工干燥等工序而制成的人造板材。

石膏刨花板在物理性能、加工性能和装饰效果等多方面均优于目前普遍使用的纸面石膏板，具有轻质、高强、防火、隔音、隔热、无毒害等特性，易于进行锯、刨、钻、钉、

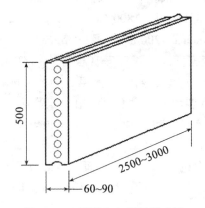

图 7.3.1 石膏空心条板示意图

开榫等加工处理，是一种优良的新型墙体材料和装饰装修材料，石膏刨花板主要用于各种建筑物的天棚吊顶板、非承重内隔墙板和地面板，也可以作为室内固定式家具和室内装饰装修的基础材料。

7.3.2 水泥类墙用板材

水泥类墙用板材具有较好的力学性能和耐久性。生产技术成熟，产品质量可靠。可用于承重墙、外墙和复合墙板的外层面。其主要缺点是自重较大，抗拉强度低。常见的水泥类墙用板材有：预应力混凝土空心墙板、玻璃纤维增强水泥墙板（GRC空心轻质板）、纤维增强水泥平板、水泥木丝板、水泥刨花板等。

1. 预应力混凝土空心墙板

预应力混凝土空心墙板是用高强度低松弛预应力钢绞线、早强水泥及砂、石为原料，经过张拉、搅拌、挤压、养护、放张、切割而成的混凝土制品。

预应力混凝土空心墙板具有板面平整、尺寸误差小、施工方便等优点，可以用于承重或非承重的外墙板及内墙板，也可以制成各种规格尺寸的楼板、屋面板、阳台板等。使用时可以根据需要增加泡沫聚苯乙烯保温吸音层、防水层和多种外饰面层（彩色水刷石、剁斧石等）等。

2. 纤维增强低碱度水泥建筑平板

纤维增强低碱度水泥建筑平板以温石棉、短切中碱玻璃纤维或以抗碱玻璃纤维等为增强材料，以低碱度硫铝酸盐水泥为胶结料，经制浆、抄取或流浆法成坯，蒸汽养护制成的建筑平板。

根据《纤维增强低碱度水泥建筑平板》（JC/T 626—2008）中的规定，掺石棉纤维的这种板材称为TK板，不掺石棉纤维的这种板材称为NTK板。常见规格为：长1200~2800mm，宽800~1200mm，厚度为4mm、5mm、6mm。这种板材具有质轻、抗折、抗冲击强度高、不燃、防潮、不易变形、可钉、可锯、可涂刷等特点，适于各类建筑物，特别是高层建筑有防火、防潮要求的隔墙，也可以做吊顶板和墙裙板。

3. 玻璃纤维增强水泥（GRC）轻质墙板

GRC空心轻质墙板有GRC轻质多孔条板和GRC平板。

GRC空心轻质多孔条板是以低碱水泥为胶结料、耐碱玻璃纤维网络布为增强材料、轻骨料（膨胀珍珠岩、炉渣、粉煤灰等）、水和起泡剂、防水剂等为主要原料，经布浆、脱水、辊压、养护制成的多孔条形板材。

根据国家标准《玻璃纤维增强水泥轻质多孔隔墙条板》（GB/T 19631—2005）中的规定，GRC轻质空心板一般规格为：长2500~3500mm，宽600mm，高90mm、120mm。GRC轻质多孔条板质量轻、强度高、隔热、隔声、不燃、可锯、可钉、可钻，施工方便且效率高，适用于民用与工业建筑的分室、分户、厨房、厕浴间、阳台等非承重的内外墙体部位；若抗压强度大于10MPa的板材，也可以用于建筑加层和两层以下建筑的内外承重墙体部位。

GRC平板是一种体积质量低于1 200kg/m^{3}的薄形板材。具有密度低、韧性好、耐水、不燃、易加工等特点，可以用于建筑物的内隔墙与吊顶板，经表面压花、被覆涂层后，也可以用于外墙的装饰面板。

7.3.3 复合板材

复合板材是利用材料的复合技术，由多种有机材料和无机材料复合而成的板材，一般具有良好的绝热性能及质轻等优点。复合板材多以泡沫塑料、岩棉、矿棉等绝热材料为芯材，以彩色涂层钢板、铝板、钢筋混凝土、纸面石膏板、薄型纤维水泥板或GRC板等为面层，经各种工艺加工而成。常用的有金属面夹芯板、铝塑复合板、钢筋混凝土绝热材料复合外墙板、复合石膏板等多种。

1. 钢丝网架水泥夹心板

钢丝网架水泥夹心板（GSJ）是以两片钢丝网将聚氨酯、聚苯乙烯、脲醛树脂等泡沫塑料、轻质岩棉或玻璃棉等芯材夹在中间，两片钢丝网间以斜穿过芯材的之字形钢丝相互连接，形成稳定的三维结构，经施工现场喷抹水泥砂浆面层而成，如图7.3.2所示。

按所用钢丝直径的不同，可以分为承重和非承重板材。钢丝直径全部为2mm，一般做非承重用；网架钢丝直径在2~4m之间，插筋直径在4~6mm之间，可以做承重墙板。根据《钢丝网架水泥聚苯乙烯夹心板》（JC 623—1996）中的规定，其规格尺寸如表7.3.1所示。钢丝网架水泥夹心板具有质量轻、保温、隔声、抗冻融性能好，抗震能力强和能耗低等优点。为改善这种板材的耐高温性，可以用矿棉代替泡沫塑料，制成纯无机材料的复合板材，使其耐火极限达2.5h以上。这种板材适用于作墙板、屋面板、各种保温板材，适当加筋后具有一定的承载能力，用于屋面，是集保温、防水和自承重为一体的多功能材料。

2. 金属夹心板材

金属夹心板材是以厚度为0.5~0.8mm的金属板为面材，以泡沫塑料或人造无机棉等绝热材料为芯材，在两侧粘结压型复合而成。金属板分彩色喷涂钢板、彩色喷涂镀铝锌板、镀锌钢板、不锈钢板、铝板、钢板等。主要品种包括金属面聚苯乙烯夹心板（JC 689—1998）、金属面硬质聚氨酯夹心板（JC/T 868—2000）和金属面岩棉（矿渣棉）夹心板（JC/T 869—2000）。

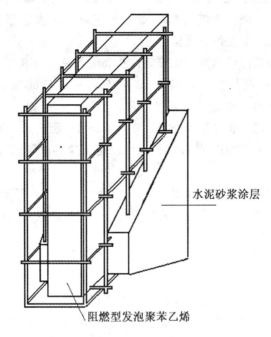

图 7.3.2 钢丝网架水泥聚苯乙烯夹心板

表 7.3.1　　　　　　　　　钢丝网架夹心板规格

品　种	规格尺寸/mm		
	长　度	宽　度	厚　度
钢丝网架泡沫塑料夹心板	2140 2440 2740 2950	1220	76（50）
钢丝网架岩棉夹心板	GY2.0-4.0 GY2.5-5.0 GY2.5-6.0 GY2.8-6.0	3000以内	1200,900

（注：厚度 65（40）、75（50）、85（60）、85（60））

金属夹心板轻质高强，绝热、隔声、防火、防潮、防震，耐久性好，易搬运安装，施工方便快捷，可以多次拆卸、可以变换地点重复安装使用，有较高的耐久性；带有防腐涂层的彩色金属面夹心板有较高的耐候性和抗腐蚀能力；铝塑板具有豪华美观、艳丽多彩的装饰性。金属夹心板材普遍用于冷库、仓库、工厂车间、仓储式超市、商场、办公楼、旧楼房加层、活动房、战地医院、展览场馆和体育场馆及候机楼等的墙体和屋面。

习 题 7

1. 名词解释：

烧结普通砖、烧结多孔砖、烧结空心砖、烧结粉煤灰砖、蒸压粉煤灰砖、轻骨料混凝土小型空心砌块、GRC 板。

2. 举出 3 种以上可能由于石灰体积膨胀而引起破坏的材料。

3. 烧结普通砖、烧结多孔砖、烧结空心砖、混凝土小型空心砌块的强度等级和产品等级各根据什么指标来确定？

4. 墙用砌块与普通粘土砖相比有哪些优点？

5. 某工地送来一批烧结普通砖试样进行检测试验，10 块砖样的抗压强度值（MPa）为：13.8、22、14.2、19.6、22.4、13.8、19.2、18.4、20.1、21.2，试确定这批砖的强度等级。

第8章 沥青和沥青混合料

§8.1 沥 青

沥青是一种有机胶凝材料，是由高分子碳氢化合物及其非金属（氧、氮、硫等）衍生物组成的极其复杂的混合物。

在常温下沥青呈黑色或深褐色的固体、半固体或液体，沥青不溶于水，可以溶于二硫化碳、四氯化碳、三氯甲烷等有机溶剂，具有良好的粘性、塑性、憎水性、绝缘性、耐腐蚀性等，可以作为防潮、防水、防腐及筑路材料，广泛用于屋面、地下等防水防腐工程、水利工程及道路工程。

沥青的种类较多，按产源可以分为地沥青和焦油沥青。

地沥青分天然沥青和石油沥青。天然沥青是地壳中的石油，在各种自然因素的作用下，经过轻质油分蒸发、氢化和缩聚作用，最后形成的天然产物，如湖沥青，其性质与石油沥青相同，但资源少；石油沥青是石油原油经蒸馏等工艺提炼出各种轻质油（如汽油、柴油等）及润滑油后的残留物，再加工制成的产物。

焦油沥青为各种有机物（如煤、页岩、木材等）干馏加工得到的焦油，经再加工而得到的产品。焦油沥青按其焦油获得的有机物名称而命名，如煤沥青、木沥青、泥炭沥青、页岩沥青等。煤沥青是煤焦油分馏提出油品后的残留物，再经加工制成的产品；页岩沥青是油页岩炼油工业的副产品，页岩沥青的性质介于石油沥青与煤沥青之间。

我国天然沥青很少，但石油资源丰富，故石油沥青是使用量最大的一种沥青材料。土木工程中主要采用石油沥青，另外还使用少量煤沥青，故本章重点介绍石油沥青。

8.1.1 石油沥青

1. 石油沥青的生产

石油是炼制石油沥青的原料，石油沥青的性质不仅与产源有关，而且与制造沥青的石油的基属及生产工艺有关。石油沥青按其原油可以分为下列主要基属：石蜡基沥青、中间基沥青、环烷基沥青；按炼油厂采用的主要工艺可以分为直馏沥青、氧化沥青、溶剂沥青等。现就几种常规工艺简述如下。

（1）蒸馏法

将原油在常压条件下，蒸馏出各种轻质油品（汽油、煤油、柴油等）后，获得"常压渣油"。这种渣油通常稠度较低。常压渣油再经加热进入减压蒸馏塔，在减压条件下，分馏出重柴油和润滑油原料后，获得"减压渣油"，这种渣油的稠度比常压渣油高。常压渣油、减压渣油皆属低标号的慢凝液体沥青。如采用某些环烷基石油为原料，经过减压塔高真空度的深拔，可以直接得到相当于针入度级的路用粘稠沥青，这种直接用蒸馏得到的沥青称为直馏沥青。直馏法是生产道路沥青的最经济方法。与氧化沥青比较，直馏沥青具有较好的低温变形能力，但高温易变软，大气稳定性较差。

（2）氧化法

以蒸馏法得到的渣油或直馏沥青为原料，在连续式氧化塔（或氧化釜）中，经加热并吹入空气（有时还加入催化剂），减压渣油在氧化塔内高温下和空气中的氧接触，进行氧化、聚合、缩合和脱氢反应，并释放大量反应热，使沥青中低分子量的烃类转变为高分子量的烃类（饱和分、芳香分和胶质分的含量逐渐减少，沥青质的含量不断增加），得到的稠度较高、温度感应性较低的沥青称为氧化沥青。与直馏沥青比较，氧化沥青的分子量增大，软化点升高，针入度减小，抗高温变形能力较好，但低温变形能力较差。氧化沥青主要用于道路沥青或专用沥青。

（3）溶剂法

非极性的低分子烷烃溶剂对减压渣油中的各组分具有不同的溶解度，利用溶解度的差异可以从减压渣油中除去对沥青性质不利的组分，生产出符合相关要求的沥青产品，用溶剂脱沥青方法得到的沥青，称为溶剂沥青。常用的脱沥青溶剂有丙烷、丁烷和丙一丁烷。溶剂沥青的高低温性能较好，使沥青的路用性能得到改善。

2. 石油沥青的组成与结构

（1）石油沥青的组成

①石油沥青的化学组成

石油沥青的化学组成极为复杂，对其进行化学成分分析十分困难，一般只能分析出元素组成。石油沥青的化学通式为 $C_nH_{2n+a}O_bS_cN_b$，化学组成元素主要是碳（80%~87%）、氢（10%~15%），其次是非烃元素，如氧、硫、氮等（<3%）及一些微量的金属元素，如镍、钒、铁、锰、钙、镁、钠等，但含量都很少，约为几个至几十个 ppm（百万分之一）。

元素分析不能充分反映沥青性质上的差别。实践证明，许多元素组成相似的沥青，性质却相差很远。

②石油沥青的组分分析

从工程使用角度出发，通常将石油沥青中化学成分和物理性质相近，并且具有某些共同特征的部分，划分为一个组分。我国现行标准《公路工程沥青及沥青混合料试验规程》（JTJ 052－2000）规定有三组分和四组分两种分析方法，以下主要介绍三组分分析法。

三组分分析法将石油沥青划分为油分、树脂和地沥青质三个主要组分。这种组分分析方法兼用了选择性溶解和选择性吸附的方法，所以又称为溶解—吸附法。三个组分可以利用沥青在不同有机溶剂中的选择性溶解分离出来，三组分的主要特征如表 8.1.1 所示。

不同组分对石油沥青性能的影响不同。油分赋予沥青流动性，影响沥青的柔软性、抗裂性和可塑性，油分含量越多，沥青软化点越低，粘度越小；树脂使沥青具有良好的塑性和粘结性；地沥青质则决定沥青的耐热性、粘性和脆性，其含量愈多，软化点愈高，粘性愈大，愈硬脆。

表 8.1.1　　　　　　　　　石油沥青三组分分析法的各组分特征

组分	外观特征	平均分子量	碳氢比	含量/（%）	物化特征
油分	淡黄色透明液体	200~700	0.5~0.7	40~60	可溶于大部分有机溶剂，具有光学活性，常有荧光
树脂	红褐色粘稠半固体	800~3000	0.7~0.8	15~30	温度敏感性高，熔点<100℃
地沥青质	深褐色固体粉末	1000~5000	0.8~1.0	5~30	加热不熔化，分解为硬焦碳，使沥青呈黑色

三组分分析法的优点是组分界限明确，组分含量能在一定程度上反映沥青的工程性能，但其分析流程复杂，分析时间长。

（2）石油沥青的胶体结构

在沥青中，油分与树脂互溶，树脂浸润地沥青质。只有树脂可以湿润地沥青质，并能均匀分散于油分中，而地沥青质是不能直接分散于油分中的。现代胶体理论认为，石油沥青是以地沥青质为核心，周围吸附部分树脂和油分的互溶物而构成胶团，无数胶团分散在油分中而形成胶体结构。

沥青由于各组分的化学结构和含量不同，可以形成不同的胶体结构，通常按沥青的流变特性，可以分为溶胶结构、溶胶—凝胶结构和凝胶结构，如图 8.1.1 所示。

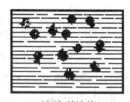 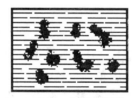 

(a) 溶胶型结构　　　　　(b) 溶胶—凝胶型结构　　　　　(c) 凝胶型结构

图 8.1.1　石油沥青胶体结构的类型示意图

①溶胶结构

当沥青中地沥青质含量较少（如 10% 以下），油分和树脂含量较多时，胶团外膜较厚，胶团之间相对运动较自由，这种结构称为溶胶结构。具有溶胶结构的石油沥青粘性小，其流动性和塑性较好，开裂后自行愈合能力强，但温度敏感性强，高温易流淌。如液体石油沥青就属于溶胶结构。

②凝胶结构

当沥青中地沥青质含量较多（如 30% 以上）而油分和树脂含量较少时，胶团外膜较薄，胶团靠近聚集，移动较困难，这种结构称为凝胶结构。具有凝胶结构的石油沥青弹性、粘性较高，温度稳定性较好，抗高温变形能力强，但流动性、塑性较差，低温硬脆，开裂后难自行愈合。过于粘稠或老化后的石油沥青属于凝胶结构。

③溶胶—凝胶结构

当沥青中地沥青质适量（如 15%~25%），油分含量相对较少，并有较多的树脂作为保护膜层时，胶团之间保持一定的吸引力，使其相对运动有一定阻力，这种结构称为溶胶—凝胶结构，其性质介于溶胶型和凝胶型两者之间，有一定抗高温和抗低温变形能力。受到外力作用时，开始表现出弹性效应，有一定的抗变形能力；外力较大表现出较大的塑性变形能力，因性能稳定，在土木工程中常常采用。

应注意：描述石油沥青的结构特征时应指明相应的温度。因沥青的某些成分，特别是树脂中的某些成分以及石蜡等温度敏感性较强，当温度升高时，这些成分会转变为流动性更好的液体，使其胶体结构向溶胶结构方向发展；当温度降低时，这些成分会转变为更为粘稠的固体或半固体，其胶体结构向凝胶结构方向发展。

例8.1.1 华北某沥青路面采用沥青的沥青质含量高达33%，并有相当数量芳香度高的胶质形成的胶团。使用两年后，路面出现较多裂缝，且冬天裂缝产生越发明显。试分析其原因。

分析：该工程所用沥青属凝胶型结构，其沥青质含量高，沥青质未能被胶质很好地胶溶分散，则胶团就会粘结，形成三维网状结构。这类沥青的特点是弹性和粘性较好，温度敏感性小，但其流动性、塑性较差，开裂后自行愈合的能力较差，低温变形能力差。故特别易于冬天形成较多裂缝。

3. 石油沥青的技术性质

（1）粘滞性

石油沥青的粘滞性（简称粘性）是沥青材料在外力作用下，沥青粒子间产生相对位移时抵抗变形的能力。沥青的粘滞性是反映沥青材料内部阻碍其相对流动的一种特性，是沥青性质的重要指标之一，沥青的粘滞性反映了沥青稀稠、软硬的程度。

实际工程中，液体石油沥青的粘滞性用粘滞度（也称标准粘度）指标表示，该指标表征了液体沥青在流动时的内部阻力，采用标准粘度计测定，粘滞度测定示意图如图8.1.2所示；对于粘稠石油沥青的相对粘度用针入度指标表示，该指标反映了石油沥青抵抗剪切变形的能力，采用针入度仪测定，针入度测定示意图如图8.1.3所示。

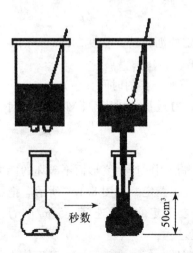

图8.1.2 粘滞度测定示意图

粘滞度是在标准粘度计中，于规定温度 t（20℃、25℃、30℃ 或 60℃），规定直径 d

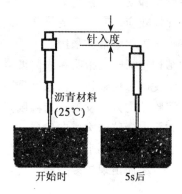

图 8.1.3 针入度测定示意图

（3mm、5mm 或 10mm）的孔中流出 50mL 沥青所需的时间 t（s）。常用符号"$C_t^d T$"表示。如某沥青在 60℃ 时，自 5mm 孔径流出 50mL 沥青所需时间为 100 s，表示为 $C_{60}^5 = 100s$。

在相同温度和相同流孔条件下，流出时间愈长，表示沥青粘度愈大。

针入度是在规定温度 25℃ 条件下，以规定质量 100g 的标准针，在规定时间 5s 内贯入沥青试样中的深度（1/10mm 为 1 度）表示。如某沥青在上述条件时测得针入度为 65，可表示为：$P_{25℃,100g,5s} = 65$（0.1mm）。针入度越大，表示沥青越软，粘度越小。

在现代交通条件下，为防止路面出现车辙，沥青粘度的选择是首要考虑的参数。60℃ 沥青粘度直接反映沥青路面的高温抗车辙能力，因此得到广泛应用。沥青 60℃ 动力粘度采用真空减压毛细管法测定。该方法是沥青试样在严密控制的真空装置内，保持一定的温度（通常为 60℃），通过选定型号的毛细管粘度计（美国沥青学会式），流经规定的体积所需要的时间（以 s 计）。

沥青的动力粘度计算公式为

$$\eta_T = kt \tag{8.1.1}$$

式中：η_T——在温度 T 时测定的沥青动力粘度，(Pa·s)；

k——粘度计常数，(Pa·s/s)；

t——沥青流经规定体积所需要的时间，(s)。

一般地，沥青质含量高，有适量的树脂和较少的油分时，石油沥青粘滞性大；温度升高，沥青粘性降低。

（2）塑性

塑性是指石油沥青在外力作用时产生变形而不破坏的能力。石油沥青的塑性用延度指标来表示。沥青延度采用延度仪测定，如图 8.1.4 所示。把沥青试样制成 ∞ 字形标准试模（中间最小截面积为 1cm²），在规定的拉伸速度（5cm/min）和规定温度（25℃）下拉断时的伸长长度，以 cm 为单位。

延度值愈大，表示沥青塑性愈好。在常温下，延度值大的沥青耐冲击，产生裂缝时能自行愈合，这是沥青能成为优良柔性防水和路面材料的主要原因之一。

一般沥青中树脂含量越多，油分和沥青质适量，则延度越大，塑性越好；温度升高，沥青的塑性随之增大；沥青膜层越厚，则塑性越高，当膜层薄至 1μm 时，塑性近于消失，

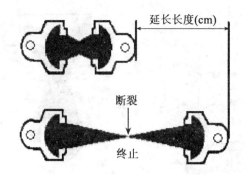

图 8.1.4 延度测定示意图

即接近于弹性;沥青中蜡含量增加,塑性降低。

(3) 温度敏感性

石油沥青的温度敏感性是指石油沥青的粘滞性和塑性随温度升降而变化的性能。

沥青是一种无定形的非晶态高分子化合物。沥青的力学性质受分子运动制约,并显著地受温度影响。当在温度非常低的范围内,沥青分子的活化能量很低,整个分子不能自由运动,好像被"冻结",如同玻璃一样的脆硬,称之为"玻璃态";随温度升高,沥青分子获得能量,活动能力增加,在外力作用下表现出很高的弹性,使沥青处于一种"高弹性态"。由玻璃态向高弹性态转变的温度,称为玻璃化温度,即为沥青的脆化点,用 T_g 表示;当温度继续升高,沥青分子获得的活化能量更多,以致达到可以自由运动,使分子间发生相对滑动,沥青像液体一样发生粘性流动,称为粘流态。由高弹态向粘流态转变的温度称为粘流化温度,用 T_m 表示。在 T_g 和 T_m 之间的区域为沥青的粘弹性区域。

沥青的温度敏感性是指在粘弹性区域内粘滞性、塑性随温度而变化的程度。其评价指标有软化点、脆点、针入度指数等。

①软化点

软化点是指沥青由固态转变为具有一定流动性膏体的温度。软化点是反映沥青高温稳定性的重要指标,可以采用环球法测定,如图 8.1.5 所示。把沥青试样装入规定尺寸(直径约 16mm,高约 6mm)的铜环内,试样上放置一标准钢球(直径为 9.53mm,质量为 3.5g),浸入水中或甘油中,以规定的升温速度(5℃/min)加热,使沥青软化下垂。当沥青下垂量达 25.4mm 时的温度(℃),即为沥青软化点。

沥青的软化点越高,表明沥青的耐热性越好,即温度稳定性越好。沥青软化点不能太低,不然夏季易融化发软;但也不能太高,否则不易施工,并且品质太硬,冬季易发生脆裂现象。

相关研究认为:任何一种沥青材料达软化点时,其粘度相同,即皆为 1200Pa·s 或相当于针入度值 800(0.1mm),即软化点是一种"等粘温度"。针入度是在规定温度下沥青的条件粘度,而软化点则是沥青达到规定条件粘度时的温度。

②脆点

实际工程中的沥青防水层或沥青路面在温度降低时会产生体积收缩,当沥青的低温变形能力较小时,可能产生由于温度应力造成的开裂,沥青路面和露天防水层在低温时的破

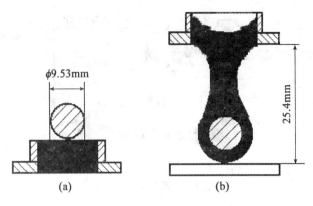

图 8.1.5 软化点测定示意图

坏主要是这个原因。相关研究表明：沥青材料的低温开裂与其脆性有关，沥青在常温下是粘弹性体，但在低温下常表现为脆性。

沥青的脆点是反映沥青对温度敏感性的另一个指标，该指标是指沥青从高弹态转到玻璃态过程中的某一规定状态的相应温度。该指标主要反映沥青的低温变形能力，脆点温度越低，沥青在低温时的抗裂性越好。寒冷地区用的沥青应考虑沥青的脆点，沥青的软化点愈高，脆点愈低，则沥青的温度敏感性越小。

沥青的脆点用弗拉斯脆点仪测定。沥青脆性指标的测定极为复杂，是在特定条件下，涂于金属片上的沥青试样薄膜，因被冷却和弯曲而出现裂纹时的温度，以℃表示。

③针入度指数

针入度指数是应用针入度和软化点的试验结果来表征沥青感温性的一种指标，同时也可以用来判断沥青的胶体结构状态。沥青的针入度指数（PI）的计算公式为：

$$PI = \frac{30}{1 + 50A} - 10 \tag{8.1.2}$$

式中：PI——针入度指数；

A——针入度—温度感应性系数。

针入度指数越大，表示沥青对温度的敏感性越低。按针入度指数可以将沥青划分成三种胶体结构类型：PI<-2者，属溶胶型沥青，沥青的温度感应性强；PI在-2~+2之间者，属溶胶—凝胶型沥青，适宜修筑沥青路面；PI>+2者，属凝胶型沥青，耐久性差，感温性低。

石油沥青的温度敏感性与沥青质含量和蜡含量密切相关。沥青质增多，温度敏感性降低；沥青中含蜡量多时，其温度敏感性大；施工时加入滑石粉、石灰石粉或其他矿物填料可以降低石油沥青的温度敏感性。

(4) 耐久性

石油沥青的耐久性是指石油沥青在热、阳光、氧气和潮湿等因素长期综合作用下抵抗老化的性能。

在阳光、空气和热的综合作用下，沥青各组分会不断递变，低分子化合物将逐渐转变成高分子物质，即油分和树脂逐渐减少，而沥青质会逐渐增多，使沥青的流动性和塑性逐渐减小，脆性增大，直至脆裂。这个过程称为石油沥青的"老化"。

石油沥青的老化性能以沥青试样在加热蒸发前后的质量损失百分率（式8.1.3）、针入度比（式8.1.4）和老化后的延度来评定。其测定方法是：先测定沥青试样的质量及其针入度，然后将试样置于烘箱中，在163℃下加热蒸发5h，待冷却后再测定其质量、针入度和延度。

$$蒸发损失百分率 = \frac{蒸发前质量 - 蒸发后质量}{蒸发前质量} \times 100\% \qquad (8.1.3)$$

$$蒸发后针入度比 = \frac{蒸发后针入度}{蒸发前针入度} \times 100\% \qquad (8.1.4)$$

蒸发损失百分率愈小，蒸发后针入度比愈大，则表示沥青大气稳定性愈好，亦即"老化"愈慢。

以上四种性质是石油沥青的主要性质，是鉴定建筑工程中常用石油沥青品质的依据。针入度、延度、软化点三大指标是评价石油沥青工程性能的最常用的技术指标。

(5) 其他性质

①溶解度

石油沥青的溶解度是指石油沥青在三氯乙烯、四氯化碳或苯中溶解的百分率。用以限制有害的不溶物（如沥青碳或似碳物）含量。不溶物会降低沥青的粘结性。

②安全性

为获得良好的和易性，沥青材料在使用时必须加热。当加热至一定温度时，沥青材料中挥发的油分蒸汽与周围空气组成混合气体，在相关规定的条件下该混合气体与火焰接触，初次产生蓝色闪光时的沥青温度称为闪点（或闪火点）；加热时随着沥青油分蒸汽的饱和度增加，蒸汽与空气组成的混合气体遇火焰开始燃烧（燃烧持续时间>5s）时的沥青温度称为燃点。

闪点和燃点是保证沥青运输、储存、加热使用和施工安全的一项重要指标。沥青在使用前应检测其闪点和燃点，以便指导施工。一般石油沥青燃点比闪点高约10℃。在施工时，沥青熬制温度要低于闪点，并尽可能与火焰隔离，否则极易燃烧而引起火灾。如建筑石油沥青闪点约为230℃，熬制温度应控制在185~200℃。

③含蜡量

我国富产石蜡基原油，蜡组分的存在对沥青性能的影响极为重要。相关研究认为沥青中的蜡，在高温时会使沥青容易发软，导致沥青高温稳定性降低；出现车辙或流淌；在低温时会使沥青变得脆硬，导致低温抗裂性降低，使沥青与石料粘附性降低；在有水的条件下，会使路面石产生剥落现象，造成路面破坏，会使沥青路面的抗滑性降低，影响路面行车安全。

沥青含蜡量的限制因各国测定方法不同，限制范围为2%~4%。我国相关标准规定，重交通道路石油沥青的含蜡量（蒸馏法）不大于3%。

4. 石油沥青的技术标准与选用

(1) 石油沥青的技术标准

根据石油沥青的性能不同，选择适当的技术标准，将沥青划分为不同的种类和标号（等级）以便于沥青材料的选用。土木工程中常用石油沥青主要为：道路石油沥青、建筑石油沥青和普通石油沥青。

建筑石油沥青、道路石油沥青和普通石油沥青的牌号主要根据针入度、延度和软化点等指标划分，并以针入度值表示。同一品种的石油沥青材料，牌号越高，则粘性越小，针入度越大，塑性越好，延度越大，温度敏感性越大，软化点越低。

①道路石油沥青技术标准

为适应高等级公路建设的需要，《公路沥青路面施工技术规范》(JTG F40—2004)中，对沥青的技术指标作了较大的改动。上述标准中沥青等级划分除了根据针入度的大小外，还要以沥青路面使用的气候条件为依据，在同一气候分区内根据道路等级和交通特点将沥青划分为1~3个不同的针入度等级；在技术指标中增加了反映沥青感温性的指标——针入度指数PI、沥青高温性能指标——60℃动力粘度等，并选择较低温度时的延度指标评价沥青的低温性能，如表8.1.2所示。依据表8.1.2中不同的技术指标，将沥青再划分为A、B、C三个等级，不同等级的沥青具有不同的适用范围，如表8.1.3所示。

表8.1.2　　　　　　　　　　道路石油沥青的技术标准

指标	单位	等级	沥青标号							
			160号	130号	110号	90号	70号	50号	30号
针入度(25℃,5s,100g)	0.1mm		140~200	120~140	100~120	80~100	60~80	40~60	20~40
适用的气候分区			2-1 2-2	2-2 3-2	1-1 1-2 1-3	1-1 1-2 1-3 2-2 2-3	1-3 1-4 2-2 2-3 2-4	1-4	
针入度指数PI,≮		A	-1.5~+1.0						
		B	-1.8~+1.0						
软化点(R&B),≮	℃	A	38	40	43	45	44	46	45	49	55
		B	36	39	42	43	42	44	43	46	53
		C	35	37	41	42	43	45	50
60℃动力粘度,≮	Pa·s	A	—	60	120	160	140	180	160	200	260
10℃延度,≮	cm	A	50	50	40	45	30	20	30	20	20	15	25	20	15	15	10
		B	30	30	30	30	20	15	20	15	15	10	20	15	10	10	8
15℃延度,≮	cm	A、B	100					80	50
		C	80	80	60	50	40	30	20
蜡含量(蒸馏法),≯	%	A	2.2						
		B	3.0						
		C	4.5						
闪点(COC),≮	℃		230			245		260	
溶解度,≮	%		99.5						
密度(15℃)	g/cm³		实测记录						

续表

指标	单位	等级	沥青标号						
			160号	130号	110号	90号	70号	50号	30号
薄膜烘箱加热试验(163℃,5h)或旋转薄膜烘箱加热试验(163℃,75min)									
质量变化,≤	%		±0.8						
残留针入度比,≥	%	A	48	54	55	57	61	63	65
		B	45	50	52	54	58	60	62
		C	40	45	48	50	54	58	60
残留物延度(10℃),≥	cm	A	12	12	10	8	6	4	—
		B	10	10	8	6	4	2	—
残留物延度(15℃),≥	cm	C	40	35	30	20	15	10	—

表 8.1.3　　　　　　　　　　道路石油沥青适用范围

沥青等级	适用范围
A	各等级公路,适用于任何场合和层次
B	①高速公路、一级公路沥青层上部80～100cm以下的层次、二级及二级以下公路的各个层次;②用作改性沥青、乳化沥青、改性乳化沥青、稀释沥青的基质沥青
C	三级及三级以下公路的各个层次

②建筑石油沥青的技术标准

建筑石油沥青的技术指标应符合国家标准《建筑石油沥青》(GB/T 494—1998)中的规定,如表 8.1.4 所示。建筑石油沥青按沥青针入度值划分为 40、30、10。与道路石油沥青相比较建筑石油沥青针入度较小、软化点较高,但其延度较小。

表 8.1.4　　　　　　　　　　建筑石油沥青技术标准

试验项目	10号	30号	40号
针入度(25℃,100g,5s),0.1mm	10～25	26～35	36～50
延度(25℃,5cm/min),cm　≥	1.5	2.5	3.5
软化点(环球法),℃　≥	95	75	60
溶解度(三氯乙烯、苯、四氯化碳),%　≥	99.5		

续表

试验项目			10号	30号	40号
蒸发损失试验（163℃、5h）	质量损失,%	≤	1		
	针入度比	≤	65		
闪点（开口）,℃	≤		230		
脆点,℃	≤		报告		

（2）石油沥青的选用

土木工程中选用石油沥青的原则是根据工程类别（房屋、道路或防腐）、当地气候条件及所处工程部位（屋面、地下）等具体情况，合理选用不同品种和牌号的沥青。在满足相关使用要求的前提下，尽量选用较大牌号的石油沥青，以保证较长的使用年限。

①道路石油沥青

道路石油沥青的牌号越高，则粘性越小（即针入度越大），延展性越好，且温度敏感性也随之增加。道路石油沥青塑性较好，粘性较小，但其软化点较低，这类沥青较软，在常温下的弹性较好，多用来拌制沥青砂浆和沥青混凝土，用于道路路面、车间地坪等工程。在道路工程中选用沥青材料时，要根据交通量和气候特点来选择。南方高温地区宜选用高粘度的石油沥青，如50号和70号，以保证沥青路面在夏季具有足够的稳定性，不会出现车辙等破坏形式；北方寒冷地区宜选用低粘度的石油沥青，如90号和110号，以保证沥青路面在低温下仍具有一定的变形能力，以防开裂。

②建筑石油沥青

建筑石油沥青粘性较大，耐热性较好，塑性较小，在常温下较硬，软化点较高，使用时不易软化流淌，广泛用于屋面及地下防水、沟槽防水防腐及管道防腐等工程。使用时制成的沥青胶膜较厚，增大了对温度的敏感性，黑色沥青表面又是好的吸热体，一般同一地区的沥青屋面的表面温度比其他材料都高；据高温季节测试，沥青屋面达到的表面温度比当地最高气温高25~30℃；为避免夏季流淌，一般屋面用沥青材料的软化点还应比本地区屋面最高温度高20℃以上。例如武汉、长沙地区沥青屋面温度约达68℃，选用沥青的软化点应在90℃左右，沥青的软化点选择低了夏季沥青易流淌，但也不宜过高，否则冬季低温易硬脆甚至开裂。一般地区可以选用30号的石油沥青，夏季炎热地区宜选用10号石油沥青，但严寒地区一般不宜使用10号石油沥青，以防冬季出现脆裂现象。

③普通石油沥青

普通石油沥青含蜡量高达15%~20%，有的甚至达25%~35%。由于石蜡熔点低（32~55℃）、粘结力差，当沥青温度达到软化点时，蜡已接近流动状态，所以容易产生流淌现象。当采用普通石油沥青粘结材料时，随着时间增长，沥青中的石蜡会向胶结层表面渗透，至表面形成薄膜，使沥青粘结层的耐热性和粘结力降低，所以普通石油沥青一般不宜在工程中单独采用，可以掺配或改性后使用。

8.1.2 煤沥青

煤沥青是炼焦厂或煤气厂的副产品。烟煤在干馏过程中的挥发物质经冷凝而成的黑色粘性流体，称为煤焦油。将煤焦油进行分馏加工提取轻油、中油、重油及蒽油后所得的残渣，即为煤沥青。根据蒸馏温度的不同，煤沥青可以分为低温煤沥青、中温煤沥青和高温煤沥青三种。建筑工程中所采用的煤沥青多为粘稠或半固体的低温煤沥青。

煤沥青与石油沥青同是复杂的高分子碳氢化合物，这类材料的外观相似，具有许多共同点，但由于组分不同，故存在某些差别，主要有以下几点：

（1）煤沥青中含挥发性成分和化学稳定性差的成分较多，在热、阳光、氧气等长期综合作用下组成变化较大，易硬脆，故大气稳定性差；

（2）含可溶性树脂较多，受热易软化，冬季易硬脆，故温度敏感性大；

（3）含有较多的游离碳，塑性差，容易因变形而开裂；

（4）因含蒽、萘、酚等物质，故具有毒性和臭味，但防腐能力强，适用于木材的防腐处理；

（5）因含酸、碱等表面活性物质较多，故与矿物材料表面的粘附力好。

煤沥青的主要技术性质都比石油沥青差，所以建筑工程中较少使用，一般用于防腐工程及地下防水工程以及较次要的道路工程。

煤沥青的相关技术指标可参阅国家标准《煤沥青》（GB/T 2290—1994）中的规定。煤沥青与石油沥青掺混时，将发生沉渣变质现象而失去胶凝性，故一般不宜混掺使用。二者简易鉴别方法如表8.1.5所示。

表 8.1.5 煤沥青与石油沥青的鉴别方法

鉴别方法	石油沥青	煤沥青
密度/（g/cm³）	近于1.0	1.25～1.28
燃　　烧	烟少，无色，有松香味，无毒	烟多，黄色，臭味大，有毒
锤　　击	声哑，有弹性感，韧性好	声脆，韧性差
颜　　色	呈亮褐色	浓黑色
溶　　解	易溶于煤油或汽油，呈棕黑色	难溶于煤油或汽油

例 8.1.2 某工地运来两种外观相似的沥青，已知其中有一种是煤沥青，为了不造成错用，试用两种以上方法进行鉴别。

分析：煤沥青与石油沥青可以用以下方法进行鉴别：

（1）测定密度。大于1.1g/cm³者为煤沥青；

（2）燃烧试验。烟气呈黄色，并有刺激性气味者为煤沥青；

（3）敲击块状沥青，呈脆性（韧性差）、音清脆者为煤沥青，弹性、音哑者为石油沥青；

（4）用汽油或煤油溶解沥青，将溶液滴于滤纸上，呈内黑外棕色明显两圈斑点者为煤沥青，呈棕色均匀散开斑点者为石油沥青。

评注：与石油沥青相比较煤沥青的塑性差、温度敏感性大、大气稳定性差，但其粘性大。煤沥青有臭味，挥发物有毒，施工时应注意。

8.1.3 沥青的掺配和改性

1. 沥青的掺配

在实际工程中,往往一种牌号的沥青不能满足工程要求,因此常常需要用不同牌号的沥青进行掺配。掺配时,为了不使掺配后的沥青胶体结构破坏,应选用表面张力相近和化学性质相似的同产源沥青。同产源是指同属石油沥青或同属煤沥青。

两种沥青掺配的比例可以用下式估算

$$Q_1 = \frac{T_2 - T}{T_2 - T_1} \times 100\% \tag{8.1.5}$$

$$Q_2 = 100 - Q_1 \tag{8.1.6}$$

式中:Q_1——较软沥青用量,(%);

Q_2——较硬沥青用量,(%);

T——要求配制沥青的软化点,(℃);

T_1——较软沥青软化点,(℃);

T_2——较硬沥青软化点,(℃)。

2. 沥青的改性

石油沥青具有优良的防水抗渗和耐腐蚀功能,长期以来是世界各国生产沥青系防水材料的重要原材料,但是,石油沥青也存在着一些致命的弱点,即对温度十分敏感,当温度升高时容易软化以致流淌,当温度下降时则容易变硬发脆,低温柔性差,延伸率小,用石油沥青作浸渍涂盖层制成的沥青油毡,很难适应建筑防水工程基层开裂或伸缩变形的需要。

为了克服石油沥青材料自身的弱点,必须对沥青进行改性,使沥青在低温条件下具有弹性和塑性、在高温时有足够的强度和热稳定性、在加工和使用条件下具有抗老化能力,并且与各种矿物料和结构表面有很好的粘结力,以及适应变形和耐疲劳的能力。

氧化、掺加矿物填料或高分子聚合物是目前对沥青进行改性的主要方法。

(1) 氧化改性

氧化也称吹制,是在 250~300℃ 高温下,向残留沥青或渣油中吹入空气,通过氧化作用和聚合作用,使沥青分子变大,提高沥青的粘度和软化点,从而改善沥青的性能。实际工程中使用的道路石油沥青、建筑石油沥青和普通石油沥青均为氧化沥青。

(2) 矿物填充料改性

在沥青中加入一定数量的矿物填充料,可以提高沥青的粘性和耐热性,降低沥青的温度敏感性,同时也减少了沥青的耗用量,主要适用于生产沥青胶。一般填充料的量不宜少于 15%。常用的改性矿物填充料大多是粉状或纤维状的,如滑石粉、石灰石粉和石棉粉等。

滑石粉的主要化学成分为含水硅酸镁($3MgO \cdot SiO_2 \cdot H_2O$),属亲油性矿物,易被沥青湿润,是很好的矿物填充料。石灰石粉的主要化学成分为碳酸钙,属亲水性矿物。但由于石灰石粉与沥青中的酸性树脂有较强的物理吸附力和化学吸附力,故石灰石粉与沥青也可以形成稳定的混合物。石棉绒或石棉粉的主要化学成分为钠钙镁铁的硅酸盐,呈纤维状,富有弹性,内部有很多微孔,吸油(沥青)量大,掺入后可以提高沥青的抗拉强度和热稳定性。

(3) 高分子聚合物改性

高分子聚合物（包括橡胶和树脂）与石油沥青具有较好的相溶性，聚合物改性的机理很复杂，一般认为聚合物改变了体系的胶体结构，当聚合物的掺量达到一定的限度，便形成聚合物的网络结构，将沥青胶团包裹，从而改善石油沥青的性能。

用橡胶改性，能使沥青具有橡胶的特点，如低温柔性好，有较高的强度、延伸率等。用于沥青改性的橡胶主要有：天然橡胶、合成橡胶、废旧橡胶等。在防水领域主要采用的是合成橡胶和废旧橡胶。常用合成橡胶有：热塑性丁苯橡胶（SBS）、丁基橡胶、氯丁橡胶等；废旧橡胶主要是再生橡胶。

在沥青中加入树脂可以改善沥青的耐寒性、耐热性、粘结性和不透水性，主要在生产卷材、密封材料和防水涂料等产品时采用。常用树脂有：聚乙烯（PVC）、聚丙烯（PP）、无规聚内烯（APP）等。目前国内外研究开发和应用比较成功的改性聚合物是SBS橡胶和APP树脂。

①SBS改性

SBS（苯乙烯S—丁二烯B—苯乙烯S的简称）是丁二烯与苯乙烯的嵌段共聚物，属于丁苯橡胶的一种。SBS是具有热塑性的弹性体，具有橡胶和塑料的优点，常温下具有橡胶的弹性，高温下又能像塑料那样熔融流动，成为可塑性材料。SBS在石油沥青中的掺量和分散均匀程度对改性效果有很大影响，一般SBS的适宜掺量为$8\% \sim 14\%$。SBS对沥青的改性十分明显，相关研究表明：SBS在沥青内部形成一个高分子量的凝胶网络，大大提高了沥青的性能，与普通石油沥青相比较，SBS改性沥青弹性好、延伸率大、延度可以达200%；低温柔性大大改善，冷脆点降至$-40℃$；热稳定性提高，耐热度达$90 \sim 100℃$；耐候性好。

SBS改性沥青是目前最成功和用量最大的一种改性沥青，在国内外已得到普遍应用，可以作SBS改性沥青防水卷材及涂料等。

②APP改性

无规聚丙烯（APP）是聚丙烯（PP）树脂生产时的副产品，APP是沥青改性用树脂中与沥青混溶性最好的品种之一。APP分子量较低，一般为5万~7万，几乎没有机械强度，在室温下为固体，有弹性和粘结性，无明显熔点，在150℃变软，170℃变成粘稠体，随温度升高其粘度下降，200℃左右具有流动性。APP的最大特点是分子中极性碳原子极少，因而单键结构不易解聚，耐紫外线照射和老化性能优良，可以明显改善沥青的稳定性、感温性、柔韧性和耐老化性。APP在沥青中的掺量一般为$10\% \sim 20\%$。APP改性石油沥青与石油沥青相比较，其软化点高，延度大，冷脆点降低，粘度增大，具有优异的耐热性和抗老化性，尤其适用于气温较高的地区。APP改性石油沥青主要用于制造防水卷材。

(4) 纤维类改性

石棉、聚丙烯纤维、聚酯纤维等纤维类物质加入沥青中，可以显著地提高沥青的高温稳定性，同时可以增加沥青的低温抗拉强度，但能否达到预期的效果，取决于纤维的性能和掺配工艺。

§8.2 沥青混合料

沥青混合料是沥青与适当级配的矿质混合料拌合而成的混合物。沥青混合料是沥青混凝土混合料和沥青碎石混合料的总称，其中矿料起骨架作用，沥青或沥青与填料形成的沥青胶浆起胶结和填充作用。沥青混合料经摊铺、碾压成型后就成为沥青路面。沥青混合料作为路面材料，广泛用于高速公路、干线公路等道路路面工程。

沥青路面是高等级道路路面中占主要地位的路面结构，具有优良的力学性能，一定的高温稳定性和低温柔韧性，良好的耐久性和抗滑性；全部采用机械化施工，方便快捷，养护期短，便于分期修筑及再生利用；路面无强烈反光，具有晴天少尘、雨天不泞、减震吸声、行车舒适等优点。但沥青路面存在温度敏感性和老化现象。据相关资料统计，我国已建成或在建的高速公路路面90%以上采用沥青混合料路面。

8.2.1 沥青混合料的分类

1. 按沥青类型分

（1）石油沥青混合料：以石油沥青为结合料的沥青混合料。

（2）煤沥青混合料：以煤沥青为结合料的沥青混合料。

2. 按施工温度分

（1）热拌热铺沥青混合料：预先加热至流动状态的沥青与经加热干燥的矿料在热态下拌合，在热态下铺筑的沥青混合料。多用于高等级公路和城市干道。

（2）冷拌冷铺沥青混合料：采用乳化沥青或稀释沥青与矿料在常温状态下拌制，在常温下铺筑的沥青混合料。用于低等级交通道路或路面局部维修。

（3）热拌冷铺沥青混合料：沥青胶结料与集料在热态下拌合成混合料，在常温时储存起来，常温下直接摊铺压实。常作为沥青路面的养护材料。

3. 按矿质集料的级配类型分

（1）连续级配沥青混合料：沥青混合料中的矿料是按级配原则，从大到小各级粒径都有，且按比例相互搭配组成的连续级配矿质混合料。由连续级配矿质混合料与沥青拌合后的混合料称为连续级配沥青混凝土（简称AC）。

（2）间断级配沥青混合料：当矿料级配组成中缺少一个或多个粒级而形成间断级配时，就称为间断级配矿质混合料。由间断级配矿质混合料与沥青拌合后的混合料称为间断级配沥青混合料，如沥青玛蹄脂碎石混合料（简称SMA）。

4. 按混合料密实度分

（1）密级配沥青混凝土混合料（DAC）：各种粒径的颗粒级配连接、相互嵌挤密实的矿料，与沥青拌合而成，压实后剩余空隙率小于10%。剩余空隙率为3%～6%（行人道路为2%～6%）的称为Ⅰ型密实式沥青混凝土混合料；剩余空隙率为4%～10%的称为Ⅱ型半密实式沥青混凝土混合料。

（2）开级配沥青混合料：矿料级配主要由粗集料组成，细集料及填料较少，采用高粘度沥青结合料粘结形成，压实后剩余空隙率大于15%的沥青混合料，简称开式沥青混合料。其典型代表有排水式沥青磨耗层混合料（OGFC）和排水式沥青稳定碎石基层（ATPB）。

（3）半开级配沥青混合料：由适当比例的粗集料、细集料及少量填料（或不加填料）与沥青拌合而成，压实后剩余空隙率在 10%～15% 的沥青混合料，简称半开式沥青混合料，也称沥青碎石混合料（AM），简称沥青碎石。

5. 按集料的公称最大粒径分

（1）特粗式沥青混合料：集料最大粒径为 37.5mm；
（2）粗粒式沥青混合料：集料最大粒径为 26.5mm 或 31.5mm；
（3）中粒式沥青混合料：集料最大粒径为 16mm 或 19mm；
（4）细粒式沥青混合料：集料最大粒径为 9.5mm 或 13.2mm；
（5）砂粒式沥青混合料：集料最大粒径 ≤4.75mm。

目前我国沥青路面中采用最多的类型是以石油沥青作为结合料，采用连续级配的密实式热拌热铺型沥青混凝土。热拌热铺沥青混合料（简称 HMA）是经人工组配的矿质混合料与粘稠沥青在专门设备中加热拌和而成，用保温运输工具运送至施工现场，并在热态下进行摊铺和压实的混合料，简称热拌沥青混合料。热拌沥青混合料是沥青混合料中最典型的品种，其他各种沥青混合料均由其发展而来，本节主要详述这种混合料的组成材料、组成结构、技术性质和设计方法。

8.2.2 沥青混合料的组成材料

沥青混合料的技术性质与组成材料的质量、用量比例以及混合料的制备工艺等因素有关，为保证沥青混合料的技术性质，首先应正确选择符合质量要求的材料。

1. 沥青

沥青是沥青混合料中最重要的材料，其质量应符合相关规范对沥青材料的要求。在选择沥青材料时，应按照公路等级、气候条件、交通条件、路面类型、在结构层中的层位、受力特点及施工方法等，结合当地的使用经验综合考虑按表 8.1.2～表 8.1.4 选用。

煤沥青不宜用于热拌沥青混合料路面的表面层；对高速公路、一级公路，夏季温度高、高温持续时间长、重载交通、山区及丘陵地区上坡路段、服务区、停车场等行车速度慢的路段，尤其是汽车荷载剪应力大的层次，宜采用稠度大、60℃粘度大的沥青；对冬季寒冷的地区或交通量小的公路、旅游公路宜选用稠度小、低温延度大的沥青；对日温差、年温差大的地区宜注意选用针入度指数大的沥青。当高温要求与低温要求发生矛盾时应优先考虑满足高温性能的要求。当缺乏所需标号的沥青时，可以采用不同标号掺配的调和沥青，其掺配比例由试验决定，掺配后的沥青质量应符合道路石油沥青的技术要求。

2. 粗集料

粒径大于 2.36mm 的集料为粗集料。沥青混合料用粗集料包括碎石、破碎砾石和矿渣等。粗集料应洁净、干燥、表面粗糙、无风化、无杂质，符合一定的级配要求，具有足够的力学强度，与沥青有较好的黏附性，其各项质量指标应符合表 8.2.1 中的要求。

表 8.2.1　　　　沥青混合料用粗集料质量技术要求（JTG F40—2004）

指　标		高速公路与一级公路		其他等级公路	
		表面层	其他层次	表面层	其他层次
压碎指标值/（%）≯		26	28	30	
洛杉矶磨耗损失/（%）≯		28	30	35	
表观密度/（t/m³）≮		2.60	2.50	2.45	
吸水率/（%）≯		2.0	3.0	3.0	
坚固性/（%）≯		12	12	—	
针、片状颗粒含量（混合料）/（%）≯		15	18	20	
其中粒径>9.5mm，≯		12	15	—	
其中粒径<9.5mm，≯		18	20	—	
水洗法<0.075mm颗粒含量，（%）≯		1	1	1	
软石含量/（%）≯		3	5	5	
破碎面颗粒含量/（%）≮	1个破碎面	100	90	80	70
	2个或2个以上破碎面	90	80	60	50

注：1. 坚固性试验根据需要进行；
　　2. 用于高速公路、一级公路、城市快速车道、主干路时，多孔玄武岩的视密度限度可以放宽至 2.45t/m³，吸水率可以放宽至3%，但必须得到相关主管部门的批准；
　　3. 对 S14 即 3～5 规格的粗集料，针片状颗粒的含量可以不予要求，小于 0.075mm 颗粒含量可以放宽至 3%。

　　高速公路和一级公路宜选用坚硬、耐磨性好的碎石和破碎砾石，不得使用矿渣和筛选砾石。经检验属于酸性岩石的石料，用于高速公路、一级公路、城市快速车道、主干路时，宜使用针入度较小的沥青，为保证与沥青的粘附性符合相关规范要求，应采用下列抗剥离措施：用干燥的磨细消石灰或生石灰粉、水泥作为填料的一部分，其用量宜为矿料总量的1%~2%；在沥青中掺加抗剥离剂；将粗集料用石灰浆处理后使用。

　　3. 细集料

　　沥青混合料用细集料包括天然砂、机制砂及石屑。

　　细集料应洁净、干燥、无风化、无杂质，并有适当的颗粒级配，其质量应符合表8.2.2中的要求。为使细集料与沥青粘结良好，要求细集料要富有棱角，应尽可能采用机制砂。与沥青粘结性很差的天然砂及用花岗岩、石英岩等酸性石料破碎的机制砂或石屑不宜用于高速公路、一级公路、城市快速车道、主干路沥青面层。必须使用时，应采用抗剥离措施。

表 8.2.2　　　　　　　　　　沥青混合料用细集料质量技术要求

指　　标	高速公路、一级公路	其他等级公路
表观密度/（t/m³）≮	2.50	2.45
坚固性（＞0.3mm部分）/（%）≯	12	—
砂当量/（%）≮	60	50
含泥量（＜0.075mm的含量）/（%）≯	3	5
亚甲蓝值/（g/kg）≯	25	—
棱角性（流动时间）/（s）≮	30	—

注：坚固性试验根据需要进行。

4. 填料

在沥青混合料中起填充作用的粒径小于 0.075mm 的矿质粉末称为填料。填料通常是指矿粉，消石灰、水泥，通常做抗剥落剂用。粉煤灰因质量波动大，使用较少。矿粉在沥青混合料中起到重要的作用，矿粉与沥青交互作用形成较高粘结力的沥青胶浆，将集料结合成一个整体，对混合料的强度有很大影响。在沥青混合料中，宜采用石灰岩或岩浆岩中的强基性岩石（憎水性石料）经磨细得到的矿粉，原石料中的泥土杂质应除净。矿粉要求干燥、洁净，且与沥青有较好的粘结性，其质量应符合表 8.2.3 中的技术要求。

当采用水泥、石灰、粉煤灰作填料时，其用量不宜超过矿料总量的 2%，其中粉煤灰的用量不宜超过填料总量的 50%，粉煤灰的烧失量应小于 12%，与矿粉混合后的塑性指数应小于 4%，其余质量要求与矿粉相同。高速公路、一级公路的沥青面层不宜采用粉煤灰做填料。在实际工程中，拌合机中回收的粉尘也可以作矿粉使用，但每盘用量不得超过填料总量的 25%，且要求粉尘干燥，掺有粉尘的填料塑性指数不大于 4%。

表 8.2.3　　　　　　　　　　沥青混合料用矿粉质量技术要求

指　　标		高速公路、一级公路	其他等级公路
表观密度，≮（t/m³）		2.50	2.45
含水量，≯（%）		1	1
粒度范围，	＜0.6mm（%）	100	100
	＜0.15mm（%）	90～100	90～100
	＜0.075mm（%）	75～100	70～100
外观		无团粒结块	
亲水系数		＜1	
塑性指数		＜4	
加热安定性		实测记录	

5. 纤维稳定剂

在沥青混合料中加入纤维不仅可以大大改善沥青路面的粘结性、高温稳定性、低温抗裂性、疲劳耐久性、抗剥落性，并且具有低温防止反射裂缝，有效提高其抗拉、抗剪、抗压及抗冲击强度，提高路面防渗、抗裂能力的性能，从而提高沥青路面的质量，延长其使用寿命，减少维修养护资金。

目前常用纤维有木质素纤维和矿物纤维（大部分是玄武岩纤维）。木质素纤维主要是絮状纤维，用其拌制的沥青混合料因不能再生使用，在美国某些州已限制应用。

在沥青混合料中掺加的纤维应在250℃干拌温度下不变质、不发脆，必须在混合料中能充分分散均匀，且应符合环保要求。如矿物纤维宜采用玄武岩矿石制造，影响环境及易造成人体危害的石棉纤维不宜直接采用。纤维应存放在室内或有棚盖的地方，运输及使用时应避免受潮和结团。用于 SMA 沥青玛蹄脂碎石混合料路面的木质素纤维掺量不低于0.3%（占沥青混合料总量的质量百分数），矿物纤维掺量不低于0.4%。

8.2.3 沥青混合料的组成结构

在沥青混合料中，由粗集料、细集料、矿粉（填料）组成一定类型的级配，其中粗集料分布在由细集料和沥青组成的沥青砂浆中，而细集料又分布在沥青与矿粉构成的沥青胶浆中，形成具有一定内摩擦阻力和粘聚力的多级空间网络结构。由于各组成材料用量比例的不同，压实后沥青混合料内部的矿料颗粒分布状态、剩余空隙率也会呈现出不同的特点，形成不同的组成结构，而具有不同组成结构特点的沥青混合料在使用时则会表现出不同的性质。按照沥青混合料的矿料级配组成特点，将沥青混合料分为悬浮—密实结构、骨架—空隙结构和密实—骨架结构。

1. 悬浮—密实结构

当采用连续型密级配矿质混合料与沥青组成沥青混合料时，由于粗集料相对较少，细集料较多，可以获得较大的密实度。但因粗集料被细集料挤开，不能靠拢形成骨架，以悬浮状态存在于次级细集料及沥青胶浆之中，如图8.2.1（a）。这种结构称为悬浮—密实结构。

这种结构的沥青混合料，各级粒料都有，一般不会发生粗粒料离析现象，便于施工，具有水稳定性好，低温抗裂性和耐久性好的特点，在道路工程中应用较多。但因粗粒料较少而不接触，不能形成骨架作用，虽然粘聚力较高，但内摩擦阻力较低，因此温度稳定性较差。

2. 骨架—空隙结构

当采用连续型开级配矿质混合料与沥青组成沥青混合料时，粗骨料所占的比例较高，粗集料可以相互靠拢形成骨架，但因细集料很少，不足以充分填满粗集料之间的空隙，而形成骨架—空隙结构，如图8.2.1（b）。沥青碎石多为这一类。

骨架—空隙结构中，粗集料充分发挥了嵌挤作用，使集料之间的摩擦阻力增大，使沥青混合料稳定性好，且能形成较高的强度，是一种比连续级配更为理想的组成结构。这种结构的沥青混合料，空隙率大，粘聚力较低，耐久性较差，但其内摩擦阻力较高。

3. 密实—骨架结构

当采用间断密级配矿质混合料与沥青组成沥青混合料时，由于这种矿质混合料断去了中间粒径的集料，既有较多的粗集料形成空间骨架，又有相当数量的细集料填充于骨架留下的孔隙中间形成具有较高密实度的骨架—密实结构，如图8.2.1（c）。间断密级配的沥青混合料是上述两种结构的有机组合,这种结构的沥青混合料密实度高,强度、温度稳定性和耐久性都比较好,不仅具有较高的粘结力,而且具有较高的内摩擦阻力,是一种优良的路用结构类型。但目前采用这种结构的沥青混合料路面还不多。

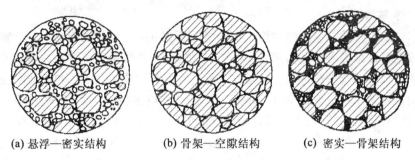

(a) 悬浮—密实结构　　(b) 骨架—空隙结构　　(c) 密实—骨架结构

图 8.2.1　三种典型沥青混合料结构组成示意图

上述 3 种结构的沥青混合料由于结构组成不同,因而其结构常数、稳定性有着显著的差异,如表 8.2.4 所示。

表 8.2.4　　　不同结构组成的沥青混合料的结构常数和稳定性

混合料名称	组成结构类型	结构常数			温度稳定性指标	
		密度 $\rho_0/(\text{g/cm}^3)$	空隙率 $V_0/(\%)$	矿料间隙率 $P/(\%)$	粘聚力 $C/(\text{kPa})$	内摩擦角 $\phi/(\text{rad})$
连续型密级配	悬浮密实结构	2.40	1.3	17.9	318	0.600
连续型开级配	骨架空隙结构	2.37	6.1	16.2	240	0.653
间断型密级配	密实骨架结构	2.43	2.7	14.8	338	0.658

8.2.4　沥青混合料的技术性质

沥青混合料作为路用材料,在使用过程中,要承受行驶车辆荷载的反复作用,以及环境因素的长期影响。为了满足工程的要求,沥青混合料必须满足一定的技术要求,应具有高温稳定性、低温抗裂性、耐久性、抗滑性及施工和易性等。

1. 高温稳定性

沥青混合料的高温稳定性是指其在夏季高温(通常 60℃)下,能承受多次重复荷载作用而不产生过大的永久变形的能力。

常见的变形破坏有车辙、波浪及推移和拥包等,车辙是沥青路面的主要破坏形式。随着道路交通量的日益增长,使沥青路面车辙日趋严重,造成路面严重变形,甚至可能危及行车安全。

目前评价沥青混合料高温稳定性的方法主要有三轴实验、马歇尔稳定度实验等方法,但由于三轴实验较为复杂,马歇尔稳定度仍是国际上通用的方法。

国家标准《沥青路面施工及验收规范》（GB 50092—1996）中规定：采用马歇尔稳定度实验来评价沥青混合料的高温稳定性；对高速公路、一级公路和城市快速车道、主干路沥青路面的上面层和中面层的沥青混凝土混合料，还应通过车辙实验（动稳定度）检测其抗车辙能力。

（1）马歇尔稳定度实验

马歇尔稳定度实验是美国密西西比州公路局 B. Marshall 工程师提出的，其实验方法简单，操作方便，被世界各国所引用，我国于20世纪70年代引进该方法，现广为应用。该实验用来测定沥青混合料试件在一定条件下承受破坏荷载能力的大小和承载时变形量的大小。主要测定马歇尔稳定度（MS）、流值（FL）和马歇尔模数（T）3项指标。

马歇尔稳定度（MS）是指在规定温度（60℃）和加载速度（50+5mm/min）下标准尺寸（ϕ0.16cm×6.35cm 圆柱形）试件的破坏荷载（单位 kN），用马歇尔稳定度仪测定；流值（FL）是最大破坏荷载时，试件的垂直变形（以0.1mm计）；马歇尔模数（T）表示沥青混合料的视劲度，为稳定度除以流值的商，即

$$T = \frac{10\text{MS}}{\text{FL}} \tag{8.2.1}$$

式中：T——马歇尔模数，(kN/mm)；

　　　MS——稳定度，(kN)；

　　　FL——流值，0.1mm。

（2）车辙试验

采用马歇尔稳定度方法和流值方法不能确切地反映沥青混合料的永久性变形，与路面的抗车辙能力相关性不好。英国道路研究所（TRRL）开发的车辙试验方法用于评价沥青混合料在规定温度条件下抵抗塑性流动变形的能力，用动稳定度表示。该方法模拟车辆轮胎在路面上行驶时，所形成的车辙深度的多少，简单直观，与实际路面车辙相关性较好，得到了广泛应用。

用标准成型方法制作300mm×300mm×50mm的沥青混合料试件，在60℃的温度条件下，以一定荷载的轮子在同一轨道上做一定时间的反复行走，形成一定的车辙深度，然后计算试件变形1mm所需试验车轮行走的次数，即为动稳定度（DS），单位为次/mm。动稳定度（DS）的计算公式为

$$\text{DS} = \frac{(t_2 - t_1) \cdot N \cdot C_1 \cdot C_2}{d_2 - d_1} \tag{8.2.2}$$

式中：DS——沥青混合料动稳定度，(次/mm)；

　　　d_1、d_2——分别为时间 t_1、t_2 的变形量，(mm)；

　　　N——往返碾压速度，通常为42次/mm；

　　　C_1、C_2——分别为实验机和实验修正系数。

动稳定值越大，沥青混合料高温稳定性越好。

2. 低温抗裂性

低温抗裂性是指沥青混合料在低温下抵抗断裂破坏的能力。

冬季随着温度的降低，沥青混合料路面变形能力下降，由于低温收缩和行车荷载作用，在薄弱位置易产生裂缝。沥青路面产生裂缝的原因很复杂，一般是重复荷载下产生的

疲劳开裂和温度裂缝。采用温度敏感性低、粘度相对较低的沥青或采用橡胶类改性的沥青，同时适当加大沥青用量，可以增加沥青混合料的柔韧性。

关于沥青混合料的低温抗裂性指标尚在研究阶段，未列入技术标准。目前多采用测定沥青混合料的低温劲度和温度收缩系数，计算低温收缩时路面中所出现的温度应力，并与沥青混合料的抗拉强度对比，预估沥青路面的开裂温度。

3. 耐久性

耐久性是指沥青混合料在使用过程中，抵抗长时间自然因素（风、光、温度等）和行车荷载反复作用，仍能基本保持原有性能的能力。耐久性包括沥青混合料的抗老化性、水稳定性、抗疲劳性等综合指标。

(1) 沥青混合料的抗老化性

沥青混合料的老化主要取决于沥青的老化，除沥青的化学性质、矿料的矿物质成分外，还与外界环境因素、施工工艺、沥青用量、压实空隙率等因素有关。沥青混合料的耐老化性能采用沥青饱和度（VFA）、空隙率（VV）等指标评价。

①沥青混合料的空隙率

从耐久性角度看，其空隙率应尽量小，以防水和阳光对沥青的老化作用；但从沥青混合料的高温稳定性考虑，空隙率应大些，以备夏季沥青材料的膨胀，一般沥青混凝土应留出3%～10%的空隙。

②沥青混合料中的沥青含量

当沥青用量较正常用量减少时，则沥青膜变薄，混合料的延伸能力降低，脆性增加；若沥青用量偏少，混合料的空隙率增大，沥青膜暴露较多，使沥青混合料老化加速，同时渗水率增加，加强了水对沥青的剥落作用。相关研究认为：沥青用量较最佳沥青用量少0.5%的混合料能使路面使用寿命减少一半以上。

选择耐老化性能好的沥青、采用合适的沥青用量、较小的残留空隙率、严格控制加热温度和加热时间等，可以提高沥青混合料的耐老化性能。

(2) 沥青混合料的水稳定性

在雨水、冰冻的作用下，尤其是雨季过后，沥青路面往往会出现松散、脱落，进而形成坑洞而被损坏。出现这种现象的原因是沥青混合料被水侵蚀，沥青从集料表面脱落，使混合料颗粒失去粘结作用。如南方多雨地区和北方冰冻地区，沥青路面的水损坏是很普遍的。采用碱性集料提高沥青与集料的粘附性、采用密实结构减少空隙率、以石灰粉取代部分矿粉等措施，都可以有效提高沥青混合料的水稳定性。采用浸水马歇尔实验方法和冻融劈裂实验方法可以检验沥青混合料的水稳定性。

(3) 沥青混合料的抗疲劳性

沥青混合料的疲劳是指材料在荷载重复作用下产生不可恢复的强度衰减积累所引起的一种现象。通常把沥青混合料出现疲劳破坏的重复应力值称为疲劳强度，相应的应力重复次数称为疲劳寿命。常用室内小梁疲劳试验方法测定。

我国现行相关规范采用空隙率、饱和度（即沥青填隙率）和残留稳定度等指标表征沥青混合料的耐久性。

4. 抗滑性

为保证汽车的安全和快速，要求路面具有一定的抗滑性。沥青混合料抗滑性主要与矿质骨料的表面状态和耐磨性、混合料的级配组成、沥青用量和沥青含蜡量等因素有关。

国家标准《沥青路面施工及验收规范》（GB 50092—1996）对抗滑层骨料提出了磨光值、磨耗值和冲击值等三项指标要求。应选择表面粗糙、耐磨、抗冲击性好、磨光值大的硬质有棱角的粗集料，但硬质集料往往是酸性集料，与沥青的粘附性差，需掺加抗剥剂；沥青用量对抗滑性的影响非常明显，沥青用量超过最佳沥青用量的0.5%，即会使抗滑系数明显降低；沥青含蜡量对沥青路面抗滑性影响较大。

《公路沥青路面施工技术规范》（JTG F40—2004）要求道路石油沥青：B级沥青含蜡量≤3%，C级沥青含蜡量≤4.5%。

5. 施工和易性

沥青混合料应具备良好的施工和易性，能够在拌合、摊铺与碾压过程中，集料颗粒保持分布均匀，表面被沥青膜完整均匀地覆盖，并能被压实到适宜的密度。

影响沥青混合料施工和易性的主要因素是矿料级配、沥青含量和施工条件。粗细骨料的颗粒大小相距过大，缺乏中间粒径，混合料容易离析。细料太少，沥青层就不容易均匀分布，细料过多则搅拌困难。沥青用量过多，矿粉用量过少，易使混合料粘结成团块，不宜摊铺。沥青用量过少，矿粉用量过多，混合料容易产生疏松，不宜压实。施工时温度不够，沥青混合料就难以拌匀和压实，温度过高易使沥青老化。

8.2.5 沥青混合料的技术标准

《公路沥青路面施工技术规范》（JTG F40—2004）对沥青混合料的技术性能提出了要求。

1. 沥青路面使用性能气候分区（见表8.2.5）。

表8.2.5　　　　　　　　　　　沥青路面使用性能气候分区

气候分区指标		气候分区			
按照高温指标	高温气候区	1	2	3	
	气候区名称	夏炎区	夏热区	夏凉区	
	最热月平均最高气温/（℃）	>30	20~30	<20	
按照低温指标	低温气候区	1	2	3	4
	气候区名称	冬严寒区	冬寒区	冬冷区	冬温区
	极端最低气温/（℃）	<-37.0	-37.0~-21.5	-21.5~-9.0	>-9.0
按照雨量指标	雨量气候区	1	2	3	4
	气候区名称	潮湿区	湿润区	半干区	干旱区
	年降雨量/（mm）	>1000	1000~500	500~250	<250

2. 热拌沥青混合料马歇尔试验技术标准（见表8.2.6）。

表 8.2.6 密级配沥青混凝土混合料马歇尔试验技术标准

试验指标		密级配热拌沥青混合料(DAC)					
		高速公路、一级公路、城市快速路、主干路				其他等级公路	行人道路
		中轻交通	重交通	中轻交通	重交通		
		夏炎区	夏热区及夏凉区				
击实次数(双面)		75				50	50
试件尺寸/(mm)		$\phi101.6mm \times 63.5mm$					
空隙率/(%)	深90mm以内	3~5	4~6	2~4	3~5	3~6	2~4
	深90mm以下	3~6	2~4	3~6	3~6	—	
稳定度(kN)≥		8				5	3
流值(mm)		2~4	1.5~4	2~4.5	2~4	2~4.5	2~5
矿料间隙率 VMA/(%)≥	设计空隙率/(%)	相应于以下公称最大粒径(mm)的最小VMA及VFA技术要求					
		26.5	19	16	13.2	9.5	4.75
	2	10	11	11.5	12	13	15
	3	11	12	12.5	13	14	16
	4	12	13	13.5	14	15	17
	5	13	14	14.5	15	16	18
	6	14	15	15.5	16	17	19
沥青饱和度 VFA/(%)		55~70	65~75			70~85	

3. 沥青混合料的高温稳定性指标

对用于高速公路、一级公路和城市快速车道、主干路沥青路面上面层和中面层的沥青混合料进行配合比设计时,应进行车辙试验检验。

沥青混合料的动稳定度应符合表 8.2.7 中的要求。对于交通量特别大,超载车辆特别多的运煤专线、厂矿道路,可以通过提高气候分区等级来提高对动稳定度的要求。对于以轻型交通为主的旅游区道路,可以根据情况适当降低要求。

表 8.2.7 沥青混合料车辙试验动稳定度技术要求

气温条件和技术指标	相应下列气候分区所要求的动稳定度 DS/(次/mm)							
七月平均最高温度/(℃)及气候分区	>30(夏炎区)				20~30(夏热区)			<20(夏凉区)
	1—1	1—2	1—3	1—4	2—1	2—2	2—3	2—4	3—2
普通沥青混合料,≥	800		1000		600		800		600
改性沥青混合料,≥	2400		2800		2000		2400		1800

续表

气温条件和技术指标		相应下列气候分区所要求的动稳定度 DS/（次/mm）
SMA 混合料	非改性，≥	1500
	改性，≥	3000
OGFC 混合料		1500（一般交通路段）、3000（重交通路段）

4. 沥青混合料的低温抗裂性指标

为了提高沥青路面的低温抗裂性，应对沥青混合料进行低温弯曲试验，试验温度为 -10℃，加载速度为 50mm/min。沥青混合料的破坏应变应满足表 8.2.8 中的要求。

表 8.2.8　　　　　沥青混合料低温弯曲试验破坏应变技术要求

气候条件和技术指标	相应下列气候分区所要求的破坏应变/（μm）							
年极端最低温度（℃）及气候分区	< -37.0（冬严寒区）		-37.0 ~ -21.5（冬寒区）			-21.5 ~ -9.0（冬冷区）		> -9/0（冬温区）
	1—1	2—1	2—1	2—2	3—2	1—3	2—3	1—4	2—4
普通沥青混合料≥	2600		2300			2000		
改性沥青混合料≥	3000		2800			2500		

5. 沥青混合料的水稳定性指标

在进行沥青混合料配合比设计及性能评价时，除了对沥青与石料的粘附性等级进行检验外，还应在规定条件下进行沥青混合料的浸水马歇尔试验和冻融劈裂试验，使沥青混合料具有良好的水稳定性。残留稳定度和冻融劈裂残留强度比应满足表 8.2.9 中的要求。

表 8.2.9　　　　　　沥青混合料的水稳定性技术要求

年降雨量（mm）及气候分区		> 1000（潮湿区）	1000 ~ 500（湿润区）	500 ~ 250（半干区）	< 250（干旱区）
浸水马歇尔试验的残留稳定度/（%）≥	普通沥青混合料	80		75	
	改性沥青混合料	85		80	
	SMA 普通沥青	75			
	改性沥青	80			
冻融劈裂试验的残留强度比/（%）≥	普通沥青混合料	75		70	
	改性沥青混合料	80		75	
	SMA 普通沥青	75			
	改性沥青	80			

8.2.6 热拌沥青混合料的配合比设计

沥青混合料配合比设计的任务就是通过确定粗集料、细集料、填料和沥青之间的比例关系，使沥青混合料的各项技术指标达到工程要求。沥青混合料配合比设计包括目标配合比设计、生产配合比设计和试拌试铺配合比调整段。本节主要介绍目标配合比设计。目标配合比设计分为矿质混合料的配合比组成设计和沥青最佳用量确定两部分。

1. 矿质混合料的配合比组成设计

矿质混合料配合比组成设计的目的是选配一个具有足够密实度并且有较高内摩阻力的矿质混合料。可以根据级配理论，计算出需要的矿质混合料的级配范围，但为了运用已有的研究成果和实践经验，通常是采用相关规范推荐的矿质混合料级配范围来确定。

（1）确定沥青混合料类型

根据道路等级、路面类型、所处结构层位，按表 8.2.10 选定沥青混合料类型。

表 8.2.10　　沥青混合料类型

结构层次	高速公路、一级公路、城市快速路、主干路		其他等级路面		一般城市道路及其他道路工程	
	三层式沥青混凝土路面	两层式沥青混凝土路面	沥青混凝土路面	沥青碎石路面	沥青混凝土路面	沥青碎石路面
上层面	DAC—13	DAC—13	DAC—13		DAC—5	AM—5
	DAC—16	DAC—16	DAC—16		DAC—13	AM—10
	DAC—20			AM—13		
中层面	DAC—20	—	—	—	—	—
	DAC—25	—	—	—	—	—
下层面	DAC—25	DAC—20	DAC—20	AM—25	DAC—20	AM—25
	DAC—30	DAC—25	DAC—25	AM—30	DAC—25	AM—30
		DAC—30	DAC—30		AM—30	AM—40
			AM—25			
			AM—30			

（2）确定矿质混合料的级配范围

沥青路面工程的混合料设计级配范围由相关工程设计文件或招标文件规定，密级配沥青混合料的矿料设计级配宜在表 8.2.11 规定的级配范围内。根据公路等级、工程性质、气候条件、交通条件、材料品种等因素，通过对条件大体相当的工程使用情况进行调查研究后调整确定，必要时允许超出相关规范级配范围。

各国对沥青混合料的最大粒径（D）与路面结构层最小厚度（A）的关系均有规定，我国相关研究表明：随 $\dfrac{A}{D}$ 增大，耐疲劳性提高，但车辙量增大。相反 $\dfrac{A}{D}$ 减小，车辙量也减小，但耐久性降低，特别是在 $\frac{A}{D} < 2$ 时，耐疲劳性、耐久性急剧下降。《公路沥青路面施工技术规范》（JTG F40—2004）提出，对热拌沥青混合料，沥青层每层的压实厚度不宜小于集料公称最大粒径的2.5~3倍，对SMA和OGFC等嵌挤型混合料不宜小于公称最大粒径的2~2.5倍。所以，实际工程设计中考虑矿料最大粒径和路面结构层厚度之间的匹配关系，针对道路等级、路面结构层位，根据设计要求的路面结构层厚度选择适宜的矿料类型，再根据表8.2.12确定相应的混合料的矿料级配范围，经技术经济论证后确定。

（3）矿质混合料配合比例计算

①测定各组成材料的物理指标

根据现场取样，对粗集料、细集料和矿粉进行筛析试验，测出各组成材料的相对密度，供计算物理常数备用。

②计算组成材料的配合比

根据各组成材料的筛析试验资料，采用图解法或电算法，计算符合要求级配范围的各组成材料用量比例。

③调整配合比

计算得到的合成级配应根据下列要求作必要的配合比调整。通常情况下，合成级配曲线宜尽量接近级配中限，尤其应使0.075mm、2.36mm和4.75mm筛孔的通过量尽量接近级配范围中限。对于高速公路、一级公路、城市快速车道、主干路等交通量大、轴载重的道路，宜偏向级配范围的下（粗）限。对一般道路、中小交通量或人行道路等宜偏向级配范围的上（细）限。合成的级配曲线应接近连续或有合理的间断级配，不得有过多的犬牙交错，且在0.3~0.6mm范围内不出现"驼峰"。当经过再三调整，仍有两个以上的筛孔超过级配范围时，必须对原材料进行调整或更换原材料重新设计。

2. 确定沥青最佳用量

沥青混合料的最佳沥青用量（简称OAC）可以通过各种理论计算的方法求得。但是由于实际材料性质的差异，按理论公式计算得到的最佳沥青用量仍然需要通过试验方法修正，因此理论方法只能得到一个供试验参考的数据。采用试验方法确定沥青最佳用量目前最常用的方法有维姆法和马歇尔法。下面主要讲述马歇尔法。

（1）制备试件

①按确定的矿质混合料配合比，计算各种矿质材料的用量。

②按表8.2.12推荐的沥青用量范围及相关实践经验，估计适宜的沥青用量（即沥青混合料中沥青质量与沥青混合料总质量的比例）或油石比（即沥青混合料中沥青质量与矿料质量的比例）。

③以估计沥青用量为中值，按0.5%间隔上下变化沥青用量，试件数不少于5组，按规定的击实次数成型马歇尔试件。

（2）测定物理指标

在相关规定条件下测定马歇尔试件的表观密度、理论密度并计算其空隙率、饱和度及矿料间隙率等。

（3）测定力学指标

在马歇尔试验仪上，按标准方法制备测定沥青混合料的马歇尔稳定度MS、流值FL

表 8.2.11　密级配沥青混合料矿料级配范围

级配类型		通过下列筛孔(方孔筛/mm)的质量百分率/(%)												
		53.0	37.5	31.5	26.5	19.0	16.0	13.2	9.5	4.75	2.36	1.18	0.6	0.3	0.15	0.075

密级配沥青混凝土混合料 DAC(AC)

级配类型		53.0	37.5	31.5	26.5	19.0	16.0	13.2	9.5	4.75	2.36	1.18	0.6	0.3	0.15	0.075
粗粒式	DAC-25	100	90~100	75~92	65~85	75~90	65~83	57~76	45~65	24~52	16~42	12~33	8~24	5~17	4~13	3~7
中粒式	DAC-20		100	90~100	70~90	90~100	78~92	62~80	50~72	26~56	16~44	12~33	8~24	5~17	4~13	3~7
	DAC-16			100	90~100		90~100	76~92	60~80	34~62	20~48	13~36	9~26	7~18	5~14	4~8
细粒式	DAC-13							100	90~100	68~85	38~68	24~50	15~38	10~28	7~20	5~15	4~8
	DAC-10								100	90~100	45~75	30~58	20~44	13~32	9~23	6~16	4~8
砂粒式	DAC-5									100	90~100	55~75	35~55	20~40	12~28	7~18	5~10

密级配沥青稳定碎石 ATB

级配类型		53.0	37.5	31.5	26.5	19.0	16.0	13.2	9.5	4.75	2.36	1.18	0.6	0.3	0.15	0.075
特粗式	ATB-40	100	90~100	75~92	65~85	49~71	43~63	37~57	30~50	20~40	15~32	10~25	8~18	5~14	3~10	2~6
粗粒式	ATB-30		100	90~100	70~90	53~72	44~66	39~60	31~51	20~40	15~32	10~25	8~18	5~14	3~10	2~6
	ATB-25			100	90~100	70~80	48~68	42~62	32~52	20~40	15~32	10~25	8~18	5~14	3~10	2~6

表 8.2.12　沥青混合料矿料级配及沥青用量范围（传统型）（方孔筛）

级配类型		通过下列筛孔（方孔筛/mm）的质量百分率/(%)															沥青用量/(%)
		53.0	37.5	31.5	26.5	19.0	16.0	13.2	9.5	4.75	2.36	1.18	0.6	0.3	0.15	0.075	
沥青混凝土	粗粒 AC-30 I	100	90~100	79~92	66~82	59~77	52~72	43~63	32~52	25~42	18~32	13~25	8~18	5~13	3~7		4.0~6.0
	粗粒 AC-25 II		100	90~100	65~85	52~70	45~65	35~58	30~50	18~38	12~28	8~20	4~14	3~11	2~7	1~5	3.0~5.0
	中粒 AC-20 II			100	90~100	65~85	52~70	42~62	32~52	18~38	13~25	11~21	8~18	6~13	3~7	2~5	4.0~6.0
	中粒 AC-16 II				100	95~100	75~90	62~80	53~73	32~52	25~42	18~32	13~25	8~18	6~13	3~7	4.0~6.0
	细粒 AC-13 II					100	95~100	75~90	58~78	42~63	32~50	22~37	16~28	11~21	7~15	4~8	3.5~5.5
	细粒 AC-10 II						100	95~100	65~85	52~70	40~76	26~45	16~33	11~25	7~18	4~13	3.5~5.5
								100	90~100	75~90	62~80	52~72	38~58	20~34	15~27	10~20	4.0~6.0
	砂粒 AC-5 I								100	90~100	55~75	38~58	26~43	17~33	10~24	6~16	4.5~6.5
										100	95~100	55~75	35~55	20~40	12~28	7~18	6.0~8.0

和马歇尔模数 T。

(4) 马歇尔试验结果分析

①以油石比或沥青用量为横坐标，以马歇尔试验的各项指标为纵坐标，绘制沥青用量与各项物理力学指标的关系图，如图 8.2.2 所示。

②确定最佳沥青用量的初始值 OAC_1。从图 8.2.2 中取相应于密度最大值的沥青用量为 α_1、相应于稳定度最大值的沥青用量为 α_2、相应于规定空隙率范围的中值（或要求的目标空隙率）的沥青用量为 α_3 及沥青饱和度范围的中值的沥青用量 α_4，取其平均值作为最佳沥青用量的初始值 OAC_1，即

$$OAC_1 = \frac{\alpha_1 + \alpha_2 + \alpha_3 + \alpha_4}{4} \tag{8.2.3}$$

若所选择的沥青用量范围未涵盖沥青饱和度的要求范围，则

$$OAC_1 = \frac{\alpha_1 + \alpha_2 + \alpha_3}{3} \tag{8.2.4}$$

③确定最佳沥青用量 OAC。按图 8.2.2 求出各项技术指标均符合相关规范中沥青混合料技术标准的沥青用量范围 $OAC_{min} \sim OAC_{max}$，按下式求取中值 OAC_2。

$$OAC_2 = \frac{OAC_{min} + OAC_{max}}{2} \tag{8.2.5}$$

④根据 OAC_1 和 OAC_2 综合确定最佳沥青用量 OAC。取 OAC_1 和 OAC_2 的中值作为计算的最佳沥青用量 OAC，即

$$OAC = \frac{OAC_1 + OAC_2}{2} \tag{8.2.6}$$

按最佳沥青用量 OAC 在图 8.2.2 中求取相应的各项技术指标值，检查其是否符合表 8.2.10 规范规定的马歇尔设计配合比技术标准，当不符合时，应调整级配，重新进行配合比设计，直至各项技术指标均能符合要求为止。

⑤根据相关实践经验、气候条件和交通量特性调整最佳沥青用量 OAC。调查当地各项条件相接近的工程的沥青用量及使用效果，论证适宜的最佳沥青用量。检查计算得到的最佳沥青用量是否相近，若相差甚远，应查明其原因，必要时重新调整级配，进行配合比设计。

根据道路等级、气候条件等综合决定最佳沥青用量。对炎热地区道路及车辆渠化交通的高速公路、一级公路、城市快速车道、主干路，预计有可能造成较大车辙的情况时，可以在 OAC_2 与下限 OAC_{min} 范围内决定 OAC，但不宜小于 OAC_2 的 0.5%；对寒区道路及一般道路，最佳沥青用量 OAC 可以在 OAC_2 和上限 OAC_{max} 范围内决定，但不宜大于 OAC_2 的 0.3%。

3. 沥青混合料的配合比设计检验

(1) 水稳定性检验

按最佳沥青用量 OAC 制作马歇尔试件，进行浸水马歇尔试验或冻融劈裂试验，当残留稳定度或冻融劈裂强度不符合相关规范规定时，应重新进行配合比设计，或采用抗剥离措施，重新试验。当 OAC 与两个初始值 OAC_1、OAC_2 相差甚大时，宜按 OAC 与 OAC_1 或 OAC_2 分别制作试件，进行残留稳定度试验，根据试验结果对 OAC 作适当调整。

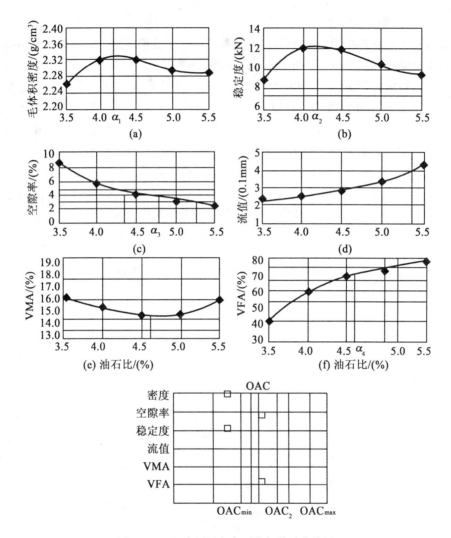

图 8.2.2 沥青用量与各项指标关系曲线图

残留稳定度试验方法是标准试件在规定温度下浸水 48h（或经真空饱水后，再浸水 48h），测定其浸水残留稳定度，其计算公式为

$$MS_0 = 100 \frac{MS_1}{MS} \tag{8.2.7}$$

式中：MS_0——试件的浸水残留稳定度（%）；

MS_1——试件浸水 48h（或真空饱水 48h）后的残留稳定度（kN）。

（2）高温稳定性检验

按最佳沥青用量 OAC 制作车辙试验试件，采用规定的方法进行车辙试验，检验设计的沥青混合料的高温抗车辙能力是否达到规定的动稳定度指标（见表 8.2.11）。当动稳定度不符合相关要求时，应对矿料级配或沥青用量进行调整，重新进行配合比设计。

当最佳沥青用量 OAC 与两个初始值 OAC_1、OAC_2 相差甚大时，宜按 OAC 与 OAC_1 或

OAC$_2$ 分别制作试件，进行车辙试验。根据试验结果对 OAC 作适当调整。

国家标准《沥青路面施工及验收规范》（GB 50092—1996）规定，用于上面层、中面层的沥青混凝土，在 60℃，轮压 0.7MPa 条件下进行车辙试验的动稳定度，对高速公路、城市快速车道应不小于 800 次/mm，对一级公路及城市主干路应不小于 600 次/mm。

习 题 8

1. 试述石油沥青的三大组分及其特性。石油沥青的组分与其性质有何关系？
2. 石油沥青的主要技术性质是什么？各用什么指标表示？
3. 怎样划分石油沥青的牌号？牌号大小与沥青主要技术性质之间的关系怎样？
4. 何谓石油沥青的老化？如何提高沥青的耐老化能力？
5. 何谓沥青混合料？路用沥青混合料应具备哪些技术性质？
6. 某建筑屋面工程需要使用软化点为 75℃ 的石油沥青，现库存有 10 号和 100 号两种石油沥青，其软化点分别为 95℃ 和 45℃，试计算这两种沥青的掺配比例。
7. 对组成沥青混合料的各种组成材料主要有哪些技术要求？

第9章 合成高分子材料

高分子材料是由脂肪族和芳香族的 C—C 共价键为基本结构的高分子构成的,也称为有机材料。人们使用有机材料的历史很早,自然界的天然有机产物,如木材、皮革、橡胶、棉、麻、丝等都属于这一类。自 20 世纪 20 年代以来,发展了人工合成的各种高分子材料,土木工程中涉及的高分子材料主要有塑料、粘合剂和建筑涂料等。高分子材料具有质量轻、韧性高、耐腐蚀、绝缘性好、易于成型加工等一系列优点,因而成为现代建筑领域广泛采用的新材料;但其也有强度低、耐磨性差及使用寿命短等缺陷,因此高强度、耐高温性、耐老化的高分子材料是当前高分子建筑材料的重要研究课题。

§9.1 合成高分子材料的基本知识

9.1.1 合成高分子材料的概念

1. 基本概念

合成高分子材料是指由人工合成的高分子化合物组成的材料。高分子化合物又称高聚物,其分子量可以高达数万乃至数百万。高聚物按其特性与用途分为树脂、橡胶和纤维;按其来源分为天然高分子,如纤维素、蛋白质、淀粉、橡胶等,人工合成高分子,如合成树脂、合成橡胶和合成纤维等,半天然高分子,如醋酸纤维、改性淀粉等。其中合成树脂具有许多优良的性能,因而在建筑材料工业中广泛使用的为合成树脂。

高聚物的分子量虽然很大,但其化学成分却比较简单,高聚物由简单的结构单元以重复方式连接而成。例如,聚氯乙烯的结构为

$$—CH_2—CH—CH_2—CH—CH_2—CH—$$
$$|||$$
$$ClClCl$$

这种结构很长的大分子称为"分子链",可以简写为

$$(—CH_2—CH—)_n$$
$$|$$
$$Cl$$

可见聚氯乙烯是以氯乙烯分子为结构单元重复组成,这种重复的结构单元称为"链节"。大分子链中,链节的数目 n 称为"聚合度"。聚合度有数百乃至数千,是衡量分子量大小的一个指标。

少数高聚物的大分子结构非常复杂,在这类高聚物的分子链中已找不到链节,这类高聚物通常称为合成树脂。合成树脂一词源于最早合成的一些高聚物,这类高聚物在外观上很像天然树脂,因而被称为合成树脂。后来合成树脂的名称不断扩大,对一些在外观上与

天然树脂没有任何相似之处的高聚物也使用了合成树脂一词。

利用合成树脂，可以制成树脂基复合材料，如各种塑料、纤维增强塑料、聚合物水泥与混凝土、树脂基人造石材、胶粘剂等。

2. 合成树脂的分类

（1）按合成树脂时的化学反应分类

① 加聚树脂　又称聚合树脂，是由含有不饱和键的低分子化合物（称为单体）经加聚反应而得。加聚反应过程中无副产品，加聚树脂的化学组成与单体的化学组成基本相同。

由一种单体加聚而得的称为均聚物，其命名方法为在单体名称前冠以"聚"字，如由乙烯加聚而得的称为聚乙烯，由氯乙烯加聚而得的称为聚氯乙烯。由两种或两种以上单体经加聚而得的称为共聚物，其命名方法为在单体名称后加"共聚物"，如由乙烯、丙烯、二烯烃共聚而得的称为乙烯丙烯二烯烃共聚物（又称三元乙丙橡胶），由丁二烯、苯乙烯共聚而得的称为丁二烯苯乙烯共聚物（又称丁苯橡胶）。

② 缩聚树脂　又称缩合树脂，一般由两种或两种以上含有官能团的单体经缩合反应而得。缩合反应过程中有副产品——低分子化合物出现，缩聚树脂的化学组成与单体的化学组成完全不同。

缩聚树脂的命名方法为在单体名称前冠以"聚"字，并在单体名称后给出聚合物在有机化学中的类属，如对苯二甲酸和乙二醇的聚合物在有机化学中属于酯类，因此称为聚对苯二甲酸乙二醇酯（即涤纶，为聚酯类树脂中的一个品种）；如果聚合物的结构复杂则其命名一般为在单体名称后加"树脂"或在其结构特征（特征键型或基团）名后加"树脂"，前者如由苯酚和甲醛缩合而得的称为酚醛树脂、由脲和甲醛缩合而得的称为脲醛树脂，后者如具有环氧基团的称为环氧树脂。

（2）按合成树脂受热时的性质分类

① 热塑性树脂　可以反复进行加热软化、熔融，冷却硬化的树脂，称为热塑性树脂。全部加聚树脂和部分缩合树脂属于热塑性树脂。

② 热固性树脂　仅在第一次加热（或加入固化剂前）时能发生软化、熔融，并在此条件下产生化学交联而固化，以后再加热时不会软化或熔融，也不会被溶解，若温度过高则会导致分子结构破坏，故称为热固性树脂。大部分缩聚树脂属于热固性树脂。

9.1.2　合成高分子材料的基本性能

1. 高聚物大分子链的几何形状与特性

高聚物大分子链的几何形状分为线型结构、支链型结构、网型结构（或称体型结构）三种，如图9.1.1所示。线型结构的高聚物，其主链是长链状的线状大分子，它们可以是直线型的或卷曲型的，如图9.1.1中（a）、（b）所示。支链型结构的高聚物在其主链上带有侧支链，支链的长度可以相同也可以不同，如图9.1.1中（c）、（d）、（e）所示。网型结构的高聚物是在线型结构主链之间或支链结构之间以化学键交联的形式形成的网状结构，如图9.1.1中（f）、（g）所示。

由于线型和支链型结构是相互间靠范德华力（即分子间力）或氢键等长程作用力结合在一起的，而这种作用力比化学键弱得多，仅及其2%～10%，故这两类高聚物是可溶和可熔的，它们均具有热塑性。在线型和支链型结构二者中，由于后者的排列更为疏松，分子间作用力更弱，则其溶解度大，密度小，机械强度低。

网型高聚物则是由共价键将分子主链相互连接成庞大的网状结构，故不能被溶剂溶解分散，加热也不能软化、流动。其坚硬刚脆，呈热固性。

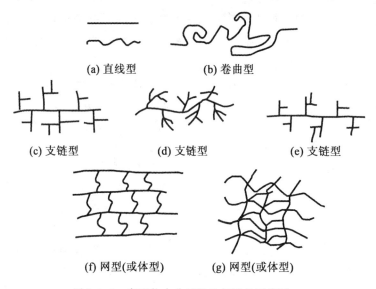

图 9.1.1　高聚物大分子链几何形状示意图

2. 高聚物的结晶

线型高聚物分为晶态高聚物和非晶态高聚物。由于线型高分子难免没有弯曲，故高聚物的结晶为部分结晶。结晶所占的百分比称为结晶度。一般地，结晶度越高，则高聚物的密度、弹性模量、强度、硬度、耐热性、折光系数等越大，而冲击韧性、粘附力、断裂伸长率、溶解度等越小。晶态高聚物一般为不透明或半透明的，非晶态高聚物则一般为透明的。

体型高聚物则只有非晶态一种。

3. 高聚物的变形与温度

线型非晶态高聚物在不同的温度下可以出现三种不同的力学状态：玻璃态、高弹态、粘流态。晶态高聚物则只有结晶态和粘流态。体型高聚物则只有玻璃态，当其交联程度较低时，则具有玻璃态和高弹态。

（1）玻璃态

线型非晶态高聚物的变形与温度的关系如图 9.1.2 所示。

线型非晶态高聚物在低于某一温度时，由于所有的分子链段和大分子链均不能自由转动，分子被"冻结"成为硬脆的玻璃体，即处于玻璃态，高聚物转变为玻璃态的温度称为玻璃化温度 T_g。玻璃态下只有链节、链角、原子等可以在其平衡位置的附近作小范围的振动。受力时由于链段的微小伸长和键角的微小变化而产生较小的变形。

当温度继续降低到某一温度时，由于分子振动被冻结，柔顺性完全消失，高聚物发生脆化。此时的温度称为脆化温度 T_b。各种塑料材料应在 $T_b \sim T_g$ 范围内使用。

(2) 高弹态

当温度超过玻璃化温度 T_g，由于分子链段可以发生运动（大分子仍不可运动），使高聚物产生大的变形（可以达 100%～1000%），具有高弹性，即进入高弹态。

(3) 粘流态

当温度继续升高到某一数值时，由于分子链段和大分子链均可以发生运动，使高聚物产生塑性变形，即进入粘流态，成为熔融体，将该温度称为高聚物的粘流态温度 T_f。

若继续升高温度高聚物将发生分解，此时的温度称为分解温度 T_d。

热塑性树脂与热固性树脂在成型时均处于粘流态，但加热温度应在 T_f～T_d。

通常将玻璃化温度 T_g 高于室温的称为橡胶，低于室温的称为塑料。玻璃化温度是塑料的最高使用温度，但却是橡胶的最低使用温度。

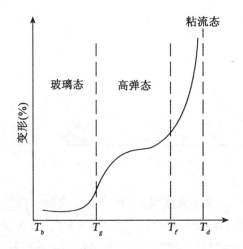

图 9.1.2　线型非晶态高聚物变形与温度的关系

9.1.3　合成高分子材料的建筑特性

高分子建筑材料是以高聚物为基本材料，加入一定的添加剂、填料，在一定温度、压力等条件下制成的有机建筑材料。高分子建筑材料和制品的种类繁多，应用广泛。表 9.1.1 是高分子建筑材料的一般分类和应用。

表 9.1.1　　　　　　　　高分子建筑材料制品的一般分类和应用

种类	薄膜、织物	板材	管材	泡沫塑料	溶液、乳液品	模制品
应用	防渗、隔离、土工	屋面、地板、模板、墙面	给排水、电信	隔热、防震	涂料、密封剂、粘合剂	管件、卫生洁具、建筑五金

高分子建筑材料与其他建筑材料相比具有以下特性：

1. 密度低、比强度高

高分子材料的密度在 0.9～2.2g/cm³ 之间，平均为 1.45g/cm³，约为钢密度的 20%。

泡沫塑料的密度可以低到 0.1g/cm³ 以下，由于高分子材料自重轻，因而对高层建筑有利。虽然高分子材料的绝对强度不高，但比强度（强度与密度表观之比值）却超过钢和铝。表 9.1.2 是金属与塑料的比强度。

表 9.1.2 　　　　　　　　　　　　金属与塑料的比强度

材料	密度/（g/cm³）	拉伸强度/（MPa）	比强度（拉伸强度/表观密度）
高强度合金钢	7.85	1280	160
铝合金	2.8	410～450	146～161
尼龙	1.14	441～800	387～702
酚醛木质层压板	1.4	350	250
玻纤/环氧复合材料	/	/	640
定向聚偏二氯乙烯	1.7	700	412

2. 减震、隔热和吸声性

高分子建筑材料密度小（如泡沫塑料），可以减少振动、降低噪音。高分子材料的导热性很低，一般导热系数为 0.020～0.046 W/（m·K），约为金属导热系数的 0.67%，混凝土导热系数的 2.5%，砖导热系数的 5%，是理想的绝热材料。

3. 可加工性好

高分子材料成型温度、压力容易控制，适合不同规模的机械化生产。其可塑性强，可以制成各种形状的产品。高分子材料生产能耗小（为钢材的 20%～50%；铝材的 10%～33%）、原料来源广，因而材料成本低。

4. 电绝缘性

高分子材料介电损耗小，是较好的绝缘材料，广泛用于电线、电缆、控制开关、电器设备等。

5. 耐腐蚀性优良

高分子建筑材料具有优良的抵抗酸、碱、盐侵蚀的能力，特别适合化学工业的建筑用材。高分子建筑材料一般吸水率和透气性很低，对环境水的渗透有很好的防潮防水作用。

6. 装饰效果

高分子材料成型加工方便、工序简单，可以通过电镀、烫金、印刷和压花等方法制备出各种质感和颜色的产品，具有灵活、丰富的装饰性。

7. 高分子材料的缺点

高分子材料的热膨胀系数大、弹性模低、易老化、易燃，燃烧时同时会产生有毒烟雾。在选用时应扬长避短，特别要注意安全防火等。

§9.2 土木工程中的合成高分子材料

9.2.1 塑料

塑料是以天然或合成树脂为基本成分，配以一定量的辅助剂，如填料、增塑剂、稳定剂、着色剂等，经加工塑化成型，且在常温常压下能保持其形状不变的有机高分子材料。建筑塑料具有轻质高强、保温隔热和吸声性好、耐腐蚀性强、电绝缘性好等优点，符合现代建筑材料的发展趋势，是一种理想的可以用于替代木材、部分钢材和混凝土等传统建筑材料的新型材料。

热塑性塑料在建筑高分子材料中占80%以上，因此，在建筑塑料中，一般按塑料的热变形行为分为热塑性塑料和热固性塑料。

1. 热塑性塑料

热塑性塑料的基本组分是线型或支链型的聚合物。热塑性塑料较热固性塑料一般有质轻、耐磨、润滑性好、着色力强、加工方法多等特点，但其耐热性差、尺寸稳定性差、易变形、易老化。

（1）聚氯乙烯（PVC）塑料及其建筑制品

目前，建筑工程中使用最多的是PVC塑料制品，这种塑料成本低、产量大，耐久性较好，加入不同添加剂可以加工成软质和硬质的多种产品。

PVC的脆化温度在$-50℃$以下，玻璃化温度通常是$80\sim85℃$。PVC是无定形聚合物，难燃，离火即灭。PVC溶于四氢呋喃和环己酮。利用这一特点，制品可以用上述溶剂进行粘结。

PVC是多组分塑料，当加入30%～50%的增塑剂时形成软质PVC塑料制品，硬质PVC制品则要加入稳定剂、外润滑剂。

硬质PVC是建筑工程中最常用的一种塑料，力学强度较高，具有良好的耐风化性能和良好的抗腐蚀性能，但使用温度低。硬度PVC适于做给排水管道、瓦棱板、门窗、装饰板、建筑零配件等。

PVC塑料管道和塑钢门窗近年来发展迅猛。塑料管道较金属管道具有质量轻、耐腐蚀、不易结垢、不生锈、输送效率高、安装维修简便等特点。硬质PVC压力管道主要用于民用住宅室内供水系统，非压力管道主要用于排水排污系统。压力管要求液压密封试验在1.5MPa静压下无渗漏现象；非压力管要求在0.2MPa静压下无渗漏现象。硬质PVC管使用温度为0～50℃，不能输送热水和蒸汽。

塑钢窗一般采用PVC塑料，塑钢窗是在PVC塑料中空异型材内安装金属衬筋，采用热焊接和机械连接制成成品窗。塑钢窗有良好的隔热性、气密性，有明显的节能效果，而且不必用油漆维修。

软质PVC可以挤压或注射成薄板、薄膜、管道、壁纸、墙布、地板砖等，还可以磨细悬浮于增塑剂中制成低粘度的增溶胶，作为喷塑和涂刷于屋面、金属构件上的防水防蚀材料。用软聚氯乙烯制成的密封带适用于地下防水工程的变形缝处，抗腐蚀性能优于金属止水带。

改性的氯化聚氯乙烯（CPVC），其性能与PVC相近，但其耐热性、耐老化、耐腐蚀性有所提高。另外氯乙烯还能分别与乙烯、丙烯、丁二烯、醋酸乙烯进行共聚改性，特别是引入了醋酸乙烯，使PVC塑性加大，改善了其加工性能，并减少了增塑剂的用量。

PVC加入一定量的发泡剂可以制成PVC泡沫塑料，是一种新型软质保温隔热、吸声防震材料。

（2）聚乙烯（PE）塑料及其建筑制品

聚乙烯是一种结晶性聚合物，是由乙烯聚合而成。主要制备成板材、管材、薄膜和容器，广泛用于工业、农业和日常生活。

按合成时压力、温度的不同，聚乙烯分为高压法聚乙烯和低压法聚乙烯。高压法聚乙烯是以高纯度（>99.8%）乙烯单体为原料，在160~270℃、150~300MPa高压下，用高压釜法或管式法进行生产。其结构上含有较多的支链，密度、结晶度较低（55%~65%），质软透明，伸长率、冲击强度和低温韧性较好，也称为低密度聚乙烯。低压聚乙烯是在60~90℃、0.1~1.5MPa低压下制得。其大分子上支链少，结晶度高（80%~90%）、密度高，其质坚韧，机械强度高，其冲击强度和拉伸强度成倍增加，具有高耐磨性、自润滑性，使用温度在100℃以上。

高密聚乙烯建筑塑料制品有：给排水管、燃气管、大口径双型波纹管、绝缘材料、防水防潮薄膜、卫生洁具、中空制品、钙塑泡沫装饰板等。

（3）聚丙烯（PP）塑料及其建筑制品

PP是目前发展速度最快的塑料品种，用于生产管道、容器、建筑零件、耐腐蚀板，薄膜、纤维等。PP是丙烯单体在催化剂（$TiCl_3$）作用下聚合，经干燥后处理制成不同结构的PP粉末。

通过添加防老剂，能够改善PP的耐热、耐光老化、耐疲劳性能，提高PP的弹性模量和强度。采用共聚和共混的技术，能改善聚丙烯的低温脆性。加入韧性的高聚酰胺或橡胶，可以提高PP的低温冲击强度。

（4）聚苯乙烯（PS）塑料及其建筑制品

PS是非结晶聚合物，透明度高达88%~90%，有光泽。PS的机械性能较高，但脆性大。PS的耐溶剂性能较差，能溶于苯、甲苯等芳香族溶剂。PS导热系数不随温度变化，具有较高的绝缘性能，所以主要用于制作泡沫隔热材料。

为改善PS的抗冲击性和耐热性，开发了一系列改性PS，其中主要有ABS、MBS、AAS、ACS、AS等。ABS是其中最重要的一种，ABS是丙烯腈、丁二烯、苯乙烯三种单体组成的热塑性塑料。在ABS中丙烯腈使ABS具有良好的化学稳定性和表面硬度，丁二烯使ABS坚韧且具有良好的耐低温性能，苯乙烯则赋予ABS良好的加工性能。ABS塑料的总体性能取决于这三种单体的组成比例。ABS可以生产建筑五金和各种管材。

2. 热固性塑料

热固性塑料的基本组分是体型结构的聚合物，且大多含有填料。热固性塑料较热塑性塑料耐热性好，刚性大，制品尺寸稳定性较好。

制备热固性塑料所用原料均为分子量较低的线型和支链型结构，在成型塑料制品的过程中同时发生交联固化，变成体型聚合物。这类聚合物不仅可以用来制造热固性塑料制品，还可以做粘结剂和涂料，并且都要经过固化才能生成坚韧的涂层和发挥粘结作用。

(1) 酚醛（PF）树脂塑料及其建筑制品

酚类化合物和醛类化合物缩聚而成的聚合物称为酚醛树脂，其中主要是苯酚和甲醛的缩聚物。热固性和热塑性 PF 能够相互转化，热固性 PF 在酸性介质中用苯酚处理后，可以转变为热塑性 PF；热塑性 PF 用甲醛处理后，可以转变成热固性 PF。当苯酚和甲醛以 1 :（0.8～0.9）的量，在酸性条件下反应时，由于甲醛量不足，得到的是线型 PF，当提供多量的甲醛时，线型 PF 发生固化生成体型树脂。

热固性酚醛树脂加入木粉填料可以模压成人们熟知的用于电工器材的"电木"。将各种片状填料（棉布、玻璃布、石棉布、纸等）浸以热固性酚醛树脂，可以多次叠加热压制成各种层压板和玻璃纤维增强塑料；还能制作 PF 保温绝热材料、胶粘剂和聚合物混凝土等，应用于装饰、护墙板、隔热层、电气件等。

酚醛中的羟基一般难以参加化学反应且容易吸水，造成固化制品电性能、耐碱性和力学性能下降。引入与 PF 相容性好的成分分隔和包围羟基，从而达到改变固化速度、降低吸水率的目的。例如：聚乙烯醇缩醛改性 PF，可以提高树脂对玻璃纤维的粘结力、改善 PF 的脆性、提高力学强度、降低固化速率、有利于低压成型，PF 成为工业上应用最多的产品。又如用环氧树脂改性 PF，可以使复合材料具有环氧树脂粘结性好、酚醛树脂良好耐热性的优点，同时又改进了环氧树脂耐热性差、酚醛树脂脆性较大的缺点。

(2) 聚酯（UP）塑料及其建筑制品

聚酯树脂是多元酸和二元醇缩聚成的线型初聚物，在固化前是高粘度的液体，加入固化促进剂后固化交联成体型结构。国内外用作复合材料基体的不饱和聚脂，基本是邻苯型、间苯型、双酚 A 型、乙烯基酯型、卤代型。

UP 由于分子间没有氢键和酯形成的链，其柔顺性高，拉伸、压缩量大，熔点低，例如聚辛二酸乙二醇酯的熔点仅为 63～65℃。而在主链上引入苯环，则大大加强了链的刚性，例如聚对苯二甲酸乙二醇（绦纶）的熔点可以达到 256℃。若用双酚 A 与对苯二甲酸或间苯甲酸缩聚，可以制成聚芳酯（PAR）。PAR 具有很好的机械强度、电绝缘性能、尺寸稳定性和自滑性，其耐水、耐稀酸、稀碱、耐热性好。

UP 的优点是加工方便，可以在室温下固化，可以在不加压或低压下成型。UP 主要用于制作玻璃纤维增强塑料（玻璃钢）、涂料、装饰板、管道等。

(3) 环氧树脂（EP）塑料及其建筑制品

环氧树脂大多是由双酚 A 和环氧氯丙烷缩聚而成。EP 在未固化时是高粘度液体或脆性固体，易溶于丙酮或二甲苯等溶剂。加入固化剂后可以在室温和高温下固化，固化后具有坚韧、收缩率小、耐水、耐化学腐蚀等特点。

EP 分子中含有各种极性基团（羟基、醚键和环氧基团），因此对金属、玻璃、陶瓷、木材、织物、混凝土、玻璃钢等多种材料都有很强的粘结力，有"万能胶"之称，EP 是当前应用最广泛的胶种之一。EP 固化后粘结力大、坚韧、收缩性小、耐水、耐化学腐蚀、电性能优良、易于改性、使用温度范围广、毒性低，但其脆性较大，耐热性差。EP 主要用于制作粘合剂、玻璃纤维增强塑料、人造大理石、人造玛瑙等。

(4) 有机硅（SI）塑料及其建筑制品

有机硅即有机硅氧烷，其主链由硅氧键构成，侧基为有机基团，聚有机硅氧烷含有无机主链和有机侧链（如：甲基、乙基、乙烯基、丙基和苯基等），因此有机硅既有一般天然无机物（如石英、石棉）的耐热性，又具有有机聚合物的韧性、弹性和可塑性。有机硅树脂的 Si－O 键有较高的键能（452kJ/mol），所以有机硅的耐高温性较好，可以在 200~250℃下长期使用；聚有机硅分子对称性好，硅氧链极性不大，其耐寒性好，例如有机硅油的凝固点为 －80~－50℃，硅橡胶在 －60℃仍保持弹性；聚有机硅不溶于水，吸水性很低，表现出很好的憎水性；聚有机硅分子有对称性和非极性侧基，使聚有机硅具有很高的电绝缘性；用聚有机硅树脂和玻璃纤维复合的材料，可以耐 10%~30% 硫酸、10% 盐酸、10%~15% 氢氧化钠，醇类、脂肪烃、油类对其影响不大。但在浓酸和某些溶剂（四氯化碳、丙酮和甲苯等）中易溶蚀。聚有机硅固化后力学性能不高，若在主链上引入亚苯基，则可以提高其刚度、强度和使用温度。有机硅树脂还具有优良的耐候性，可以制成耐候、保色、保温涂料，有机硅涂料在很大的温度范围内粘度变化很小，具有良好的流动性，这给涂料施工带来很大的方便。硅树脂的水溶液可以作为混凝土表面的防水涂料，增加混凝土的抗水、抗渗和抗冻能力。

由于组成与分子量大小的不同，有机硅氧聚合物可以分为液态（硅油）、半固态（硅脂）、弹性体（硅橡胶）、树脂状流体（硅树脂）。

以硅树脂为基本组分的塑料即为有机硅塑料。有机硅塑料的主要特点是不燃、介电性能优异，耐水（常做防水材料），耐高温，可以在 250℃ 以下长期使用。

表 9.2.1 列出了建筑工程常用塑料的技术性能。

表 9.2.1　　建筑工程常用塑料的技术性能

性能	聚氯乙烯（硬）	聚氯乙烯（软）	聚乙烯	聚苯乙烯	聚丙烯	酚醛	有机硅
密度/（g/cm³）	1.35~1.45	1.3~1.7	0.92	1.04~1.07	0.90~0.91	1.25~1.36	1.65~2.00
拉伸强度/（MPa）	35~36	7~25	11~13	35~63	30~63	49~56	—
伸长率/（%）	20~40	200~400	200~550	1~1.3	>200	1.0~1.5	
抗压强度/（MPa）	55~90	7~12.9	—	80~110	39~56	70~210	110~170
抗弯强度/（MPa）	70~110			55~110	42~56	85~105	48~54
弹性模量/（MPa）	2500~4200	—	130~250	2800~4200	—	5300~7000	—
耐热性/（℃）	50~70	60~80	100	65~95	100~120	120	300
线膨胀系数 10^{-5}/℃	5~18.5	—	16~18	6~8	10.8~11.2	5~6.0	5~5.8
耐溶剂性	溶于环己酮	溶于环己酮	室温下无溶剂	溶于芳香族溶剂	室温下无溶剂	不溶于任何溶剂	溶于芳香族溶剂

（5）玻璃纤维增强塑料（GRP）

玻璃纤维增强塑料又称玻璃钢制品，是一种优良的纤维增强复合材料，因其比强度很高而被越来越多地用于一些新型建筑结构。

玻璃纤维增强塑料，是以聚合物为基体，以玻璃纤维及其制品（玻璃布、带、毡等）为增强体制成的复合材料。玻璃纤维在玻璃钢中的用量一般为20%~70%。玻璃钢中的聚合物可以是热固性塑料，也可以是热塑性塑料。主要的热固性塑料有不饱和聚酯、环氧树脂、酚醛树脂等；主要的热塑性塑料有尼龙、聚烯烃类、聚苯乙烯塑料等。

玻璃钢的力学性能主要取决于玻璃纤维。聚合物将玻璃纤维粘结成整体，使力在纤维间传递荷载，并使荷载均衡。玻璃钢的拉伸、压缩、剪切性能与基体材料的性能、玻璃纤维在玻璃钢中的分布状态密切相关。

玻璃纤维在聚合物中的分布可以有多种形式，由于聚合物本身强度远低于玻璃纤维的强度，所以就纵向拉伸能力而言，主要决定于玻璃纤维，而聚合物基体主要起胶结作用，将玻璃纤维粘结成整体，在纤维间传递荷载，使荷载均衡。至于横向拉伸性能、压缩性能、剪切性能、耐热性能等则与聚合物基体更为密切相关。因此，玻璃纤维在玻璃钢中的分布状态就决定了玻璃钢性能的方向性，即玻璃钢制品通常是各向异性的。

玻璃钢具有成型性好、制作工艺简单、质轻强度高、透光性好、耐化学腐蚀性强、价格低等特性。其比强度接近甚至超过高级合金钢，因此得名"玻璃钢"。玻璃钢的比强度为钢的4~5倍，这对高层建筑和空间结构有特别重要的意义。但玻璃钢最大的缺点是刚度不如金属。玻璃钢主要用做装饰材料、屋面及围护材料、防水材料、采光材料、排水管等。

土木工程中常用塑料的特性与用途如表9.2.2所示。

表9.2.2　　　　　　　　土木工程中常用塑料的特性与用途

名　称	特　性	用　途
聚氯乙烯（PVC）	优良的电绝缘性和化学稳定性，力学性能较好，具有难燃性；耐热性差，温度升高时易发生降解	有软质、硬质、轻质发泡制品，应用最多的一种塑料。
聚乙烯（PE）	优良的电绝缘性和耐冲击性，化学稳定性好，成型工艺好；强度不高，易燃烧，质地较软，刚性差。	防潮防水材料，给排水管及管件、绝缘材料等。
聚丙烯（PP）	耐化学腐蚀性优良，力学性能和刚性超过聚乙烯，耐疲劳和耐应力开裂性好；收缩率较大，低温脆性大。	管材、卫生洁具、模板等

续表

名 称	特 性	用 途
聚苯乙烯（PS）	透明度好、耐水、耐光、耐化学腐蚀，电绝缘性良好，易着色，易加工；易燃、耐热性差、脆性大。	装饰透明零件、灯罩，发泡轻质保温绝热材料，容器、家具、管道等。
聚甲基丙烯酸甲酯（PMMA）	较好的弹性、韧性和抗冲击强度，耐低温性较好，透明度高（也称有机玻璃）	采光材料、灯具、卫生洁具等
ABS塑料	硬、韧、刚均优良的力学性能，耐化学腐蚀，电绝缘性良好，尺寸稳定性好，表面光泽度好，易涂装和着色；耐热性不太好，耐候性差	建筑五金、管材、模板、异型板等
酚醛树脂（PF）	耐热、耐湿、耐化学侵蚀，具有电绝缘性，尺寸稳定，不易变形	层压板、玻璃钢制品、涂料、胶粘剂
不饱和聚酯树脂（UP）	可在低压下固化成型，用玻璃纤维增强后具有优良的力学性能，良好的耐化学腐蚀和电绝缘性；固化收缩率较大	玻璃钢、涂料、人造石
环氧树脂（EP）	力学性能优良，耐化学品性（尤其是耐碱性）良好，电绝缘性良好，固化收缩率低，可在室温、接触应力下固化成型	玻璃钢、胶粘剂、涂料
聚氨脂（PUR）	强度高、耐化学腐蚀性优良、耐热、耐油、耐溶剂性好，粘结性和弹性好	泡沫保温隔热材料、优良涂料、胶粘剂、防水涂料、弹性嵌缝材料
有机硅树脂（SI）	耐高、低温性好，耐腐蚀、稳定性好，绝缘性好	高级绝缘材料、防水材料
玻璃纤维增强塑料（GRP）	强度高，质轻，成型工艺简单，除刚度不如钢材外，各种性能均很好	屋面材料、墙面围护材料、浴缸、水箱、冷却塔、排水管、通信线管

例 9.2.1 保鲜膜之争。

概况：2005年，国家质监部门发现市场大量食品保鲜膜是用聚氯乙烯为原料制成，其中含有对人身体健康有害的成分，遂禁止生产和销售。

分析：保鲜膜的主要生产原料应是聚乙烯（PE），聚乙烯无毒，对人体健康无不利影响，并且聚乙烯塑性好，易压延成薄的膜。聚氯乙烯（PVC）对人的危害有二，其一聚氯乙烯中的氯离子危害，其二是聚氯乙烯较脆，不易制成保鲜膜，需添加增塑剂，而添加的增塑剂对人体健康不利。

例 9.2.2 某地板取暖系统漏水。

概况：某房间在地板上安装聚氯乙烯塑料管，塑料管通长，中间不设接头，连接到燃气锅炉上，利用温水循环给房间供暖。使用不久后发现漏水，砂浆找平层湿透，复合地板也被水浸泡变形。

分析：普通硬聚氯乙烯塑料管使用温度较低，温度较高时要软化，而在低温下又会发脆，使用温度一般在 -15 ~ 65℃。聚乙烯管具有优良的低温性能，脆化温度低，为 -80℃，但高温易软化。聚丙烯管使用温度范围为100℃以下。因此，聚丙烯管广泛用于新建房屋的室内地面加热，管内热载体（水）温度不超过65℃，将地面温度加热至不超过 26 ~ 28℃，以获得舒适的环境温度，与一般暖气设备相比较可以节约能耗20%，地面加热用的管材除聚丙烯外，聚丁烯管和交联聚乙烯管也有使用。

9.2.2 粘合剂

粘合剂是指具有良好的粘接性能，能把两物体牢固地胶结在一起的一类物质。目前，胶粘剂已作为一个独立的新型建筑材料门类而被广泛用于建筑工程之中。

1. 胶粘剂的分类

胶粘剂品种繁多，用途不同，组成各异，可以从不同角度进行分类。常用的是按胶粘剂的化学成分作如下分类：

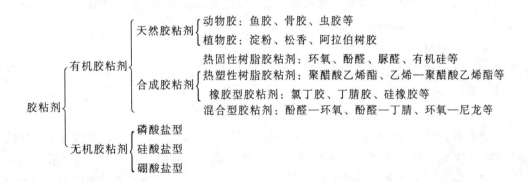

2. 胶粘剂的组成

胶粘剂的品种很多，但其组分一般有以下几种物质：

（1）粘料

粘料是胶粘剂的基本组分，其性质决定了胶粘剂的性能、用途和使用工艺。一般胶粘剂是用粘料的名称来命名的。

(2) 稀释剂

稀释剂又称溶剂。其作用是降低胶粘剂的粘度以便于操作，提高胶粘剂的湿润性和流动性。但随着溶剂掺量的增加，粘结强度将下降。

(3) 固化剂

固化剂的作用是使某些线型分子通过交联作用形成网状或体型的结构，从而使胶粘剂硬化成坚固的胶层。固化剂也是胶粘剂的主要成分，其性质和用量对胶粘剂的性能起着重要的作用。

(4) 填料

填料一般在胶粘剂中不发生化学反应，但加入填料可以改善胶粘剂的性能，如增加胶粘剂的粘度、强度及耐热性，减少收缩，同时降低其成本。

(5) 其他添加剂

为了满足某些特殊要求，还可以掺加增塑剂、防霉剂、阻燃剂等。

3. 影响胶结强度的因素

胶结强度是指单位胶结面积所能承受的企图使两个被粘物体分开的最大力。胶结强度取决于胶粘剂本身的强度（内聚力）和胶粘剂与被粘物之间的粘附强度（粘附力）。影响胶结强度的因素，就是影响内聚力和粘附力的因素，主要有胶粘剂的性质、被粘物的性质、被粘物表面粗糙度和表面处理方法、被粘物表面被胶粘剂浸润的程度及含水状况、粘结层厚度、粘结工艺、环境因素和接头形式。

4. 胶粘剂选用原则

胶粘剂的品种很多，性能差异很大，每一种胶粘剂都有其局限性。因此，胶粘剂应根据胶结对象、使用及工艺条件等正确选择，同时还应考虑价格与供应情况。选用时一般要考虑以下因素：

(1) 被胶结材料

不同的材料，如金属、塑料、橡胶等，由于其本身分子结构，极性大小不同，在很大程度上会影响胶结强度。因此，应根据不同的材料，选用不同的胶粘剂。

(2) 受力条件

受力构件的胶结应选用强度高、韧性好的胶粘剂。若用于工艺定位而受力不大时，则可以选用通用型胶粘剂。

(3) 工作温度

一般而言，橡胶型胶粘剂只能在 $-60 \sim 80℃$ 下工作；以双酚A环氧树脂为基料的胶粘剂工作温度在 $-50 \sim 180℃$。冷热交变是胶粘剂最苛刻的使用条件之一，通常胶结接头在固化或使用中因温度变化等因素而产生的变形，会在接头处产生很大的内应力，导致接头也会发生破坏，因此，要根据不同的工作温度，选用不同的胶粘剂。

5. 常用胶粘剂

胶粘剂在建筑工程中应用很广，以下仅介绍几种常用的胶粘剂。

(1) 环氧树脂胶粘剂

环氧树脂胶粘剂是以环氧树脂为主要原料，掺加适量固化剂、增塑剂、填料和稀释剂等配制而成。具有粘合力强、收缩性小、稳定性高、耐化学腐蚀、耐热、耐久等特点。对于铁制品、玻璃、陶瓷、木材、塑料、皮革、水泥制品、纤维材料等都具有良好的粘结能力。适用于水中作业和需耐酸碱场合及建筑物的修补，故俗称万能胶。

（2）聚乙烯醇缩甲醛胶粘剂

聚乙烯醇缩甲醛胶粘剂的商品名称为 107 胶，是以聚乙烯和甲醛为主要原料，加入少量盐酸、氢氧化钠和水，在一定条件下缩聚而成的无色透明胶体。

水溶性聚乙烯醇缩甲醛的耐热性好，胶结强度高，施工方便，抗老化性能优异。107 胶在建筑工程中应用十分广泛，可以作胶结塑料壁纸、墙布、瓷砖等。在水泥砂浆中掺入少量的水溶性聚乙烯醇缩甲醛，可以提高砂浆的粘强性、抗渗性、柔韧性，以及具有减少砂浆收缩等优点。

（3）聚醋酸乙烯乳液胶粘剂

聚醋酸乙烯乳液胶粘剂俗称白乳胶，由醋酸乙烯单体聚合而成，其用途广泛不亚于 107 胶。该乳液是一种白色粘稠液体，呈酸性，具有亲水性，且流动性好。在胶粘时可以湿粘或干粘。但其内聚力低，耐水性差，干固温度不宜过低或过高。主要用于承受力不太大的胶结中，如纸张、木材、纤维等的胶结。另外，可以将其加入涂料中，作为主要成膜物质，也可以加入水泥砂浆中组成聚合物水泥砂浆。

（4）酚醛树脂胶粘剂

酚醛树脂是热固性树脂中最早工业化并用于胶粘剂的品种之一。酚醛树脂的胶结强度高，但必须在加压、加热条件下进行粘结。酚醛树脂可以用松香、干性油或脂肪酸等改性，改性后的酚醛树脂可溶性增加，韧性提高。主要用于胶结纤维板、非金属材料及塑料等。

（5）聚乙烯醇缩脲醛甲醛胶粘剂

聚乙烯醇缩脲醛甲醛胶粘剂的商品名称为 801 建筑胶，801 建筑胶是一种经过改性的 107 胶。801 建筑胶是通过在 107 胶的制备过程中加入尿素而制得的。这样可以大大降低对人体有害的游离甲醛的含量，且胶结能力得以增强。801 建筑胶可以代替 107 胶用于建筑工程之中，而其胶结强度和耐水性均比 107 胶高。

例 9.2.3 胶粘剂粘结力问题。

概况： 某工程外墙装修采用大理石面板，需使用挂石胶粘贴，该胶粘剂的粘结强度达到 20MPa，但实际测得的粘结强度远低于此值，观察大理石表面，发现不够清洁。试讨论粘结力低的原因。

分析： 大理石表面不够清洁，是导致胶结强度低的主要原因。胶粘剂能够将材料牢固地粘结在一起，是因为胶粘剂与材料间存在有粘结力。对不同的胶粘剂和被粘材料，粘结力的主要来源也不同，当机械粘结力、物理吸附力和化学键力共同作用时，可以获得很高的粘结强度。被粘物表面应当清洁、干燥、无油污、无锈蚀、无漆皮等，否则会降低胶粘剂的湿润性，阻碍胶粘剂接触被粘物的基体表面。同时，这些附着物的内聚力比胶层要小得多，易造成胶结强度降低。

9.2.3 建筑涂料

涂料是指涂敷在物体表面，能形成牢固附着的连续薄膜，从而对物体起到保护、装饰或使物体具有某些特殊功能的材料。

由于涂料最早是以天然植物油脂、天然树脂，如亚麻子油、桐油、松香、生漆等为主要原料，因而涂料在过去被称为油漆。随着石油化学工业的发展，合成树脂的产量不断增加，且其性能优良，已大量替代了天然植物油和天然树脂，并以人工合成有机溶剂为稀释剂，甚至以水为稀释剂，继续称为油漆已不确切，因而改称涂料。

1. 涂料的组成

涂料主要由成膜材料、颜料、分散介质和辅助材料等四种成分组成。

（1）成膜材料

成膜材料是涂料的最主要成分，也称为基料。成膜材料的作用是将涂料中其他组分粘合成一个整体，附着在被涂物体表面，干燥固化后形成均匀连续的保护膜。成膜材料可以分为反应型和挥发型两类。

①转换型或反应型：成膜材料在成膜过程中伴随着化学反应，一般形成网状交联结构，成膜物相当于热固型聚合物。常用的有环氧树脂、聚氨脂树脂等。

②非转换型或挥发型：成膜材料成膜过程仅仅是溶剂的挥发，成膜物是热塑性聚合物。常用的有聚乙烯醇缩甲醛、丙烯酸树脂、聚醋酸乙烯等。

（2）颜料

颜料是一种微细的粉末，均匀地分散在涂料的介质中，构成涂膜的一个组成部分。颜料的主要作用是使涂料具有所需的各种颜色，并能使涂膜具有一定的遮盖力，同时也可以提高涂膜的机械强度，减少涂膜的收缩。此外颜料还能防止紫外线的穿透作用，提高涂膜的耐候性。颜料按其功能可以分为体质颜料和着色颜料。着色颜料使涂料具有色彩和遮盖力，体质颜料可以增加涂膜厚度、加强涂膜体质。

（3）分散介质

分散介质的作用是使成膜物质分散、形成粘稠液体，以适应施工工艺的要求。分散介质有水或有机溶剂，主要是有机溶剂。涂料中常用的有机溶剂主要为松香水、酒精、苯、二甲苯、丙酮、醋酸乙酯、醋酸丁酯等。建筑涂料中常用的有机溶剂主要为二甲苯、醋酸丁酯等。

（4）辅助材料

辅助材料是指能帮助成膜物质形成一定性能的涂膜，对涂料的施工性、储存性和功能性有明显的作用，也称为助剂。辅助材料种类很多，作用各异。如催干剂、增塑剂、增稠剂、稀释剂和防霉剂等。

2. 常用建筑涂料

近年来建筑涂料向着高科技、高质量、多功能、绿色环保型、低毒型方向发展。外墙涂料开发的重点为适应高层建筑物外墙的装饰性、耐候性、耐污染性、保色性等，正朝着低毒、水乳型方向发展。内墙涂料以适应健康、环保、安全的绿色涂料方向发展，重点开发水性类、抗菌型乳胶类。防火、防腐、防碳化、保温也是内墙多功能涂料的研究方向。防水涂料向富有弹性、耐酸碱、隔音、密封、抗龟裂、水性型方向发展。功能性涂料将在隔热保温、防晒、防蚊蝇、防霉菌等方向迅速发展。常用建筑物外墙、内墙、地面涂料如表9.2.3所示。

表 9.2.3　　　　　　　　　　常用建筑涂料

种类		主要成分	性能	应用
外墙涂料	过氯乙烯外墙涂料	过氯乙烯树脂、改性酚醛树脂	涂膜平滑、柔韧、有弹性、不透水、表面干燥快、色彩丰富、耐候性、耐腐蚀性好。	应用于砖墙、混凝土、石膏板、抹灰墙面等的装饰
	氯化橡胶外墙涂料	氯化橡胶、瓷土、溶剂	耐水、耐酸碱、耐候性好，对混凝土、钢筋附着力高，维修性能好。	水泥、混凝土外墙、抹灰墙面。
	丙烯酸酯外墙涂料	丙烯酸酯、碳酸钙等	耐水性、耐候性、耐高低温性良好，装饰效果好、色彩丰富，可调性好。	各种外墙饰面
	立体多彩涂料	合成树脂、乳胶漆、腻子等。	立体花型图案多样，装饰豪华高雅，耐水、耐油、耐候、耐冲洗，对基层适应性强	适应休闲娱乐场所、宾馆等各种外墙饰面
	多功能陶瓷涂料	聚硅氧烷化合物、丙烯酸树脂	耐候性、加工性、耐污性、耐划伤性优异，是适应高档墙面装饰的涂料	高档高层外墙饰面
	纳米材料改性外墙涂料	纳米材料、乳胶漆等	不沾水、油、抗老化、抗紫外线、不龟裂、不脱皮、耐冷热、不燃、自洁、耐霉菌。超过传统涂料 3 倍以上	适应各种高档内外墙饰面
内墙涂料	醋酸乙烯—丙烯酸酯涂料	醋酸乙烯、丙烯酸酯、钛白粉等	耐水、耐候、耐酸碱性好，附着力强，干燥快，易施工，有光泽	适应要求较高的内墙装饰建筑物
	苯—丙乳胶涂料	苯乙烯、丙烯酸丁酯、甲基丙烯酸甲酯等	耐水、耐候、耐碱、耐擦洗性好，外观细腻，色彩鲜艳，加入不同的填料，可表现出丰富的质感	适用于高级建筑的内墙装饰
	环保壁纸型内墙涂料	天然贝壳无机粉末、有机粘合剂等。	色彩、图案丰富，不褪色、不起皮，经久耐用，无毒、无害，施工简便无接缝	适应中高档建筑内墙装饰
	聚乙烯醇水玻璃涂料	聚乙烯醇树脂、水玻璃、轻质碳酸钙等	无毒、无味、耐燃，干燥快，施工方便、涂膜光滑、配色性强，价廉，不耐水擦洗。	普遍适用于一般公用建筑的内墙装饰

续表

种类		主要成分	性能	应用
地面涂料	过氯乙烯地面涂料	过氯乙烯、丙烯酸酯等	耐水、耐磨、耐化学腐蚀、耐老化性好,色彩丰富,附着力强,涂膜硬度高,施工方便,重涂性好	适用于各种水泥地面的室内装饰
	环氧树脂地面涂料	环氧树脂、固化剂、溶剂	耐水、耐油、耐化学溶剂,涂层坚硬、耐磨、有光泽、装饰性好,粘结力强、成膜性好,耐久性好	用于各种公共建筑地面、室内地面装饰
	聚氨酯弹性地面涂料	多异氰酸酯、多羟基化合物、填料等	耐水、耐候、耐高低温、耐磨、耐油、耐酸碱性能优良,有弹性、抗伸缩疲劳,色彩丰富,重涂性好	高档住宅室内地面装饰、化工车间地面

习 题 9

1. 简述高分子化合物的性能与高分子建筑材料的特性。
2. 举例说明热塑性塑料与热固性塑料的区别。
3. 简述胶粘剂的特点和粘结机理。
4. 简述建筑涂料的组成和功能。
5. 试列举出 10 种日常生活中见到的建筑塑料制品名称。
6. 何谓玻璃钢?玻璃钢有哪些主要特点?
7. 聚氯乙烯塑料在物理性质、机械性能和化学性质方面有哪些特点?
8. 与传统材料比,塑料有哪些特性?

第10章 木 材

木材是人类最先使用的建筑材料之一，举世称颂的古建筑之木构架等巧夺天工，为世界建筑独树一帜。北京故宫、天坛祈年殿都是典型的木建筑殿堂。山西应县的木塔，堪称木结构的杰作，在建筑史上创造了奇观。时至今日，木材在建筑结构、装饰上的应用仍不失其高贵、显赫的地位，并以其特有的性能在室内装饰方面大放异彩，创造了千姿百态的装饰新领域。

§10.1 木材的分类与构造

10.1.1 木材的分类

树木的种类很多，一般按树种可以分为针叶树木材和阔叶树木材两大类。

1. 针叶树木材

树叶细长呈针状（如松树）或鳞片状（如柏树），树干直而高，纹理平顺，树质均匀，木质较软，易于加工，故又称为软木材，针叶树木材的表观密度和胀缩变形较小，强度较高，耐磨性好，建筑工程中多用于承重结构构件和门窗、地板及装饰材料等。常用的有松树木材、杉树木材、柏树木材等。

2. 阔叶树木材

树叶宽大呈片状、多为落叶树。树干通直部分较短，木质较硬，难加工，故又称为硬木材。其强度大、硬度高、胀缩变形大，易翘曲、并易裂。建筑工程中常用做尺寸较小的构件。某些树木（如楸子、黄波萝等）加工后木纹和颜色非常美观漂亮，故阔叶树木材大多用做家具及装饰材料。常用树种有榆树木材、桦树木材、樟树木材、水曲柳木材等。

10.1.2 木材的构造

木材属天然建筑材料，其树种及生长条件不同，构造特征有显著差别，从而决定着木材的使用性和装饰性。

木材的构造分为宏观构造和显微构造。木材的宏观构造是指在肉眼或放大镜下所能看到的构造，与木材的颜色、气味、光泽、纹理等构成区别于其他材料的显著特征。显微构造是指用显微镜观察到的木材构造，而用电子显微镜观察到的木材构造称为超微构造。

1. 木材的宏观构造

木材是非匀质材料，要全面地了解木材的构造，必须从树干的三个主要切面来剖析，如图10.1.1所示。

横切面：垂直于树轴的切面；

径切面：通过树轴且与树干平行的切面；
弦切面：与树轴有一定距离且平行于树轴的切面。

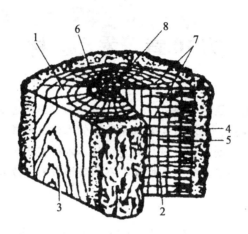

1—横切面；2—径切面；3—弦切面；4—树皮；5—木质部；
6—髓心；7—髓线；8—年轮
图 10.1.1　木材的宏观构造图

从木材的三个不同切面观察木材的宏观构造，可以看出，树干由树皮、木质部、髓心组成。一般树的树皮覆盖在木质部外面，起保护树木的作用。髓心是树木最早形成的部分，贯穿整个树木的干和枝的中心，材性低劣、易于腐朽，不适宜作结构材。木质部是位于髓心和树皮之间的部分，是土木工程材料使用的主要部分。

年轮　树木生长呈周期性，在一个生长周期内所产生的一层木材环轮称为一个生长轮。树木在温带和寒带气候一年仅有一度的生长，故生长轮又称为年轮。从横切面上看，年轮是围绕髓心的、深浅相间的同心环，年轮愈密而均匀，材质愈好。

早材和晚材　同一生长年中，春天细胞分裂速度快，细胞腔大壁薄，所以构成的木质较疏松，颜色较浅，称为早材或春材；夏秋两季细胞分裂速度慢，细胞腔小壁厚，构成的木质较致密，颜色较深，称为晚材或夏材，晚材部分愈多，木材的强度愈高。热带地区，树木一年四季均可以生长，故无早材、晚材之别。

边材和心材　有些树种在横切面上，材色可以分为内、外两大部分。颜色较浅靠近树皮部分的木材称为边材，颜色较深靠近髓心的木材称为心材。在立木生长季节，边材具有生理功能，能运输和贮藏水分、矿物质和营养物，边材逐渐老化而转变成心材。心材无生理活性，仅起支撑作用。与边材相比，心材中有机物积累多，含水量少，不易翘曲变形，耐腐蚀性好。

2. 木材的显微构造

木材由无数管状细胞紧密结合而成，这些管状细胞绝大部分纵向排列，少数横向排列（如髓线）。细胞由细胞壁和细胞腔所构成。细胞壁由纤维素（约占 50%）、半纤维素（约占 25%）和木质素（约占 25%）组成。纤维素是长链分子，化学结构为 $(C_6H_{10}O_5)_n$，（其 n 为 8000~10000），大多数纤维素成束状沿细胞长轴排列。半纤维素的化学结构类似纤维素，但其链较短，n 约为 150。木质素是一种无定形物质，其作用是将纤维素和半纤维素粘结在一起，构成坚韧的细胞壁，使木材具有强度和刚度。木材的细胞壁越厚，腔越小，木材越密实，其强度也越大，但其胀缩也越大。

髓线（又称木射线）由横行薄壁细胞所组成，髓线的功能为横向传递和储存养分。在横切面上，髓线以髓心为中心，呈放射状分布；从径切面上看，髓线为横向的带条。阔叶树的髓线一般比针叶树发达。通常髓线颜色较浅且略带光泽。有些树种（如栎木）的髓线较宽，其径切面常呈现出美丽的银光纹理。

针叶树与阔叶树的显微构造有较大差别，如图 10.1.2 和图 10.1.3 所示。

针叶树木材显微构造简单且规则，针叶树木材主要由管胞、髓线和树脂道组成，其中管胞占总体积的 90% 以上，且其髓线较细而不明显。树脂道是大部分针叶树种所特有的构造，树脂道是由泌脂细胞围绕而成的孔道，富含树脂，在横切面上呈棕色或浅棕色的小点，在纵切面上呈深色的沟漕或浅线条。

阔叶树木材显微构造较复杂，由导管分子、木纤维、纵行和横行的薄壁细胞组成。导管分子是构成导管的一个细胞，导管约占木材体积的 20%，由一串纵行细胞复合生成的管状构造，起输送养料的作用。导管仅存在于阔叶树中。所以，阔叶树材也称为孔材；针叶树木材没有导管，因而又称为无孔材。木纤维是一种壁厚腔小的细胞，起支撑作用，其体积占木材体积的 50% 以上。

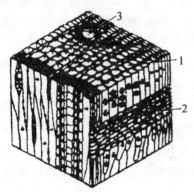

1—导管；2—髓线；3—木纤维

图 10.1.2 针叶树马尾松微观构造图

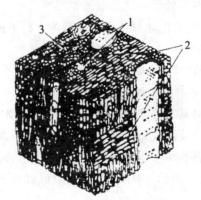

1—管胞；2—髓线；3—树脂道

图 10.1.3 阔叶树柞木微观构造图

§10.2 木材的性质

10.2.1 木材的物理性质

1. 木材的密度与表观密度

木材的密度反映材料的分子结构，由于木材的分子结构基本相同，因此木材的密度几乎相等，平均为 $1.50 \sim 1.56 \text{g/cm}^3$。

木材的表观密度因树种不同而不同，在常用木材中，表观密度较大者为麻栎，其密度

为 $980kg/m^3$，较小者为泡桐，其密度为 $280kg/m^3$。我国最轻的木材为台湾的二色轻木，其表观密度只有 $186kg/m^3$，最重的木材是广西的蚬木，其表观密度高达 $1128kg/m^3$。一般表观密度低于 $400 kg/m^3$ 者为轻，高于 $600 kg/m^3$ 者为重。

2. 木材的含水量

木材的含水量用含水率表示，是指木材中所含水的质量占干燥木材质量的百分数。新伐木材的含水率在70%～140%以上；风干木材的含水率因地而异，南方为15%～20%，北方为10%～15%；窑干木材的含水率在4%～12%。

木材中的水分依存在的状态分为自由水（游离水）、吸附水和化学结合水。自由水是存在于细胞腔和细胞间隙中的水，自由水影响着木材的表观密度、抗腐蚀性、干燥性和燃烧性。吸附水是存在于细胞壁内纤维之间的水，吸附水的变化则影响木材强度和木材胀缩变形性能。化学结合水即为木材中的化合水，化合水在常温下不变化，故其对木材的性质无影响。

木材中的吸附水达饱和且无自由水时的含水率称为木材纤维饱和点。由于树种不同，构造不同，木材纤维饱和点在25%～35%之间波动，常以30%作为木材纤维饱和点。木材纤维饱和点是木材诸多性质变化的转折点。

3. 木材的吸湿性

木材具有较强的吸湿性。环境温度、湿度发生变化时，木材的含水率会发生变化。当木材长时间处于一定的温度和湿度的环境中时，木材中的含水量最后会达到与周围环境湿度相平衡，这时木材的含水率称为木材平衡含水率。木材的平衡含水率是木材进行干燥时的重要指标。木材的平衡含水率随其所在地区不同而异，我国北方为12%左右，南方约为18%，长江流域一般为15%。表10.2.1列出了各省、自治区、直辖市木材平衡含水率。

4. 木材的干缩和湿胀变形

木材具有很显著的湿胀干缩性。当木材的含水率在纤维饱和点以下时，吸湿具有很明显的膨胀变形现象，解吸时具有明显的收缩变形现象。而当木材含水率在纤维饱和点以上，只是自由水增减变化时，木材的体积不发生变化。木材含水率与其胀缩变形的关系如图10.2.1所示。从图12.2.1中可以看出，纤维饱和点是木材发生湿胀干缩变形的转折点。

由于木材为非匀质构造，故其胀缩变形各向不同，其中以弦向最大，径向次之，纵向（树干方向）最小，边材大于心材。一般新伐木材完全干燥时，弦向收缩6%～12%，径向收缩3%～6%，纵向收缩0.1%～0.35%，体积收缩9%～14%。木材弦向胀缩变形最大，是因受管胞横向排列的髓线与周围联结较差所致。图10.2.2中展示出木材干燥时其横截面上各部位的不同变形情况。由图10.2.2可知，板材距髓心愈远，由于其横向更接近典型的弦向，因而干燥时收缩最大，致使板材产生背向髓心的反翘变形。

木材的湿胀干缩对木材的使用有严重的影响，干缩使木结构构件连接处发生缝隙而导致接合松弛、拼缝不严、翘曲开裂，湿胀则造成凸起变形，强度降低。为了避免这种情况，在木材加工制作时必须先进行干燥处理，使木材的含水率比使用地区平衡含水率低2%～3%。

表 10.2.1 各省、自治区、直辖市木材平衡含水率

省市名称	平均含水率/(%)			省市名称	平均含水率/(%)		
	最大	最小	平均		最大	最小	平均
黑龙江	14.9	12.5	13.6	内蒙古	14.7	7.7	11.1
吉 林	14.5	11.3	13.1	山 西	13.5	9.9	11.4
辽 宁	14.5	10.1	12.2	河 北	13.0	10.1	12.9
新 疆	13.0	7.5	10.0	山 东	14.8	10.1	12.9
青 海	13.5	7.2	10.0	江 苏	17.0	13.5	14.9
甘 肃	13.9	8.2	11.1	安 徽	16.5	13.3	14.9
宁 夏	12.2	9.7	10.5	浙 江	17.0	14.4	16.0
陕 西	15.9	10.6	12.8	江 西	17.0	14.2	15.6
福 建	17.4	13.7	15.7	云 南	18.3	9.4	14.3
河 南	15.2	11.3	13.2	西 藏	13.4	8.6	10.6
湖 北	16.8	12.9	15.0	台 湾	暂缺	暂缺	暂缺
湖 南	17.0	15.0	16.0	北 京	11.4	10.8	11.1
广 东	17.8	14.6	15.5	天 津	13.0	12.1	12.6
广 西	16.8	14.0	15.5	上 海			15.6
四 川	17.3	9.2	14.3	重 庆			14.3
贵 州	18.4	14.4	16.3	全 国			13.4

5. 木材的导热性

木材具有较小的表观密度、较多的孔隙，是一种良好的绝热材料。表现为导热系数较小。但木材的纹理不同，即各向异性，使得方向不同时，导热系数也有较大差异。如松木顺纹纤维测得的导热系数 λ 为 $0.3 \text{W}/(\text{m} \cdot \text{K})$，而垂直纤维测得的导热系数 λ 为 $0.17 \text{W}/(\text{m} \cdot \text{K})$。

例 10.2.1 将同一树种的三块试件，烘干至恒重，其质量分别为 5.3g、5.4g、5.2g，再将这一组试件放在潮湿的环境中长期吸湿，其质量分别为 7.1g、6.9g、7.0g，试问这时哪块试件的体积膨胀率最大？

解 （1）求试件的含水率

$$W_1 = (7.1 - 5.3) \div 5.3 \times 100\% = 33.4\%$$
$$W_2 = (6.9 - 5.4) \div 5.4 \times 100\% = 27.8\%$$
$$W_3 = (7.0 - 5.2) \div 5.2 \times 100\% = 34.6\%$$

（2）讨论：因为木材纤维饱和点在 25%~35% 之间波动，有下列几种情况：

①当木材纤维饱和点 ≤27.8% 时，三块试件的含水率均超过纤维饱和点，因此三块试

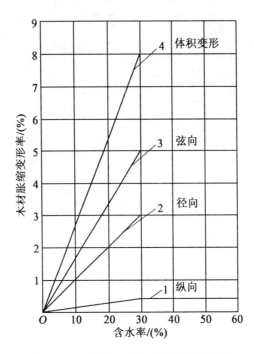

图 10.2.1　松木含水率对其膨胀的影响

图 10.2.2　木材干燥引起的几种截面形状变化

件的体积膨胀率一样，均已达到最大。

②当木材纤维饱和点在 27.8% ~ 33.4% 时，第一、第三块试件的含水率均达到或超过纤维饱和点，第二块试件的含水率未达到纤维饱和点，因此第一、第三块试件的体积膨胀率一样，同时最大。

③当木材纤维饱和点在 33.4% ~ 34.6%（不包含 33.4%）时，第三块试件的含水率达到或超过纤维饱和点，第一、第二块试件的含水率未达到纤维饱和点，因此第三块试件的体积膨胀率最大，其次分别是第二块、第一块试件。

④当木材纤维饱和点 >34.6% 时，三块试件的含水率均未达到纤维饱和点，都可以继续吸水膨胀，此时含水率最大的膨胀率最大，因此第三块试件的体积膨胀率最大，其次分别是第二块、第一块试件。

10.2.2 木材的力学性质

1. 木材的强度

实际工程中常利用木材的以下几种强度：抗压、抗拉、抗弯和抗剪。由于木材构造各向不同，其强度呈现出很强的方向性，因此木材的强度有顺纹和横纹之分。木材的顺纹抗压、抗拉强度均比相应的横纹强度大得多，这与木材细胞结构及细胞在木材中的排列有关，表 10.2.2 反映了木材各强度大小的比值关系。木材的受剪方式有顺纹剪切、横纹剪切和横纹切断三种，如图 10.2.3 所示。常用树种的主要物理力学性能如表 10.2.3 所示。

表 10.2.2　　　　木材各向强度值的比较（以顺纹抗压强度为 1）

顺纹抗压	横纹抗压	顺纹抗拉	横纹抗拉	抗弯	顺纹抗剪	横纹切断
1	$\frac{1}{10} \sim \frac{1}{3}$	2~3	$\frac{1}{20} \sim \frac{1}{3}$	$\frac{3}{2} \sim 2$	$\frac{1}{7} \sim \frac{1}{3}$	$\frac{1}{2} \sim 1$

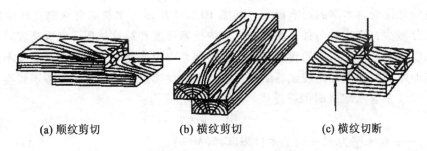

(a) 顺纹剪切　　(b) 横纹剪切　　(c) 横纹切断

图 10.2.3　木材的剪切示意图

表 10.2.3　　　　常用树种的木材主要物理力学性能

树种名称	产地	气干表观密度 /(kg/m³)	干缩系数		顺纹抗压强度 /(MPa)	顺纹抗拉强度 /(MPa)	抗弯强度 /(MPa)	顺纹抗剪强度 /(MPa)	
			径向	弦向				径向	弦向
针叶树材									
杉木	湖南	317	0.113	0.277	38.8	77.2	63.8	4.2	4.9
	四川	416	0.136	0.286	39.1	83.5	68.4	6.0	5.9
红松	东北	440	0.122	0.321	32.8	98.1	65.3	6.3	6.9
马尾松	安徽	533	0.140	0.270	41.9	99.0	80.7	7.3	7.1
落叶松	东北	541	0.168	0.398	55.7	129.9	109.4	8.5	6.8
鱼鳞云杉	东北	451	0.171	0.349	42.4	100.9	75.1	6.2	6.8
冷杉	四川	433	0.174	0.341	38.8	97.3	70.0	5.0	5.5

续表

树种名称	产地	气干表观密度 / (kg/m³)	干缩系数 径向	干缩系数 弦向	顺纹抗压强度 / (MPa)	顺纹抗拉强度 / (MPa)	抗弯强度 / (MPa)	顺纹抗剪强度 / (MPa) 径向	顺纹抗剪强度 / (MPa) 弦向
阔叶树材									
柞栎	东北	766	0.199	0.316	55.6	155.1	124.1	11.8	12.9
麻栎	安徽	930	0.210	0.389	52.1	155.4	128.6	15.9	18.0
水曲柳	东北	686	0.197	0.353	52.5	138.1	118.6	11.3	10.5
白桦	黑龙江	607	0.227	0.308	42.0	—	87.5	7.8	10.6

2. 影响木材强度的主要因素

木材强度的影响因素主要有含水率、环境温度、负荷时间、表观密度和疵病等。

(1) 含水率的影响

木材的强度受含水率的影响极大，如图 10.2.4 所示。木材的含水率在纤维饱和点以下时，水分减少，则木材多种强度增加，其中抗弯强度和顺纹抗压强度提高较明显，对顺纹抗拉强度影响最小。木材的含水率在纤维饱和点以上变化时，木材强度基本不改变。为了正确判断木材的强度和比较试验结果，应根据木材实测含水率将强度按下式换算成标准含水率（12%的含水率）时的强度值。换算经验公式为：

$$\sigma_{12} = \sigma_w [1 + \alpha (W - 12)] \tag{10.2.1}$$

式中：σ_{12}——含水率为 12% 时的木材强度，(MPa)；

σ_w——含水率为 W% 时的木材强度，(MPa)；

W——试验时的木材含水率，(%)；

α——木材含水率校正系数。

α 随作用力和树种不同而异，如顺纹抗压所有树种均为 0.05；横纹抗压所有树种均为 0.045；顺纹抗拉时阔叶树为 0.015，针叶树为 0；抗弯所有树种为 0.04；顺纹抗剪所有树种为 0.03。

式(10.2.1)适合于木材含水率在 9%~15% 时木材强度的换算。

(2) 负荷时间

木材的极限强度表示木材抵抗短时间外力破坏的能力。木材在长期荷载作用下所能抵抗的最大应力称为木材的持久强度。由于木材受力后将产生塑性流变，使木材强度随荷载时间的增长而降低，木材的持久强度仅为木材极限强度的 50%~60%，如图 10.2.5 所示。一切木结构都处于某一种负荷的长期作用下，因此在设计木结构时，应考虑其负荷时间对木材强度的影响。

(3) 环境温度

温度对木材强度有直接影响。相关试验表明，温度由 25℃ 升到 50℃ 时，将因木纤维和木纤维间胶体的软化等原因，使木材抗压强度降低 20%~40%，抗拉强度和抗剪强度下降 12%~20%。当木材长期处于 60~100℃ 温度下时，会引起水分和所含挥发物的蒸

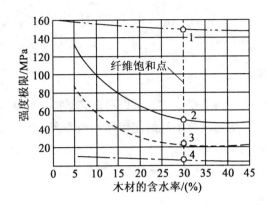

1—顺纹抗拉；2—抗弯；3—顺纹抗压；4—顺纹抗剪

图 10.2.4 含水率对木材强度的影响

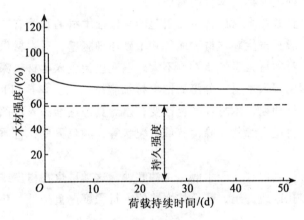

图 10.2.5 木材的持久强度曲线

发，而呈暗褐色，其强度下降，变形增大。当温度超过 140℃ 时，木材中的纤维素发生热裂解，色渐变黑，其强度明显下降。因此，长期处于高温环境的建筑物，不宜采用木结构。在木材加工中，常通过蒸煮方法来暂时降低木材的强度，以满足某种加工的需要（如胶合板的生产）。

(4) 疵病

木材的强度是以没有缺陷的标准试件测得的，而实际木材在生长、采伐、加工和使用过程中会产生一些缺陷，如木节、裂纹和虫蛀等，这些缺陷影响了木材材质的均匀性，破坏了木材的构造，从而使木材的强度降低，其中对抗拉强度影响最大。

除了上述影响因素外，树木的种类、生长环境、树龄以及树干的不同部位均对木材强度有影响。

§10.3 木材的防护

10.3.1 木材的干燥

木材在加工和使用之前进行干燥处理，可以提高其强度，防止收缩、开裂和变形，减小木材质量以及防腐防虫，从而改善木材的使用性能和寿命。大批量木材干燥以气体介质对流干燥法（如大气干燥法、循环窑干法）为主。家具、门窗及室内建筑用木料干燥至含水率为6%~10%，室外建筑用木料干燥至含水率为8%~18%。

10.3.2 木材的防腐

1. 木材的腐朽

木材是天然有机材料，受到真菌侵害后会改变颜色，结构逐渐变得松软、脆弱，其强度和耐久性降低，这种现象称为木材的腐朽。

木材的腐朽是由真菌在木材中寄生而引起的。侵蚀木材的真菌有三种，即霉菌、变色菌和木腐菌。霉菌一般只寄生在木材表面，并不破坏细胞壁，对木材强度几乎无影响。变色菌多寄生于边材，对木材力学性质影响不大。但变色菌侵入木材较深，难以除去，损害木材外观质量。木腐菌侵入木材，分泌酶把木材细胞壁物质分解成可以吸收的简单养料，供自身生长发育。腐朽初期，木材仅颜色改变；以后真菌逐渐深入内部，木材强度开始下降；至腐朽后期，木材呈海绵状、蜂窝状或龟裂状等，颜色大变，材质极松软，甚至可以用手捏碎。

此外，木材还会受到白蚁、天牛等昆虫的蛀蚀，这类昆虫在树皮或木质部内生存、繁殖，使木材形成很多孔眼或沟道，甚至蛀穴，使木材强度严重降低，甚至其结构崩溃。

2. 木材的防腐

真菌在木材中生存必须同时具备以下三个条件：水分、氧气和温度。木材的含水率为35%~50%，温度为24~30℃，并含有一定量空气时最适宜真菌的生长。当木材的含水率在20%以下时，真菌生命活动就受到抑制；浸没水中或深埋地下的木材因缺氧而不易腐朽，俗语有"水浸千年松"之说。所以，可以从破坏菌虫生存条件和改变木材的养料属性着手，进行防腐防虫处理，延长木材的使用年限。

（1）干燥

采用气干或窑干法将木材干燥至较低的含水率，并在设计和施工中采取各种防潮和通风措施，如在地面设防潮层，木地板下设通风洞，木屋顶采用山墙通风等，使木材经常处于通风干燥状态。

（2）涂料覆盖

木材的涂料种类很多，作为木材防腐应采用耐水性好的涂料。涂料本身无杀菌杀虫能力，但涂刷涂料可以在木材表面形成完整且坚韧的保护膜，从而隔绝空气和水分，并阻止真菌和昆虫的侵入。

（3）化学处理

化学防腐是将对真菌和昆虫有毒害作用的化学防腐剂注入木材中，使真菌、昆虫无法寄生。防腐剂主要有水溶性、油溶性和油质防腐剂三大类。室外应用耐水性好的防腐剂。防腐剂注入方法主要有表面涂刷、常温浸渍、冷热槽浸透和压力渗透法等。

10.3.3 木材的防火

易燃是木材最大的缺点。所谓木材的防火，是指用某些阻燃剂或防火涂料对木材进行处理，使之成为难燃材料。以达到遇小火能自熄，遇大火能延缓或阻滞燃烧而赢得扑救的时间。木材防火处理的方法有：

（1）溶液浸注法

木材防火溶液浸注处理分常压浸注和加压浸注两种，后者阻燃剂吸入量及透入深度均大大高于前者。浸注处理前，要求木材必须达到充分气干，并经初步加工成型以免防火处理后再进行大量锯、刨等加工，将会使木料中浸有阻燃剂的部分被除去。

（2）表面涂敷法

木材防火处理表面涂敷法就是在木材的表面涂敷防火涂料，该方法既能起到防火作用，又有防腐和装饰效果。防火效果与涂层厚度或每平方米涂料用量有密切关系。

§10.4 木材的综合利用

10.4.1 木材初级产品

按加工程度不同，木材可以分为圆条、原木、锯材三类，如表 10.4.1 所示。承重结构用的木材，其材质按缺陷（木节、腐朽、裂纹、夹皮、虫害、弯曲和斜纹等）状况分为三等，各等级木材的应用范围如表 10.4.2 所示。

表 10.4.1　　　　　　　　　　木材的初级产品

分类		说　明	用　途
圆　条		去除根、梢、枝的伐倒木	用做进一步加工
原　木		去除根、梢、枝的和树皮并加工成一定长度和直径的木段	用做屋架、柱、桁条等，也可用于加工锯材和胶合板等。
锯材	板材（宽度为厚度的3倍或3倍以上）	薄板：厚度 12～21mm	门芯板、隔断、木装修等
		中板：厚度 25～30mm	屋面板、装修、地板等
		厚板：厚度 40～60mm	门窗
	枋材（宽度小于厚度的3倍）	小枋：截面积 54 cm^2 以下	椽条、隔断木筋、吊顶搁栅
		中枋：截面积 55～100 cm^2 以下	支撑、搁栅、扶手、檩条
		大枋：截面积 101～225 cm^2 以下	屋架、檩条
		特大枋：截面积 226 cm^2 以下	木或钢木结构

表 10.4.2　　　　　　　　各质量等级木材的应用范围

木材等级	Ⅰ	Ⅱ	Ⅲ
应用范围	受拉或受弯构件	受弯或压弯构件	受压构件及次要受弯构件

10.4.2　胶合板

胶合板是一组单板（由旋切见图 10.4.1、半圆旋切、刨切或锯制等方法生产的薄片状木材），按相邻层木纹方向互相垂直组坯经热压胶合而成的板材。单板的层数应为奇数，最高层数可以达 15 层，建筑工程中常用的是三合板和五合板。胶合板的分类、性能及应用如表 10.4.3 所示。

表 10.4.3　　　　　　　　胶合板分类、特性及适用范围

分 类	名 称	胶 种	特 性	适用范围
Ⅰ类 NQF	耐气候胶合板	酚醛树脂胶或其他性能相当的胶	耐久、耐沸煮或蒸汽处理、耐干热、抗菌	室外工程
Ⅱ类 NS	耐水胶合板	脲醛树脂胶或其他性能相当的胶	耐冷水浸泡及短时间热水浸泡、不耐沸煮	室外工程
Ⅲ类 NC	耐潮胶合板	血胶、脲醛树脂胶或其他性能相当的胶	耐短期冷水浸泡	室内工程，一般常态下使用
Ⅳ类 BNC	不耐潮胶合板	豆胶或其他性能相当的胶	有一定胶合强度，但不耐水	室内工程，一般常态下使用

我国胶合板目前主要采用水曲柳、椴木、桦木、马尾松及部分进口原木制成。胶合板大大提高了木材的利用率，其主要特点是：材质均匀，强度高，无疵病，幅面大，使用方便，板面具有美丽的木纹，装饰性好，吸湿变形小，不翘曲开裂。胶合板具有真实、立体和天然的美感，广泛用于建筑物室内隔墙板、护壁板、顶棚板、门面板以及各种家具及装修。

10.4.3　纤维板

纤维板是将木材加工下来的板皮、刨花、树枝等废料，经破碎浸泡、研磨成木浆，再加入一定的胶料，经热压成型、干燥处理而制成的人造板材。分硬质纤维板、半硬质纤维板和软质纤维板三种。生产纤维板可以使木材的利用率达 90% 以上。

纤维板的特点是材质构造均匀，各向强度一致，抗弯强度高，可以达 55MPa，耐磨，绝热性好，不易胀缩和翘曲变形，不腐朽、无木节、虫眼等缺陷。表观密度大于 $800kg/m^3$ 的硬质纤维板，强度高，在建筑中应用最广，这类板材可代替木板，主要用于室内壁板、门板、地板、家具等。通常在板表面施以仿木纹油漆处理，可以达到以假乱真的效果。半硬质纤维板表观密度为 $400\sim800\ kg/m^3$，常制成带有一定孔型的盲孔板，板表面常施以白色涂料，这种板材兼具吸声和装饰的作用，多用于宾馆等室内顶棚材料。软质

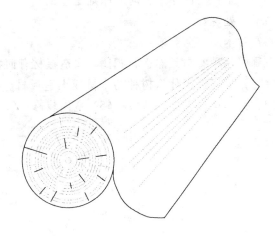

图 10.4.1　旋切单板示意图

纤维板的表观密度小于 400 kg/m³，适合做保温隔热材料。

10.4.4　刨花板、木丝板和木屑板

刨花板、木丝板、木屑板是分别以刨花木渣、短小废料刨制的木丝、木屑等为原材料，经干燥后拌入胶料，再经热压而制成的人造板材。所用胶料可以为动物胶、合成树脂，也可以为水泥、菱苦土、石膏等无机胶结料。若使用无机胶结材，则可以大大提高板材的耐火性。表观密度小、强度低的板材主要作为绝热和吸声材料，表面喷以彩色涂料后，可以用于天花板等；表观密度大、强度较高的板材可以粘贴装饰单板或胶合板做饰面层，用做隔墙等。

10.4.5　细木工板

细木工板，又称大芯板，是一种夹心板，芯板用木板条拼接而成，两个表面胶贴木质单板，经热压粘合制成。细木工板集实木板与胶合板之优点于一身，可以作为装饰构造材料，用于门板、壁板等。

习　题　10

1. 解释以下名词：

(1) 自由水；(2) 吸附水；(3) 纤维饱和点；(4) 平衡含水率；(5) 标准含水率；(6) 持久强度。

2. 木材含水率的变化对其强度、变形、导热、表观密度和耐久性等有什么影响？

3. 将同一树种，含水率分别为纤维饱和点和大于纤维饱和点的两块木材进行干燥，试问哪块干缩率大，为什么？

4. 影响木材强度的主要因素有哪些？

5. 试述木材的优缺点,工程中使用木材时的原则是什么?
6. 木材为什么要做干燥处理?
7. 木材有哪些缺陷?对木质有何影响?
8. 人造板材主要有哪些品种?与天然板材相比,人造板材有何特点?
9. 下列木构件或零件,最好选用什么树种的木材或人造板材,(1)混凝土模板及支架;(2)水中木桩;(3)家具;(4)拼花地板;(5)室内装修;(6)楼梯扶手。

第11章 石　　材

天然石材是采自地壳、经加工或未经加工的天然岩石。人类对天然石材的应用历史悠久，如我国秦代的万里长城，河北隋代的赵州永济桥，公元前约3000年的古埃及金字塔，公元75~80年的古罗马斗兽场等，都是具有历史代表性的天然石材建筑。在现代土木工程中，小型水池、料仓、渡槽、水塔、桥梁等也可以用石砌体建造，如著名的河南林县红旗渠，世界上跨度最大（净跨度达120 m）的湖南乌巢河双肋公路石拱桥，这些都是石材应用的典范。

天然石材资源丰富，其成本低，质地坚硬，抗压强度高，耐水、耐磨，性能稳定，经久耐用（百年以上），外观朴实，装饰性好（自然、稳重、肃穆、雄伟）。但石材脆性大、抗拉强度低、自重大，开采、加工和运输困难，可以用于水利、道路、房屋等工程的砌筑及饰面等。随着现代建筑向高层、大跨度结构发展以及建设速度的加快，石材作为结构材料，近代已逐步被混凝土材料所代替，但由于石材特有的色泽和纹理美，使得其在建筑物室内外的墙面地面、装饰中得到了更为广泛的应用。

§11.1　岩石的形成与分类

岩石是多种天然固态矿物的集合体。矿物是在地壳中受各种不同地质作用，所形成的具有一定化学组成和物理性质的单质或化合物，矿物具有一定的化学成分和结构特征。目前，已发现的矿物有3 300多种，绝大多数是固态无机物。主要造岩矿物有30多种，各种造岩矿物具有不同的颜色和特性，土木工程中常用岩石的主要造岩矿物如表11.1.1所示。

表11.1.1　　　　　　　　几种主要造岩矿物的组成和特性

矿物	组成	密度 /（g/cm³）	莫氏硬度	颜色	其他特性
石英	结晶 SiO_2	2.65	7	无色透明至乳白等色	坚硬、耐久性好、具有玻璃光泽
长石	铝硅酸盐	2.5~2.7	6	白、灰、青等色	耐久性不如石英，解理完全、性脆，在大气中长期风化后成为高岭土

续表

矿物	组成	密度/(g/cm³)	莫氏硬度	颜色	其他特性
云母	含水的钾镁铁铝硅酸盐	2.7~3.1	2~3	无色透明至黑色	解理极完全，易分裂成薄片，影响岩石的耐久性和磨光性
角闪石 辉石 橄榄石	铁镁硅酸盐	3~4	5~7	色暗，统称暗色矿物	坚硬、强度高、韧性大、耐久性好
方解石	结晶 $CaCO_3$	2.7	3	通常呈白色	硬度较低、强度高，晶面成菱面体，解理完全，遇酸分解
白云石	$CaCO_3 \cdot MgCO_3$	2.9	4	通常呈白至灰色	与方解石相似，遇热酸分解
高岭石	$Al_2O_3 \cdot 2SiO_2 \cdot 2H_2O$	2.6	2~2.5	白至灰、黄	呈致密块状或土状，质软、塑性高、不耐水
黄铁矿	FeS_2	5	6~6.5	黄	有黑色条痕，无解理，在空气中易氧化成铁和硫酸，污染岩石，是岩石中的有害物质

由单一矿物组成的岩石称为单矿岩，单矿岩的性质由其矿物成分及结构构造决定。由两种以上矿物组成的岩石称为多矿岩，多矿岩的性质由其组成矿物的相对含量及结构构造决定。例如，石灰岩主要是由方解石矿物组成的单矿岩；花岗岩是由长石、石英、云母等几种矿物组成的多矿岩。自然界中大部分岩石是多矿岩，只有少数岩石是单矿岩。因此，岩石没有固定的化学成分和物理性质，同一种岩石，产地不同，其矿物组成和结构也有差异，因而其颜色、强度等性质也不相同。

天然岩石按形成的地质条件不同，分为岩浆岩、沉积岩和变质岩三类。

11.1.1 岩浆岩

岩浆岩又称火成岩，是由地壳深处的熔融岩浆上升到地表附近或喷出地表经冷凝结晶而形成的岩石。岩浆岩是组成地壳的主要岩石，占地壳总质量的89%，根据形成条件的不同可以分为：深成岩、喷出岩和火山岩。

1. 深成岩

深成岩是地壳深处的岩浆，在受上部覆盖层压力的作用下经缓慢且较均匀地冷凝而形成的岩石。其矿物结晶完整，晶粒粗大，结构致密，呈块状构造；具有抗压强度高，吸水率小，表观密度大，抗冻性、耐磨性、耐水性良好等性质。根据含有 SiO_2 的多少，可以将岩浆岩分为酸性岩石（SiO_2 含量>65%，如花岗岩）、碱性岩石（SiO_2 含量<55%，如玄武岩）和中性岩石（SiO_2 含量在55%~65%，如闪长岩）。土木工程中常用的深成岩有

花岗岩、正长岩、辉长岩、闪长岩等。

2. 喷出岩

喷出岩为岩浆冲破覆盖岩层喷出地表，压力降低，迅速冷凝而成的岩石。当喷出岩形成较厚的岩层时，其结构致密，性能接近于深成岩，但因冷却迅速，大部分结晶不完全，多呈隐晶质（矿物颗粒细小，肉眼不能识别）或玻璃质；当岩层形成较薄时，常呈多孔构造，近于火山岩。土木工程中常用的喷出岩有：玄武岩、辉绿岩、安山岩等。

3. 火山岩

火山爆发时，当岩浆或碎屑喷出到空气中，急速冷却后而落下形成的碎屑岩石称火山岩（或称火山碎屑岩）。火山岩多呈非结晶玻璃质结构，其内部含有大量气孔，并有较高的化学活性，常用做混凝土骨料、水泥混合材料等。土木工程中常用的火山岩有：火山灰、火山凝灰岩、浮石等。

11.1.2 沉积岩

沉积岩又称水成岩，由地表的各种岩石在地质、外力作用下经风化、搬运、沉积成岩作用（压固、胶结、重结晶等），在地表或地表不太深处形成的岩石。沉积岩约占地壳质量的5%，但却占地表面积的75%，分布广，开采、加工容易，在实际工程中应用较多。

沉积岩呈层状构造，各层岩石的成分、构造、颜色、性能均不同，且为各向异性。与岩浆岩相比较，沉积岩的体积密度小，孔隙率和吸水率较大，强度和耐久性较低。沉积岩按成因和组成可以分为：

1. 机械沉积岩（碎屑岩）

由自然风化逐渐破碎松散的岩石和砂等，经风、雨、冰川和沉积等机械力的作用而重新压实或胶结而成的岩石。如砂岩、粉砂岩、火山凝灰岩等。

2. 化学沉积岩

由溶解与水中的矿物质经聚集、沉积、重结晶和化学反应等过程而形成的岩石。如石膏、菱镁矿等。

3. 生物沉积岩

由各种有机体的残骸沉积而成的岩石。如石灰岩、白垩、硅藻土等。土木工程中常用的沉积岩有：石灰岩、砂岩、页岩、石膏、硅藻土等。

11.1.3 变质岩

岩石由于岩浆等的活动（高温、高湿、压力等），发生再结晶使其矿物成分、结构、构造以至化学组成都发生改变而形成的岩石，可以分为正变质岩和副变质岩两种。正变质岩由岩浆岩变质而成，性能不如岩浆岩，如由花岗岩变质成的片麻岩，易分层剥落、耐久性差；副变质岩由沉积岩变质而成，性能一般比原沉积岩好，如石灰岩变质得到大理岩，比原来更坚固耐久。土木工程中常用的变质岩有：大理岩、片麻岩、石英岩等。

§11.2 天然石材的性质

11.2.1 物理性质

土木工程中一般对石材的表观密度、吸水率、耐水性等有要求。

1. 表观密度

石料的表观密度的大小常常间接反映出石材的致密程度及孔隙多少。通常,同种石材表观密度越大,其抗压强度越高,吸水率越小,耐久性越好,故可以用表观密度作为对石材品质评价的粗略指标。

天然石材按表观密度可以分为轻质石材(表观密度 < 1800 kg/m³)和重质石材(表观密度 > 1800 kg/m³)。常用致密岩石的表观密度为 1800~2400kg/m³。重质石材用于建筑基础、贴面、地面、不采暖房外墙、桥梁及水工工程等;轻质石材主要用于保温房屋外墙。

2. 吸水性

岩石吸水性的大小与岩石的矿物组成及其孔隙率、孔隙特征有关。若岩石亲水性矿物含量较高,则岩石的吸水率较大。岩石的吸水率越小,其强度与耐久性越高。为保证岩石的性能,有时限制其吸水率,如饰面用大理岩和花岗岩的吸水率须分别小于 0.75% 和 1.0%。石材根据吸水率的大小分为低吸水性岩石(吸水率小于1.5%)、中吸水性岩石(吸水率小于 1.5%~3.0%)和高吸水性岩石(吸水率大于3%)。

3. 耐水性

大多数岩石的耐水性较高。当岩石中有较多的粘土或易溶于水的物质时,吸水后软化或溶解,将使岩石的结构破坏,强度降低。在经常与水接触的建筑物中,石料的软化系数一般应不低于 0.75~0.90。根据软化系数大小石材分为高耐水性石材(软化系数大于0.9)、中耐水性石材(软化系数 0.75~0.9)和低耐水性石材(软化系数 0.6~0.75),当软化系数小于0.6时,则不允许用于重要建筑物中。

4. 抗冻性

石材的抗冻性是指石材抵抗冻融循环的能力,是衡量石材耐久性的一个重要指标。石材的抗冻性用在水饱和状态下能经受的冻融循环次数来表示。能经受的冻融循环次数越多,则石材的抗冻性越好。若经反复冻融循环,无贯穿裂缝,且试件强度降低不超过25%、质量损失不超过5%,即石材的抗冻性合格。

石材的抗冻性取决于矿物成分、晶粒大小、胶结物质的性质、孔隙率、吸水率等。石材的抗冻性与吸水率有密切关系,吸水性大的石材其抗冻性也差。据相关经验,吸水率小于 0.5% 的石材可以认为其抗冻性良好,不必做抗冻实验。

5. 耐热性

石材的耐热性与其化学成分和矿物组成有关。石材经高温后,因热胀冷缩,其体积变化产生内应力或因组成矿物发生分解和变异等导致其结构破坏。如含有石膏的石材在100℃以上其结构开始破坏;花岗岩中的石英在 700℃以上膨胀,其强度迅速降低,甚至开裂。

6. 导热性

石材的导热性主要与其致密程度有关。重质石材的热导率为 2.91~3.49W/(m·K)，轻质石材的热导率为 0.23~0.7W/(m·K)。具有封闭孔隙的石材，其热导率更低。

11.2.2 力学性质

天然石料的力学性质主要包括抗压强度、抗冲击韧性、耐磨性等方面。

1. 抗压强度

天然岩石的抗压强度取决于岩石的矿物组成、结晶粗细、胶结物质的种类和均匀性、解理方向等因素。一般情况下，具有结晶结构的岩石强度高于玻璃质结构的强度；细粒结晶的岩石比中粗粒结晶的岩石强度高；等粒结晶的岩石比斑状结构的岩石强度高；结构致密的岩石比结构疏松多孔的岩石强度高；具有层理、片理构造的岩石，垂直于层理、片理方向的岩石强度高于平行于层理、片埋的方向。

国家标准《砌体结构设计规范》（GB 50003—2001）中规定：砌筑石材的强度等级可以用边长为 70mm 的立方体试件的抗压强度表示，抗压强度取三个试件破坏强度（MPa）的平均值。石材根据抗压强度划分为 MU100，MU80，MU60，MU50，MU40，MU30，MU20 七个强度等级。

2. 抗冲击韧性

岩石抵抗冲击荷载作用的性能称为岩石的抗冲击韧性。石材的抗冲击韧性决定于岩石的矿物组成与构造。石英岩、硅质砂岩脆性大，含暗色矿物较多的辉长岩、辉绿岩等具有较高的韧性。一般晶体结构的岩石比非晶体结构的岩石具有较高的韧性。晶粒细小或含有暗色矿物的岩石抗冲击韧性较好。

3. 硬度

石材的硬度用莫氏硬度或肖氏硬度表示。石材的硬度决定于岩石的矿物组成与构造。硬度与强度有较好的相关性，抗压强度越高，其硬度越大；凡由致密、坚硬矿物组成的石材，其硬度就高。硬度高的岩石耐磨性和抗刻划能力好，但表面加工困难。

4. 耐磨性

石材的耐磨性是石材抵抗摩擦、边缘剪切及撞击等复杂作用的能力。石材的耐磨性与石材内部组成矿物的硬度、结构和构造有关。石材的组成矿物越坚硬，构造越致密，其抗压强度和抗冲击韧性越高，则石材的耐磨性越好。由石英、长石组成的岩石，其硬度和耐磨性较大，如花岗岩、石英岩等。由方解石、白云石组成的岩石，其硬度和耐磨性较差，如石灰岩、白云岩等。

11.2.3 耐久性

石材的耐久性主要包括抗冻性、抗风化性、耐酸性等。

水、冰、化学因素等造成岩石开裂或剥落，称为岩石的风化。孔隙率的大小对风化有很大的影响。吸水率较小时岩石抗风化性较强。当岩石中含有较多的云母、黄铁矿时，其风化速度快；此外，由方解石、白云石组成的岩石在含有酸性气体的环境中也易风化。

建筑物中所用的石料，应该是质地均匀、没有显著风化迹象、无裂缝、不含易风化矿物的坚硬岩石。

11.2.4 工艺性质

石材的工艺性质主要是指开采和加工过程的难易程度及可能性。

1. 加工性

石材的加工性是指对岩石开采、劈解、破碎、凿磨、抛光等加工工艺的难易程度。通常强度、硬度、韧性较高的石材，不易加工；质脆而粗糙、有颗粒交错结构、含有层状或片状解理构造及风化较严重的岩石，其加工性能更差，很难加工成规则石材。

2. 磨光性

石材的磨光性是指岩石能否研磨成光滑表面的性质。致密、均匀、细粒的岩石，一般都具有良好的磨光性，可以磨成光滑亮洁的表面；疏松多孔、有鳞片状构造的岩石，其磨光性不好。

3. 可钻性

石材的可钻性是指岩石钻孔难易程度的性质。影响可钻性的因素很复杂，一般与岩石的强度、硬度等有关。当石材的强度越高，硬度越大时，越不易钻孔。

11.2.5 放射性质

天然石材具有一定的放射性（如部分花岗岩、大理石等）。石材的放射性来源于地壳岩石中所含的天然放射性核素。岩石中广泛存在的天然放射性核素主要有铀系、钍系的衰变产物和钾—40等，如 U235、Th233、Ra226、Rn222（氡-222）和 K40。这些放射性核素在不同种类岩石中的平均含量有很大差异。在碳酸盐岩石中，放射性核素含量较低；在岩浆岩中，放射性核素则随岩石中 SiO_2 含量的增加而增大；此外岩石的酸性增加，放射性核素的平均值含量也有规律地增加。

为安全使用石材，对于具有较强放射性核素的岩石应避免用于人们长期生活和工作的环境。国家标准《建筑材料放射性核素限量》（GB 6566—2001）中规定，用于住宅、医院、学校等建筑内饰面的石材中，天然放射性核素镭—226、钍—232、钾—40 的放射性比活度要同时满足如下要求：内照射指数 $IRa \leq 1.0$；外照射指数 $Ir \leq 1.3$。

§11.3 常 用 石 材

11.3.1 花岗岩

花岗岩属于岩浆岩中的深成岩，是岩浆岩中分布最广的岩石，其主要矿物组成为长石、石英和少量暗色矿物和云母。花岗岩为全晶质或斑状结构，块状构造，属于酸性岩石，按结晶颗粒大小不同，花岗岩分为细粒、中粒、粗粒、斑状等，但以细粒构造性质为好。颜色一般为灰白、微黄、淡红和蔷薇色等，以深青花岗岩比较名贵，国际市场上以纯黑、红色及绿色最受欢迎。

花岗岩结构致密，其体积密度为 2500~2800kg/m³，抗压强度为 120~300kPa，莫氏硬度为 6~7，吸水率为 0.1%~0.7%，耐磨性、耐久性（使用年限为数十年至数百年，高质量的可以达千年以上）、耐酸性均好，但不耐火，部分花岗岩具有较强的放射性，因开采、加工、运输困难，其造价较高。花岗石板材是公认的高级建筑结构和装饰材料，是建造永久性工程、纪念性建筑的良好材料。除做地面、外墙的装饰板材外，还可以用于重要的大型建筑物的基础、挡土墙、勒脚、柱子、栏杆、踏步等部位，桥梁、堤坝等工程，耐酸工程及做混凝土骨料等。

11.3.2 大理岩

大理岩又称大理石或云石，因最早发现于云南大理而得名。大理岩为沉积岩变质岩，是由石灰岩或白云岩经变质而成，其主要矿物组成为方解石、白云石。具有等粒、不等粒、斑状结构，常呈白（称汉白玉）、浅红、浅绿、黑、灰等颜色，抛光后呈多种色彩组成的花纹，其装饰性好。大理岩结构致密，其体积密度为 $2500\sim2800kg/m^3$，抗压强度为 $100\sim300MPa$，吸水率 $<0.75\%$，莫氏硬度为 $3\sim4$，易于雕琢、磨光等加工，耐久性好，一般使用年限为 $40\sim100$ 年。但抗风化能力较差，易受空气中的酸性氧化物（如 CO_2、SO_3 等）遇水形成的酸类侵蚀，使表面粗糙并失去光泽。除少数质地纯正、杂质少、比较稳定耐久的品种如汉白玉、艾叶青外，大理石一般不用于室外装饰，主要用于室内装修，如墙面、柱面及磨损较小的地面、踏步等。

11.3.3 石灰岩

石灰岩俗称青石，属沉积岩，分布极广，主要由方解石组成，常含有一定数量的白云石、菱镁矿、石英、粘土矿物等。构造分密实、多孔、散粒状。密实构造的即为普通石灰岩，常呈灰、灰白、白、黄、黑等颜色，密实石灰岩的体积密度为 $2000\sim2600kg/m^3$，抗压强度为 $20\sim120MPa$，莫氏硬度为 $3\sim4$，吸水率为 $0.1\%\sim4.5\%$，强度和耐久性均不如花岗岩，硬度小，开采容易。

石灰岩广泛用于土木工程中的基础、墙体、挡土墙等石砌体，阶石、路面等处及水利工程，破碎后可用作混凝土骨料，石灰岩也是生产石灰和水泥等的原料，但不宜用于含游离二氧化碳过多或酸性水中。

11.3.4 玄武岩

玄武岩属于喷出岩，由辉石、长石组成，为细粒或斑状构造，并常存在气孔状或块状构造。其体积密度为 $2900\sim3300kg/m^3$，抗压强度为 $100\sim300MPa$，抗风化能力较强，硬度高，脆性大，加工困难。主要用于基础、桥梁等石砌体，铺筑道路或做高强混凝土的骨料。

11.3.5 辉长岩、闪长岩、辉绿岩

辉长岩和闪长岩属于深成岩，辉绿岩属于浅成岩，由长石、辉石、角闪石等矿物组成，呈深灰、浅灰、黑灰、灰绿、黑绿色和斑纹。三者结构致密，其体积密度为 $2800\sim3000kg/m^3$，抗压强度为 $100\sim280MPa$，韧性较高，耐久性及磨光性好，可以用于基础等石砌体及修筑道路，做混凝土骨料配制耐磨耐酸混凝土，也可以用做名贵的装饰材料。

11.3.6 砂岩

砂岩属于机械沉积岩，主要矿物是石英砂，有时也含长石、云母等。根据胶结物的不

同可以分为硅质砂岩、钙质砂岩、粘土质砂岩、铁质砂岩等。

砂岩的性能与胶结物的种类和密实程度有关,各种砂岩的性能相差很大,使用时需加以区别。硅质砂岩由氧化硅胶结而成,呈淡灰色,致密坚硬,耐久、耐磨、耐酸性好,其体积密度可以达 $2700kg/m^3$,抗压强度为 250MPa,但较难加工,性能接近花岗岩,硅质砂岩可以用于各种装饰及浮雕、踏步、地面及耐酸工程;钙质砂岩由碳酸钙胶结而成,为砂岩中最常见和最常用的,呈白色,加工较易,其强度较大(60~80MPa),但不耐酸,可以用于雕刻、装饰及基础、墙体等大部分工程;铁质砂岩由氧化铁胶结而成,次于钙质砂岩,呈红色,性能较差,密实者可以用于一般次要工程;粘土质砂岩由粘土胶结而成,呈黄灰色,易风化、耐水性差,遇水软化而溃散,一般不用于土木工程。

11.3.7 片麻岩

片麻岩属正变质岩,常用的片麻岩由花岗岩变质而成,呈片状构造,各向异性。沿片理较易开采加工,但在冰冻作用下易成层剥落。只用于不重要工程的基础、勒角等石砌体,也可以用做混凝土骨料。

11.3.8 石英岩

石英岩属副变质岩,由硅质砂岩变质而成。结构致密均匀,坚硬,其抗压强度可以达 250~400MPa,耐久性与耐酸性好,寿命可以达千年以上。但其硬度大,开采、加工很困难,常以不规则的块状石料应用于建筑物中或用于非抛光的饰面,主要用于重要纪念性建筑、耐磨、耐酸工程的饰面及做混凝土骨料。

§11.4 石材的加工类型

建筑工程中用的石材,按加工后的外形分为块状石材、板状石材、散粒石材和各种石制品等。块状石材主要做砌筑,散粒石材主要做混凝土骨料、铺砌道路及做人造石材的骨料,板状石材主要起装饰作用。

砌筑石材是天然岩石经机械或人工开采、加工(或不经过加工)获得的各种块状石料。砌筑石材分毛石和料石两类。

11.4.1 毛石

毛石又称片石或块石,是指岩石经爆破后所得形状不规则的石块。按其表面平整程度分为乱毛石和平毛石。

乱毛石是形状不规则的毛石,一般在一个方向的长度达 300~400 mm,质量约为 20~30kg,其抗压强度要大于 10MPa,软化系数不小于 0.75,主要用于基础、勒脚、挡土墙、堤坝及做混凝土骨料。平毛石是乱毛石略经加工而成,形状较整齐,表面粗糙,要求中部厚度不小于 250mm。

11.4.2 料石

料石又称条石,是开采得到的外形较规则(毛料石除外)的六面体块石,稍加凿琢

修整而成。一般由质地均匀的岩石如砂岩、花岗岩加工而成,形状有条石、方石及楔型的拱石。按表面加工的平整程度又分为:

(1) 毛料石:一般不加工或稍加修整,外形大致方正。厚度不小于200mm,长度为厚度的1.5~3倍,叠砌面的凹入深度不大于25mm。

(2) 粗料石:外形较方整,截面的宽度、高度不小于200mm,且不小于长度的$\frac{1}{4}$,叠砌面的凹入深度不大于20mm。

(3) 半细料石:外形方整,规格、尺寸与粗料石相同,但叠砌面的凹入深度不大于15mm。

(4) 细料石:经细加工,外形方整,规格、尺寸与粗料石相同,但叠砌面的凹入深度不大于10mm。

料石常用于砌筑墙身、地坪、踏步、纪念碑等。

§11.5 石材的选用

应根据建筑物的类型、环境条件等慎重选用石材,使其既符合工程要求,又经济合理。

11.5.1 适用性

主要考虑石材的力学性质、耐久性等技术性能能否满足使用要求。可以根据岩石在土木工程中的用途和部位,选择其主要技术性能满足要求的岩石。如承重石材应考虑其强度等级、耐久性、抗冻性等技术性能;围护结构用石材主要要求绝热性;地面台阶用石材应坚韧耐磨等。

11.5.2 经济性

天然石材密度大,开采困难,不宜长途运输,应综合考虑地方资源,尽可能就地取材,降低工程成本。

11.5.3 环保性

在选用室内装饰材料时,应注意其放射性指标是否合格。

11.5.4 装饰性

用于建筑物饰面的石材,选用时必须考虑其色彩、质感及天然纹理与建筑物周围环境的协调性,以取得最佳装饰效果,充分体现建筑物的艺术美。

习 题 11

1. 按地质形成条件,岩石分为几类?各有哪些特点?
2. 如何确定砌筑用石材的抗压强度和强度等级?砌筑用石材产品有哪些?石材的耐

久性包括哪些内容？

3. 花岗岩、大理石和石灰石的主要性质和用途有哪些？

第12章 建筑功能材料

随着经济的快速发展和生活水平的不断提高,人们对未来建筑安全、舒适、美观、耐久等性能的要求越来越高。土木工程中通常把用来承担某种建筑功能,而不承重的材料称为建筑功能材料。建筑功能材料品种繁多、功能各异,是建筑工程中不可缺少的材料,起到防潮、防水、防腐、保温、隔热、吸声、隔声及保护和美化建筑物等作用。本章主要介绍绝热材料、吸声材料、防水材料、装饰材料等。

§12.1 绝热材料

在建筑工程中,通常把用于控制室内热量外流的材料称为保温材料;把防止室外热量进入室内的材料称为隔热材料。保温、隔热材料统称为绝热材料。绝热材料主要用于墙体和屋面保温隔热,热工设备、采暖和空调管道的保温及冷藏设备的隔热等。

在土木工程中,合理地使用绝热材料具有重要意义。据相关统计,具有良好绝热功能的建筑物可以节能达25%~50%。节约能源是我国的一项长期必须坚持的战略方针,是实现经济社会可持续发展的重要战略举措。目前,建筑能源消耗已占全国能源消耗总量的27.5%,随着我国城镇化和工业化的推进,以及人民生活质量的改善,建筑能耗估计可以达到占社会终端总能耗的40%左右,民用建筑节能潜力巨大。2008年10月1日施行的《民用建筑节能条例》(国务院第530号令)是我国建筑节能事业的一个里程碑,将对提高能源利用效率和推进社会经济发展具有重要意义。

12.1.1 绝热材料的绝热机理

热本质上是物质中的分子、原子和电子等微观结构的组成部分的移动、转动和振动所释放的能量,热在物质内的传递称为传热。传热可以分为三种基本方式:导热、对流和辐射。导热是指由于物体各部分直接接触的物质质点(分子、原子、自由电子)作热运动而引起的热能传递的过程;对流是指流体各部分发生相对移动而引起的热量交换;辐射是指一种由电磁波来传递能量的现象。

大部分绝热材料的传热以导热为主,其绝热性主要由材料的导热性来决定。材料的导热性是材料本身传导热量的能力,用导热系数 λ 表示。导热系数愈小的材料,其导热性愈差,保温绝热性愈好。通常将导热系数 $\lambda<0.23\text{W}/(\text{m}\cdot\text{K})$ 的材料称为绝热材料。几种典型材料的导热系数如表12.1.1所示。

导热系数是评价建筑材料保温绝热性能好坏的主要指标。材料的导热系数受材料的化学组成、结构、孔隙率、孔隙特征、含水率以及介质的温度等因素影响,其中以材料本身结构(孔隙率或表观密度)与含水率的影响最大。

1. 材料的组成和微观结构

导热系数与材料化学组成及微观结构有关,建筑材料的组成结构分晶体结构(如钢材)、微晶体结构(如花岗岩)和玻璃体结构(如普通玻璃等)。一般导热系数排列为:金属材料 > 非金属材料 > 有机材料,晶体结构 > 微晶体结构 > 玻璃体结构,固体 > 液体 > 气体。

2. 表观密度、孔隙率和孔隙特征

同类材料,其表观密度愈小,孔隙率越大,导热系数也愈小;材料的孔隙率相同时,含封闭孔多的材料导热系数要小于含开口孔多的材料。

保温材料多为疏松多孔材料,内部孔隙内充满空气,由于空气的导热系数只为 $0.023W/(m \cdot K)$,所以这种疏松多孔材料的孔隙率大、表观密度小、导热系数低,材料的绝热性能好。必须指出:这里所指的孔隙只是对封闭细小的孔隙而言,如果材料内部孔隙特征是粗大连通孔隙,这种孔隙可以使空气发生对流,反而降低了材料的绝热性能。当材料导热系数、对流换热系数和辐射换热系数三者之和最小时,才具有最佳的绝热性能,此时材料的表观密度称为最佳密度。不同种类和结构的材料,具有不同的最佳密度。一般纤维制品为 $32 \sim 48kg/m^3$,泡沫塑料制品为 $16 \sim 40kg/m^3$。

3. 含水率

当材料吸湿受潮后,材料的内部孔隙中就有水(水蒸汽和流态水),因此材料的导热除了孔隙中剩余空气分子的导热、对流及部分孔壁的辐射作用外,孔隙中水蒸汽的扩散和热传导起主导作用。由于水的导热系数为 $0.58W/(m \cdot K)$,比孔隙中空气的导热能力大 20 倍左右,所以,材料吸湿受潮后含水率增大,其导热系数增大,绝热性能降低。若水结冰,冰的导热系数为 $2.33W/(m \cdot K)$,导热能力将更大。因此,绝热材料应尽可能选用吸水性小的原材料,且在使用过程中,应注意防潮、防水、防冻。

4. 温度

一般材料的导热系数随温度的升高而增大,因为温度升高,材料固体分子的热运动增强,材料孔隙内空气的导热系数和孔壁间的辐射作用有所增加。这种影响在 $0 \sim 50℃$ 范围内并不明显,处于高温或负温下的材料,就要考虑温度对材料导热系数的影响。

5. 热流方向

木材等纤维质各向异性的材料,当热流方向平行于纤维延伸方向时,热流受到的阻力小,而热流垂直于纤维延伸方向时,热流受到的阻力就大,材料的绝热性就好。如松木(表观密度为 $500kg/m^3$),当热流平行于木纹时,$\lambda = 0.35W/(m \cdot K)$;当热流垂直于木纹时,$\lambda = 0.17W/(m \cdot K)$。

6. 热反射能力

热反射能力高的材料(如铝箔),能够将大部分热辐射反射出去,从而减少吸收的热辐射量。

12.1.2 对绝热材料的基本性能要求

1. 尽量选用较低的导热系数,要求 $\lambda < 0.23W/(m \cdot K)$

绝大多数土木工程材料的导热系数在 $0.029 \sim 3.49W/(m \cdot K)$ 之间。材料的导热系数越小,其绝热性愈好。

2. 表观密度不大于 600kg/m³

应尽量使用孔隙率较高的材料，并使其表观密度符合绝热最佳密度；在表观密度一定的情况下，材料闭口孔应尽可能多，孔尽可能小且互不连通；纤维绝热材料应尽量减小纤维直径。

3. 具有一定的热稳定性

绝热材料在温度变化时保持其绝热性能的能力称为绝热材料的热稳定性。在选用材料时应结合所处环境的温度综合考虑，绝热材料的温度稳定性应高于实际使用温度，一般要求能耐 $-40 \sim 60℃$ 的温度，且在温度、湿度变化时能保持尺寸稳定。

4. 吸湿性

绝热材料多为疏松多孔材料，极易吸水受潮，而水分含量越多，材料的导热性能越强，这就会使材料的保温能力显著降低，故应在绝热材料层表面加设防水、防潮层。

5. 具有适宜和一定的强度

绝热材料的机械强度一般都比较低，常需要与承重材料复合使用。一般要求块状绝热材料抗压强度 $>0.4MPa$。

6. 安全环保，具有良好的施工性能

此外，还要根据工程的特点，考虑材料的耐久、耐火、耐侵蚀等性能及技术经济指标。

12.1.3 常用绝热材料及其性能

绝热材料的品种很多，按其绝热机理分为多孔型绝热材料、纤维型绝热材料和反射型绝热材料；按其材质分为有机绝热材料、无机绝热材料和复合绝热材料。按其形态分为多孔状绝热材料、纤维状绝热材料、泡沫状绝热材料和层状绝热材料等。

1. 无机绝热材料

无机绝热材料是矿物材料制成的，呈纤维状、散粒状或多孔构造，可以制成片、板、卷材或壳状等制品。无机绝热材料的表观密度较大，但不易腐朽，不会燃烧，有的能耐高温。

（1）纤维状材料

①岩棉和矿渣棉

岩棉是以天然岩石（如玄武岩、辉绿岩、安山岩等）、矿渣棉是以工业炉渣（如高炉矿渣、磷矿渣、粉煤灰等）为主要原料的熔融体，经压缩空气或蒸汽喷成的玻璃质纤维材料。岩石棉和矿渣棉统称为矿物棉或矿棉。

矿棉属无机质硅酸盐纤维，不燃，其表观密度为 $45 \sim 150 kg/m^3$，常温下导热系数在 $0.049 \sim 0.044 W/(m·K)$，具有优良的绝热、隔音、吸声性能及良好的化学稳定性，岩石棉最高使用温度为 $700℃$，矿渣棉为 $600℃$。矿棉可以制成板、管、毡、带、纸等各种制品，在建筑工程中用于房屋天棚、夹墙的保温，也可以与水泥混合喷涂于墙壁、梁柱和窑炉表面，作为防火保温或装饰层。

②玻璃棉

玻璃熔融物借助外力拉制、吹制或甩成极细的玻璃纤维材料，其中短纤维（150mm以下）组织蓬松，类似棉絮，常称为玻璃棉。

玻璃棉属于无机玻璃类,按其化学成分可以分为无碱、中碱和高碱玻璃棉。玻璃棉表观密度为 100~150 kg/m³,导热系数为 0.035~0.041W/(m·K),保温绝热和吸声性能好,不燃、耐热、抗冻、耐腐蚀、不怕虫蛀、具有良好的化学稳定性,最高使用温度含碱玻璃棉为 350℃,无碱玻璃棉为 600℃。但玻璃棉织品吸水性强,不宜露天堆放。玻璃棉可以制成玻璃棉毡、玻璃棉板、玻璃棉带、玻璃棉毯和玻璃棉保温管等,广泛应用于国防、石油化工、建筑、冶金、冷藏、交通运输等工业部门的围护结构保温、设备管道绝热、低温保冷及隔音工程。

(2) 粒状材料

①膨胀蛭石

蛭石是一种层状的含水镁铝硅酸盐矿物。膨胀蛭石是以天然蛭石为原料,经晾晒、破碎分级,再经过 900~1000℃ 焙烧、体积急剧膨胀(单颗粒的体积能膨胀 5~20 倍)而成的一种高效能无机保温材料。

膨胀蛭石因蛭石在热膨胀时很像水蛭(蚂蟥)蠕动,因而得名。膨胀后细薄的叠片构成许多间层,层间充满着空气,因而具有很轻的容量和很小的导热系数,其表观密度为 80~200kg/m³,导热系数为 0.046~0.07W/(m·K),可以在 1000~1100℃ 温度下使用,不蛀、不腐,具有保温、隔热、吸音、耐火等特性。但易吸水,使用时应注意防潮。膨胀蛭石除直接做填充材料外,也与水泥、水玻璃等胶凝材料配合,浇制成板,广泛用于房屋保温、隔声及家用冷藏器、管道、锅炉的隔热等。

②膨胀珍珠岩

膨胀珍珠岩是由天然珍珠岩高温熔烧瞬时急剧加热膨胀而得,呈蜂窝泡沫状的白色或灰白色颗粒,是一种轻质、多功能、高效能的绝热材料。具有表观密度小,导热系数低(0.047~0.0072W/(m·K)),低温绝热性好,吸声强,施工方便,化学稳定性好(pH 值=7),使用温度范围宽(-200~800℃),吸湿能力小等特点,除做填充材料外,膨胀珍珠岩配合适量胶凝材料(如水泥、水玻璃等)可以制成板、块、管、壳等绝热制品,广泛用于墙体、屋面、吊顶等围护结构的散填保温隔热,低温及超低温保冷设备、热工设备等处的保温绝热,也用于制作吸声材料。

水泥膨胀珍珠岩制品表观密度为 300~400kg/m³,导热系数 20℃ 时为 0.053~0.087W/(m·K);400℃ 时为 0.081~0.12 W/(m·K),抗压强度为 0.5~1.7MPa,最高使用温度≤600℃。

水玻璃膨胀珍珠岩制品表观密度 200~360kg/m³,导热系数 20℃ 时为 0.055~0.093W/(m·K);400℃ 时为 0.082~0.13 W/(m·K);抗压强度为 0.6~1.7MPa;最高使用温度 600~650℃。

(3) 多孔材料

①微孔硅酸钙

微孔硅酸钙是用硅藻土、石灰、石英砂、石棉、水玻璃和水,经拌和、成型、蒸压处理和烘干等水热合成的一种新型绝热材料。以托贝莫来石为主要水化产物的微孔硅酸钙制品的表观密度为 200kg/m³,导热系数为 0.047W/(m·K),抗压强度为 0.5MPa,最高使用温度为 650℃。以硬钙硅石为主要水化产物的微孔硅酸钙制品的表观密度为 230kg/m³,导热系数为 0.056W/(m·K),最高使用温度为 1000℃。微孔硅酸钙广泛用于建筑围护结构、管道的保温及高层建筑的防火覆盖材料等,其效果较水泥膨胀珍珠岩和水泥膨胀蛭石为好。

②泡沫玻璃

泡沫玻璃是采用碎玻璃和发泡剂(石灰石、碳化钙或焦炭)配成的混合料,在800℃温度下烧成的多孔材料。

泡沫玻璃中形成大量封闭不相连通的气泡,气孔率达到80%~95%,气孔直径为0.1~5mm,其表观密度较小(150~600kg/m³),导热系数小(0.058~0.128W/(m·K)),机械强度较高(0.8~15MPa),最高使用温度普通泡沫玻璃为300~400℃,无碱泡沫玻璃为800~1000℃。不透水、不透气、防火、抗冻,且易加工,可锯、钻、钉等。可以用于砌筑保温墙体、地板、天花板及屋顶保温,冷藏设备的保温,或做漂浮及过滤材料。

③泡沫石棉

泡沫石棉是一种新型超轻质绝热材料。这种材料以温石棉为主要原料,在阴离子表面活性剂作用下,制成的具有网状结构的多孔毡状材料。泡沫石棉制品表观密度为20~60kg/m³,常温导热系数为0.046W/(m·K)。在同等绝热效果下,其用料量是膨胀珍珠岩的20%、膨胀蛭石的10%,施工效率提高7~8倍,是一种理想的新型保温、隔热、绝冷和吸音材料。

④轻质混凝土

轻质混凝土包括轻骨料混凝土和多孔混凝土。轻骨料混凝土是以发泡多孔颗粒为骨料的混凝土。由于其采用的轻骨料有多种,如膨胀珍珠岩、膨胀蛭石、粘土陶粒等,采用的胶结料也有多种,如硅酸盐水泥、矾土水泥、纯铝酸盐水泥或水玻璃等,从而使其性能和应用范围变化很大。当其体积密度为1000kg/m³时,导热系数为0.2 W/(m·K),其体积密度为1400kg/m³和1800kg/m³时,导热系数为0.42 W/(m·K)和0.75W/(m·K)。

多孔混凝土主要有泡沫混凝土和加气混凝土。多孔混凝土中具有大量均匀分布、直径小于2mm的封闭气孔,其小气孔体积可以达85%,体积密度为300~500kg/m³,随着表观密度减小,多孔混凝土的绝热效果增强,但其强度下降。泡沫混凝土的表观密度300~500kg/m³,导热系数0.082~0.186W/(m·K);加气混凝土的表观密度为400~700kg/m³,导热系数为0.226W/(m·K)。

轻质混凝土质量轻、保温性能好,主要用于承重的配筋构件、预应力构件和热工构筑物等。

(4) 硅酸盐复合绝热砂浆

硅酸盐复合绝热砂浆以精选的海泡石、硅酸铝纤维为主要原料,辅以多种优质轻体无机矿物为填料,在几种添加剂的作用下,经多种工艺深度复合而成的灰白黏稠浆状物。这种材料的显著特点是施工简便(可以直接涂抹),保温隔热性能好,是一种新型墙体保温材料,已被我国列为新型绝热材料及其制品的重点发展对象。

2. 有机绝热材料

(1) 泡沫塑料

泡沫塑料是以各种树脂为基料,加入少量的发泡剂、催化剂、稳定剂及其他辅料,经加热发泡而成的一种轻质、保温、隔热、吸声、防震材料。泡沫塑料保持了原有树脂的性能，与同种塑料相比较，其表观密度小（20~80kg/m³）、导热系数低、隔热性能好、加工使用方便等，广泛用做建筑复合墙板、屋面板的夹心层、冷藏等绝热及隔音材料。

①聚氨酯泡沫塑料

聚氨酯泡沫塑料分为软质、半硬质和硬质等，用于保温保冷材料的主要是硬质聚氨酯泡沫塑料。这种泡沫塑料具有质量轻、强度较高、导热系数小、隔音、防腐蚀等主要优点。聚氨酯泡沫塑料可以预制保温保冷板材、管材及夹芯复合板材等，在建筑工程中得到了广泛应用。例如用高密度的聚氨酯硬质泡沫塑料制作各种房屋构件，如窗架、窗框、门等；聚氨酯泡沫塑料与薄钢板或铝合金板做表面保护层制成的夹芯板材，大量用于饭店、宾馆和其他建筑物的绝热屋顶和墙壁。

②聚苯乙烯泡沫塑料

由可发性聚苯乙烯树脂（EPS）加工制造的聚苯乙烯绝热材料具有优良的耐冲击缓冲性质，其力学强度和韧性、绝热性能较好，抗酸碱能力较强，而且体轻、防水、防细菌生长，外观清洁易着色、易切割、易成型。其制品主要有聚苯乙烯泡沫塑料夹芯板和聚苯乙烯金属夹芯板。

（2）硬质泡沫橡胶

硬质泡沫橡胶用化学发泡法制成。其特点是导热系数小而强度大。硬质泡沫橡胶的表观密度在0.064~0.12kg/m³之间。硬质泡沫橡胶抗碱和盐的侵蚀能力较强，但强的无机酸及有机酸对这种材料有侵蚀作用。这种材料不溶于醇等弱溶剂，但易被某些强有机溶剂软化溶解。硬质泡沫橡胶为热塑性材料，耐热性不好，在65℃左右开始软化。硬质泡沫橡胶具有良好的低温性能，低温下强度较高，且具有较好的体积稳定性，可以用于冷冻库。

3. 透明保温材料

透明保温材料有很多种，有机类包括聚碳酸酯蜂窝塑料、聚丙烯酸泡沫塑料等，无机类包括玻璃纤维保温材料和气凝胶。透明保温材料的用途之一是增加外墙和玻璃窗的保温性能。这些材料应用在单层玻璃后或双层玻璃之间。在阳光明媚的日子，外墙会成为太阳能吸收器和热能储藏器，照射在保温材料上的太阳辐射就会传到建筑物的内墙，使内墙的温度升高。在阴云密布的日子，透明保温层的存在又会最大限度的防止室内热量的散失。透明保温层可以增加室内舒适度，防止墙体水蒸气凝固，从而避免霉菌的产生。

在选用绝热材料时，应根据结构物的用途，使用环境温度、湿度及部位，围护结构的构造，施工难易程度，材料性能和来源，技术经济效益等综合考虑。常用保温绝热材料的性能如表12.1.1所示。

表12.1.1　　　　　　　　　常用保温绝热材料性能

名称	导热系数/(W/(m·K))	密度/(kg/m³)	使用温度/℃	使用范围
岩棉和矿渣棉	0.03~0.047	40~250	<700	墙体、屋面、管壳
玻璃棉	0.035~0.041	80~100	<300	墙体
碳酸钙	0.048~0.062	170~240	<650	墙体、管壳
硅酸铝纤维制品	0.036	130~220	<900	墙体、管壳

名 称	导热系数/(W/(m·K))	密度/(kg/m³)	使用温度/℃	使用范围
膨胀珍珠岩	0.047~0.072	70~250	-200~800	屋面、楼板、地坪
膨胀蛭石	0.046~0.070	80~200	<1100	墙体、屋面
聚氨酯泡沫塑料	0.037~0.055	30~40	120	墙体、屋面、冷库
聚苯乙烯材料	0.031~0.047	21~51	75	墙体、管道、冷库

§12.2 吸声材料

吸声材料是一种能在较大程度上吸收由空气传递的声波能量的建筑功能材料。吸声材料主要用于剧场、电影院、音乐厅、录音室等对音质效果有一定要求的建筑物的内部墙面、地面和顶棚等部位，可以改善室内音质和声环境，获得良好的音响效果。随着人们对声环境质量的重视程度和要求的不断提高，吸声材料在各类建筑物中将得到越来越广泛的应用。

12.2.1 吸声材料的吸声性能

衡量材料吸声性能的主要指标是吸声系数。吸声系数是指在给定频率和条件下，声波入射到材料表面时，其能量被吸收的百分数，即被吸收的声能（包括吸声声能和透射声能）与传递给材料的全部入射声能之比。

吸声系数变动于0~1之间，吸声系数越大，表明材料的吸声性能越好。

材料的吸声系数与声波的频率及声波的入射方向有关，因此吸声系数采用的是声音从各方向入射的平均值，需要指出的是对哪个频率的吸收。同种材料对不同频率的声波有不同的吸声系数，为了全面反映材料的吸声特性，通常测定125Hz、250Hz、500Hz、1000Hz、2000Hz和4000Hz六个频率的平均吸声系数α表示材料的吸声性能。凡上述六个频率的平均吸声系数$\alpha>0.2$的材料称为吸声材料。吸声系数$\alpha>0.8$的材料，称为强（或高效）吸声材料。如果声波入射到毫无反射的材料表面时，入射声能几乎全部被材料吸收，这时反射声能为零，吸声系数$\alpha=1$，这种材料称为全吸声材料，如吸声尖劈是一种近似的全吸声材料；如果声波入射到坚硬光滑的材料表面，声波几乎全部被反射，即几乎不存在吸收，吸声系数$\alpha=0$，如花岗岩是近似于全反射材料。普通砖墙、混凝土及钢板面层、厚玻璃等硬质且表面光滑的材料，其平均吸声系数仅为0.02~0.08，一般不能做吸声材料。常用吸声材料的吸声系数如表12.2.1所示。

12.2.2 对吸声材料的性能要求

1. 尽可能选用吸声系数较高的材料，以求得到较好的吸声效果。要求材料平均吸声系数$\alpha>0.2$。

2. 吸声材料的气孔应是开口孔，且要相互连通。开放连通的气孔越多，其吸声性能越好。

3. 吸声材料易吸潮，安装时应考虑胀缩影响。此外还应考虑防火、防腐和防蛀等。

4. 吸声材料质轻，大多数吸声材料强度较低，为便于施工，且能长期工作，要求有一定的强度。使用时应设置在护壁台以上，避免撞坏。

12.2.3 吸声材料的类型及其结构形式

同种材料在不同构造下的吸声性能可能会有很大区别。吸声材料（结构）按材料的吸声机理或结构特征分为多孔吸声材料、共振吸声结构和特殊吸声结构。

1. 多孔吸声材料

（1）吸声机理

多孔材料内部有许多互相连通的微孔，故有一定的通气性。当声波入射到多孔材料表面时，声波很快顺着微孔进入材料内部，引起孔隙中空气的振动，紧靠孔壁或材料表面的空气质点受到阻碍作用，振动速度放慢，使其动能不断转化为热能；另外，孔隙中的空气与孔壁之间还不断进行着热交换。通过摩擦、空气粘滞阻力和材料内部的热传导作用，使相当一部分声能不断转化为热能而被吸收，声能减弱，从而达到吸声的目的。

多孔吸声材料的吸声系数，一般从低频到高频逐渐增大，故对中频和高频的声音吸收效果较好。

（2）影响多孔材料吸声特性的主要因素

①材料的表观密度和孔隙构造

多孔材料的孔隙率一般大于70%，最高可达90%。多孔吸声材料以吸收中、高频声能为主。多孔材料的表观密度增大，微孔将减少，能提高低频吸声效果，但高频吸声性能降低。材料中开放的、互相连通的、细小的气孔越多，孔越深，其吸声性能越好。

②材料的厚度

随着多孔材料厚度的增加，中、低频率的吸声系数会增大，吸声有效频率范围也会有所扩大，但对高频吸声系数影响不大。通常应根据中、低频率所需的吸声系数来确定材料的厚度，但材料厚度增加到一定程度后，吸声效果的变化就不明显，故为提高吸声系数而无限制的增加厚度是不适宜的。

③吸声材料背后的空气层

大部分吸声材料都是周边固定在龙骨上，安装在离墙面 5~15mm 处。吸声材料背后的空气层的作用相当于增加了材料的厚度，吸声效果随空气层厚度增加而增加。当材料与墙面的安装距离等于 $\frac{1}{4}$ 波长的奇数倍时，可以获得最大的吸声系数。根据这个原理，调整材料背后空气层的厚度，可以达到提高吸声效果的目的。

④材料的表面特征

材料受潮、表面喷涂油漆、孔口充水或堵塞，会大大降低其吸声效果。位于室内表层的多孔材料常因美观、强度等方面的要求进行一些表面处理，这就有可能改变其吸声特性，因此必须视具体的使用要求选择适当的处理方式。

⑤吸湿性

多孔材料受潮后，材料孔隙中充入水分，使其孔隙率降低，一般随材料的含水量增加，首先减弱对高频的吸声性能，继而逐步扩大范围。

表 12.2.1　　　　　　　　　　常用吸声材料的吸声系数

材料	厚度/cm	各种频率（Hz）下的吸声系数						装置情况
		125	250	500	1000	2000	4000	
1. 无机材料								
吸声砖	6.5	0.05	0.07	0.10	0.12	0.16	—	贴实
石膏板（有花纹）	—	0.03	0.05	0.06	0.09	0.04	0.06	贴实
水泥蛭石板	4.0	—	0.14	0.46	0.78	0.50	0.60	贴实
石膏砂浆（掺水泥、玻璃纤维）	2.2	0.24	0.12	0.09	0.30	0.32	0.83	墙面粉刷
水泥膨胀珍珠岩板	5	0.16	0.46	0.64	0.48	0.56	0.56	
水泥砂浆	1.7	0.21	0.16	0.25	0.40	0.42	0.48	
砖（清水墙）		0.02	0.03	0.04	0.04	0.05	0.05	
2. 木质材料								贴实
软木板	2.5	0.05	0.11	0.25	0.63	0.70	0.70	后留 10cm 空气层
木丝板	3.0	0.10	0.36	0.62	0.53	0.71	0.90	钉在龙骨上 后留 5cm 空气层
三夹板	0.3	0.21	0.73	0.21	0.19	0.08	0.12	后留 5~15cm 空气层
穿孔五夹板	0.5	0.01	0.25	0.55	0.30	0.16	0.19	
木丝板	0.8	0.03	0.02	0.03	0.03	0.04	—	后留 5cm 空气层
木质纤维板	1.1	0.06	0.15	0.28	0.30	0.33	0.31	后留 5cm 空气层
3. 泡沫材料								
泡沫玻璃	4.4	0.11	0.32	0.52	0.44	0.52	0.33	贴实
脲醛泡沫塑料	5.0	0.22	0.29	0.40	0.68	0.95	0.94	贴实
泡沫水泥（外面粉刷）	2.0	0.18	0.05	0.22	0.48	0.22	0.32	紧靠基层粉刷
吸声蜂窝板	—	0.27	0.12	0.42	0.86	0.48	0.30	
泡沫塑料	1.0	0.03	0.06	0.12	0.41	0.85	0.67	
4. 纤维材料								
矿棉板	3.13	0.10	0.21	0.60	0.95	0.85	0.72	贴实
玻璃棉	5.0	0.06	0.08	0.18	0.44	0.72	0.82	贴实
酚醛玻璃纤维板	8.0	0.25	0.55	0.80	0.92	0.98	0.95	贴实
工业毛毡	3.0	0.10	0.28	0.55	0.60	0.60	0.56	紧靠墙面

例 12.2.1　吸声材料与绝热材料在孔隙特征上有何异同？泡沫玻璃是一种强度较高的多孔结构材料，但不能用做吸声材料，为什么？

分析：吸声材料和绝热材料都是多孔性材料，但两者的孔隙特征完全不同。绝热材料的孔隙特征是具有封闭的、互不连通的气孔，而吸声材料的孔隙特征则是具有开放的、互相连通的气孔。

泡沫玻璃是一种强度较高的多孔结构材料，但是该材料在烧成后含有大量单独、封闭的气泡，且气孔互不连通，则声波不能进入，从吸声机理上来讲，不属于多孔吸声材料。因此不能用做吸声材料。

2. 共振吸声结构

共振吸声结构即利用共振原理设计的具有吸声功能的结构。共振吸声结构存在峰值吸声的特性，即吸声系数在某一频率达到最大，在离开这个频率附近的频段其吸声系数逐渐降低，在远离这个频率的频段，则吸声系数很低。

共振吸声结构分共振吸声器、穿孔板共振吸声结构、板式共振吸声结构和膜式共振吸声结构，对中、低频有很好的吸声特性。

3. 特殊吸声结构

特殊吸声结构是指该材料（或结构）具有特殊的吸声功能和能适应建筑物中某些特殊要求的吸声结构，主要用在消音室等特殊场合。特殊吸声结构包括吸声尖劈、微穿孔板吸声结构、铝粉末烧结吸声板吸声结构、柔性吸声材料和空间吸声体。空间吸声体是悬挂于室内的吸声结构，应用较广泛，主要包括帘幕吸声体和悬挂空间吸声体。

12.2.4 常用吸声材料

1. 多孔吸声材料

（1）超细玻璃棉

超细玻璃棉（纤维直径一般为 0.1~4μm）应用较为广泛，其优点是质轻（密度一般为 15~25kg/m³）、耐热、抗冻、防蛀、耐腐蚀、不燃、隔热等。经硅油处理过的超细玻璃棉，还具有防水等特点。

（2）泡沫吸声材料

泡沫类材料包括氨基甲酸酯、脲醛泡沫塑料、聚氨酯泡沫塑料、海绵乳胶、泡沫橡胶等。这类材料的特点是质轻、防潮、富有弹性、易于安装、导热系数小；其缺点是塑料类材料易老化、耐火性能差，不宜用于有明火及有酸碱等腐蚀性气体的场合。

（3）颗粒吸声材料

颗粒吸声材料按材质不同可以分为珍珠岩吸声制品和陶瓷颗粒吸声制品；根据吸声制品的形状又分为吸声板和吸声砖。

颗粒状吸声材料一般为无机材料，具有不燃、耐水、不霉烂、无毒、无味、使用温度高、性能稳定、制品有一定刚度、不需要软质纤维性吸声材料做护面层、构造简单、原材料资源丰富等特点，其中陶瓷颗粒吸声制品的强度较高，砌成墙体后不仅可以吸声，而且又是建筑的一部分。但轻质颗粒吸声材料如珍珠岩吸声板，材质性脆、强度较低，运输施工安装过程中易破损。

2. 共振吸声结构

（1）共振吸声器

单个共振吸声器是一密闭的、内部为硬表面的容器，通过一个小的开口与外界连通，见图12.2.1（a）。利用声波与开口的摩擦及进入共振器产生共振克服摩擦阻力而消耗声能，单个共振器可以吸收单一频率的声波。若腔口蒙一层细布或疏松的棉絮，可以加宽共振频率范围且提高吸声量。为获得较宽频带的吸声性能，常采用组合共振吸声结构。

(2) 穿孔板共振吸声结构

穿孔板组合共振吸声结构是将穿孔的胶合板、硬质纤维板、石膏板、铝合金板、薄钢板等周边固定在龙骨上，并在背后设置空气层，必要时在空腔中添加多孔吸声材料而构成。一般板穿孔率较低，后部需留空腔安装，可以靠墙安装，也可以做共振吸声吊顶，见图 12.2.1（b）。穿孔板上有规则排列的小孔与其背后的空气层形成空腔共振器结构，当入射声波的频率与孔板式共振吸声结构系统的共振频率一致时，孔板颈处的空气就会因共振而剧烈振动，从而在孔洞附近产生摩擦损失，吸收声能。穿孔板厚度、穿孔率、孔径、背后空气层厚度以及是否填充多孔吸声材料等，都直接影响吸声材料的吸声性能。这种吸声结构具有适合中频的吸声特性，在建筑工程中使用较普遍。

(3) 薄板共振吸声结构

建筑工程中常将胶合板、薄木板、硬质纤维板、塑料板、石膏板、金属板或石棉水泥板等周边固定在墙或顶棚的龙骨上，并在背后留有一定厚度的空气层，即构成薄板共振吸声结构，见图 12.2.1（c）。其原理是利用薄板在声波交变压力作用下振动使板弯曲变形，在板内部和龙骨间出现摩擦损耗，将机械能转化成热能而消耗声能。常用薄板共振吸声结构的共振频率为 80~300Hz，在该共振频率附近吸声系数最大，为 0.2~0.5，而在其他频率附近的吸声系数就较低。薄板材料的厚度越小，因振动而吸收的声能越多。随着薄板面密度的增加，其吸声系数的最大值将向低频范围移动。在薄板背后的空间填入多孔材料，能增强其吸声性能。薄板共振吸声结构具有低频吸声特性，同时还有助于声波的扩散。

(4) 膜式共振吸声结构

多彩塑料膜可以在家装中做出各种复杂体形，许多建筑工程中已采用这种柔性材料作为装修材料。从声学的角度看，这就是膜式共振吸声结构。

(a) 共振吸声器　　(b) 穿孔板吸声结构　　(c) 薄板振动吸声结构　　(d) 特殊吸声尖劈

图 12.2.1　常用吸声结构示意图

3. 特殊吸声结构

(1) 吸声尖劈

特殊吸声尖劈构造见图 12.2.1（d）。在 50~4000Hz 的频率范围内，均可以达到 0.99 的吸声系数，为建造消声实验室所必需。

(2) 铝粉末烧结吸声板吸声结构

铝粉末烧结吸声板吸声结构是利用粒径为 0.2mm 左右的铝粉，通过加压烧结成比较紧密的多孔铝粉末板，板厚 1.5~3.0mm，通过龙骨安装在刚性结构上。其微小颗粒经烧结后会形成微小孔隙，与微穿孔板不同，微孔细小，迂回曲折、相互连通至表面。

(3) 帘幕吸声体

帘幕吸声体是用具有通气性能的纺织品,安装在墙面或窗洞一定距离处,背后设置空气层。这种吸声体对中、高频声波都有一定的吸声效果。帘幕吸声效果与材料种类和褶纹有关。帘幕吸声体拆装方便,兼具装饰效果,应用价值较高。

(4) 悬挂空间吸声体

当室内空间没有足够或适当的表面作吸声处理时,为增强吸声效果,可以采用空间吸声体。空间吸声体常用穿孔板做成各种形状的外壳,内部填入多孔吸声材料预制而成,安装时吊挂于顶棚下。由于声波与悬挂于空间的吸声材料的两个或两个以上表面接触,增大了有效吸声面积,产生边缘效应,加上声波的衍射作用,大大提高了实际的吸声效果,其吸声效果远比其他常见的吸声构造要好。

(5) 柔性吸声材料

柔性吸声材料是具有密闭气孔和一定弹性的材料,如聚氯乙烯泡沫塑料。声波引起的空气振动不易传递至其内部,只能相应地产生振动,在振动过程中由于克服材料内部的摩擦而消耗了声能,引起声波衰减。这种材料的吸声特性是在一定的频率范围内出现一个或多个吸收频率。

(6) 微穿孔板吸声结构

微穿孔板吸声结构是在厚度小于1mm的薄板上,穿孔径小于1mm的微孔,穿孔率为1%~3%。孔的大小和间距决定微穿孔板的最大吸声系数,板的构造和背后空气层的厚度决定吸声的频率范围,可以根据使用条件选择从纸板到金属板的各种微穿孔板设计吸声结构。若采用金属板,不仅可以防火,还不受温度和湿度的影响。微穿孔板通过龙骨安装在刚性结构上,常做成双层微穿孔板吸声结构,可以扩展吸声频率范围。

§12.3 建筑防水材料

凡建筑物或构筑物为了满足防潮、防渗、防漏功能所采用的材料统称为建筑防水材料。目前新型防水材料在建筑工程中的应用不断增加,应用技术也不断改进,现代建筑防水材料也从单一防渗漏发展为防水、防腐、隔音、防尘、保温(隔热)、节能、节水和环保等多功能化,广泛用于建筑、公路、桥梁、水利等工程。

12.3.1 防水材料的分类

近年来,我国新型防水材料飞速发展,新品种不断问世,但目前尚无统一的分类。为达到方便、实用的目的,可以按防水材料的材性(见表12.3.1)、组成(见表12.3.2)、形态、类别、品名和原材料性能等分类,目前常用根据材料形态和材性相结合的分类方法。

1. 按防水材料的材性分类

防水材料的材性分类如表12.3.1所示。

表 12.3.1　　　　　　　　防水材料按材性划分

名　称	特　点	举　例
刚性防水材料	强度高、延伸率低、性脆、抗裂性较差，质重、耐高低温、耐穿刺、耐久性好，改性后材料具有韧性	防水混凝土、防水砂浆、瓦、聚合物防水砂浆
柔性防水材料	弹性、塑性、延伸率大，抗裂性好，质轻，弹性高，延展性好，耐高低温有限，耐穿刺差，耐久性下降快	各种卷材、涂料、密封胶、金属板材
粉状防水材料	粉状需借助其他材料复合成防水材料。如粉遇水成糊状实现防水或粉体具憎水性，水不渗透	膨润土毯，拒水粉

2. 按防水材料的组成和物理化学性能分类

防水材料的组成和物理化学分类如表 13.3.2 所示。

表 12.3.2　　　　　　　　防水材料按组成及性能划分

类　别	特　性	举　例
橡胶型材料	具橡胶弹性	三元乙丙橡胶卷材，聚氨酯涂料
树脂类材料	具塑性变形特征	PVC 卷材、丙烯酸涂料、JS 涂料
反应型涂料	双（单）组分反应结膜	聚氨酯涂料、FJS 涂料
挥发型涂料	水、溶剂挥发结膜	丙烯酸涂料、SBS 改性沥青涂料
改性型材料	不同材性材料互相改性	SBS 改性沥青卷材、SBS 改性热熔涂料、JS 涂料
热熔型涂料	加热熔化，降温结膜	SBS 改性沥青热熔涂料

3. 按材料形态分类

防水材料按材料形态可以分为防水卷材、防水涂料、密封材料、防水混凝土、防水砂浆、金属板、瓦片、憎水剂、防水粉等。

4. 按材性和形态相结合分类

防水材料按其材性和外观形态分为防水卷材、防水涂料、防水密封材料、刚性防水材料、瓦防水材料和堵漏材料六大类。

12.3.2 对防水材料的基本要求

防水材料的主要特征是结构致密，孔隙率小，或具有憎水性，或能堵塞、封闭建筑物的缝隙或隔断其他材料内部孔隙使其达到防渗止水的目的。建筑工程中对防水材料的基本要求是：

（1）耐水性和水密性　在水的作用下和浸润后基本性能下降符合相关规范的要求，吸水率低，在一定水压作用下不渗水。

（2）整体性好 既能保持自身粘结性，又能与基层牢固粘结，同时在外力作用下，有较高的抗剥离强度，形成稳定的不透水整体。

（3）大气稳定性 具有抵御阳光紫外线、臭氧、酸雨、风雨、冰雪（暴露式环境）老化和侵蚀的一定能力。

（4）一定的机械性能 具有一定的抗拉伸、抗压、抗折强度和抗变形能力，以抵御使用过程的结构变形和施工过程受力后适应变形的能力。如抗撕裂强度、抗疲劳能力、延伸性、抗穿刺能力、粘结强度等。

（5）温度稳定性好 高温不流淌、不滑移，低温不脆断，基本性能下降率符合相关规范的要求，热老化后收缩小。

（6）良好的施工性 便于施工，技术易被人们掌握，较少受操作工人技术水平、气候条件、环境条件的影响。

（7）环保性 不污染环境、不损害人身健康。

12.3.3 常用防水材料

1. 防水卷材

防水卷材是指在工厂采用特定的生产工艺制成的可以卷曲的片状防水材料。防水卷材的分类方法如表 12.3.3 所示。

（1）沥青基防水卷材

沥青基防水卷材是指以石油沥青为防水基材，以纸毡、聚酯毡、玻纤毡、玻纤织物等为胎基，用聚乙烯膜、细砂、矿物粒料、铝箔等作为隔离材料所制成的防水卷材。沥青基防水卷材具有原材料广、价格低、施工技术成熟等特点，是一种应用范围广泛且用量最大的防水材料。

沥青基防水卷材包括纸胎沥青卷材、石油沥青玻璃纤维油毡（简称玻纤油毡）、石油沥青聚酯油毡和高聚物改性沥青防水卷材等。

沥青油纸是用低软化点石油沥青浸渍原纸所制成的一种无覆盖层的纯纸胎防水卷材。沥青油纸一般用于建筑防潮和包装，也可以用于多层防水的下层或刚性防水层的隔离层。沥青纸胎油毡是采用低软化点石油沥青浸渍原纸，然后用高软化点石油沥青涂盖油纸两面，再涂或撒隔离材料所制成的纸胎防水卷材。沥青纸胎油毡一般只用于建筑防潮、包装、简易防水、临时性建筑防水及多层防水。油纸、纸胎油毡因防水性能差，寿命短，在国内已被淘汰。

为了克服纸胎抗拉能力低、易腐烂、耐久性差的缺点，通过改进胎体材料，采用玻璃布、黄麻织物、玻璃纤维、铝箔、聚酯毡等材料，使沥青基防水卷材性能得到了改善。其中长纤维聚酯毡具有拉伸强度高、延伸率大，耐腐蚀、耐候性、耐霉变性能好的特点，是综合性能最优异的胎基材料；无碱玻纤毡具有拉伸强度高、尺寸稳定性好、耐腐蚀、耐候性好、耐霉变性能好等特点。这两类胎体已成为沥青基防水卷材的首选胎体。

1）玻璃纤维胎沥青防水卷材

玻璃纤维胎沥青防水卷材是采用玻璃纤维薄毡为胎基，浸涂氧化石油沥青，表面撒以矿物粉料或覆盖聚乙烯薄膜等隔离材料而制成。

表 12.3.3　　　　　　　　　　　防水卷材分类

类别	品种	材料类型		品名举例
防水卷材	合成高分子卷材	橡胶类	硫化型	三元乙丙橡胶卷材（EPDM）
				氯化聚乙烯橡胶共混卷材（CPE）
				氯磺化聚乙烯卷材（CSP）
				丁基橡胶卷材
				硫化型再生橡胶卷材*
			非硫化型	氯化聚乙烯卷材（CPE）
				增强型氯化聚乙烯卷材 LYX-603
				三元丁再生橡胶卷材
				自粘型高分子卷材
		橡塑类		氯化聚乙烯橡塑共聚卷材
				三元乙丙-聚乙烯共聚卷材（TPO）
		树脂类		聚氯乙烯卷材（PVC）
				丙烯酸卷材
				双面丙纶聚乙烯复合卷材
				EVA 卷材
				低密度聚乙烯卷材（LDPE）
				高密度聚乙烯卷材（HDPE）
				丙烯酸水泥基卷材
	聚合物改性沥青卷材	弹性体改性		SBS 橡胶改性沥青卷材
				丁苯橡胶改性沥青卷材
				再生胶改性沥青卷材
				自粘型改性沥青卷材
		塑性体改性		APP（APAO）改性沥青卷材
				PVC 改性焦油沥青卷材
	沥青卷材	普通沥青		石油沥青、焦油煤沥青纸胎油毡
				纸胎油毡
		氧化沥青		氧化石油沥青油毡
	其他	金属卷材		PSS 合金防水卷材
		粉毡		膨润土毯、膨润土板

玻璃纤维胎沥青防水卷材属于中、低档防水卷材，与传统的纸胎油毡相比较：具有较

高的软化点，高温不流淌，但低温下脆裂的性能没有改变；对酸碱介质有更好的耐腐蚀性；具有良好的耐微生物腐蚀性；抗拉强度、延伸率以及耐水性和柔韧性都有大幅度提高。玻纤胎沥青防水卷材性能应符合国家标准《石油沥青玻璃纤维胎油毡》（GB/T 14686—1993）中的相关要求，可用于防水等级为四级的屋面工程。

2) 聚合物改性沥青防水卷材

高聚物改性沥青防水卷材是以合成高分子聚合物改性沥青为涂盖层，纤维织物或纤维毡为胎体，粉状、粒状、片状或薄膜材料为隔离层制成的防水卷材。

高聚物的加入可以改善传统沥青防水卷材温度稳定性差、延伸率低的缺点，高聚物改性沥青防水卷材具有优良的耐高、低温性能，高温不流淌、低温不脆裂，一年四季均可以使用；防水层强度高、耐穿刺、耐硌伤、耐疲劳；有优良的延伸性和较强的基层变形能力。广泛用于工业与民用建筑的屋面工程、地下工程的防水防潮，游泳池、水池、水渠、地铁、隧道、桥面、污水处理场等工程及设施的防水。

高聚物改性沥青防水卷材属于中档防水卷材，是我国重点发展的一类产品，常见产品有SBS改性沥青防水卷材、APP改性沥青防水卷材、再生胶改性沥青防水卷材、PVC改性焦油沥青防水卷材、废胶粉改性沥青防水卷材等。

①SBS（弹性体）改性沥青防水卷材

SBS改性沥青防水卷材是以聚酯毡或玻纤毡为胎基、SBS热塑性弹性体改性沥青为浸渍涂盖层，以砂粒、页岩片或聚乙烯膜等为覆面材料的一类防水卷材，简称SBS卷材。

SBS改性沥青防水卷材的基本力学性能应符合国家标准《弹性体改性沥青防水卷材》（GB 18242—2000）中的要求。SBS改性沥青防水卷材胎基分为聚酯胎（PY）和玻纤胎（G）两类；上表面隔离材料分为聚乙烯膜（PE）、细砂（S）与矿物粒（片）料（M）三种；厚度有三种：2mm、3mm、4mm；按其物理力学性能指标的不同又分为Ⅰ型和Ⅱ型。SBS改性沥青防水卷材的基本力学性能指标如表12.3.4所示。

SBS改性沥青防水卷材具有优良的耐高、低温性能，使用温度范围为-38~119℃；可以形成高强度防水层，耐穿刺、耐撕裂、耐疲劳，疲劳循环1万次以上仍无异常；延伸率高，可以达150%，有较高的承受基层变形的能力；在低温下仍能保持优良的性能，即使在寒冷的气候条件也可以施工，且热熔搭接密封可靠。但SBS改性沥青防水卷材温度敏感性大，不宜用于大坡度斜屋面，可以广泛用于一般工业与民用建筑的屋面、地下室、卫生间等的防水防潮，以及桥梁、停车场、屋顶花园、游泳池、蓄水池、隧道等建筑的防水。由于该卷材具有良好的低温柔韧性和极高的弹性延伸性，更适合于北方寒冷地区和结构易变形的建筑物的防水。

②APP（塑性体）改性沥青防水卷材

APP改性沥青防水卷材是以聚酯毡或玻纤毡为胎基、无规聚丙烯（APP）或聚烯烃类聚合物（APAO、APO）作改性剂，两面覆以隔离材料所制成的建筑防水卷材，简称APP卷材。

APP改性沥青防水卷材的基本力学性能应符合国家标准《塑性体改性沥青防水卷材》（GB 18243—2000）中的要求。APP改性沥青防水卷材胎基有聚酯胎（PY）和玻纤胎（G）两类；上表面隔离材料分为聚乙烯膜（PE）、细砂（S）与矿物粒（片）料（M）三种；厚度有2mm、3mm、4mm三种；按其物理力学性能指标的不同又分为Ⅰ型和Ⅱ型。

APP 改性沥青防水卷材的基本力学性能指标如表 12.3.5 所示。

APP 改性沥青防水卷材强度高，自燃点较高（365℃），具有较好的耐穿刺、耐撕裂、耐疲劳性能；优良的耐高温性能和较好的低温柔韧性，耐热度最高可以达160℃，温度适应范围为 -15~130℃；卷材耐紫外线老化和热老化，具有良好的耐久性；良好的弹塑性、耐腐蚀性好；可以热熔搭接，接缝密封保持可靠。但厚度为2mm的卷材不得采用热熔法施工；卷材温度敏感性大，不宜用于大坡度斜屋面。可以广泛用于工业与民用建筑的屋面、地下防水工程及道路、桥梁等防水，尤其适于高温或有太阳辐照强烈地区的建筑物防水。

表 12.3.4　　　　　　　SBS 改性沥青防水卷材的物理力学性能

序号	胎基			PY		G	
	型号			Ⅰ	Ⅱ	Ⅰ	Ⅱ
1	可溶物含量/(g/m²) ≥		2mm	—		1300	
			3mm	2100			
			4mm	2900			
2	不透水性	压力/(MPa) ≥		0.3		0.2	0.3
		保持时间/(min) ≥		30			
3	耐热度/℃			90	105	90	105
				无滑动、流淌、滴落			
4	拉力/(N/50mm) ≥		纵向	450	800	350	500
			横向			250	300
5	最大拉力时延伸率/% ≥		纵向	30	40	—	
			横向				
6	低温柔度/℃			-18	-25	-18	-25
				无裂纹			
7	撕裂强度/N ≥		纵向	250	350	250	350
			横向			170	200
8	人工气候加速老化	外观		1级			
				无滑动、流淌、滴落			
		纵向拉力保持率/% ≥		80			
		低温柔度/℃		-10	-20	-10	-20
				无裂纹			

注：表 12.3.4 中 1-6 项为强制性项目

表 12.3.5　　APP 改性沥青防水卷材的物理力学性能

序号	胎基			PY		G	
	型号			I	II	I	II
1	可溶物含量/(g/m²) ≥		2mm	-		1300	
			3mm	2100			
			4mm	2900			
2	不透水性	压力/(MPa) ≥		0.3		0.2	0.3
		保持时间/(min) ≥		30			
3	耐热度/℃			110	130	110	130
				无滑动、流淌、滴落			
4	拉力/(N/50mm) ≥		纵向	450	800	350	500
			横向			250	300
5	最大拉力时延伸率/% ≥		纵向	25	40	-	
			横向				
6	低温柔度/℃			-5	-15	-5	-15
				无裂纹			
7	撕裂强度/N ≥		纵向	250	350	250	350
			横向			170	200
8	人工气候加速老化	外观		1 级			
				无滑动、流淌、滴落			
		纵向拉力保持率/% ≥		80			
		低温柔度/℃		3	-10	3	-10
				无裂纹			

注：(1) 表 12.3.5 中 1~6 项为强制性项目；
　　(2) 当需要耐热度超过 130℃卷材时，该指标可由供需双方协商确定。

③自粘橡胶改性沥青防水卷材

自粘橡胶改性沥青防水卷材是以自粘性橡胶改性沥青为涂盖材料，以无纺玻纤毡、无纺聚酯布等为胎体，在常温下可以自行与基层或卷材粘结的改性沥青防水卷材，简称自粘卷材。其粘结面具有自粘胶、上表面覆以聚乙烯膜、下表面用防粘纸隔离。施工中只需剥掉防粘隔离纸就可以直接铺贴，使其与基层或卷材粘结。

自粘性改性沥青防水卷材具有如下特点：高拉伸强度、高延伸率、高撕裂强度相结合，能适应各种基层变形；粘结力强，卷材与卷材搭接后融为一体，搭接处的剪切、剥离强度都大于卷材自身，卷材与基层具有良好的粘结性能，可以有效防止卷材下面出现"窜水"现象；施工时砂、钉子等硬物戳穿的孔洞能自行愈合；施工简单方便，可以在潮湿基面及常温下直接粘贴施工；无污染，安全环保。自粘卷材在施工过程中不使用明火，施工现场不存在气体爆炸、可燃物燃烧的潜在危险,也不会因为沥青熔融产生的烟气污染环境。

自粘卷材按有无胎基分为有胎体和无胎体两类。

无胎基自粘卷材。无胎自粘橡胶改性沥青防水卷材是以沥青、SBS 和 SBR 等弹性体材料为基料,并掺入增塑、增粘材料和填充材料,采用聚乙烯膜、铝箔为表面材料或无表面覆盖层(双面自粘)、底表面或上、下表面涂覆硅隔离防粘材料制成的可以自行粘结的防水卷材。

无胎基自粘卷材的性能指标应符合《自粘橡胶沥青防水卷材》(JC 840 - 1999)中的要求。按其物理力学性能分为 I 型和 II 型,如表 12.3.6 所示。

表 12.3.6　　　　　　　　自粘型改性沥青防水卷材物理力学性能

项目		表面材料		
		PE 膜	AL	N
不透水性	压力/(MPa)	0.2	0.2	0.1
	保持时间/(min)	120,不透水		30,不透水
耐热度		—	80℃,加热 2h,无气泡,无滑动	—
拉力/(N/5mm)≥		130	100	—
断裂延伸率/(%)		450	200	450
柔度		-20℃,ϕ20mm,3S,180°无裂纹		
剪切性能/(N/mm)	卷材与卷材≥	2.0 或粘合面外断裂		粘合面外断裂
	卷材与板材≥			
剥离性能/(N/mm)≥		1.5 或粘合面外断裂		粘合面外断裂
抗穿孔性能		不浸水		
人工耐候处理	外观	无裂纹,无气泡		
	拉力保持率/(%)≥	—	80	—
	柔度	-10℃,ϕ20mm,3S,180°无裂纹		

有胎基自粘卷材。有胎基自粘橡胶改性沥青防水卷材是以玻纤毡、聚酯毡为胎基,两面或上面涂 SBS 改性沥青,卷材底面涂覆一层橡胶改性沥青自粘胶,并涂覆硅隔离膜或皱纹隔离纸,上表面涂细砂、矿物粒(片)料、塑料膜、金属箔等材料制成的一种有胎基的自粘橡胶改性沥青防水卷材。

有胎基自粘橡胶改性沥青防水卷材实际上是在工厂将胶粘材料与卷材复合,具有 SBS 改性沥青卷材的特点,并能在常温下自行粘结。自粘聚酯胎改性沥青防水卷材应符合《自粘聚合物改性沥青聚酯胎防水卷材》(JC 898 - 2002)中的要求。

聚乙烯膜自粘卷材适于非外露的防水工程;铝箔为表面材料的自粘卷材适于外露的防水工程;无膜双面自粘卷材适于辅助防水工程。自粘卷材最适于非外露的防水工程,如地下室、防空洞、停车场、浴室、上人屋顶和阳台等。

④再生胶改性沥青防水卷材

再生胶改性沥青防水卷材是由再生橡胶粉掺入适量的石油沥青和化学助剂进行高温高压处理后,再掺入一定量的填料经混炼、压延而制成的无胎体防水卷材。这类卷材具有延伸率大、低温柔韧性好、耐腐蚀性强、耐水性及热稳定性好、可以变废为宝等特点,可以用于一般建筑物的防水层,尤其适应于有保护层的屋面或基层沉降较大的建筑物变形缝处的防水。

目前改性沥青防水卷材市场不规范,假冒伪劣产品多,产品质量不稳定,在购买时应慎重选择。卷材产品质量保证期为一年。堆放地面要干燥,避免潮气侵入;应保存在不受阳光直接照射的棚、室内,且堆放应垂直,高度不超过2层,玻璃布胎油毡可以同一方向平放堆置三角形,码放不超过10层,以免叠压粘连;不同品种应分类堆放,以免混用;石油沥青卷材胶粘结只能用石油沥青胶,煤沥青油毡应用煤沥青胶粘结。

(2) 合成高分子防水卷材

合成高分子防水卷材是以合成橡胶、合成树脂或二者的共混体为基料,加入适量的化学助剂和填充剂等,采用密炼、挤出或压延等橡胶或塑料的加工工艺所制成的防水卷材。

合成高分子卷材是一种高档卷材,一般采用单层防水体系,适合于一些防水等级要求较高、维修施工不便的防水工程。我国从20世纪80年代开始生产高分子卷材,EPDM和PVC生产及应用量最大,预计2010年产量将达0.65亿m^2/a,占防水材料总产量的13%,其主要品种有合成树脂类(如PVC)、合成橡胶类(如EPDM)和橡塑共混型(氯化聚乙烯——橡胶共混防水卷材)。

1) 聚氯乙烯(PVC)防水卷材

聚氯乙烯(PVC)防水卷材是以聚氯乙烯树脂为主要原料,通过添加其他化学助剂,采用挤出或压延法生产工艺加工而成的防水卷材。

聚氯乙烯防水卷材包括无复合层(N类)、用纤维单面复合(L类)及织物内增强(W类)三种类型。每类产品按照其物理力学性能的不同又分为Ⅰ型和Ⅱ型。聚氯乙烯防水卷材的物理力学性能应符合国家标准《聚氯乙烯防水卷材》(GB 12952-2003)中的要求。聚氯乙烯防水卷材的物理力学性能指标如表12.3.7、表12.3.8所示。

表12.3.7　　　　　　　　N类PVC防水卷材的物理力学性能

序号	项目	Ⅰ型	Ⅱ型
1	拉伸强度/(MPa) ≥	8.0	12.0
2	断裂伸长率/(%) ≥	200	250
3	热处理尺寸变化率/(%) ≤	3.0	2.0
4	低温弯折性	-20℃ 无裂纹	-25℃ 无裂纹

续表

序号	项目		I型	II型
5	抗穿孔性		不渗水	
6	不透水性		不透水	
7	剪切状态下的粘合性/（N/mm）≥		3.0或卷材破坏	
8	热老化处理	外观	无起泡、裂纹、粘结和孔洞	
		拉伸强度变化率/（%）	±25	±20
		断裂伸长率变化率/（%）		
		低温弯折性	-15℃ 无裂纹	-20℃ 无裂纹
9	耐化学侵蚀	拉伸强度变化率/（%）	+25	±20
		断裂伸长率变化率/（%）		
		低温弯折性	-15℃ 无裂纹	-20℃ 无裂纹
10	人工气候加速老化	拉伸强度变化率/（%）	±25	±20
		断裂伸长率变化率/（%）		
		低温弯折性	-15℃ 无裂纹	-20℃ 无裂纹

注：非外露使用可以不考核人工气候加速老化性能。

聚氯乙烯防水卷材具有如下特点：其拉伸强度高，抗撕裂能力好，延伸性良好，对基层伸缩或开裂变形的适应性强；耐植物根系穿透，耐化学腐蚀、耐候、抗紫外线、耐老化性能好，可以用于暴露系统屋面；低温柔性和耐热性好。在-20℃低温下能保持一定柔韧性，不会有裂痕现象发生，高温不流淌；卷材可焊性好，采用先进热风焊接技术，即使历经多年风化，仍可以焊接，焊缝牢固可靠，可以用于建筑物的改造或维修；冷施工，机械化程度高，操作方便；良好的水蒸气扩散性，易排出基层潮气；耐火性好，具有离火自熄性。但其焊接技术要求高，易出现焊接不善，如虚焊、脱焊等现象；通常采用空铺施工，与基层不粘结，一旦出现渗水点，会造成窜水渗漏，难以查找渗漏点。

聚氯乙烯防水卷材适用于工业民用建筑各种屋面防水、建筑物地下防水及旧屋面维修，水库、堤坝、水渠、地下建筑物的地下防水；隧道、粮库、垃圾处理场等防渗防水等。

2) 三元乙丙橡胶（EPDM）防水卷材

三元乙丙橡胶（EPDM）防水卷材是以三元乙丙橡胶或掺入适量丁基橡胶为基本原料，再加入软化剂、填充剂、补强剂、硫化剂、促进剂、稳定剂等，经塑炼、挤出、拉片、压延、硫化成型等工序制成的防水卷材。

三元乙丙橡胶防水卷材的性能应符合国家标准《高分子防水材料》（GB 18171.1—2000）第一部分"片材"的要求。硫化与非硫化型三元乙丙橡胶防水卷材的物理力学性能如表12.3.9所示。

表12.3.8　　L类、W类PVC防水卷材的物理力学性能

序号	项目		Ⅰ型	Ⅱ型
1	拉力/(N/cm) ≥		100	160
2	断裂伸长率/(%) ≥		150	200
3	热处理尺寸变化率/(%) ≤		1.5	1.0
4	低温弯折性		-20℃无裂纹	-25℃无裂纹
5	抗穿孔性		不渗水	
6	不透水性		不透水	
7	剪切状态下的粘合性/(N/mm) ≥	L类	3.0或卷材破坏	
		W类	6.0或卷材破坏	
8	热老化处理	外观	无起泡、裂纹、粘结和孔洞	
		拉力变化率/(%)	±25	±20
		断裂伸长率变化率/(%)		
		低温弯折性	-15℃无裂纹	-20℃无裂纹
9	耐化学侵蚀	拉力变化率/(%)	±25	±20
		断裂伸长率变化率/(%)		
		低温弯折性	-15℃无裂纹	-20℃无裂纹
10	人工气候加速老化	拉力变化率/(%)	±25	±20
		断裂伸长率变化率/(%)		
		低温弯折性	-15℃无裂纹	-20℃无裂纹

注：非外露使用可以不考核人工气候加速老化性能。

表12.3.9　　三元乙丙橡胶防水卷材的物理力学性能

项目		指标	
		硫化型（JL1）	非硫化型（JF1）
断裂拉伸强度/(MPa)	常温 ≥	7.5	4.0
	60℃ ≥	2.3	0.8
扯断伸长率/(%)	常温 ≥	450	450
	-20℃ ≥	200	200
撕裂强度/(kN/m) ≥		25	18
不透水性,30 min　0.3MPa		无渗漏	无渗漏
低温弯折/(℃) ≤		-40	-30

续表

项 目		指 标	
		硫化型（JL1）	非硫化型（JF1）
加热伸缩量/（mm）	伸长 <	2	2
	收缩 <	4	4
热空气老化 （80℃×168h）	拉伸强度保持率/（%）	80	90
	断裂伸长保持率/（%）	70	70
	100%伸长率时的外观	无裂纹	无裂纹

三元乙丙橡胶分子结构中的主链没有双键，是饱和键，其结构稳定性好，当受到紫外线、臭氧、湿和热作用时，主链不易发生断裂。三元乙丙橡胶防水卷材具有以下特点：其耐老化性能好，使用寿命长，一般在30~50年或以上；抗拉强度高（7.0MPa以上），拉伸性能优异（450%以上），弹性好，抗裂性极佳，耐穿刺能力强，能较好地适应基层伸缩或开裂变形的需要；耐高、低温性能好，可以在-40~+80℃范围内长期使用，且耐热性能良好，可以达160℃以上，适应各类气候地区的防水工程。但卷材接缝粘贴困难，粘结性能差；对基层质量要求高，粘结不牢固可能会产生窜水现象。

三元乙丙橡胶防水卷材是目前性能最好（高弹性、高强度、高延伸、耐老化）的一种防水卷材，广泛适用于防水要求高，耐用年限长的防水工程，特别适用于屋面工程的单层外露防水，并适用于受振动、易变形建筑工程防水，也用于刚性保护层或倒置式屋面及地下室、水渠、水池、桥梁、隧道、地铁等建筑工程防水。

3）氯化聚乙烯—橡胶共混防水卷材

氯化聚乙烯—橡胶共混防水卷材是以氯化聚乙烯树脂和合成橡胶共混物为主体，加入各种适量助剂和填料，经混炼、压延或挤出等工艺而制成的防水卷材。

氯化聚乙烯—橡胶共混防水卷材的物理力学性能应符合国家标准《高分子防水材料》（GB 18173.1—2000）中的要求。氯化聚乙烯—橡胶共混防水卷材的物理力学性能指标如表12.3.10所示。

氯化聚乙烯—橡胶共混防水卷材是一种硫化型合成高分子卷材，兼有塑料和橡胶的特点。具有高强度、高延伸率和耐臭氧性能、耐低温性能，良好的耐热老化性能、耐腐蚀性，对基层变形有一定的适应能力；粘结效果较好，冷粘施工，施工简单；良好的阻燃和化学稳定性，使用寿命长。但后期收缩大，易出现接缝脱开或使卷材长期处于高应力状态下而加速老化。

氯化聚乙烯—橡胶共混防水卷材的耐老化性能和耐穿刺能力低于三元乙丙橡胶防水卷材，其适用范围和施工方法与三元乙丙橡胶防水卷材基本相同。但由于原材料丰富，价格较三元乙丙橡胶防水卷材有优势。适用于屋面外露、非外露防水工程，地下室外防外贴法或外防内贴法施工的防水工程及水池等防水。

(3) 其他防水卷材

1）铝锡合金防水卷材

铝锡合金防水卷材是将铝、锡、锑等多种金属熔化、注模，压延成一定厚度的成卷薄膜，简称 PSS 合金防水卷材。PSS 合金卷材是采用全金属一体化封闭覆盖的方法来防水的，该卷材具有以下特点：

表 12.3.10　　　　　氯化聚乙烯—橡胶共混防水卷材物理力学性能

项　目		指　标
断裂拉伸强度/（MPa）	常温 ≥	6.0
	60℃ ≥	2.1
扯断伸长率/（%）	常温 ≥	400
	-20℃ ≥	200
撕裂强度/（kN/m）≥		24
不透水性[1]，30min 无渗漏，MPa		0.3
低温弯折[2]/℃ ≤		-30
加热伸缩量/（mm）	延伸 <	2
	收缩 <	4
热空气老化（80℃×168h）	断裂拉伸强度保持率/（%）≥	80
	扯断伸长率保持率/（%）≥	70
	100% 伸长率外观	无裂纹
耐碱性[10% Ca(OH)$_2$ 常温×168h]	断裂拉伸强度保持率/（%）≥	80
	扯断伸长率保持率/（%）≥	80
臭氧老化[3]（40℃×168h）	伸长率 20%，500pphm	无裂纹
人工候化	断裂拉伸强度保持率/（%）≥	80
	扯断伸长率保持率/（%）≥	70
	100% 伸长率外观	无裂纹
粘合性能	无处理	自基准线的偏移及剥离长度在 5mm 以下，且无有害偏移及异状点

①不腐烂、不生锈、不腐蚀、不透水、不透气，抗老化能力强。铅、锡、锑等均为惰性金属，在自然环境条件下，与大气中的氧气反应，生成极为稳定的四氧化三铅，使其具有优良的耐酸、碱、盐腐蚀能力和耐紫外线照射能力。

②强度高、延展性好，适应基层变形能力强。拉伸强度 29MPa，延伸率 40%，使用温度范围宽，可以达 -100~200℃，施工时与基层空铺，避免了基层变形、开裂而拉裂防水层现象。

③可焊性好。采用松香金属焊丝焊接连接，卷材间接缝也采用同类金属熔化连接，其拉伸强度大于卷材自身拉伸强度，防水可靠。

④其耐久性胜过所有卷材，可以与建筑物同寿命，综合经济效益显著。避免了防水层

翻修所需的费用，年平均单方防水造价低，性价比高，但一次性价高。

⑤材料可以回收，且可以重新加工使用。

但对基层要求严格，卷材薄，基层不应有砂粒、疙瘩显露；一旦防水层破坏渗漏，卷材下即产生窜水现象；热胀冷缩较大，使用数年后，金属防水层会出现皱折或波浪，影响防水层的使用。

金属防水层用于屋面时，宜采用倒置式屋面构造形式压埋使用，或与蠕变性双面自粘卷材或防水涂料复合使用。

2）膨润土防水卷材（毯）

膨润土是一种含有少量金属的铝硅酸盐矿物，具有优良的吸水膨胀性，在水中体积可以膨胀 10~30 倍，渗透系数可以达 2×10^{-9} cm/sec，利用这一特性，将一定级配的钠基膨润土与添加剂混合经加工制成粒状，充填在聚丙烯纤维毡或纤维布中制成膨润土防水毯。使用时将该毯紧贴在地下结构混凝土的迎水面，用回填土压实，膨润土与添加剂等遇水后，吸水膨胀达到饱和状态，形成凝胶隔水膜产生对水的排斥作用而达到防水的目的。

膨润土防水毯具有下列特点：防水层不受结构变形影响；受环境条件影响小，潮湿基层可以施工，除大雨天外四季均可以施工；膨润土是天然无机矿物质，对人体无害，对环境无任何污染，耐腐蚀能力强，不老化，具有永久防水性；施工工艺简便，可钉、可挂，只要搭接，铺展即可，技术简单，工效高。毯和基层及毯间不需粘结，只需钉压或压埋固定；具有自愈特性，能自动修补混凝土裂缝。但强流动水会将膨润土冲走；立面固定较难，因自重大，立面施工时若钉压不好，易产生下滑现象，影响工程质量。

3）聚合物水泥防水卷材

聚合物水泥防水卷材是采用高分子聚合物掺入一定量水泥、矿物粉料、颜料等，搅拌压延成彩色无胎基的卷材。聚合物水泥防水卷材是有机材料、无机材料复合的产品，目前正在推广应用中。其拉伸强度≥3.0MPa，伸长率≥200%；耐候性好，耐水性比聚合物水泥防水涂料好；无毒，无污染，与其他材料相容性好；但粘结剂尚需进一步开发完善，后期收缩要经工程考验。

2. 防水涂料

防水涂料是指常温下呈黏稠状液体（双组分时，一组分为粉料），用刷子、滚筒、刮板、喷枪等工具涂刮或喷涂于基面，经溶剂（水）挥发或反应固化后的涂层，具有防水抗渗功能的涂料。

与卷材比较，涂膜防水层的整体性好，防水涂料施工简便，对不规则基层和复杂节点部位的适应能力强。防水涂料的种类繁多，各类防水涂料如表 12.3.11 所示。

（1）沥青基防水涂料

沥青基防水涂料是指以沥青为基料配制而成的水乳型或溶剂型防水涂料。表面涂刷的防水层自重轻、施工方便、易于维修；对于结构形状复杂、变形量小的工程尤为适用。

1）沥青防水涂料

沥青防水涂料的成膜物质是石油沥青，一般分为溶剂型和水乳型两种。

①溶剂型沥青防水涂料

溶剂型沥青防水涂料是将石油沥青直接溶解于汽油等有机溶剂后制得的溶液。这种涂料的粘度小，能渗入到混凝土、砂浆、木材等材料的毛细孔隙中，待溶剂挥发后，便与基材牢固结合，使基面具有一定的憎水性，为粘结同类防水材料创造了有利条件。沥青溶液施工后所形成的涂膜很薄，一般不单独作防水涂料使用，因其多在常温下用做防水工程如沥青类油毡的基层处理剂（打底），故称为冷底子油。

表 12.3.11　　　　　　　　防水涂料分类

类别	品种	材料类型		品名举例
防水涂料	合成高分子涂料	橡胶类	挥发型	氯磺化聚乙烯涂料
				硅橡胶涂料
				三元乙丙涂料
			反应型	水固化聚氨酯涂料
				聚氨酯涂料（湿固化）单组分
				聚氨酯涂料（双组分）
				聚脲
				石油沥青聚氨酯涂料
				焦油沥青聚氨酯涂料（851）
		树脂类	挥发型	丙烯酸涂料
				EVA 涂料
		复合型	挥发型	聚合物水泥基涂料 JS
			反应型	反应型水泥基涂料 FJS
	聚合物改性沥青涂料	挥发型	溶剂型	SBS 改性沥青涂料
				丁基橡胶改性沥青涂料
				再生橡胶改性沥青涂料
				PVC 改性焦油沥青涂料
			水乳型	水乳型 SBS 改性沥青涂料
				水乳型氯丁胶改性沥青涂料
				水乳型再生橡胶改性沥青涂料
		热熔型		SBS 改性沥青涂料
	沥青基涂料	水乳型		石灰乳化沥青防水涂料
				膨润土乳化沥青防水涂料
				石棉乳化沥青防水涂料

　　冷底子油要随配随用。溶剂型沥青防水涂料的分散度高，在密闭容器内长期贮存而不变质，涂膜干燥快，质地致密，并可负温施工，但施工中要消耗大量的有机溶剂，成本高，污染环境，故其发展和使用受到限制。

　　②水乳型沥青防水涂料

水乳型沥青防水涂料是以乳化沥青为基料的防水涂料。乳化沥青是以水为分散剂，并借助乳化剂的作用将沥青微粒分散成乳液型稳定的水分散体系。一般水乳型沥青防水涂料的配制比例为：石油沥青40%~60%，水40%~60%，乳化剂0.1%~2.5%。乳化剂为表面活性剂，分矿物胶体乳化剂（如石棉、膨润土、石灰膏）和化学乳化剂两类。其作用是在沥青微粒表面定向吸附排列成乳化剂单分子膜，有效地降低微粒表面能，使形成的沥青微粒稳定悬浮在水溶液中。当乳化沥青涂刷于材料表面后，其水分逐渐消失，沥青微粒靠拢而将乳化剂薄膜挤破，从而相互团聚而粘结，最后成膜。

水乳型沥青防水涂料可以喷洒在渠道面层作防渗层，涂刷于混凝土墙面作防水层，掺入混凝土或砂浆中（沥青用量约为混凝土干料重的1%）提高其抗渗性；还可以作为冷底子油用；且可以用来粘贴卷材，构成多层防水层。

常用的水乳型沥青防水涂料有水乳无机矿物厚质沥青涂料、水性石棉沥青防水涂料、石灰乳化沥青、水性铝粉屋面反光涂料、膨润土—石棉乳化沥青防水涂料等。

① 石灰乳化沥青

石灰乳化沥青是以石油沥青为基料，以石灰膏（氢氧化钙）为分散剂，以石棉绒为填充料加工而成的一种沥青浆膏（冷沥青悬浮液）。

石灰乳化沥青生产工艺简单，一般在现场施工时配制。该涂料材料来源丰富，生产工艺简单，成本较低，在使用中都做成厚涂层，有较好的耐候性。其缺点是涂层的延伸率较低，抗裂性较差，容易因基层变形而开裂，从而导致漏水、渗水。另外在温度较低时易发脆，单位面积的耗用量也较大。一般结合嵌缝油膏、胶泥等密封材料用于工业厂房的屋面防水。

② 水性石棉沥青防水涂料

水性石棉沥青防水涂料是以石油沥青为基料，以碎石棉纤维为分散剂，在机械搅拌作用下制成的一种水溶性厚质防水涂料。该涂料无毒、无污染，水性冷施工，可以在潮湿和无积水的基层上施工。由于涂料中含有石棉纤维，涂料的稳定性、耐水性、耐裂性和耐候性较一般的乳化沥青好，且能形成较厚的涂膜，防水效果好，原材料便宜，其缺点是施工温度要求高，一般要求在10℃以上，气温过高则易粘脚，影响操作。施工时配以胎体增强材料，可以用于工业和民用建筑钢筋混凝土屋面防水，地下室、卫生间的防水以及层间楼板层的防水和旧屋面的维修等。

③ 膨润土沥青乳液

膨润土沥青乳液是以油质石油沥青为基料，膨润土为分散剂，经机械搅拌而成的一种水乳型厚质沥青防水涂料。该涂料可以涂在潮湿的基层上形成厚质涂膜，耐久性好。涂层与基层的粘结力强，耐热度高，可以达90~120℃，可以用于各种沥青基防水层的维修，也可以用做保护层或复杂屋面、保温面层上独立的防水层。

2) 高聚物改性沥青防水涂料

高聚物改性沥青防水涂料一般是用再生橡胶、合成橡胶或SBS等对沥青进行改性而制成的水乳型、溶剂型或热熔型防水涂料。

① 氯丁橡胶沥青防水涂料

氯丁橡胶沥青防水涂料的基料是氯丁橡胶和石油沥青。溶剂型氯丁橡胶沥青防水涂料是将氯丁橡胶溶于一定量的有机溶剂（如甲苯）中形成溶液，然后将其掺入到液体状态的沥青中，再加入各种助剂和填料经强烈混合而成；水乳型氯丁橡胶沥青防水涂料是阳离子氯丁乳胶与阳离子型石油沥青乳液的混合体，是氯丁橡胶的微粒和石油沥青的微粒借助于阳离子表面活性剂的作用，稳定分散在水中所形成的一种乳状液。两者的技术性能指标相同，溶剂型氯丁橡胶沥青防水涂料的粘结性能比较好，但存在易燃、有毒、价格高的缺点，因而有逐渐被水乳型氯丁橡胶沥青取代的趋势。

水乳型氯丁橡胶沥青涂料的特点是涂膜强度大、延伸性好，能充分适应基层的变化，耐热性和低温柔韧性优良，耐臭氧老化，抗腐蚀，阻燃性好，不透水，是一种安全无毒的防水涂料，已经成为我国防水涂料的主要品种之一。适用于工业和民用建筑物的屋面防水、墙身防水和楼面防水、地下室和设备管道的防水、旧屋面的维修和补漏，还可以用于沼气池、油库等密闭工程混凝土结构，以提高其抗渗性和气密性。

②水乳型再生橡胶改性沥青防水涂料

水乳型再生橡胶改性沥青防水涂料是由阴离子型再生乳胶和阴离子型沥青乳胶混合均匀构成，再生橡胶和石油沥青的微粒借助于阴离子表面活性剂的作用，稳定分散在水中而形成的乳状液。

该涂料以水为分散剂，具有无毒、无味、不燃的优点，可以在常温下冷施工作业，并可以在稍潮湿无积水的表面施工，涂膜有一定的柔韧性和耐久性，材料来源广，价格低。该涂料属于薄型涂料，一次涂刷涂膜较薄，需多次涂刷才能达到规定厚度。该涂料一般应加衬玻璃纤维布或合成纤维加筋毡构成防水层，施工时再配以嵌缝密封膏，以达到较好的防水效果。该涂料适用于工业与民用建筑混凝土基层屋面防水、以沥青珍珠岩为保温层的保温屋面防水、地下混凝土建筑防潮及旧油毡屋面翻修和刚性自防水屋面的维修等。

③SBS改性沥青防水涂料

SBS改性沥青防水涂料是将SBS橡胶掺入不同形态的沥青中改变沥青的性能，改善了沥青的耐高低温和耐久性，且有很大的延伸和抗裂性能，是较为理想的中档防水涂料。SBS改性沥青防水涂料适用于复杂基层的防水防潮工程，如卫生间、地下室、厨房、水池等，特别适合于寒冷地区的防水工程。

SBS改性沥青防水涂料有溶剂型、水乳型和热熔型。由于组成形态不同，其性能各有差异。

水乳型SBS改性沥青防水涂料是将SBS溶入沥青中后再进行乳化成为水乳性改性沥青防水涂料，是挥发性涂料，该涂料的固含量只有50%左右，水乳型再生橡胶沥青防水涂料性能指标应符合《水乳型沥青防水涂料》（JC 408—2005）中的要求。该产品具有优良的低温柔性和抗裂性能，对水泥、混凝土、木板、塑料、油毡、铁板、玻璃等各种质材的基层均有良好的粘结力；无嗅、无毒、不燃，施工安全简单；耐候性好，耐高低温性高，夏天不流淌、冬天不龟裂，不变脆；冷施工，施工简便，但多遍涂刷成膜受环境气候影响大。

溶剂型SBS改性沥青防水涂料是将SBS和沥青加热搅拌均匀后溶于溶剂中，是挥发性涂料，涂刷于基层，溶剂挥发成膜，冷施工，固含量在65%左右，成膜速度和质量优于水乳性涂料，但由于溶剂的挥发，对环境有污染。尤其是加入有毒的溶剂（如二甲苯类）更是有害，成膜也受环境气候影响。

热熔型SBS改性沥青防水涂料是将SBS溶入沥青中进行改性，成为固含量接近100%

的涂料。该涂料改善了沥青高低温性能，延伸性，抗裂性强，施工时在现场熔化炉中溶解后喷涂或刮涂于基层，可以一次达到需要成膜的厚度，施工速度快，施工后无需经挥发，只要温度下降，几分钟就可以成膜，可以在夏季骤雨和冬、春气温较低时施工，这就显示了其他涂料所不具有的特性，而且还可以作为卷材粘结剂和复合防水层。此外材料成本低，但现场需熔化炉、热施工是该涂料的弱点。

(2) 合成高分子防水涂料

1) 聚氨酯防水涂料

聚氨酯防水涂料是目前使用量最大、最重要的一种涂料。聚氨酯防水涂料为化学反应型涂料，根据国家标准《聚氨酯防水涂料》（GB/T19250—2003）中的规定，聚氨酯防水涂料按产品形态和组分分为双组分与单组分。国产聚氨酯防水涂料多为双组分反应型。

①双组分聚氨酯防水涂料

双组分聚氨酯防水涂料中，甲组分为异氰酸酯预聚体，乙组分为交联剂（固化组分），使用时现场将甲、乙组分按所要求的配合比混合均匀，涂覆后可以形成高弹性的聚氨酯膜层。

双组分聚氨酯防水涂料的主要品种有：焦油沥青聚氨酯（简称851涂料）、石油沥青聚氨酯涂料和彩色聚氨酯涂料。煤焦油因受紫外线照射或受热而分解，其抗老化性能差，热稳定性差，使用寿命短，已成为被限制淘汰的产品。

双组分聚氨酯防水涂料的涂膜具有橡胶弹性，延伸性好，抗拉强度高；较好的耐温性、低温柔性；优异的防水、耐酸、耐碱、耐老化性能；可以常温施工、固化，操作方便，涂层粘结力强；涂覆前为无定形粘稠体，易于厚涂覆，涂膜无接缝，整体性强。但要求基层平整，表面干燥；成型温度影响膜层固化速度；要求配比准确均匀，机械搅拌，否则易发生局部不凝或分层现象；原材料有一定毒性，如所含甲苯二异氰酸酯（TDI）有强烈的刺激气味，有毒，对人体粘膜有刺激性，会引起粘膜充血及过敏现象；固化剂中MO-CA疑为致癌物质，且聚氨酯防水膜在老化失效后难以再生，如何处理不污染环境还是一大难题。北京市2003年规定：双组分聚氨酯防水涂料不得用于建筑内部厕浴间、地下室、地下沟渠、竖井、深坑以及通风不利的工作面。

②单组分聚氨酯防水涂料

单组分聚氨酯防水涂料为聚氨酯预聚体，在现场涂覆后经过与潮气的化学反应，形成高弹性膜层。单组分涂膜的固化速度受基面的潮湿程度、空气湿度及涂覆厚度的影响。单组分聚氨酯防水涂料为单组分包装出厂，又称为单组分水固化聚氨酯防水涂料（加水做固化剂，实质上也是双组分）。单组分聚氨酯防水涂料包装成本高，预聚体需密闭容器，以免吸收潮气，存储期较短。但不含疑为致癌的物质莫卡（固化剂），也不含焦油、沥青、溶剂和重金属，游离TDI含量极低，属环保无毒产品，其性能优异。

聚氨酯防水涂料适用于防水等级为Ⅲ、Ⅳ级的防水，或作Ⅰ、Ⅱ级多道防水设防中的一道防水层；地下围护结构的迎水面防水、地下室、游泳池、人防工程、贮水池等迎水面防水。从性价比考虑，在经济发达国家，单组分聚氨酯防水涂料多作为一种自己动手做的产品（DIY产品），用于建筑的砖石结构、金属结构部分及聚氨酯屋面防水层的修补。

2) 喷涂聚脲材料

喷涂聚脲（SPUA）材料技术采用专用喷涂设备施工，喷涂的聚脲材料固含量达

100%，改变了传统喷涂工艺溶剂污染、厚度薄、流挂、固化时间长等缺点。我国 1997 年 4 月引进美国 Gusmer 公司专用设备，开始对该技术的开发应用。

该涂料无毒环保，拉伸强度为 27.5MPa，撕裂强度为 105.4kN/m，伸长率为 1000%；可以在 -30~150℃ 长期使用，并承受 350℃ 短时热冲击；与基层适应性强，应用范围广；可以厚涂，快速固化（约 5 秒），1 分钟可以进行上层施工，施工效率高；在 -28℃ 及风雨季节能正常施工；耐久性好，户外使用年限大于 30 年。但喷涂设备主要依靠进口，操作技术要求高，使应用成本提高。

喷涂聚脲材料可以用于高档建筑的屋面、地下及外墙防水、渗漏治理及裂缝修补，运动场（防止大量出汗和下雨产生的滑湿）工程，化工储罐衬里、污水处理池、电镀槽、输油管、隧道、涵洞、游泳池防水及海洋结构防腐和防水。如毛主席纪念堂地下室顶板的防水翻修工程、国家大剧院人工湖工程均采用喷涂聚脲材料，其防水效果良好。

(3) 无机防水涂料

①聚合物水泥防水涂料

聚合物水泥防水涂料（简称 JS 防水涂料）是由聚合物（如聚丙烯酸酯、聚醋酸乙烯酯、丁苯橡胶等）乳液及各种添加剂优化组合而成的液料和配套的粉料（由特种水泥、石英粉及各种添加剂组成）复合而成的防水涂料。

聚合物水泥防水涂料属双组分、水性、反应型、无机—有机复合材料，该涂料利用聚合物的低温柔性改善水泥脆性的缺点，既有有机材料弹性高、伸长率大的优点，同时又具备水泥无机材料的粘结性、耐久性和耐水性，是目前应用效果较好的防水涂料之一。

其环保安全，施工简单，液料与粉料的配比允许误差范围大。但应多次涂刷成膜，每次涂刷不可过厚，厚度均匀控制难；成膜受气候影响大，要求在 5℃ 以上施工，并加强通风。

聚合物水泥防水涂料的性能指标应符合《聚合物水泥防水涂料》（JC/T894—2001）中的要求。可以用于工业及民用建筑的屋面工程，厕浴间、厨房的防水、防潮工程，墙面、地下室、游泳池、槽罐的防水等。

②水泥基渗透结晶型防水涂料

水泥基渗透结晶型防水涂料是以硅酸盐类水泥、石英砂等为基材，掺入活性化学物质组成的刚性防水涂层材料，其中的活性化学物质可以向混凝土内部渗透，在混凝土内部形成不溶于水的结晶体，填塞毛细孔道，从而使混凝土致密、防水。

水泥基渗透结晶型防水涂料是一种无机刚性防水涂层。其性能指标应符合《水泥基渗透结晶型防水材料》（GB 18445—2001）中的要求。该涂料环保，施工简单，操作方便；具有裂缝自愈能力；防水层强度高，但该涂料无抗形变能力。适于基层稳定、变形小的工程，更适用于作防水修补工程。

③其他无机防水涂料

确保时、防水宝、水不漏等是以 90% 以上的水泥掺加一定母料助剂制成，在刚性基层上涂刷具有很高防水性能的刚性无机防水涂料。

这类涂料价低耐久，与基层粘结强，可以在潮湿基层上施工，但本身为刚性体，当基层开裂时易漏水。可以用于砖石、新旧混凝土结构的各种建筑物、沟道、厕浴间及水池等工程的防潮、防渗及渗漏修缮。

3. 防水密封材料

建筑防水密封材料一般用于填充物、构筑物的接缝、裂缝、施工缝、门、窗、框缝及管道接头等处，密封材料的主要功能是防水、防尘、隔气、隔音等。对密封材料的基本要求是：具有良好的粘结性、防水性、弹性、耐候性，并能经受其粘结构件的伸缩、变形与振动。防水密封材料的分类如表12.3.12所示。

表12.3.12 防水密封材料分类表

类别	品　种	材料类型	品名举例
防水密封材料	合成高分子密封材料（不定型）	橡胶类	硅酮密封胶
			有机硅密封胶
			聚硫密封胶
			氯磺化聚乙烯密封胶
			丁基密封胶
			聚氨酯密封胶
		树脂类	水性丙烯酸密封胶
	高聚物改性沥青密封材料	石油沥青类	丁基橡胶改性沥青密封胶
			SBS改性沥青密封胶
			再生橡胶改性沥青密封胶
		焦油沥青类	塑料油膏
			聚氯乙烯胶泥（PVC胶泥）
	合成高分子密封材料（定型）	橡胶类	橡胶止水带
			遇水膨胀橡胶止水带
		树脂类	塑料止水带
	金属止水带		不锈钢止水带
			铜片止水带

（1）沥青胶

沥青胶是在熔（溶）化的沥青中掺入适量的矿质粉料或再掺入部分纤维状填料经均匀混合配制的胶体材料，又称沥青玛蹄脂。沥青胶有热用和冷用两种，属于矿物填充料改性沥青，常用的矿物填料主要有滑石粉、石灰石粉、石棉屑、木纤维等。沥青胶按其耐热度划分为不同的标号，如表12.3.13所示。

沥青胶与纯沥青相比，具有较好的粘性、耐热性、柔韧性和抗老化性，且制作简便，便于施工。沥青胶用途广泛，可用于粘结沥青防水卷材、拌制沥青混合料、水泥砂浆及水泥混凝土，并可以用作嵌缝、补漏等。

根据国家标准《屋面工程质量验收规范》（GB 50207—2002），施工中采用的沥青应与被粘贴的卷材沥青种类一致。炎热地区的屋面使用的沥青胶，可以选用10号或30号的建筑石油沥青配制；地下防水工程中使用的沥青胶，其沥青牌号可以大些，但其软化点不宜低于50℃。

表12.3.13　　　　　　　　　　　　沥青胶的技术性能

指标名称 \ 标号	石油沥青胶标号					
	S-60	S-65	S-70	S-75	S-80	S-85
耐热度	用2mm厚的沥青玛蹄脂粘合两张沥青油纸，于不低于下列温度（℃），在1:1坡度上停放5h的沥青玛蹄脂不应流淌，油纸不应滑动。					
	60	65	70	75	82	85
柔韧性	涂在沥青油纸上2mm厚的沥青玛蹄脂层，在18℃±2℃时，围绕下列直径（m）的圆棒，用2s的时间以匀速弯成半周，沥青玛蹄脂不应有裂纹。					
	10	15	15	20	25	30
粘结力	用手将两张粘结在一起的油纸慢慢撕开，从油纸和沥青玛蹄脂的粘结面任何一面的撕开部分，应不大于粘结面积的$\frac{1}{2}$。					

（2）沥青嵌缝油膏

沥青嵌缝油膏是以石油沥青为基料，掺入稀释剂、改性材料及填充料混合配制而成的冷用黑色膏状材料。改性材料有废橡胶粉和硫化鱼油；稀释剂有松焦油、重松节油和机油；填充料有石棉绒和滑石粉等。

沥青嵌缝油膏品种很多，有建筑油膏、建筑防水沥青嵌缝油膏、聚氯乙烯胶泥等。建筑油膏按其耐热度和低温柔性分为702号和801号两个标号，其技术性能应符合《建筑防水沥青嵌缝油膏》（JC/T 207—1996）中的要求。

沥青嵌缝油膏为最早使用的冷用嵌缝材料，其特点是炎夏不流淌，寒冬不脆裂，其粘结力较强、延伸性、塑性和耐候性均较好，该油膏价格低，具有一定延伸性和耐久性，但其弹性差，主要用于屋面、渠道、渡槽等沟、缝填充，如屋面板和墙板的接缝处，各种构筑物的伸缩缝、沉降缝等的嵌填，也可以修补裂缝。

（3）高分子密封材料

①聚氨酯密封胶

聚氨酯密封胶是以聚氨基甲酸酯为主要成分的非定型密封材料。该材料具有优良的耐磨性、低温柔性、机械强度大、粘结性好、弹性好、耐候性好、耐油性好、耐生物老化等特点，但该材料对湿气敏感，储存期短，包装密封要求高，位移能力在±20%～±25%，在建筑业中主要用于混凝土连接及施工缝，如机场跑道混凝土接缝、混凝土预制件的连接填充密封、建筑物中轻质结构的粘接嵌缝、游泳池、浴室等的防水嵌缝，同时也大量用于高速公路、高等级道路、桥梁、地铁等有伸缩性连接密封。

②聚硫密封胶

聚硫密封胶是以液态聚硫橡胶为主要成分的非定型密封材料，属于高档密封材料。聚硫密封胶对钢、铝等金属及各种建筑材料有良好的粘结性，抗撕裂性强；具有极佳的气密性和水密性，良好的低温柔性，可常温或加温固化，使用温度范围为 -40~96℃。适用接缝活动量大的部位，但其耐候性稍差，可以用于建筑工程领域中的现代幕墙接缝、建筑物护墙板及高层建筑接缝、窗门框周围的防水防尘密封、中空玻璃制造中组合件密封及中空玻璃安装、建筑门窗玻璃装嵌密封、游泳池及公路管道等的接缝密封等。

③丙烯酸酯密封胶

丙烯酸酯密封胶是以丙烯酸酯类聚合物为主要成分的非定型密封材料，属中等性能的密封胶。丙烯酸酯密封胶价格适中，耐臭氧、耐紫外线、耐热、耐寒、耐油、粘结性好，但该材料的柔韧性较差，不允许接缝有大幅度的运动，其位移能力一般不超过 ±12.5%，如果制成柔软性品级，又会失去优良的粘附性能，这是有待进一步解决的问题。可以用于门、窗框与墙体的接缝密封，钢、铝、木窗与玻璃间的密封，刚性屋面伸缩缝，内外墙拼缝，内外墙与屋面接缝、管道与楼面接缝、混凝土外墙板以及屋面板构件接缝，卫生间等的防水密封。

④硅橡胶密封胶

硅橡胶密封胶是以聚硅氧烷为主要成分的非定型密封材料，俗称硅酮密封胶。硅橡胶是一种优质嵌缝材料，可以在室温下固化或加热固化的液态橡胶，特别是聚醚硅酮的改性硅酮密封胶的出现，使该材料成为增长最快的密封材料。硅橡胶密封胶具有一系列的优点，如耐紫外线、耐臭氧、耐化学介质、优异的低温柔性（温度可低至 -60℃）和耐高温性（温度可高达 150℃）、耐老化、耐稀酸及某些有机溶剂的侵蚀，其位移能力在 ±20%~±50%。广泛用于现代幕墙结构和耐候密封，预制构件的嵌缝密封和防水堵漏，金属窗框中镶嵌玻璃及中空玻璃构件的密封材料。

⑤橡胶止水带

橡胶止水带又称止水橡皮或止水橡胶构件，是以天然橡胶与各种合成橡胶为主要原料，掺入各种助剂和填充剂，经塑炼、混炼、压延和硫化等工序制成的定型密封材料。橡胶止水带具有良好的弹性、耐磨性和抗撕裂性能，适应变形能力强，防水性能好，在 -40~40℃条件下有较好的耐老化性能。橡胶止水带是利用橡胶的高弹性和压缩变形性，在各种荷载下产生压弹变形，用于建筑物的永久性接缝和周边的接缝上，起到紧固密封、有效地防止建筑构件的漏水渗水、减震缓冲等作用，以确保建筑物和构筑物的变形缝防水。

§12.4 装 饰 材 料

在土建工程完成之后，对建筑物的室内空间和室外环境进行功能和美化处理而形成不同装饰效果所使用的材料称为装饰材料。装饰材料除了起装饰作用，满足人们的美感需要外，通常还起着保护建筑物主体结构和改善建筑物使用功能的作用。装饰材料是建筑装饰工程的物质基础，装饰工程的总体效果和功能的实现，都要通过应用装饰材料及其配套产品的质感、图案、色彩、光泽、功能、质量等体现出来。因此，对于装饰工程的设计、施工来说，必须正确掌握各种装饰材料的功能和特点，才有可能创造出美好的建筑艺术形象。

12.4.1 装饰材料的分类

1. 按材料化学成分分

（1）无机装饰材料：包括金属和非金属两类。

金属装饰材料主要有铝合金、不锈钢、复合钢板、铜合金、金箔等；非金属装饰材料主要有天然石材（大理石、花岗岩等）、陶瓷制品（瓷砖、琉璃瓦等）、各种胶凝材料（如水泥、石灰、石膏）、玻璃以及各种无机建筑涂料等。

（2）有机装饰材料：如木材、塑料、复合地板等。

（3）复合装饰材料：如玻璃钢、铝塑复合板、人造大理石等。

2. 按在建筑物中的装饰部位分

（1）外墙装饰材料：如天然石材、人造石材、建筑陶瓷、玻璃制品、水泥、装饰混凝土、外墙涂料、铝合金蜂窝板、铝塑板、铝合金—石材复合板等；

（2）内墙装饰材料：如石材、内墙涂料、墙纸、玻璃制品、木制品等；

（3）地面装饰材料：如地毯、塑料地板、陶瓷地砖、石材、木地板等；

（4）顶棚装饰材料：如石膏板、矿棉吸音板、铝合金板、玻璃、塑料装饰板及各类顶棚龙骨材料等；

（5）屋面装饰材料：如玻璃、玻璃砖、陶瓷、彩色涂层钢板、玻璃钢板等。

12.4.2 装饰材料的基本性质

1. 外观性质

装饰材料的外观性质主要是指材料的色彩、质感、纹理和形体等方面的因素。合理而艺术地使用装饰材料的外观装饰效果能使室内外的环境装饰显得层次分明、情趣盎然、生动活泼。

（1）颜色、光泽、透明性

颜色是材料对光谱进行选择吸收的结果。材料的颜色反映了材料的色彩特征。不同的颜色给人的情感以不同的感觉，颜色对于材料的装饰效果显得极为重要。要根据建筑物的规模、功能、所处环境及所装饰的部位综合考虑选用装饰材料的色彩，尤其在人们的生理上和心理上能产生良好的效果。

光泽是材料表面方向性反射光线的一种特性，用光泽度表示。光线的反射有方向性，有镜面反射和漫反射两种。镜面反射是产生光泽的主要因素，该因素对形成于表面的物体形象的清晰程度（反射光线的强弱）起着决定性的作用。光泽度不同，则材料表面的明暗程度、视野及虚实对比会大不相同。材料的光泽度与材料表面的平整程度、材料的材质、光线的投射及反射方向等因素有关。材料表面越光滑，则光泽度越高。一般地，釉面砖、磨光石材、镜面不锈钢等材料具有较高的光泽度，而毛面石材、无釉陶器等材料的光泽度较低。

材料的透明性是指光线透过物体时所表现的光线特性。既能透光又能透视的物体称为透明体，如普通门窗玻璃；能透光而不能透视的物体称为半透明体，如磨砂玻璃；既不能透光也不能透视的物体称为不透明体，如混凝土。利用不同的透明度可以调整光线的明暗，造成不同的光学效果，可以使物像清晰或朦胧。

(2) 表面组织、质感

质感是材料的表面组织结构、花纹图案、颜色、光泽、透明性等给人的一种综合感觉。材料的表面组织是指材料表面呈现的质感，材料的表面组织与材料的原料组成、生产工艺及加工方法等因素有关。

材料的表面组织常呈现细致或粗糙、平整或凹凸、密实或疏松等质感效果，材料的表面组织与色彩相似，也给人以不同的心理感受。如钢材、陶瓷、木材、玻璃、呢绒等材料在人的感官中的软硬、轻重、粗细、冷暖等感觉。组成相同的材料可以有不同的质感，如普通玻璃与压花玻璃。不同的材料质感给人的尺度感和冷暖感是不同的，毛面石材有粗犷大方的造型效果，镜面石材则有细腻光亮的装饰气氛，不锈钢材料显得现代新颖，玻璃则显得通透光亮；色彩对人的心理作用就更为明显了：红色有刺激兴奋的作用，绿色能消除紧张和视觉疲劳，紫罗兰色有宁静安详的效果，白色则有纯洁高雅的感觉。

(3) 花纹图案、形状、尺寸

在生产或加工时，将材料的表面制作成各种花纹图案（如壁纸、地毯等）。材料的形状和尺寸能给人带来空间尺寸的大小和使用上是否舒适的感觉，如块状材料有稳重厚实的感觉，板状材料则有轻盈柔和的视觉效果。改变装饰材料的形状和尺寸，并配合花纹、颜色、光泽等可拼镶出各种线型和图案，从而获得不同的装饰效果。

(4) 立体造型

各种预制花饰和雕塑作品，既要注意其自身造型美，还要考虑其与整体环境的协调和风格一致。

2. 安全性

装饰材料生产、施工、使用过程中，要求能耗少、施工方便、污染低，满足环保要求。

现代装饰材料的大量使用是引起室内空气污染的主要原因，材料中甲醛、芳香族化合物、氨和放射性气体氡等超标，会通过呼吸和皮肤接触对人体造成伤害。为加强对室内装饰材料污染的控制，保障人民群众的身体健康，建筑装饰材料放射性核素限量及室内装修材料有害物质限量等应符合国家相关标准。

3. 其他性质

建筑外部装饰材料应能经受日晒、雨淋、冰冻、霜雪、风化和介质侵蚀。建筑内部装饰材料应能经受摩擦、冲击、洗刷、玷污和火灾等，因此装饰材料在满足装饰功能同时，还应满足强度、耐水性、抗火性、耐侵蚀性等使用要求，还应考虑其不易褪色、不易玷污、易于清洁及一定的绝热、吸声等方面的功能，应与建筑物的功能和等级相协调，才能达到完美的效果。

12.4.3 装饰材料的选用

1. 色彩选择

各种色彩能使人产生不同的感觉，建筑物色彩的选择要考虑建筑物的规模、环境和功能等因素。颜色选择合适、组合协调才能创造出更加美好的工作、居住环境。

(1) 根据建筑性质明确区分色彩

如宫殿、庙宇常采用强烈的原色，白色或青色的台阶，朱红色的屋身，黄色或绿色的琉璃瓦屋顶，这种色调更显富丽堂皇；而居民住宅一般采用中和色彩，显得素雅宁静。

（2）以各种色彩的和谐创造建筑的风格和环境

如为表现园林建筑特有的风格，色彩一方面运用浅灰、棕褐、绿、浅蓝等作原色，同时综合利用，避免大面积的单色，再加以较为精致的、淡雅的装饰和家具、陈设等，使色彩更加协调。

（3）充分运用对比色

为了在效果上达到强调某种艺术气氛的目的，由色的对比衬托质的对比。运用对比色还可以达到协调建筑物各部分统一于同一风格的目的。

（4）从城市诸多建筑物的总体规划进行建筑物外部色彩的搭配

如高层建筑宜采用稍深的色调，使其在蓝天白云衬托下显得庄重深远；小型民用建筑宜采用淡色调，使人不致感觉矮小零散。幼儿园活动室宜用中黄、淡黄、粉红的暖色调，医院病房宜用浅绿、淡蓝、淡黄的浅色调，等等。

2. 材料选择

优美的装饰艺术效果，决不是多种材料的堆积，而要在体现材料内在美的基础上，精于选材，善于用材，使材料合理搭配，体现和谐感。

（1）考虑拟装饰的建筑物类型、档次

建筑装饰材料的档次必须与建筑物的等级相适应，应根据要装饰的建筑物类型、档次不同选择装饰材料。如住宅是人们生活的主要场所，所选择的装饰材料应围绕为人们提供舒适环境而进行。如纯毛手工编制地毯高雅、豪华、装饰效果极好，但价格昂贵，只适合高档宾馆；化纤地毯防滑、消声、耐磨、装饰效果较好，但价格较高，可以用于一般公共建筑；木质地板舒适、保温，适合家庭卧室等。

（2）考虑建筑区域和使用场合特点

建筑物所在地区的气象特点、建筑特点和风俗习惯等条件在我们选用装饰材料时应认真考虑、借鉴。装饰材料所具有的功能应该与材料的使用场所特点结合起来考虑。如外墙面的装饰除了美化环境外，还需选用能承担保护墙体的材料；如在人流密集的公共场所地面上，应采用耐磨性好、易清洁的地面装饰材料；影剧院的地面材料还需要考虑一定的吸音性能；厨房和卫生间的墙面和顶面则宜采用耐污性和耐水性好的装饰材料，地面则用防水和防滑性能优异的地面砖等。

3. 安全性和环保性的选择

随着人们生活水平的提高，人们对生存和生活的质量提出了更高的要求。环保和健康已成为目前建筑装饰中人们关注和议论的焦点。绿色环保是装饰材料生产和选材的方向。绿色装饰材料具有以下特点：无毒、无害、无污染，即不会散发有害气体，不产生有害辐射，不发生霉变锈蚀，遇火不产生有害气体；对人体具有保健作用。

4. 经济性的选择

建筑装饰的资金占建设项目总投资的比例往往高达二分之一甚至三分之二。装饰设计时应将工程的设计效果与装饰投资综合起来考虑，尽可能不要超出装饰投资预算额。当然，装饰工程在投资时应从长远性、经济性的角度来考虑，充分利用有限的资金取得最佳的使用和装饰效果，做到既能满足装饰场所目前的需要，又能为今后场所的更新变化打下一定的物质基础。

5. 施工可行性的选择

施工可行性是充分发挥装饰材料效果和作用的必要前提。一般来说，可行性原则包括对施工气候条件，如高温、潮湿或高寒区冬季施工，施工机具条件以及施工队伍技术水平等因素，给予充分考虑，以保证装饰的质量。

6. 材料耐久性的选择

用于建筑装饰的材料要求既美观又耐久。材料的耐久性是通过材料的力学性能、物理性能和化学性能体现出来的，包括强度、耐水性、吸声性、抗火性、质量指标及耐腐蚀性等。

12.4.4 常用装饰材料

1. 装饰石材

（1）天然石材

天然石材是指从天然岩体中开采出来的毛料经加工而成的板状或块状的饰面材料。用于建筑装饰的主要有大理石板和花岗石板。天然石材资源丰富，强度高，耐久性好，加工后有很强的装饰性，具有坚定、稳重的质感，庄重、雄伟的艺术效果，是一种重要的装饰材料。

天然石材的技术性能主要包括表观密度、耐水性、抗冻性、抗压强度、耐磨性、硬度、可加工性等。

①天然大理石板

天然大理石板材是用大理石荒料（即由矿山开采出来的具有规则形状的天然大理石块）经锯切、研磨、抛光等加工而成的板材。

天然大理石具有花纹品种繁多、色泽鲜艳、石质细腻、抗压性强、吸水率小、耐腐蚀、耐磨、耐久性好、不变形等特点，主要有白色、云灰和彩色三类。浅色大理石板的装饰效果庄重而清雅，深色大理石板的装饰效果华丽而高贵。纯净的大理石为白色，洁白如玉，晶莹纯净，熠熠生辉，故称汉白玉。纯黑和纯白的大理石属名贵品种。但大理石板材的硬度较低，如在地面上使用，磨光面易损坏，其耐久年限为 30 ~ 80 年。

根据《天然大理石建筑板材》（JC 79—1992）中的规定，大理石建筑板材按形状可以分为普型板材和异型板材，普型板材为正方形或矩形，厚度 20mm，最小长宽尺寸为 300mm × 150mm，最大为 1200mm × 900mm。天然大理石板材为高级饰面材料，主要用作高级建筑物室内墙面、地面、楼梯、柱面或踏步等处。因其主要化学成分为碳酸钙，易被酸性介质侵蚀，生成易溶于水的石膏，使其表面很快失去光泽，变得粗糙多孔，从而降低装饰效果。因此，除少数质地纯正、杂质少、比较稳定耐久的品种如汉白玉、艾叶青等大理石可以用于外墙饰面，一般大理石不宜用于室外装饰。

②天然花岗岩板

天然花岗岩板是以火成岩中的花岗岩、安山岩、辉长岩、片麻岩等荒料经锯片、加工磨光、修边等加工而成的不同规格的板材。

花岗岩属结晶深层岩，主要由长石、石英和少量的云母组成，其二氧化硅含量一般为 65% ~ 70%，属酸性岩石。天然花岗岩常呈灰色、黄色、蔷薇色、淡红色及黑色等，花纹均匀细致，质感丰富，磨光后色彩斑斓、华丽庄重。具有结构细密、质地坚硬、耐酸、耐腐、耐磨、吸水性小，抗压强度高，耐冻性强（可经受 100~200 次或以上的冻融循环），耐久性好（一般耐用年限为 75~200 年）等特点。其缺点是自重大、硬度大，开采、加工较困难，质脆，耐火性差，当温度超过 800℃ 时，由于花岗岩中所含石英的晶态转变，造成体积膨胀，导致石材爆裂，失去强度；某些花岗岩含有微量放射性元素，对人体有害，这类花岗岩应避免用于室内。

根据《天然花岗岩建筑板材》（JC 205—1992）中的规定，花岗岩建筑板材据形状可分为普型板材和异型板材，普型板材为正方形或矩形，厚度 20mm，长度为 300~1070mm，宽度为 300~900mm。天然花岗岩板是高级装饰材料，可用于宾馆、饭店、办公楼、商场、银行、影剧院、展览馆等建筑内部装饰及门面装饰，室内地面、墙面、柱面、墙裙、楼梯、台阶、踏步及造型面等部位装饰，以及酒吧台、服务台、收款台、展示台及家具等装饰。

（2）人造石材

人造石材是模仿天然石板材的表面纹理和色彩人工合成的，人造石材不仅有类似于天然大理石、花岗岩的性质，又有天然材料所不具备的性能，高质量的人造石材的物理力学性能可等于或优于天然石材。人造石材具有大理石、花岗岩的肌理特征，且色泽均匀，结构致密，质量轻，耐磨、耐水、耐腐、耐污染，可锯切、钻孔，施工方便。但色泽、纹理上不及天然石材美丽、自然、柔和，某些品种耐刻划能力较差，应用中易翘曲变形。由于它造价低，在中低档装修中应用较为广泛，可用于立面、柱面、室内地面、卫生间台面、楼面板、窗台板、茶几等。

①树脂型人造石材

树脂型人造石材（简称聚酯型人造石材）是以不饱和树脂为胶结剂，与天然碎石或石粉及颜料等配制拌成混合料，经搅捣成型、固化、脱模、烘干、抛光等工序而制成。

不饱和树脂的粘度低，易于成型，且可在常温下固化。聚酯型人造石材生产时所加颜料不同，采用的天然石料的种类、粒度和纯度不同，以及制作的工艺方法不同，则所制合成石的花纹、图案、颜色和质感也就不同，通常制成仿天然大理石、天然花岗岩和天然玛瑙的花纹和质感，称为人造大理石、人造花岗岩和人造玛瑙。另外，还可以制成具有类似玉石色泽和透明状的人造石材，称为人造玉石。聚酯型人造石材产品光泽好，基色浅，可调制成各种鲜明的颜色，质地高雅，强度、硬度较高，耐水、耐污染。但填料级配若不合理，产品易出现翘曲变形。

②水泥型人造石材

水泥型人造石材是以白水泥、普通水泥或铝酸盐水泥为胶结材料，与大理石碎石和石粉、颜料等配制拌和成混合料，经搅捣成型、养护而制成。

水泥型人造石材中以铝酸盐水泥作胶结材料的性能最优，其表面光亮、花纹耐久、抗风化、耐火、耐冻，但耐酸腐蚀性较差，且表面容易出现微小龟裂和泛霜，不宜用作卫生洁具及外墙装饰。

③复合型人造石材

复合型人造石材是指这种石材的胶结料中，既有无机胶凝材料（如水泥），又采用了有机聚合物树脂。这种石材是先用无机胶凝材料将碎石、石粉等骨料胶结成型并硬化后，再将硬化物浸渍于有机单体中，使其在一定条件下聚合而成。若为板材，基层一般用性能稳定的水泥砂浆，面层用树脂和大理石碎粒或粉调制的浆体制成。

④烧结型人造石材

烧结型人造石材的生产方法与陶瓷工艺相似，这种石材是将长石、石英、辉绿石、方解石等粉料和赤铁矿粉，以及一定量高岭土共同混合，然后制备坯料、成型、1000℃高温焙烧而成。其能耗高，造价高，实际应用较少。

⑤微晶石材

微晶石材又称微晶玻璃，是应用受控晶化技术而得到的多晶体。

微晶石材是用天然材料制成的人造高级建筑装饰材料。与天然花岗石成分相同，均属硅酸盐质，与天然石材比其结构致密，强度高，耐磨，耐腐蚀，外观纹理清晰，色彩鲜艳，不易褪色，还具有吸水率小、无放射污染、颜色易调整，规格大小、形状可控制等特点，目前作为豪华建筑装饰的新型高档装饰材料，正逐步受到人们的青睐，已代替天然花岗岩用于墙面、地面、楼梯、墙裙、踏步等处装饰。

以上种类的人造石材中，目前使用最广泛的是树脂型人造石材。随着生产成本的降低，被誉为世界建筑装饰新型高技术材料的微晶玻璃板，会逐步进入家庭，将引领21世纪装饰材料新潮流。

2. 建筑陶瓷

凡以粘土、长石、石英为基本原料，经配料、制坯、干燥、焙烧而制成的成品，称为陶瓷制品。用于建筑工程中的陶瓷制品称为建筑陶瓷，建筑陶瓷是主要的建筑装饰材料之一，具有强度高、性能稳定、耐腐蚀性好、耐磨、防水、防火、易清洗及装饰性好等特点。

（1）陶瓷制品分类

陶瓷制品按其致密程度分为陶质、瓷质和炻质三大类。

陶质制品为多孔结构，吸水率大，表面粗糙无光，不透明，敲击时声音粗哑，有无釉和施釉两种制品。根据其原料土杂质含量的不同，又可分为粗陶和精陶。粗陶不施釉，建筑上常用的烧结粘土砖、瓦均为粗陶制品；精陶一般要经素烧、施釉和釉烧工艺，根据施釉状况呈白、乳白、浅绿等颜色，建筑上常用的釉面砖、卫生陶瓷和彩陶等均属此类。

瓷质制品燃烧温度较高，结构致密，吸水率小，有一定的半透明性，表面通常均施有釉。根据其原料土的化学成分与工艺制作的不同，又分为粗瓷和精瓷两种。瓷质制品多为日用品、美术用品等。

炻质制品介于陶质和瓷质之间，也称半瓷。其构造比陶质紧密，吸水率较小，但不如瓷器那么洁白，其坯体多带有颜色，且无半透明性。按其坯体的细密程度不同，又分为粗炻器和细炻器。建筑饰面用的外墙面砖、地面砖和陶瓷锦砖等均属炻器。

陶瓷制品表面经过施釉、彩绘、贵金属装饰等艺术加工，能大大提高制品的外观效果。

（2）建筑陶瓷制品的技术性质

①外观质量　外观质量是装饰用建筑陶瓷制品最主要的质量指标，往往根据外观质量对产品进行分类。

②吸水率　吸水率是控制产品质量的重要指标，吸水率大的建筑陶瓷制品不宜用于室外。

③耐急冷、急热性　陶瓷制品的内部和表面釉层热膨胀系数不同，温度急剧变化可能会使釉层开裂。

④弯曲强度　陶瓷材料质脆易碎，因此对弯曲强度有一定要求。

⑤耐磨性　用于铺地的彩釉砖应有较好的耐磨性。

⑥抗冻性　用于室外的陶瓷制品应有较好的抗冻性。

⑦抗化学腐蚀性　用于室外的陶瓷制品和化工陶瓷应有较好的抗化学腐蚀性。

(3) 常用建筑陶瓷制品

①釉面内墙砖

釉面内墙砖属于有釉精陶质建筑装饰材料。由于是多孔坯体烧成，收缩率极小，故可生产面积较大的产品。釉面内墙砖吸水率为18%～21%，耐候性较差，因此不能用于室外。

釉面砖具有色泽柔和典雅、美观耐用、朴实大方、防火耐酸、易清洁等特点。釉面砖常用作浴室、卫生间及实验室、走廊等房间的墙面饰面。其中图案砖属高级装饰材料，用于高档装饰房间和卫生间。不论单色、彩色釉面砖还是图案砖都是由正方形、长方形和特殊位置使用的异形配件砖组成。常用的规格有 108mm×108mm×5mm，152mm×152mm×5mm 和 200mm×150mm×5mm。

②釉面墙地砖

釉面墙地砖生产工艺类似于釉面砖，只是增加了坯体的厚度和强度，降低了吸水率。釉面装饰色彩丰富多样，装饰效果华丽高雅，某些产品还具有一些天然高级材料的质感。釉面墙地砖的种类繁多，大致包括有光彩色釉面砖、无光色釉面砖、图案砖、花釉砖、结晶釉砖、斑纹釉砖、仿大理石釉面砖等，按用途来分有釉面内墙砖、釉面外墙砖和釉面地砖等。

釉面墙地砖具有强度高、耐磨、化学性能稳定、不燃、吸水率低、易清洁、经久不裂等优点。对于地砖还有耐磨性要求；室内常用墙地砖尺寸为 300mm×300mm，200mm×200mm 和 150mm×150mm，200mm×300mm，厚度一般是 8～10mm，从釉面砖的发展趋势来看，400mm×400mm、500mm×500mm、600mm×600mm 和 800mm×800mm 的大规格面砖用得越来越普遍。

外墙釉面砖的规格大多是长方形，尺寸为 240mm×60mm，50mm×75mm，厚度一般为 6～10mm。釉面砖的背面应有 0.5mm 深的背纹，以提高砖与结构主体的粘结力。

③陶瓷锦砖

陶瓷锦砖俗称马赛克，是各种颜色、多种几何形状的小块瓷片（长边一般不大于50mm）。陶瓷锦砖生产多采用优质瓷土烧制而成，规格较小，实际上是较小的一种墙地砖。

陶瓷锦砖的基本特点是质地坚实，色泽美观，图案多样，而且耐酸、耐碱、耐磨、耐水、耐压、耐冲击，易清洗，吸水率小。在工业及民用公共建筑装饰中，陶瓷锦砖是既经济又美观的装饰材料之一，被广泛用于室内浴卫、厨房、阳台、客厅等处的墙面、地面，亦可用于室外。陶瓷锦砖常见的规格尺寸及品种有正方形、矩形、六边形、三角形、梯形、菱形等。每联尺寸为 305mm×305mm，厚度一般为 3～4.5mm。

④陶瓷劈离砖

陶瓷劈离砖又称陶瓷劈裂砖、劈开砖或双层砖，国外产生于20世纪60年代，国内是20世纪90年代初才开发出来的一种彩釉墙地砖。这种砖是以粘土为主要原料，经配料、真空挤压成型、烘干、焙烧、劈离（将1块双联砖分为2块砖）等工序制成。劈离砖兼具有普通机制粘土砖和彩釉砖的特性，强度高，吸水率低、抗冻性强，防潮、防腐、耐压、耐化学腐蚀，颜色丰富、自然、朴实大方，适用于外墙饰面以及车站、停车场、人行道、广场、游泳池和一些人流量比较大的地面铺贴。

⑤建筑琉璃制品

建筑琉璃制品是一种具有中华民族文化特色与风格的传统建筑装饰材料，是以难熔粘土作原料，经配料、成型、干燥、素烧，表面涂以琉璃釉料后，再经烧制而成。属精陶制品，颜色有金、黄、绿、蓝、青等。根据用途分为瓦类（板瓦、滴水瓦、筒瓦、沟头）、脊类和饰件类（吻、博古、兽）。

琉璃制品的特点是质地致密，表面光滑，不易玷污，坚实耐用，色彩绚丽，造型古朴，富有我国传统的民族特色，主要用于具有民族色彩的宫殿式房屋，以及少数纪念性建筑物上，还常用于建造园林中的亭台楼阁，以增加园林的景色。

⑥陶瓷壁画

陶瓷壁画是以陶瓷面砖、陶板等建筑块材经镶拼制作的、具有较高艺术价值的大型现代建筑装饰画，属新型高档装饰。陶瓷壁画不是原稿的简单复制，而是艺术的再创造，陶瓷壁画巧妙地融绘画技法和陶瓷装饰艺术于一体，经过放样、制版、刻画、配釉、施釉、焙烧等一系列工艺，采用浸、点、涂、喷、填等多种施釉技法，以及丰富多彩的窑烧技术，创造出神形兼备、巧夺天工的艺术作品。现代陶瓷壁画表面可以制成平滑面，也可以做成各种浮雕花纹图案，具有单块砖面积大、厚度薄、强度高、平整度好、吸水率小、抗化学腐蚀、耐急冷急热等特点。陶瓷壁画适于镶嵌在大厦、宾馆、酒楼等高层建筑物上，也可以铺贴于公共活动场所，如机场的候机室、车站候车室、大型会议室、会客室，园林旅游区等地。

⑦卫生陶瓷

卫生陶瓷是用于卫生设施上的有釉炻质产品，是用耐火粘土或难熔粘土经配料、制浆、灌浆成型、上釉焙烧而成。卫生陶瓷颜色多为白色或彩色。卫生陶瓷制品有洗面器、大便器、小便器、水箱、洗涤槽、肥皂盒、衣帽钩等。

卫生陶瓷制品要求达到规定的尺寸精度、冲洗功能和外观质量，一件产品或全套产品之间无明显色差。陶瓷卫生洁具具有表面光亮、结构致密、气孔率小、强度较高、热稳定性好、不易玷污、便于清洁、耐化学腐蚀等特点，且釉面光亮，色泽柔润，造型统一，性能良好，适合安装在较高级的卫生间。

例 12.4.1 为什么釉面砖只能用于室内，而不能用于室外？

分析：釉面砖是多孔的精陶坯体，在长期与空气中的水分接触过程中，会吸收大量水分而产生吸湿膨胀的现象。由于釉的吸湿膨胀非常小，当坯体湿膨胀增长到使釉面处于拉应力状态，特别是当应力超过釉的抗拉强度时、釉面产生开裂。如果用于室外，经长期冻融，会出现剥落掉皮现象。所以釉面砖只能用于室内，而不能用于室外。

3. 建筑玻璃

玻璃是以石英砂、纯碱、长石及石灰石为主要原料，经1550～1600℃高温熔融，再经急冷而得到的一种无机透明的非晶态硅酸盐物质。玻璃是一种无定型结构的玻璃体,其物理和力学性质是各向同性的。

(1) 普通玻璃的基本性质

①透明 普通清洁玻璃的透光率达82%以上。

②脆 为典型脆性材料,在冲击力作用下易破碎。

③热稳定性差 急冷急热时易破裂。

④化学稳定性好 抗盐和酸侵蚀的能力强。

⑤表观密度较大 为2450～2550kg/m³。

⑥导热系数较大 为0.75～0.92W/(m·K)。

玻璃除具有透光性、耐腐蚀性、隔声和绝热外,还具有艺术装饰作用。现代建筑中,越来越多的采用玻璃门窗、玻璃外墙、玻璃制品及玻璃物件,以达到透光、控温、防辐射、防噪音及美化环境的目的。

(2) 常用建筑玻璃

建筑玻璃通常是指平板玻璃和由平板玻璃经过深加工后的玻璃制品,其中包括玻璃砖、玻璃马赛克、玻璃镜和槽型玻璃等。玻璃作为建筑装饰材料已由过去单纯作为采光和封闭的单一功能材料,向着能控制光线、调节热量、节约能源、控制噪声,兼有安全、装饰、降低建筑结构自重及改善环境等新功能的多功能化方面发展,同时用着色、彩绘、磨光、刻花等办法提高其装饰效果。

1) 普通平板玻璃

普通平板玻璃又称白片玻璃或净片玻璃,是由浮法或引上法熔制的、经热处理消除或减小其内部应力至允许值的平板玻璃。平板玻璃是建筑中使用量最大、应用最广泛的玻璃,通常按厚度分类,主要有2、3、5、6mm厚的制品,此外尚有8、10、12mm厚制品,其中以3mm厚的使用量最大,广泛用作门窗玻璃。平板玻璃成品的装箱运输和产量以标准箱计。厚度为2mm的平板玻璃,每10m²为一标准箱。引上法生产的普通平板玻璃质量应符合国家标准《普通平板玻璃》(GB4871—1995)中的规定,浮法生产的普通平板玻璃的质量应符合国家标准《浮法玻璃》(GB 11614—89)中的规定。

平板玻璃既透视又透光,透光率可达85%,隔声,有一定的隔热保温性和机械强度,耐风压、雨淋、擦洗和耐酸腐蚀;但其质脆、怕敲击、强震,紫外线透过率较低。普通平板玻璃大部分作为建筑物的窗用玻璃,还可加工成安全玻璃或特种玻璃的基板,或用来制造各种装饰玻璃。平板玻璃主要用于木质门窗、铝合金门窗、钢门窗、室内各种隔断、橱窗、橱柜、柜台、展台、玻璃隔架、家具玻璃门等。

2) 安全玻璃

安全玻璃是指具有良好安全性能的玻璃。主要特性为力学强度较高,抗冲击能力较好。被击碎时碎块不会飞溅伤人,并兼有防火的功能。我国《建筑玻璃应用技术规程》(JGJ 113—97)中规定:钢化玻璃和夹层玻璃为安全玻璃,夹丝玻璃也有一定安全性。

①钢化玻璃

钢化玻璃又称强化玻璃,钢化玻璃是将普通玻璃加热到约700℃后迅速冷却后即成为钢化玻璃。钢化玻璃的质量应符合国家标准《钢化玻璃》(GB 9963—1998)中的规定。其具有如下特点:

安全性：受损后整块玻璃呈网状裂纹，碎片小且无尖锐棱角，不易伤人。

高强度：机械强度是普通玻璃的4倍，抗冲击性能大大提高。

热稳定性：抗热冲击性是普通玻璃的3倍，可经受300℃的温差变化而不破裂。

钢化玻璃在建筑上主要用作高层建筑的门窗、隔墙与幕墙，商店门窗，交通工具的挡风玻璃等。

②夹层玻璃

夹层玻璃是在两片或多片平板玻璃间嵌夹透明塑料薄片，经加热、加压、粘合而成的复合玻璃制品。

夹层玻璃的原片可采用普通平板玻璃、浮法玻璃、钢化玻璃、吸热玻璃或热反射玻璃等，常用的塑料胶片为聚乙烯醇缩丁醛（PVB）。夹层玻璃质量应符合国家标准《夹层玻璃》（GB 9962—99）中的要求，其特点为：

安全性：抗冲击性和抗穿透性好，破碎时碎片仍粘贴在膜片上，只有辐射状的裂纹和少量玻璃碎屑，不飞溅。

隔音性：具有优良的隔音特性。

隔紫外线：可隔绝99%的紫外线（同等厚度玻璃仅能隔绝约30%）。

夹层玻璃在建筑上主要用于汽车、飞机的挡风玻璃、防弹玻璃，有特殊安全要求的门窗、隔墙，工业厂房的天窗和某些水下工程。

③夹丝玻璃

夹丝玻璃是将预先编织好的钢丝网压入已软化的红热玻璃中而制成。破碎时即使有许多裂缝，其碎片仍能附着在钢丝上，不致四处飞溅而伤人，故又称防碎玻璃；其抗折强度高，防火性能好，起火时夹丝玻璃受热炸裂仍能保持原位，起到隔绝火势、防止火势蔓延作用，故又称防火玻璃。其质量应符合《夹丝玻璃》（JC 433—91）中的规定。夹丝玻璃主要用于高层建筑、公共建筑、厂房、仓库、机车或船舶的门窗、各种采光屋顶和防火门窗等。

3）保温绝热玻璃

保温绝热玻璃包括吸热玻璃、热反射玻璃、中空玻璃等，这类玻璃既具有良好的装饰效果，又具有特殊的保温绝热功能，除用于一般的门窗外，常作为幕墙玻璃。普通窗用玻璃对太阳光近红外线的透过率高，易引起室温效应，使室内空调能耗增大，一般不宜用作幕墙玻璃。

①吸热玻璃

吸热玻璃是既能吸收大量红外线辐射，又能保持良好的透光率的平板玻璃。

吸热玻璃是在玻璃中加入有着色作用的氧化物，或在玻璃表面喷涂着色氧化物薄膜而成。吸热玻璃可呈灰色、茶色、蓝色、绿色等颜色。吸热玻璃的质量应符合《吸热玻璃》（JC 536—94）中的规定，吸热玻璃具有以下特性：

吸收太阳光能中的红外光辐射热，产生冷房效应，节约冷气消耗。

吸收太阳光谱中的可见光能，具有良好的防眩作用。

吸收太阳光谱中的紫外光能，减轻了紫外线对人体和物品的损坏。

吸热玻璃还可以作为原片加工成钢化玻璃、夹层玻璃或中空玻璃。吸热玻璃广泛用于建筑工程的门窗及车船挡风玻璃等，起到采光和隔热防眩作用。

②热反射玻璃

热反射玻璃是既具有较高的热反射能力，又能保持良好透光性能的玻璃，又称镀膜玻璃或镜面玻璃。热反射玻璃是在玻璃表面用热、蒸发、化学等方法喷涂金、银、钢、镍、铬、铁等金属或金属氧化物薄膜而成。

热反射玻璃反射率高（达25%～40%），装饰性强，具有单向透像作用，具有良好的遮光和绝热性，越来越多地用做高层建筑的幕墙、门窗。应注意：热反射玻璃使用不当时，会给环境带来光污染问题。

4）中空玻璃

中空玻璃由两片或多片平板玻璃构成，用边框隔开，四周边缘部分用密封胶密封，玻璃层间充有干燥气体。构成中空玻璃的原片玻璃除普通退火玻璃外，还可以用钢化玻璃、吸热玻璃、热反射玻璃等。

中空玻璃的质量应符合国家标准《中空玻璃》（GB 11944—2002）中的规定。中空玻璃是一种节能型复合玻璃，保温、绝热、隔声性能优良，并能有效地防止结露，可以用于住宅建筑中的门窗、玻璃幕墙、防盗橱窗等。

5）压花玻璃

压花玻璃是将熔融的玻璃液在快冷中通过带图案花纹的辊轴滚压而成的制品，又称花纹玻璃或滚花玻璃。

压花玻璃具有透光不透视的特点，这是由于其表面凹凸不平，当光线通过玻璃时即产生漫射，从玻璃的一面看另一面的物体时，物像就显得模糊不清。另外，压花玻璃因其表面有各种图案花纹，所以具有一定的艺术装饰效果。压花玻璃多用于办公室、会议室、浴室、卫生间以及公共场所分离的门窗和隔墙处。使用时应注意的是：如果花纹面安装在外侧，不仅很容易积灰弄脏，而且沾上水后，就能透视。因此，安装时应将花纹朝向室内。

6）磨砂玻璃

磨砂玻璃是采用机械喷砂、手工研磨或氢氟酸溶蚀等方法把普通玻璃表面处理成均匀毛面而成，又称毛玻璃、暗玻璃。其特点是透光不透视，且光线不刺眼，用于须透光而不透视的卫生间、浴室等处，磨砂玻璃还可以用作黑板面及灯罩。常用研磨材料有硅砂、金刚砂等。磨砂玻璃的规格除透明度外与窗用玻璃相同，属于平板玻璃一类。安装磨砂玻璃时应注意毛面朝向室内。

7）喷花玻璃

喷花玻璃是在平板玻璃表面贴上花纹图案，抹以护面层，并经喷砂处理而成。特点是表面粗糙，光线产生漫反射，透光不透视。适用于卫生间、浴室、办公室的门窗。

8）玻璃砖

玻璃砖是一类块状玻璃制品，主要用于屋面和墙面装饰。

①玻璃空心砖

玻璃空心砖是一种带有干燥空气层的、周边密封的玻璃制品。玻璃空心砖一般由两块压铸成的凹形玻璃，经熔接或胶接成整块的空心砖。砖面可以为平光，也可以在内、外压铸多种花纹；砖内腔可以为空气，也可以填充玻璃棉等；砖形有方形、圆形等。玻璃空心砖具有抗压强度高、质轻、绝热、隔声、不结霜、防水、耐磨、不燃烧、透光不透视及光线柔和的特点，可用于商场、宾馆、舞厅、住宅、展览厅和办公楼等场所的外墙、内墙、隔断、采光天棚、地面和门面的装饰用材。

②玻璃马赛克

玻璃马赛克也叫玻璃锦砖，是一种小规格的方形彩色玻璃块。玻璃马赛克有透明和半透明之分，具有色调柔和、朴实、典雅、美观大方、质地坚硬、化学性能稳定、冷热稳定性好、耐久性好、不变色、不积灰、历久常新、质量轻、与水泥粘结性能好等特点。

玻璃马赛克与陶瓷马赛克的不同之处在于：陶瓷马赛克是由瓷土制成的不透明陶瓷材料，而玻璃马赛克则是乳浊状或半乳浊状的半透明玻璃质材料，内含少量气泡和末熔颗粒。玻璃马赛克与陶瓷锦砖在外形和使用方法上有相似之处，但花色多，价格较低，主要用于外墙装饰。

9）新型装饰玻璃

①彩釉玻璃：由普通平板玻璃经上釉、在玻璃表面形成各种颜色和各种图案而制成。主要用于幕墙装饰。

②贴花玻璃：采用已印好图案的贴纸覆盖在玻璃上，经高温处理后即保留在玻璃上。具有成本低、图案变化丰富等特点。

③裂缝玻璃：用特殊工艺把玻璃做成裂纹状，玻璃如同被震碎，裂纹清晰可见，杂乱似有规律，其牢固性与普通玻璃相同，其装饰效果具有艺术性和欣赏性。多用于隔墙或家具上。

④屏蔽玻璃：随着信息产业的发展，电磁波的干扰和污染日趋严重，能阻挡电磁波穿透的屏蔽玻璃应运而生。屏蔽玻璃作为保密和反侦察的手段，能防止自己的信息泄露，并能防止外来电磁信号的干扰，以保证仪器和计算机正常工作。

⑤调光玻璃：通过电流的通断来控制玻璃是否透明，切断电流时象磨砂玻璃一样透光不透明，电路接通为透明状态。在建筑工程中可用作隐私场所的门窗玻璃，如更衣室、舞厅、餐厅等。

10）自洁建筑玻璃：通过在玻璃表面涂覆一种光催化降解薄膜，这种薄膜在阳光照射下能发生降解反应，可降解大气中的污染物、有机污染物、抑制细菌等微生物，且玻璃表面沾染的灰尘等污物能自行剥离。作为一种独到的功能玻璃，其发展前景非常光明。

4. 常用建筑装饰塑料制品

建筑装饰塑料材料加工性好、质量轻、比强度高、耐腐蚀性好、耐水、耐磨性好、装饰性好、抗震、消音，但耐热性较差、可燃、耐老化性差、体积变化较大、刚性小。在建筑装饰工程中塑料常用作地板、内外墙板、各种管材及门窗等。

(1) 塑料地板

塑料地板是指用于地面装饰的各种块板和铺地卷材。目前，绝大部分塑料地板属于聚氯乙烯塑料地板。高耐磨、发泡、抗静电、防尘及柔性、半硬质地板都已有生产，并大量应用。卷材地板的幅宽为2m，厚度有1~4mm多种规格，块状地板多为300mm×300mm或600mm×600mm，厚度为1.2~2.3mm。

塑料地板的装饰性好，色泽及图案不受限制，耐磨性好，使用寿命长，便于清扫，脚感舒适，且有多种功能，如隔声、隔热和隔潮等，能满足各种用途的需要，还可以仿制天然材料，十分逼真。塑料地板施工铺设方便，可以粘贴在如水泥混凝土或木材等基层上，构成饰面板。

(2) 塑料壁纸

塑料壁纸是以一定材料为基材，表面进行涂塑后，再经过印花、压花或发泡处理等多种工艺制成的一种墙面装饰材料。国外塑料墙纸已趋于饱和，发展趋势主要是增加花色品种和功能性墙纸，如防霉、防污、透气、报警、防蛀、调温、除臭、防火等。近年来国际上流行应用低毒、吸音及透气、视觉效果好和具有一定调湿和防结露发霉的纺织纤维壁纸。常用塑料壁纸有：

①普通塑料壁纸

普通塑料壁纸是以 $80g/m^2$ 的木纸浆作为基材，表面再涂以 $100g/m^2$ 左右聚乙烯糊状树脂，经印花、压花而成。这类壁纸又分单色压花、印花压花和有光、平光印花几种。花色品种多、适用面广、价格低，是住宅、公共建筑墙面装饰应用最普通的一种壁纸。

②发泡壁纸

发泡壁纸是以 $100g/m^2$ 的纸作为基材，涂塑 $300\sim400g/m^2$ 掺有发泡剂的 PVC 糊状树脂，印花后再加热发泡而成。这类壁纸有高发泡印花、低发泡印花、低发泡印花压花等品种。

高发泡壁纸发泡倍率较大，表面呈富有弹性的凹凸花纹，是一种装饰、吸声多功能壁纸，常用于影剧院和居室天花板等装饰。低发泡印花壁纸常用于住宅、办公楼等室内墙面装饰。低发泡印花压花壁纸是用不同抑制发泡作用的油墨印花后再发泡，造成仿木纹拼花、仿瓷砖等效果，常用于室内墙裙、客厅和内走廊的装饰。

③特种壁纸

特种壁纸是指具有耐水、防火和特殊装饰效果的壁纸品种，有耐水壁纸、防火壁纸、彩色砂粒壁纸等品种。耐水壁纸是以玻璃纤维毡作基材，配以具有耐水性的胶粘剂，以适应卫生间、浴室等墙面的装饰。防火壁纸用石棉纸作基材，并在 PVC 涂塑材料中掺入阻燃剂，使壁纸具有一定的阻燃防火性能，适用于防火要求较高的建筑和木材表面装饰。彩色砂粒壁纸是在基材上喷涂粘结剂，再散布彩色砂粒，使表面具有砂粒毛面，一般用作门厅、柱头、走廊等局部装饰。

(3) 塑料装饰板

①塑料贴面装饰板

塑料贴面装饰板是以印有各种色彩、图案的纸为胎，浸渍三聚氰胺树脂，再经热压制成的可覆盖于各种基材上的一种装饰贴面材料：有镜面型和柔光型。产品具有图案，色调丰富多彩，耐湿、耐磨、耐烫、耐燃烧，耐一般酸、碱、油脂及酒精等溶剂的侵蚀，表面平整和极易清洗。适用于各种建筑室内和家具的装饰、装修。

②聚氯乙烯塑料装饰板

聚氯乙烯塑料装饰板是以 PVC 为基材，添加填料、稳定剂、色料等，经捏合、混炼、拉片、切粒、挤出或压延而成的一种装饰板材。特点是表面光滑，色泽鲜艳，防水、耐腐蚀、不变形、易清洗，可钉、可锯、可刨。可以用于各种建筑物的室内装修，家具台面的铺设等。

③覆塑装饰板

覆塑装饰板是以塑料贴面板或以塑料薄膜为面层，以胶合板、纤维板、刨花板等板材为基层，采用胶合热压而成的一种装饰板材。根据基层材料的不同，有覆塑胶合板、覆塑中密度纤维板和覆塑刨花板等品种。覆塑装饰板既有基层板的厚度、刚度，又具有塑料贴面板和薄膜的光洁、质感强、美观、装饰效果好，并具有耐磨、耐烫、不变形、不开裂、易于清洗等优点。可用于汽车、火车、船舶、高级建筑的装修及家具、仪表、电器设备的外壳装修。

④聚氯乙烯透明塑料板

聚氯乙烯透明塑料板是以 PVC 为基料，添加增塑剂、抗老化剂，经挤压成型的一种透明装饰板材。其特点是机械性能、热稳定好、耐候、耐化学腐蚀、耐潮湿、难燃，并可切、剪、锯等加工。可部分代替有机玻璃制作广告牌、灯箱、展览台、橱窗、透明屋面、防震玻璃、室内装饰及浴室隔断等。

⑤钙塑泡沫装饰板

钙塑泡沫装饰板是由树脂、填料、润滑剂、发泡剂及有关助剂和颜料等，捏和、混炼、压延、真空成型等加工而制成的凹凸浮雕图形的吊顶装饰材料。该材料具有防潮、隔热、难燃、质轻、可锯、可钉、二次加工性强、易安装等优点。适用于礼堂、商店、住宅等建筑物的室内吊顶装饰。

（4）塑料地毯

塑料地毯是采用聚氯乙烯树脂、增塑剂等多种辅助材料经均匀混炼，塑制而成的一种新型地毯材料，可以代替羊毛地毯或化纤地毯使用。

塑料地毯按其加工方法的不同，可以分为簇绒地毯、针扎地毯、印染地毯和人造草皮等，其中簇绒地毯目前使用最普遍。塑料地毯具有质地柔软、色泽鲜艳、舒适耐用、自熄、不燃、污染后可用水刷洗等特点。适用于宾馆、舞台、商场、浴室及其他公共场所。

12.4.5 装饰材料的发展方向

未来建筑装饰材料的发展方向是：环保、健康、舒适性、智能化、高性能、多功能化、预制化。

环保装饰建材又称生态装饰建材、绿色装饰建材等，其含义是：采用清洁的生产技术，少用天然资源，大量使用工业或城市固体废弃物和农作物秸秆，所生产的无毒、无污染、无放射性、有利于环保和人体健康的建筑装饰材料。

健康装饰材料是指对人体或环境具有积极意义的某种特殊功能材料。如抗菌自清洁材料、具有抗菌除臭的光催化净化空气材料、能辐射远红外线及释放空气负离子功能的材料等。

舒适性装饰材料指能够利用材料自身的性能自动调节室内温湿度来提高室内舒适度的建筑材料。

智能型建装饰材料是指材料自身具有自我诊断和预告失效、自我调节和自我修复，并可以继续使用的建筑材料。如能起到保温隔热作用的自动调节颜色的涂料、自愈合混凝土等。

利用复合技术生产多功能材料、特殊性能材料及高性能装饰材料，这对提高建筑物的表现力、工程应用能力、经济合理性起着十分重要的作用。

装饰材料的预制化可以使装饰材料从现场制作向制品安装方向发展，可以大大提高施工效率。

习 题 12

1. 什么是绝热材料？绝热材料为什么总是轻质的？使用时为何要防潮？
2. 简述影响吸声材料吸声性能的因素。
3. 为什么秋天交工后第一年入住的新房冬天室内较冷而第二年就不冷了？
4. 举出几种常见的橡胶和树脂基防水材料，并说明各自的主要特性。
5. 为什么天然大理石板一般不用于室外装饰？
6. 安全玻璃有哪些？各有何特性？

第 13 章　土木工程材料试验

土木工程材料试验是土木工程材料课程的重要实践性环节，其目的是使学生熟悉土木工程材料的技术要求，并能进行检验和评定；通过试验进一步了解土木工程材料的性质和使用形式，巩固、丰富和加深土木工程材料的理论知识，提高分析和解决问题的能力。

进行土木工程材料试验时，取样、试验条件和数据处理等均必须严格按相应的国家（或部颁）现行的标准或规范进行，以保证试验结果的代表性、稳定性、正确性和可比性。否则，就不能对土木工程材料的技术性质和质量做出正确的评价。

本书中试验是按课程教学大纲及工程实际需要，选择了几种常用土木工程材料和在土木工程中占有重要地位的几种土木工程材料，按现行最新标准或规范编写的。可以根据教学要求和实际情况选择试验内容。

§13.1　试验 1　土木工程材料基本物理性质试验

土木工程材料基本物理性质的试验项目较多，对于各种不同材料，测试的项目往往根据其用途与具体要求而定。本试验介绍材料的密度、体积密度和吸水率的试验方法。通过本试验熟悉密度、体积密度和吸水率的试验原理，并加深对这类试验的理解。

13.1.1　密度试验

材料的密度是指材料在绝对密实状态下，单位体积的质量。

1. 主要仪器设备

主要仪器设备有李氏瓶（如图 13.1.1 所示）、筛子（用于填料时一般用 0.15mm 筛；对于高要求石材为 240 目筛，相当于 63μm 筛）、烘箱、干燥器、天平（称量 500g、感量 0.01g）、量筒、温度计等。

2. 检测方法

（1）将试样（如石料）研磨成细粉，并通过筛子，然后放在烘箱内，在 (105±5)℃ 的温度下烘干到恒重，然后取出放在干燥器内冷却备用。

（2）向李氏瓶中注入蒸馏水（或油类或其他不与试样发生反应的液体）到突颈下部的 0~1.0ml 刻度范围内，将李氏瓶放在恒温水浴中，保持水温为 (20±0.5)℃，待恒温后，记下读数 V_0（ml，精确到 0.05ml，下同）。

（3）称取 60~90g 试样，用漏斗将试样小心地逐渐装入李氏瓶内，直到液面接近 20ml 的刻度为止（注意勿使粉料粘附于液面以上的瓶颈内壁），再称量剩余的试样，计算出装入李氏瓶中的试样质量 m（g）。

（4）将注入试样后李氏瓶内的气泡充分排净，并放入恒温水浴中，待恒温后，读出

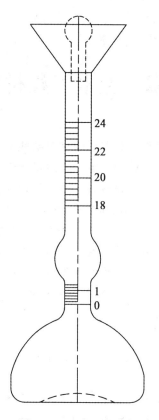

图 13.1.1 李氏密度瓶

液面的刻度 V_1 (ml)。

(5) 结果计算 (精确至 0.01 g/cm³):

$$\rho = \frac{m}{V_1 - V_0} \ (\text{g/cm}^3) \tag{13.1.1}$$

以两次试验的平均值作为测定结果，若两次结果之差大于 0.02 g/cm³，应重新取样进行试验。

13.1.2 体积密度试验

体积密度是指材料在自然状态下，单位体积的质量（以烧结普通砖为试件）。

1. 对规则形状材料

(1) 主要仪器

游标卡尺（精度 0.1mm）、天平（感量 0.1g）、烘箱、干燥器等。

(2) 检测方法

①将规则形状的试件放入 105～110℃ 的烘箱中烘干至恒温，取出后放入干燥器中，冷却至室温并用天平称量出试件的质量 m (g)。

②用游标卡尺量出试件尺寸（每边测量上、中、下三处，取其平均值），并计算出其体积 V_0 (cm³)。

(3) 结果计算

①按下式计算材料的体积密度 ρ_{0d}

$$\rho_{0d} = \frac{m}{V_0} \times 1000 \ (\text{kg/m}^3) \tag{13.1.2}$$

②以 5 次试验结果的平均值作为最后测定结果,并注明最大值、最小值,精确至 10 kg/m³。

2. 对不规则形状材料

(1) 将试样用刷子清扫干净放入 (105 ± 5)℃的烘箱中干燥 24h,取出,冷却到室温,称其质量 (m),精确到 0.02g。

(2) 将试样放入温室的蒸馏水中,浸泡 24h,取出,用拧干的毛巾擦去试样表面的水分,并立即称取质量 (m_1),精确到 1g。

(3) 接着将试件挂在网篮中,将网篮和试样放入温室的蒸馏水中,称量其在水中的质量 (m_2),精确到 1g。

(4) 按下式计算材料的体积密度 ρ_{0d}

$$\rho_{0d} = \frac{m}{m_1 - m_2} \times \rho_{wT} \ (\text{kg/m}^3) \tag{13.1.3}$$

式中:ρ_{wT}——试验温度为 T 时水的密度 (g/cm³)。

注:体积密度也可以采用涂蜡法进行:①将试件加工成长为 20~50mm 的试件 5~7 个,然后置于 (105 ± 5)℃的烘箱中烘干至恒重,取出,冷却到室温。②取出一个试件,称出试件的质量 (m),精确到 0.1g。③将试件置于熔融的石蜡中,1~2s 后取出使试件表面沾上一层蜡膜 (蜡膜不超过 1mm)。④称出封蜡试件的质量 (m_1),精确到 0.1g。⑤称出封蜡试件在水中的质量 (m_2),精确到 0.1g。⑥检定石蜡的密度 $\rho_{蜡}$ (一般为 0.93g/cm³)。⑦体积密度为:

$$\rho_{0d} = \frac{m}{\dfrac{m_1 - m_2}{\rho_w} - \dfrac{m_1 - m}{\rho_{蜡}}} \ (\text{kg/m}^3) \tag{13.1.4}$$

试件结构均匀时,以 3 个试件吸水率的算术平均值作为最后测定结果;试件结构不均匀时,以 5 个试件吸水率的算术平均值作为最后测定结果,并注明最大值、最小值,精确至 10 kg/m³。

13.1.3 吸水率试验

材料的吸水率是指材料吸水饱和时的吸水量占干燥材料的质量或体积之比 (以加气混凝土为试件)。

1. 仪器设备

天平、烘箱、干燥箱、游标卡尺等。

2. 检测方法

(1) 将三个尺寸为 100mm 的立方体试样放入烘箱内,在 (60 ± 5)℃温度下保温 24h,然后在 (80 ± 5)℃温度下保温 24h,再在 (105 ± 5)℃温度下烘干至恒重,再放到干燥器中冷却至室温,称其质量 m_g (g)。

(2) 将试件放入水温为（20±5）℃的恒温水槽内，然后加水至试件高度的 $\frac{1}{3}$ 处，过 24h 后再加水至试样高度的 $\frac{2}{3}$ 处，经 24h 后，加水高出试样 30mm 以上，保持 24h。这样逐次加水的目的在于使试件孔隙中空气逐渐逸出。

(3) 从水中取出试件，用湿布抹去其表面水分，立即称取每块质量 m_b（g）。

3. 结果计算

(1) 按下式计算试件吸水率。

质量吸水率：

$$w_m = \frac{m_b - m_g}{m_g} \times 100\% \tag{13.1.5}$$

体积吸水率

$$w_v = \frac{m_b - m_g}{v_0} \cdot \frac{1}{\rho_w} \times 100\% \tag{13.1.6}$$

式中：m_b——材料吸水饱和状态下的质量，(g 或 kg)；

m_g——材料在干燥状态下的质量，(g 或 kg)；

V_0—— 材料在自然状态下的体积，(cm^3 或 m^3)；

ρ_w—— 水的密度，(g/cm^3 或 kg/m^3)，常温下取 $\rho_w = 1.0$ g/cm^3。

(2) 以 3 个试件吸水率的算术平均值作为最后测定结果，精确至 0.1%。

§13.2 试验 2 水泥试验

13.2.1 试验依据

1. 国家标准《通用硅酸盐水泥》（GB175—2007）；
2. 国家标准《水泥胶砂强度检验方法（ISO 法）》（GB/T17671—1999）；
3. 国家标准《水泥细度检验方法（80μm 筛筛析法）》（GB/T 1345—2005）；
4. 国家标准《水泥标准稠度用水量、凝结时间、安定性检验方法》（GB1346—2001）。

13.2.2 水泥试验的一般规定

1. 取样 以同一水泥厂、同期到达、同品种、同强度等级的水泥不超过 4×10^5 kg 为一个取样单位，不足 4×10^5 kg 时也作为一个取样单位。取样要有代表性。

2. 混合 将按比例缩取的试样充分搅拌，并通过 0.90mm 方孔筛，记录筛余。

3. 试验用水 必须是洁净的淡水。

4. 实验室条件 实验室的温度应保持在（20±2）℃，相对湿度大于 50%；水泥养护箱（室）的温度为（20±1）℃，相对湿度大于 90%。

5. 试验用的水泥、标准砂、拌合用水、试模及其他试验工器具的温度应与实验室温度相同。

13.2.3 水泥细度检验

水泥细度用筛析法检验，即以存留在 0.080mm 方孔筛上的筛余百分数表示，分为负压筛析法、水筛法和手工筛析法（即干筛法）三种。在检验时对结果有异议时，以负压筛析法的测定值为准。

1. 负压筛析法

（1）主要仪器设备

①负压筛　负压筛由筛网、筛框和透明筛盖组成。筛网为方孔丝，筛孔边长为 0.080mm；筛网紧绷在筛框上，网框接触处用防水胶密封。

②负压筛析仪　负压筛析仪由筛座、负压筛、负压源及收尘器组成。其中筛座由转速为 (30±2) r/min 的喷气嘴、负压表、控制板、微电机及壳体组成。

（2）检测方法

①筛析试验前，把负压筛放在筛座上，盖上筛盖，接通电源，检查控制系统，调节负压至 4000~6000Pa 范围内。

②称取试样 25g（试样精确至 0.01g），置于洁净的负压筛中，盖上筛盖，放在筛座上，开动筛析仪连续筛析 2min，筛毕，用天平称量筛余物质量 m_1 (g)。

2. 水筛法

（1）主要仪器设备

①标准筛　筛布与负压筛相同，筛框有效直径 125mm，高 80mm。

②水筛架和喷头　水筛架能带动筛子转动，转速为 50r/min。喷头直径为 55mm，面上均匀分布 90 个孔，孔径为 0.5~0.7mm，安装高度以离筛布 50mm 为宜。

（2）检测方法

①筛析试验前，应检查水中无砂、泥，调整好水压以及水筛架位置，使其能正常运转。

②称取试样 50g（精确至 0.01g），置于洁净的水筛中，立即用淡水冲洗至大部分细粉通过后，放在水筛架上，用水压为 (0.05±0.02) MPa 的喷头连续冲洗 3min。筛毕，用少量水把筛余物冲至蒸发皿中，待水泥颗粒全部沉淀后，小心倒出清水，烘干并用天平称量筛余物的质量 m_1 (g)。

3. 手工筛析法

在没有负压筛析仪和水筛设备的情况下，允许用手工筛析法测定。

（1）主要仪器设备

标准筛，与水筛法用筛基本相同，只是筛框高度约为 50mm，筛子的直径为 150mm。

（2）检测方法

称取水泥试样 50g，精确至 0.01g，倒入标准筛内。用一只手执筛往复摇动，另一只手轻轻拍打，拍打速度为每分钟 120 次，每 40 次向同一方向转动 60°，使试样均匀分布在筛网上，直至每分钟通过的试样量不超过 0.05g 为止；最后称量筛余物的质量 m_1 (g)。

4. 试验结果计算

水泥试验筛余百分数按下式计算（精确至 0.1%）：

$$F = \frac{m_1}{m} \times 100 \tag{13.2.1}$$

式中：F——水泥试样的筛余百分数，(%)；

m_1——水泥筛余物的质量，(g)；

m——水泥试样的质量，(g)。

合格评定时，每个样品应称取两个试样分别筛析，取筛余平均值为筛析结果。若两次筛余结果绝对误差值大于 0.5%（筛余值大于 5.0% 时，可以放至 1.0%）时，应再做一次试验，取两次相接近结果的算术平均值作为最终结果。

13.2.4　水泥标准稠度用水量测定

1. 主要仪器设备

（1）水泥净浆搅拌机　符合水泥净浆搅拌机（JC/T 729—2005）的要求；

（2）水泥标准稠度与凝结时间测定仪　如图 13.2.1 所示。滑动的金属棒部分总质量为（300±2）g；盛装水泥净浆的试模深为（40±0.2）mm、顶内径（ϕ65±0.5）mm、底内径（ϕ75±0.5）mm 的截顶圆锥体；

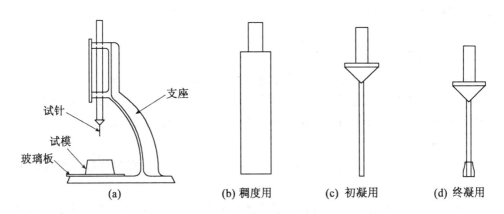

图 13.2.1　水泥标准稠度与凝结时间测定仪

（3）标准稠度代用法用金属空心试锥　底直径为 40mm，高为 50mm；装净浆用的锥模上口内径为 60mm，锥高为 75mm；

（4）天平及量水器　天平 1000g，感量 1g；量水器最小刻度 0.1ml，精度 1.0%。

2. 标准法检测

（1）试验前，需检查仪器金属棒能否自由滑动；搅拌机能否正常运转等。当一切检查无误时，才可以开始检测。

（2）将所用的搅拌锅、搅拌翅先用湿布擦过，称取 500g 水泥试样倒入搅拌锅内，再将搅拌锅放置到搅拌机锅座上，升至搅拌位置，开动机器，同时加入拌合水，慢速搅拌 120s，停拌 15s，接着快速搅拌 120s 后停机。

（3）拌合结束后，立即将拌制好的水泥净浆装入已置于玻璃底板上的试模中，用小刀插捣，轻轻振动数次，刮去多余的净浆；抹平后迅速将试模和底板移到维卡仪上，并将其中心定在试杆下，降低试杆直至与水泥净浆表面接触，拧紧螺丝 1~2s 后，突然放松，使试杆垂直自由地沉入水泥净浆中。在试杆停止沉入或释放试杆 30s 时记录试杆距底板之间的距离,升起试杆后,立即擦净,整个操作应在搅拌后 1.5min 内完成。以试杆沉入净浆并距底板 (6±1) mm 的水泥净浆为标准稠度净浆。其拌合水量为该水泥的标准稠度用水量 (P),按水泥质量的百分比计。

（4）试验结果计算

水泥标准稠度用水量 (P),按水泥质量的百分比计。

$$P = \frac{W}{500} \times 100\% \tag{13.2.2}$$

式中:W——试杆沉入净浆并距底板 (6±1) mm 的水泥净浆中的用水量。

3. 代用法检测

采用代用法测定标准稠度用水量可以用调整水量法和用不变用水量法的任一种测定。采用调整水量法时拌和水量按经验找水,采用不变用水量法时拌和水量用 142.5mL。

（1）将试杆换为试锥,截圆锥模换为圆锥模。拌合结束后,立即将拌制好的水泥净浆装入圆锥模中,用小刀插捣,轻轻振动数次,刮去多余的净浆;抹平后迅速放到试锥下面固定的位置上,将试锥降至净浆表面,拧紧螺丝 1~2s 后,突然放松,让试锥垂直自由地沉入水泥净浆中,到试锥停止下沉或释放试锥 30s 时记录试锥下沉深度 S (mm)。整个操作应在搅拌后 1.5min 内完成。

（2）用调整水量方法测定时,以试锥下沉深度 (28±2) mm 时的净浆为标准稠度净浆。其拌合水量为该水泥的标准稠度用水量 (P) 按水泥质量的百分比计。若下沉深度超出范围则需另称试样,调整水量,重新试验,直至达到 (28±2) mm 为止。试验结果的计算方法与标准法相同。

（3）用不变用水量方法时,用水量为 142.5mL。根据测得的试锥下沉深度 S (mm),按下式计算标准稠度用水量 P (%):

$$P = 33.4 - 0.185S \tag{13.2.3}$$

当试锥下沉深度小于 13mm 时,应改用调整水量法测定。

13.2.5 水泥净浆凝结时间测定

1. 主要仪器设备

（1）水泥净浆搅拌机　与前述相同;

（2）标准法维卡仪　测定凝结时间时取下试杆,用试针代替试杆。试针由钢制成,其有效长度初凝针为 (50±1) mm、终凝针为 (30±1) mm,直径为 φ (1.13±0.05) mm 的圆柱体。滑动部分的总质量为 (300±1) g。与试杆、试针连接的滑动杆表面应光滑,能靠重力自由下落,不得有紧涩和晃动现象,如图 13.2.1 所示。

2. 检测方法

（1）测定前准备工作　调整凝结时间测定仪的试针接触玻璃板时,指针对准零点。

（2）试件的制备　以标准稠度用水量制成标准稠度净浆一次装满试模,振动数次刮平,立即放入湿气养护箱中。记录水泥全部加水的时间作为凝结时间的起始时间。

（3）初凝时间的测定　试件在湿气养护箱中养护至加水后 30min 时进行第一次测定。测定时,从湿气养护箱中取出试模放到试针下,降低试针与水泥净浆表面接触。拧紧螺丝

1~2s 后，突然放松，试针垂直自由地沉入水泥净浆。观察试针停止下沉或释放试针 30s 时指针的读数。当试针沉至距底板（4±1）mm 时，为水泥达到初凝状态；由水泥全部加水至初凝状态的时间为水泥的初凝时间，用"min"表示。

（4）终凝时间的测定　为了准确观测试针沉入的状况，在终凝针上安装了一个环形附件。在完成初凝时间测定后，立即将试模连同浆体以平移的方式从玻璃板取下，翻转 180°，直径大端向上，小端向下放在玻璃板上，再放入养护箱中继续养护，当试针沉入试体 0.5mm 时，即环形附件开始不能在试体上留下痕迹时，为水泥达到终凝状态，由水泥全部加水至终凝状态的时间为水泥的终凝时间，用"min"表示。

（5）测定时应注意，在最初测定的操作时应轻轻扶持金属柱，使其徐徐下降，以防试针撞弯，但结果以自由下落为准；在整个测试过程中试针沉入的位置至少要距试模内壁 10mm。临近初凝时，每隔 5min 测定一次，临近终凝时每隔 15min 测定一次，到达初凝或终凝时应立即重复测一次，当两次结论相同时才能定为到达初凝或终凝状态。每次测定不能让试针落入原针孔，每次测试完毕须将试针擦净并将试模放回湿气养护箱内，整个测试过程要防止试模受振。

3. 试验结果

由水泥全部加水至初凝状态（当试针沉至距底板 4mm±1mm 时，为水泥达到初凝状态）的时间为水泥的初凝时间，用"min"表示。

由水泥全部加水至终凝状态（当试针沉入试体 0.5mm 时，即环形附件开始不能在试体上留下痕迹时，为水泥达到终凝状态）的时间为水泥的终凝时间，用"min"表示。

13.2.6　安定性检测

1. 主要仪器设备

（1）水泥净浆搅拌机　与前述相同。

（2）沸煮箱　有效容积约为 410mm×240mm×310mm，箅板结构不影响试验结果，箅板与加热器之间的距离大于 50mm。要求沸煮箱能在（30±5）min 内将箱内的试验用水由室温升至沸腾并恒沸 3h±5min，整个试验过程不需补充水量。

（3）雷氏夹与雷氏膨胀值测定仪如图 13.2.2、图 13.2.3 所示。

2. 检测方法

（1）制备标准稠度水泥净浆

称取水泥试样 500g，按照测试的标准稠度用水量制成标准稠度水泥净浆。

（2）雷氏法（标准法）

①将预先准备好的雷氏夹放在已稍涂油的玻璃板上，并立即将已制好的标准稠度净浆一次装满雷氏夹，装浆时一只手轻轻扶持雷氏夹，另一只手用宽约 10mm 的小刀插捣数次，然后抹平，盖上稍涂油的玻璃板，接着立即将试件移至湿气养护箱内养护(24±2)h。

②脱去玻璃板，取下试件，先测量雷氏夹指针尖端间的距离（A），精确到 0.5mm，接着将试件放入沸煮箱水中的试件架上，指针朝上，然后在（30±5）min 内加热至沸腾并恒沸（180±5）min。

③沸煮结束后，立即放掉沸煮箱中的热水，打开箱盖，待箱体冷却至室温，取出试件进行判别。测量雷氏夹指针尖端的距离（C），准确至 0.5mm，当两个试件煮后增加距离

($C-A$)的平均值不大于5.0mm时,即认为该水泥安定性合格,反之为不合格。当两个试件的($C-A$)值相差超过4.0mm时,应用同一样品立即重做一次试验,再如此,则认为该水泥安定性不合格。

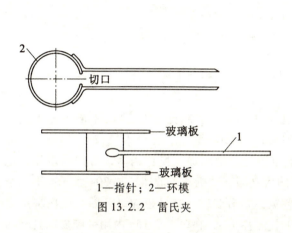

1—指针;2—环模

图 13.2.2 雷氏夹

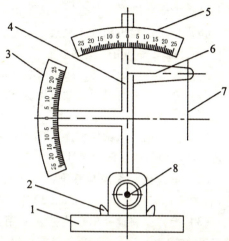

1—底座;2—模子座;3—测弹性标尺;
4—立柱;5—测膨胀值标尺;6—悬臂;
7—悬丝;8—弹簧顶钮

图 13.2.3 雷氏膨胀值测定仪(单位:mm)

(3)饼法(代用法)

①将制好的净浆取出一部分分成两等份,使之呈球形,放在预先准备好的100mm×100mm玻璃板上,轻轻振动玻璃板并用湿布擦过的小刀由边缘向中央抹动,做成直径70~80mm、中心厚约10mm、边缘渐薄、表面光滑的试饼,接着将试饼放入湿气养护箱内养护(24±2)h。

②将养护后的试饼脱去玻璃板,在试饼无缺陷的情况下将试饼放在沸煮箱的水中篦板上,然后进行沸煮(要求同雷氏法)。

③沸煮结束,即放掉箱中的热水,打开箱盖,待箱体冷却至室温,取出试件判别。目测沸煮试饼未发现裂纹,用直尺检查也没有翘曲时为安定性合格,反之为不合格。当两个试饼判别有矛盾时,该水泥的安定性也为不合格。

当两种方法有争议时,以雷氏法为准。

13.2.7 水泥胶砂强度检测

1. 主要仪器设备

(1)胶砂搅拌机 为行星式胶砂搅拌机,应符合胶砂搅拌机(JC/T681—2005)。胶砂搅拌机为双转叶片式,搅拌叶片和搅拌锅作相反方向转动;

(2)胶砂振实台 胶砂振实台应符合胶砂振实台(JC/T 682—2005)。振动频率为60次/min,振幅为(15±0.3)mm;

(3)下料漏斗 下料漏斗由漏斗和模套组成。下料口宽度一般为4~5mm。模套高度为25mm；

(4) 试模　试模为可装卸的三联模，由隔板、底座、端板等组成。模槽标定尺寸为40mm×40mm×60mm；

(5) 抗折试验机　抗折试验机一般采用双杠杆式，比值为1:50的电动试验机，也可以采用性能符合相关要求的其他试验机。两个支承圆柱中心间距为（100±0.2）mm；

(6) 抗压试验机和抗压夹具　抗压试验机的量程以200~300kN为宜，误差不得超过±0.1%。抗压夹具由硬质钢材制成，应符合水泥抗压夹具（JC/T 683—2005）的要求，受压面积为40mm×40mm，加压面必须磨平；

(7) 金属刮平直尺　有效长度为300mm，宽为60mm，厚为2mm。

2. 试件成型

(1) 成型前　将试模擦净，四周模板与底座的接触面上应涂黄油，紧密装配，防止漏浆，内壁均匀刷一薄层机油。

(2) 配合比　水泥与标准砂的质量比为1:3.0，水灰比为0.50。每成型3条试件（一联试模）需称量水泥（450±2）g，标准砂（1350±5）g；拌合水（225±1）ml。

(3) 搅拌　将搅拌锅、搅拌翅先用湿布擦过，把水加入搅拌锅里，再加入水泥，把搅拌锅放在固定架上，上升至固定位置。然后立即开动机器，低速搅拌30s后，在第二个30s开始试验的同时均匀地将砂加入。当各级砂是分装时，从最粗粒级开始，依次将所需的每级砂量加完。把机器转至高速再拌30s，停拌90s，在第1个15s内用一胶皮刮具将叶片和锅壁上的胶砂刮入锅中间。在高速下继续搅拌60s。各个搅拌阶段，时间误差应在±1s以内。

(4) 成型　将空试模和模套固定在振实台上，用一个适当的勺子直接从搅拌锅里将胶砂分二层装入试模，装第一层时，每个槽里约放300g胶砂，用大播料器垂直架在模套顶部沿每个模槽来回一次将料层播平，接着振实60次。再装入第二层胶砂，用小播料器播平，再振实60次。移走模套，从振实台上取下试模，用一金属直尺以近似90°的角度架在试模模顶的一端，然后沿试模长度方向以横向锯割动作慢慢向另一端移动，一次将超过试模部分的胶砂刮去，并用同一直尺以近乎水平的情况下将试体表面抹平。

(5) 编号　振动完毕，取下试模。用刮平刀轻轻刮去高出试模的胶砂并抹平。接着在试件上编号，编号时应将试模中的三条试件分编在两个以上的龄期内。

(6) 注意事项　试验前或更换水泥品种时，搅拌锅、叶片和下料漏斗都必须抹干净。

3. 养护

将编号的试件带模放入温度为（20±1）℃，相对湿度大于90%的养护箱中养护24h，然后取出、脱模；脱模后的试件立即放入水温为（20±1）℃的恒温水槽中养护，养护期间试件之间间隔或试件上表面的水深不得小于5mm。

4. 强度试验

(1) 各龄期试件的强度试验

各龄期试件必须按规定24h±15min、48h±30min、3d±45min、7d±2h、>28d±8h内进行强度试验。

(2) 抗折强度测定

将试体一个侧面放在试验机支撑圆柱上，试体长轴垂直于支撑圆柱，通过加荷，圆柱以（50±10）N/s 的速率均匀地将荷载垂直地加在棱柱体相对侧面上，直至折断，记下抗折破坏荷载 P。保持两个半截棱柱体处于潮湿状态直至抗压试验。

抗折强度 f_f（MPa）按下式计算（精确至 0.1MPa）：

$$f_f = \frac{3PL}{2bh^2} \tag{13.2.4}$$

式中：P——折断时施加于棱柱体中部的荷载，N；
  L——支撑圆柱之间的距离，mm；
  b，h——棱柱体断面的宽度及高度，均为 40mm。

抗折强度试验结果以 3 块试件平均值表示；当 3 个强度值中有一个超过平均值 ±10% 时，应将该值剔除后再取平均值作为抗折强度试验结果。

(3) 抗压强度试验

半截棱柱体中心与压力机压板受压中心差应在 ±0.5mm 内，棱柱体露在压板外的部分约有 10mm。在整个加荷过程中以（2400±200）N/s 的速率均匀地加荷直至破坏，记下抗压破坏荷载 F_c。

抗压强度 f_c（MPa）按下式计算（精确至 0.1MPa）：

$$f_c = \frac{F_c}{A} \tag{13.2.5}$$

式中：F_c——破坏时的最大荷载，(N)；
  A——受压部分面积，即 40mm×40mm。

以一组 3 个棱柱体上得到的 6 个抗压强度测定值的算术平均值为试验结果。若 6 个测定值中有 1 个超出 6 个平均值的 ±10%，就应剔除这个结果，而以剩下 5 个的平均数为结果。如果 5 个测定值中再有超过它们平均数 ±10% 的，则该组结果作废。

§13.3 试验 3 混凝土用骨料试验

本试验根据国家标准《建筑用砂》（GB/T 14684—2001）、《建筑用卵石、碎石》（GB/T 14685—2001）、《普通混凝土用砂、石质量及检验方法标准》（JGJ 52~53—2006）进行评定。

13.3.1 取样方法与数量

细骨料的取样：应在均匀分布的料堆上的 8 个不同部位，各取大致相等的试样 1 份，然后倒在平整、洁净的拌合板上，拌合均匀，用四分法缩取各试验用试样数量。四分法的基本步骤是：拌匀的试样堆成 20mm 厚的圆饼，于饼上划十字线，将其分成大致相等的四份，除去其中两对角的两份，将余下两份再按上述四分法缩取，直至缩分后的试样质量略大于该项试验所需数量为止。还可以用分料器缩分。

粗骨料的取样：自料堆的顶、中、底三个不同高度处，在各个均匀分布的 5 个不同部位取大致相等试样各 1 份，共取 15 份（取样时，应先将取样部位的表层除去，于较深处铲取），并将其倒在平整、洁净的拌板上，拌合均匀，堆成锥体，用四分法缩取各项试验所需试样数量。每一项试验所需数量如表13.3.1所示。

表13.3.1　　　　　每一试验项目的最少取样数量　　　　　（单位：kg）

试验项目	砂	每一试验项目的最少取样数量/（kg）							
		碎石或卵石的最大粒径/（mm）							
		9.5	16.0	19.0	26.5	31.5	37.5	63.0	75.0
筛分分析	4.4	8	15	16	20	25	32	50	64
表观密度	2.6	8	8	8	8	12	16	24	24
堆积密度	5	40	40	40	40	80	80	120	120
吸水率	4	8	8	16	16	16	24	24	32
含水率	1	2	2	2	2	3	3	4	6

13.3.2　砂的筛分分析试验

1. 主要仪器设备

（1）方孔筛　孔径（mm）为9.50、4.75、2.36、1.18、0.60、0.30、0.15的方孔筛各1个，以及筛盖、筛底各1只；

（2）天平　称量1000g，感量1g；

（3）烘箱（105±5）℃；

（4）摇筛机；

（5）浅盘、毛刷等。

2. 试样制备

按规定取样，并将试样缩分至约1100g，放在烘箱中于（105±5）℃下烘干至恒量（恒量系指试样在烘干1~3h的情况下，其前后质量之差不大于该项试验所要求的称量精度），待冷却至室温后，筛除大于9.50mm的颗粒，并算出筛余百分率，分为大致相等的两份。

3. 试验步骤

（1）精确称取烘干试样500g，置于按筛孔大小顺序排列的套筛的最上一只筛（即4.75mm筛孔筛）上，将套筛装入摇筛机上固定，筛分10min左右（若无摇筛机，可以采用手筛）。

（2）取下套筛，按孔径大小顺序，在清洁的浅盘上逐个进行手筛，直至每分钟的通过量不超过试样总量的0.1%时为止。通过的颗粒并入下一筛中，并和下一筛中的试样一起过筛，按此顺序进行，当全部筛分完毕时，各筛的筛余均不得超过下式的值

$$G = \frac{A\sqrt{d}}{200} \tag{13.3.1}$$

式中：G——在一个筛上的剩余量，（g）；

d——筛孔尺寸，（mm）；

A——筛面面积，（mm²）。

否则应将该筛余试样分成两份，再次筛分并以筛余之和作为该筛的筛余量。

（3）称取各筛筛余试样的质量（精确至1g），所有各筛的分计筛余量和底盘中剩余量的总和与筛分前试样总量相比，其相差不得超过1%，否则，重新试验。

4. 结果计算

（1）分计筛余百分率　各筛上的筛余量除以试样总量的百分率，（%），精确至0.1%。

（2）累计筛余百分率　该筛的分计筛余百分率加上该筛以上各筛的分计筛余百分率之和，（%），精确至0.1%。

（3）根据各筛两次试验累计筛余百分率的平均值，绘制筛分曲线，评定颗粒级配分布情况。

（4）按下列公式计算砂的细度模数（精确至0.01）

$$\mu_f = \frac{\beta_2 + \beta_3 + \beta_4 + \beta_5 + \beta_6 - 5\beta_1}{100 - \beta_1} \tag{13.3.2}$$

式中：β_i——累计筛余百分率，即该号筛与大于该号各筛分计筛余百分率之和，（%）。

（5）筛分试验应采用两个试样平行试验，并以两次试验结果的算术平均值作为检验结果。若两次试验的细度模数之差大于0.2，应重新进行试验。

13.3.3　砂的表观密度试验

1. 主要仪器设备

天平（称量1kg，感量1g）、容量瓶500ml；烘箱（温度控制（105±5）℃）、干燥箱、白瓷浅盘、温度计、料勺等。

2. 试样制备

将缩分后不少于650g的样品装入浅盘，放在烘箱中于（105±5）℃下烘干至恒量，并在干燥器中冷却至室温。

3. 检测方法（标准法）

（1）称取试样300g（m），装入盛有半瓶冷开水的容量瓶中。

（2）摇转容量瓶，使试样在水中充分搅动以排除气泡，塞紧瓶塞，静置24h；然后用滴管加水至瓶颈500ml刻度线平齐，再塞紧瓶塞，擦干容量瓶外壁的水分，称其质量（m_1）。

（3）倒出容量瓶中的水和试样，将瓶的内外壁洗净，再向瓶内加入与上面（2）条款中水温相差不超过2℃的冷开水至瓶颈刻度500ml线处。塞紧瓶塞，擦干容量瓶外壁水分，称其质量（m_2）。

注：在砂的表观密度试验过程中应测量并控制水的温度，试验的各项称量可以在15～25℃的温度范围内进行。从试样加水静置的最后2h起直至试验结束，其温度相差不应超过2℃。

4. 试验结果计算（精确到10kg/m³）

$$\rho_a = \left(\frac{m}{m + m_2 - m_1} - \alpha_t\right) \times 1000 \; (\text{kg/m}^3) \tag{13.3.3}$$

式中：$α_t$——水温对砂的表观密度影响的修正系数，按表 13.3.2 选取。

表 13.3.2　　　　　　　　不同水温对表观密度影响的修正系数

水温 /（℃）	15	16	17	18	19	20	21	22	23	24	25
$α_t$	0.002	0.003	0.003	0.004	0.004	0.005	0.005	0.006	0.006	0.007	0.008

以两次试验结果的算术平均值作为测定值。当两次结果之差大于 20 kg/m³ 时，应重新取样进行试验。

13.3.4　砂的堆积密度试验

1. 主要仪器设备

（1）磅称　称量 5kg，感量 5g。

（2）容量筒　视骨料的最大粒径大小而选用不同规格的容积（V_p）的容量筒，如表 13.3.3 所示。

表 13.3.3　　　　　　　　容量筒的规格要求

砂、碎石或卵石的最大粒径/（mm）	容量筒容积/（L）	容量筒规格/（mm） 内径	容量筒规格/（mm） 净高	筒壁厚/（mm）
砂	1	108	109	2
9.5、16.0、19.0、26.5	10	208	294	2
31.5、37.5	20	294	294	3
53.0、63.0、75.0	30	360	294	4

注：测定紧密密度时，对最大粒径为 31.5mm、37.5mm 的骨料，可以采用 10L 的容量筒，对最大粒径为 63.0mm、75.0mm 的骨料，可以采用 20L 容量筒。

（3）烘箱　温度控制（105±5）℃。

（4）直尺、浅盘、漏斗等。

2. 试样的制备

先用公称直径为 5.00mm 的筛子过筛，然后取经缩分后的样品不少于 3L，装入浅盘，在温度为（105±5）℃烘箱中烘干至恒重，取出并冷却至室温，分成大致相等的两份备用。试样烘干后若有结块，应在试验前先予捏碎。

3. 检测方法

堆积密度和紧密密度试验应按下列步骤进行：

（1）堆积密度：取试样一份，用漏斗或铝制勺，将试样徐徐装入容量筒（漏斗出料口或料勺距容量筒筒口不应超过 50mm）直至试样装满并超出容量筒筒口。然后用直尺将多余的试样沿筒口中心线向相反方向刮平，称其质量（m_2）。

(2) 紧密密度：取试样一份，分两层装入容量筒。装完一层后，在筒底垫放一根直径为 10mm 的钢筋，将筒按住，左右交替颠击地面各 25 下，然后再装入第二层；第二层装满后用同样方法颠实（但筒底所垫钢筋的方向应与第一层放置方向垂直）；二层装完并颠实后，加料直至试样超出容量筒筒口，然后用直尺将多余的试样沿筒口中心线向两个相反方向刮平，称其质量（m_2）。

4. 试验结果计算

(1) 堆积密度或紧密堆积按下式计算（精确至 10kg/m^3）

$$\rho'_{0d} = \frac{m_2 - m_1}{V_p} \times 1000 \ (\text{kg/m}^3) \tag{13.3.4}$$

式中：m_1——容量筒的质量，（kg）；

m_2——容量筒和砂的总质量，（kg）；

V_p——容量筒的体积，（L）。

堆积密度取两次试验结果的算术平均值。

(2) 空隙率按下式计算，精确至 1%：

$$P' = \left(1 - \frac{\rho'_{0d}}{\rho_{0d}}\right) \times 100\% \tag{13.3.5}$$

5. 容量筒容积的校正方法

以温度为 (20 ± 2)℃ 的饮用水装满容量筒，用玻璃板沿筒口滑移，使其紧贴水面。擦干筒外壁水分，然后称其质量。用下式计算筒的容积：

$$V_p = m_2' - m_1' \tag{13.3.6}$$

式中：V_p——容量筒容积，（L）；

m_1'——容量筒和玻璃板质量，（kg）；

m_2'——容量筒、玻璃板和水总质量，（kg）。

13.3.5 砂的含水率测定

1. 主要仪器设备

(1) 天平　称量 1kg，感量 0.1g；

(2) 烘箱　温度控制 (105 ± 5)℃；

(3) 容器、干燥器等。

2. 检测方法

由密封的样品中取各重 500g 的试样两份，分别放入已知质量的干燥器（m_1）中称重，记下每盘试样与容器的总重（m_2）。将容器连同试样放入温度为 (105 ± 5)℃ 的烘箱中烘干至恒重，称量烘干后的试样与容器的总质量（m_3）。

3. 砂的含水率（标准法）

砂的含水率按下式计算，精确至 0.1%

$$W_{含} = \frac{m_2 - m_3}{m_3 - m_1} \times 100 \tag{13.3.7}$$

式中：$W_{含}$——砂的含水率，（%）；

m_1——容器质量，（g）；

m_2——未烘干的试样与容器的总质量,(g);

m_3——烘干后的试样与容器的总质量,(g)。

以两次试验结果的算术平均值作为测定值。

13.3.6 碎石或卵石的筛分分析试验

1. 主要仪器设备

(1) 方孔筛 孔径(mm)为 90、75.0、63.0、53.0、37.5、31.5、26.5、19.0、16.0、9.50、4.75、2.36 的方孔筛,及筛底和筛盖各一只;

(2) 天平或台称 称量 10 kg,感量 1g;

(3) 烘箱(105±5)℃;

(4) 摇筛机;

(5) 浅盘、毛刷等。

2. 试样制备

试样制备应符合下列规定:试验前,应将样品缩分至表 13.3.4 中所规定的试样最少质量,并烘干或风干后备用。

表 13.3.4　　　　　　　　筛分分析所需试样的最少质量

石的最大粒径/(mm)	9.5	16.0	19.0	26.5	31.5	37.5	63.0	75.0
试样最少质量/(kg)	1.9	3.2	3.8	5.0	6.3	7.5	12.6	16

3. 检测方法

(1) 按表 13.3.4 中的规定取样,精确到 1g。

(2) 将试样倒入按孔径大小从上到下组合的套筛上,然后再置于摇筛机上,筛分 10min。

(3) 分别取下各筛,并用手继续分筛(同砂),直到每分钟通过量不超过试样总量的 0.1% 为止。通过的颗粒并入下一筛中,并和下一筛中的试样一起过筛。当试样粒径大于 19.0mm 时,允许用手拨动颗粒,使其通过筛孔。

(4) 称取各筛的筛余量,精确到 1g。

4. 试验结果计算

(1) 计算分计筛余(各筛上筛余量除以试样的百分率),(%),精确至 0.1%;

(2) 计算累计筛余(该筛的分计筛余与筛孔大于该筛的各筛的分计筛余百分率之总和),(%),精确至 1%;

(3) 根据各筛的累计筛余,评定该试样的颗粒级配。

13.3.7 碎石或卵石的表观密度试验(标准法)

这里所介绍的试验方法适用于测定碎石或卵石的表观密度。

1. 主要仪器设备

(1) 液体天平 称量 5kg,感量 5g;

（2）吊篮　直径和高度均为150mm，由孔径为 1~2mm 的筛网或钻有孔径为 2~3mm 孔洞的耐锈蚀金属板制成；

（3）盛水容器　有溢流孔；

（4）烘箱　温度控制范围为（105±5)℃；

（5）试验筛　筛孔尺寸为4.75mm的方孔筛一只；

（6）温度计　0~100℃；

（7）容器、浅盘、刷子和毛巾等。

2. 试样制备

试验前，将样品筛除粒径4.75mm以下的颗粒，并缩分至略大于两倍于表13.3.5中所规定的最少质量，冲洗干净后分成两份备用。

表 13. 3. 5　　　　　表观密度试验所需的试样最少质量

石的最大粒径/（mm）	9.5	16.0	19.0	26.5	31.5	37.5	63.0	75.0
试样最少质量/（kg）	2.0	2.0	2.0	2.0	3.0	4.0	6.0	6.0

3. 标准法表观密度试验方法

（1）按表13.3.5中的规定称取试样；

（2）取试样一份装入吊篮，并浸入盛水的容器中，水面至少高出试样50mm；

（3）浸水24h后，移放到称量用的盛水容器中，并用上下升降吊篮的方法排除汽泡（试样不得露出水面）。吊篮每升降一次约为1s，升降高度为30~50mm；

（4）测定水温（此时吊篮应全浸在水中)，用天平称取吊篮及试样在水中的质量（m_2)。称量时盛水容器中水面的高度由容器的溢流孔控制；

（5）提起吊篮，将试样置于浅盘中，放入(105±5)℃的烘箱中烘干至恒重；取出来放在带盖的容器中冷却至室温后，再称（m_0)；

注：恒重是指相邻两次称量间隔时间不小于3h的情况下，其前后两次称重之差小于该项试验所要求的称量精度。下同。

（6）称取吊篮在同样温度的水中质量（m_1)，称量时盛水容器的水面高度仍应由溢流口控制。

注：试验的各项称重可以在15~25℃的温度范围内进行，但从试样加水静置的最后2h起直至试验结束，其温度相差不应超过2℃。

4. 表观密度

表观密度应按下式计算（精确到10kg/m³)：

$$\rho_a = \left(\frac{m_0}{m_0 + m_1 - m_2} - \alpha_t \right) \times 1000 \ (kg/m^3) \tag{13.3.8}$$

式中：α_t——水温对表观密度影响的修正系数，按表13.3.2选取。

以两次试验结果的算术平均值作为测定值。当两次结果之差大于20 kg/m³时，应重新取样进行试验。对颗粒材质不均匀的试样，两次试验结果之差大于20kg/m³时，可以取四次测定结果的算术平均值作为测定值。

13.3.8 碎石或卵石的表观密度试验（简易法）

这里所介绍的试验方法适用于测定碎石或卵石的表观密度，不宜用于测定最大粒径超过 37.5mm 的碎石或卵石的表观密度。

1. 简易法测定表观密度应采用下列仪器设备

（1）烘箱　温度控制范围为（105±5）℃；

（2）秤　称量20kg，感量20g；

（3）广口瓶　容量1000mL，磨口，并带玻璃片；

（4）试验筛　筛孔尺寸为4.75mm的方孔筛一只；

（5）毛巾、刷子等。

2. 试样制备

试验前，将样品筛除粒径4.75mm以下的颗粒，并缩分至略大于两倍于表13.3.5中所规定的最少质量，冲洗干净后分成两份备用。

3. 简易法测定表观密度应按下列步骤进行

（1）按表13.3.5中的规定称取试样；

（2）将试样浸水饱和，然后装入广口瓶中。装试样时，广口瓶应倾斜放置，注入饮用水，用玻璃片覆盖瓶口，以上下左右摇晃的方法排除气泡；

（3）气泡排尽后，向瓶中添加饮用水直至水面凸出瓶口边缘。然后用玻璃片沿瓶口迅速滑行，使其紧贴瓶口水面。擦干瓶外壁水分后，称取试样、水、瓶和玻璃片总质量 (m_2)；

（4）将瓶中的试样倒入浅盘中，放在（105±5）℃的烘箱中烘干至恒重；取出，放在带盖的容器中冷却至室温后称取质量 (m_0)；

（5）将瓶洗净，重新注入饮用水，用玻璃片紧贴瓶口水面，擦干瓶外壁水分后称取质量 (m_1)。

注：试验的各项称重可以在15~25℃的温度范围内进行，但从试样加水静置的最后2h起直至试验结束，其温度相差不应超过2℃。

4. 表观密度应按下式计算（精确到 $10 kg/m^3$）

$$\rho_a = \left(\frac{m_0}{m_0 + m_1 - m_2} - \alpha_t\right) \times 1000 \ (kg/m^3) \tag{13.3.9}$$

式中：α_t——水温对表观密度影响的修正系数，按表13.3.2选取。

以两次试验结果的算术平均值作为测定值。当两次结果之差大于 $20 \ kg/m^3$ 时，应重新取样进行试验。对颗粒材质不均匀的试样，两次试验结果之差大于 $20 kg/m^3$ 时，可以取四次测定结果的算术平均值作为测定值。

13.3.9 碎石或卵石的堆积密度试验

1. 堆积密度和紧密密度试验应采用下列仪器设备

（1）秤　称量100kg，感量100g；

（2）容量筒　金属制，其规格见表13.3.3；

(3) 平头铁锹；

(4) 烘箱 温度控制范围为 (105±5)℃。

2. 试样制备

按表 13.3.1 中的规定称取试样，放入浅盘，在 (105±5)℃ 的烘箱中烘干，也可以摊在清洁的地面上风干，拌匀后分成两份备用。

3. 堆积密度和紧密密度试验应按以下步骤进行

(1) 堆积密度：取试样一份，置于平整干净的地板（或铁板）上，用平头铁锹铲起试样，使石自由落入容量筒内。此时，从铁锹的齐口至容量筒上口的距离应保持为 50mm 左右。装满容量筒除去凸出筒口表面的颗粒，并以合适的颗粒填入凹陷部分，使表面稍凸起部分和凹陷部分的体积大致相等，称取试样和容量筒总质量 (m_2)。

(2) 紧密密度：取试样一份，分三层装入容量筒。装完一层后，在筒底垫放一根直径为 25mm 的钢筋，将筒按住并左右交替颠击地面各 25 下，然后装入第二层。第二层装满后，用同样方法颠实（但筒底所垫钢筋的方向应与第一层放置方向垂直），然后再装入第三层，如法颠实。待三层试样装填完毕后，加料直到试样超出容量筒筒口，用钢筋沿筒口边缘滚转，刮下高出筒口的颗粒，用合适的颗粒填平凹处，使表面稍凸起部分和凹陷部分的体积大致相等。称取试样和容量筒总质量 (m_2)。

4. 试验结果计算

(1) 堆积密度或紧密堆积按下式计算（精确至 10kg/m^3）：

$$\rho'_{0d} = \frac{m_2 - m_1}{V_p} \times 1000 \quad (\text{kg/m}^3) \tag{13.3.10}$$

式中：m_1——容量筒的质量，(kg)；

m_2——容量筒和试样的总质量，(kg)；

V_p——容量筒的体积，(L)。

堆积密度取两次试验结果的算术平均值。

(2) 空隙率按下式计算，精确至 1%

$$P' = \left(1 - \frac{\rho'_{0d}}{\rho_{0d}}\right) \times 100\% \tag{13.3.11}$$

5. 容量筒容积的校正方法

以温度为 (20±5)℃ 的饮用水装满容量筒，用玻璃板沿筒口滑移，使其紧贴水面。擦干筒外壁水分，然后称其质量。用下式计算筒的容积

$$V_p = m_2' - m_1'$$

式中：V_p——容量筒容积，(L)；

m_1'——容量筒和玻璃板质量，(kg)；

m_2'——容量筒、玻璃板和水总质量，(kg)。

13.3.10 碎石或卵石的含水率测定

试样制备应符合下列规定：试验前，应将样品缩分至表 13.3.6 中所规定的试样最少质量，并烘干或风干后备用。最少试样数量见表 13.3.6 中，试验步骤与砂的含水率测定方法相同。

表 13.3.6　　　　　　　　含水率试验所需的试样最少质量

石的最大粒径/（mm）	9.5	16.0	19.0	26.5	31.5	37.5	63.0	75.0
试样最少质量/（kg）	2.0	2.0	2.0	2.0	3.0	3.0	3.0	4.0

§13.4　试验4　普通混凝土试验

本试验根据国家标准《普通混凝土拌合物性能试验方法标准》（GB/T 50080—2002）、《普通混凝土力学性能试验方法标准》（GB/T 50081—2002）、《公路工程水泥及混凝土试验规程》（JTG E30—2005）进行试验与评定。

13.4.1　普通混凝土拌合物实验室拌合方法

1. 一般规定

（1）拌制混凝土的原材料应符合相关技术要求，并与施工实际用料相同。在拌合前，材料的温度应与室温（应保持（20±5)℃）相同，水泥若有结块现象，应用64孔/cm^2筛过筛，筛余物不得使用。

（2）拌制混凝土的材料用量以质量计。称量的精确度：骨料为±1%，水、水泥、外加剂及掺合料为±0.5%。

2. 主要仪器设备

（1）搅拌机　容量30～100L，转速为18～22r/min；

（2）磅秤　称量100kg，感量50g；

（3）其他工器具　天平（称量1kg，感量0.5g以及称量10kg，感量5g）、量筒（200 cm^3、1000 cm^3）、拌铲、拌板（1.5m×2m）等。

3. 拌合方法

每盘混凝土拌合物最小拌合量应符合表13.4.1中的规定。

表 13.4.1　　　　　　　　混凝土拌合物最少拌合量

骨料最大粒径/（mm）	拌合数量/（L）
31.5 及以下	15
37.5	25

（1）人工拌合

①按所定配合比备料。

②将拌板和拌铲用湿布润湿后，将砂倒在拌板上，然后加入水泥，用拌铲自拌板一端翻拌至另一端，如此重复，直至充分混合，颜色均匀，再加入石，翻拌至混合均匀为止。

③将干混合物堆成堆，在中间作一凹槽，将已称量好的水，倒一半左右在凹槽中（勿使水流出），然后仔细翻拌，并徐徐加入剩余的水，继续翻拌，每翻拌一次，用铲在拌合

物上切一次，直到拌合均匀为止。

④拌合时力求动作敏捷，拌合时间从加水算起，应大致符合下列规定：

拌合物体积为 30L 以下时，拌合 4.5min；

拌合物体积为 30~50L 时，拌合 5~9min；

拌合物体积为 50~70L 时，拌合 9~12min。

⑤拌好后，根据试验要求，立即做坍落度测定或试件成型。从开始加水时算起，全部操作须在 30min 内完成。

(2) 机械搅拌法

①按所规定配合比备料。

②向搅拌机内依次加入石、砂和水泥，开动搅拌机，干拌均匀，再将水徐徐加入，继续拌合 2~3min。

③将拌合物自搅拌机中卸出，倾倒在拌板上，再经人工翻拌 2 次，即可做坍落度测定或试件成型。从开始加水时算起，全部操作必须在 30min 内完成。

13.4.2 普通混凝土的稠度试验（坍落度试验）

坍落度试验方法适用于骨料最大粒径不大于 37.5mm、坍落度值不小于 10mm 的混凝土拌合物稠度测定。当混凝土拌合物的坍落度大于 220mm 时，由于粗骨料堆积的偶然性，坍落度不能很好地代表拌合物的稠度，因此用坍落度扩展度法来测定。

1. 主要仪器设备

(1) 坍落度筒　坍落度筒是由 1.5mm 厚的钢板或其他金属制成的圆台形筒。底面和顶面应互相平行并与锥体轴线垂直。在筒外 $\frac{2}{3}$ 高度处安装两个把手，下端应焊脚踏板。筒的内部尺寸为：底部直径（200±2）mm，顶部直径（100±2）mm，高度（300±2）mm。

(2) 捣棒（直径 16mm，长 650mm 的钢棒，端部应磨圆）、小铲、木尺、钢尺、拌板、镘刀等。如图 13.4.1 所示。

2. 试验步骤

(1) 湿润坍落度筒及其他工具，并把筒放在不吸水的平稳刚性水平底板上，然后用脚踩住两边的脚踏板，使坍落度筒装料时保持位置固定。

(2) 把按要求取得的混凝土试样用小铲分三层均匀地装入筒内，使捣实后每层高度为筒高 $\frac{1}{3}$ 左右。每层用捣棒插捣 25 次。插捣应沿螺旋方向由外向中心进行，各次插捣应在截面上均匀分布。插捣筒边混凝土时，捣棒可以稍稍倾斜，插捣底层时，捣棒应贯穿整个深度，插捣第二层和顶层时，捣棒应插透本层至下一层的表面。

浇灌顶层时，混凝土拌合物应灌到高出筒口，插捣过程中，如果混凝土沉落到低于筒口，则应随时添加。顶层插捣完后，刮去多余混凝土并用抹刀抹平。

(3) 清除筒边底板上的混凝土后，垂直平稳地提起坍落度筒。坍落度筒的提离过程应在 5~10s 内完成。从开始装料到提起坍落度筒的整个过程应不间断地进行，并应在 150s 内完成。

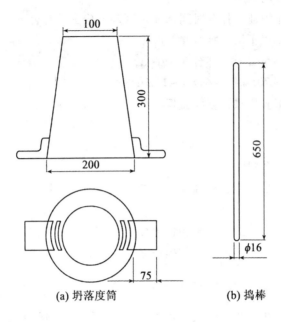

图 13.4.1　坍落度筒及捣棒

（4）提起坍落度筒后，测量筒高与坍落后混凝土试体最高点之间的高度差，即为该混凝土拌合物的坍落度值（以 mm 为单位，精确至 1mm，结果修约至 5mm）。

（5）坍落度筒提离后，如试件发生崩坍或一边剪坏现象则应重新取样测定。如第二次仍出现这种现象，则表示该拌合物和易性不好。

（6）测定坍落度后，观察拌合物下述性质，并记入记录。

1）粘聚性　用捣棒在已坍落的拌合物锥体侧面轻轻击打。此时，如果锥体逐渐下沉，是表示粘聚性良好，如果锥体倒塌、部分崩裂或出现离析现象，则表示粘聚性不好。

2）保水性　以混凝土拌合物中稀浆析出的程度来评定。坍落度筒提起后如有较多的稀浆从底部析出，锥体部分的混凝土也因失浆而骨料外露，则表明此混凝土拌合物的保水性不好。如无这种现象，则保水性良好。

（7）当混凝土拌合物的坍落度大于 220mm 时，用钢尺测量混凝土扩展后最终的最大直径与最小直径，在这两个直径之差小于 50mm 的条件下，用其算术平均值作为坍落扩展度；否则此次试验无效。

如果发现粗骨料在中央集堆或边缘有水泥浆析出，表示该混凝土拌合物抗离析性差。

3. 坍落度的调整

当测得拌合物的坍落度低于要求数值，或认为粘聚性、保水性不满足时，可以掺入备用的 5% 或 10% 水泥和水（水灰比不变）；当坍落度过大时，可以酌情增加砂和石的用量（一般使砂率不变），尽快拌合，重新测定其坍落度值。

13.4.3　维勃稠度试验

维勃稠度试验方法适用于骨料最大粒径不大于 37.5mm，维勃稠度在 5~30s 之间的混凝土拌合物稠度测定。

1. 主要仪器设备

(1) 如图13.4.2所示,维勃稠度仪由以下部分组成:

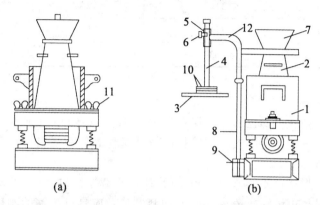

1—容器;2—坍落度筒;3—透明圆盘;4—测杆;5—套筒;6—定位螺栓;
7—漏斗;8—支柱;9—定位螺栓;10—荷重;11—固定螺丝;12—旋转架

图13.4.2 维勃稠度仪

①振动台 台面长380mm,宽260mm,振动频率(50±3)Hz,装有空容器时台面振幅为(0.5±0.1)mm。

②容器 由钢板制成,内径(240±5)mm,高(200±2)mm。

③旋转架 与测杆及喂料斗相连,测杆下部安装有透明且水平的圆盘。透明圆盘直径为(230±2)mm,厚(10±2)mm。由测杆、圆盘及荷重块组成的滑动部分总质量应为(2 750±50)g。

④坍落度筒及捣棒 同坍落度试验,但筒没有脚踏板。

(2) 其他用具 与坍落度试验相同。

2. 测定步骤

(1) 将维勃稠度仪放置在坚实水平的基面上,用湿布将容器、坍落度筒、喂料斗内壁及其他用具擦湿。就位后,测杆、喂料斗的轴线均应和容器轴线重合。然后拧紧固定螺丝。

(2) 将混凝土拌合物经喂料斗分三层装入坍落度筒。装料及插捣均与坍落度试验相同。

(3) 将圆盘、喂料斗都转离坍落度筒,小心并垂直地提起坍落度筒,此时应注意不使混凝土试体产生横向扭动。

(4) 再将圆盘转到混凝土上方,放松螺丝,降下圆盘,使圆盘轻轻地接触到混凝土顶面,拧紧螺丝。同时开启振动台和秒表,在透明圆盘的底面被水泥浆布满的瞬间立即关闭振动台和秒表。由秒表读得的时间(s)即为混凝土拌合物的维勃稠度值(精确到1s)。

13.4.4 普通混凝土立方体抗压强度试验

普通混凝土立方体抗压强度的试验采用立方体试件,以同一龄期的试件为一组,每组至少为3个同条件的试件,试件尺寸按骨料的最大粒径,如表13.4.2所示。

表 13.4.2　　　　　　　　　　混凝土试件尺寸选用表

试件横截面尺寸/（mm）	骨料最大粒径/（mm）	每层插捣次数	抗压强度换算系数
100×100×100	31.5	12	0.95
150×150×150	37.5	25	1.00
200×200×200	63	50	1.05

1. 主要仪器设备

（1）试验机　精度（示值的相对误差）为±1%，其量程应能使试件的预期破坏荷载值在全量程的20%~80%范围内。试验机应按计量仪表使用规定进行定期检查，以确保试验机工作的准确性。

（2）振动台　振动台的频率为（50±3）Hz，空载振幅约为（0.5±0.02）mm。

（3）试模　试模由铸铁或铸钢或硬质塑料制成，应具有足够的刚度并拆装方便。试模内表面应机械加工，其不平度应为每100mm不超过0.05mm，组装后各相邻面的不垂直度应不超过±0.5℃。

（4）捣棒、小铁铲、金属直尺、抹刀等。

2. 试件的制作

（1）每一组试件所用的混凝土拌合物由同一次拌合成的拌合物中取出。

（2）制作前，应将试模擦净并在其内表面涂以一层矿物油脂。

（3）坍落度不大于70mm的混凝土宜用振动振实。将拌合物一次装入试模，并稍有富余，然后将试模放在振动台上。试模应附着或固定在振动台上，振动时试模不得有任何跳动，振动至表面呈现水泥浆时为止。记录振动时间，振动结束后用抹刀沿试模边缘将多余的拌合物刮去，并随即用抹刀将表面抹平。

坍落度大于70mm的混凝土宜采用人工捣实，混凝土分两次装入试模，每层厚度大致相等，插捣按螺旋方向从边缘向中心均匀进行。插捣底层时，捣棒应达到试模底面，插捣上层时，捣棒应穿入下层深度约20~30mm。插捣时捣棒保持垂直不得倾斜，并用抹刀沿试模内壁插入数次，以防试件产生麻面。每层插捣次数见表13.4.2。

插捣后应用橡胶锤轻轻敲击试模四周，直至插捣棒留下的空洞消失为止。然后刮去多余混凝土，待混凝土临近初凝时用抹刀抹平。

3. 试件的养护

（1）采用标准养护的试件成型后应覆盖表面，以防止水分蒸发，并应在温度为（20±5）℃下静置一昼夜至两昼夜，然后编号拆模。并将试件立即放在温度为（20±1）℃，湿度为95%以上的养护室中养护或在温度为（20±1）℃的不流动的氢氧化钙饱和溶液中养护。标准养护室的试件应放在架上，彼此间距为10~20mm，并不得用水直接冲淋试件。

（2）与构件同条件养护的试件成型后，应覆盖表面，试件的拆模时间可与实际构件拆模时间相同。拆模后，试件仍需保持同条件养护。

4. 抗压强度试验

（1）试件自养护室中取出后应及时进行试验，将试件表面和上下承压板面擦干净。

(2) 将试件放在试验机的下压板上,试件的承压面应与成型时的顶面垂直。试件的中心与试验机下压板中心对准,开动试验机,当上压板与试件接近时,调整球座,使接触均衡。

(3) 加载时,应连续而均匀地加荷,其加荷速度为:混凝土强度等级 <C30 时,取 0.3~0.5MPa/s;混凝土强度等级 ≥C30 且 <C60 时,取 0.5~0.8MPa/s;混凝土强度等级 ≥C60 时,取 0.8~1.0MPa/s。当试件接近破坏而开始迅速变形时,停止调整试验机油门直至试件破坏,并记录破坏荷载 P (N)。

5. 试验结果计算

(1) 试件的抗压强度,按下式计算(精确至 0.1MPa)

$$f_{cu} = \frac{P}{A} \tag{13.4.1}$$

(2) 以 3 个试件的算术平均值作为该组试件的抗压强度。

如果 3 个测定值中的最大值或最小值中有一个与中间值的差值超过中间值的 15%,把最大值及最小值一并舍去,取中间值作为该组试件的抗压强度值。如最大值和最小值与中间值的差均超过 15%,则此组试验作废。

(3) 混凝土的抗压强度是以 150mm×150mm×150mm 的立方体试件的抗压强度为标准,其他尺寸试件的测定结果,应换算成标准尺寸立方体试件的抗压强度,换算系数见表 13.4.2。

13.4.5 混凝土劈裂抗拉强度试验

1. 主要仪器设备

(1) 试验机 同"普通混凝土抗压强度试验"中的规定。
(2) 试模 同"普通混凝土抗压强度试验"中的规定。
(3) 垫条 直径为 150mm 的钢制弧形垫条,垫条长度不应短于试件的边长。

在试验机的压板与垫条之间应垫以木质三合板垫块,垫层宽 20mm,厚 3~4mm,长度不应短于试件的边长,如图 13.4.3 所示。

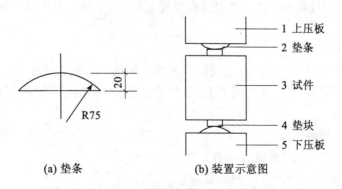

图 13.4.3 混凝土劈裂抗拉装置

2. 测定步骤

试件从养护地点取出后应及时进行试验,在试验前试件应保持与原养护地点相似的干湿环境。

(1) 先将试件表面及试验机上下承压板面擦干净,并在试件中部画线定出劈裂面的位置,劈裂面应与试件成型时的顶面垂直。

(2) 将试件放在试验机下压板的中心位置,在上下压板与试件之间放置垫条和垫块,并使垫块的接触母线与试件中心线及荷载作用线准确对齐,如图13.4.3所示。为了保证上下垫块对准及提高试验效率,可以把垫块安装在定位架上使用。

(3) 开动试验机,当上压板与垫块相接触时,调整球座,使接触均衡。加荷应连续均匀,加荷速度为:混凝土强度等级<C30时,取0.02~0.05MPa/s;混凝土强度等级≥C30且<C60时,取0.05~0.08MPa/s;混凝土强度等级≥C60时,取0.08~1.0MPa/s。当试件接近破坏时,应停止调整试验机油门,直至试件破坏。记录破坏荷载 P(N)。

3. 试验结果计算

(1) 混凝土劈裂抗拉强度应按下式计算(精确至0.01MPa)

$$f_{ts} = \frac{2P}{\pi A} = 0.637 \frac{P}{A} \tag{13.4.2}$$

式中:f_{ts}——混凝土劈裂抗拉强度,(MPa);
P——破坏荷载,(N);
A——试件劈裂面面积,(mm^2)。

(2) 以三个试件测值的算术平均值作为该组试件的劈裂抗拉强度代表值(精确至0.01MPa),如果有最大、最小值超出中间值15%的现象时,其强度代表值的确定方法与立方体抗压强度规定相同。

(3) 混凝土劈裂抗拉强度测定以150mm×150mm×150mm试件为标准试件,当采用100mm×100mm×100mm非标准试件时,其强度测定结果应乘以尺寸换算系数0.85;当混凝土强度等级≥C60时,应采用标准试件;当不得不采用非标准试件时,其尺寸换算系数应由试验确定。

13.4.6 混凝土抗折(抗弯拉)强度试验

测定混凝土的抗折强度,为道路路面混凝土的设计、施工及工程质量评定验收等提供强度取值依据。

1. 主要仪器设备

(1) 试验机 可以采用抗折试验机或万能试验机,其性能要求同立方体抗压强度试验。应配有能使两个相等荷载同时作用在试件跨中三分点处的抗折试验装置,如图13.4.4所示。

(2) 支座及加载压头 应采用直径为20~40mm,长度不小于b+10mm的硬钢圆柱,支座立脚点固定铰支,其他应为滚动支点。

2. 试验步骤

(1) 试验前应首先检查试件,试件不得有明显缺损。若有一根试件在跨中$\frac{1}{3}$区段内有表面直径>5mm,深度>2mm的孔洞时,则该组试件即应全部作废。如果需要取用时,必须在试验记录中加以注明。

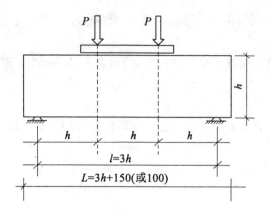

图 13.4.4　水泥混凝土抗折试验示意图

（2）擦干净试件表面，调整好支点间距，将试件平稳安放在支座上，承压面应为试件成型时的侧面。开动试验机，当加载头与试件快接触时，调整加载压头及支座，使接触均衡。如有接触不良之处应予以垫平。

（3）施加荷载应保持均匀、连续，加荷速度要求与劈裂拉抗强度试验规定相同。当试件接近破坏时，应停止调整试验机油门，直至试件破坏。

（4）记录试件破坏荷载及试件下边缘断裂位置。

3. 试验结果计算

（1）当三根试件下边缘断裂位置均处于荷载作用线之间时，抗折强度应按下式计算（精确至 0.1MPa）

$$f_{cf} = \frac{PL}{bh^2} \tag{13.4.3}$$

式中：f_{cf}——混凝土抗折强度，（MPa）；

P——破坏荷载，（N）；

L——支座间距，（mm）；

b，h——试件的宽度和高度，（mm）。

此时，抗折强度代表值的确定方法与立方体抗压强度代表值的规定相同。

（2）当三个试件中有一根折断面位于两个集中荷载之外时，应根据另外两个测值确定该组试件的抗折强度代表值。若两个测值的差值未超出其中较小值的 15% 时，两个测值的平均值即为抗折强度代表值。否则该组试件试验无效。

（3）当有两个试件折断面位于两个集中荷载之外时，该组试件试验无效。

（4）混凝土抗折强度测定以 150mm × 150mm × 600mm（或 550mm）的棱柱体试件为标准试件。当采用 100mm × 100mm × 400mm 非标准试件时，其强度测定结果应乘以尺寸换算系数 0.85。当混凝土强度等级 ≥ C60 时，应采用标准试件；使用非标准试件时，其标准试件应由试验确定。

§13.5　试验5　建筑砂浆试验

本试验根据《建筑砂浆基本性能试验方法》(JGJ 70—1990)进行试验与评定。

13.5.1　砂浆的拌合

掌握砂浆的拌制,为确定砂浆配合比或检验砂浆各项性能提供试样。

1. 一般规定

(1) 试验用水泥和其他材料应与现场使用材料一致。水泥如有结块应充分混合均匀,经0.9mm筛子过筛。砂也应经5mm筛子过筛,当砂浆用于砌砖时,则应筛去大于2.5mm的颗粒。

(2) 试验用材料应提前运入室内,拌合时实验室的温度保持在(20±5)℃。

(3) 试验室拌合砂浆,应以质量计算。称量精度:水泥和外加剂为±0.5%,砂、石灰膏、粉煤灰、磨细生石灰、粘土膏为±1%。

(4) 拌制前应将搅拌机、铁板、铁铲、抹刀等的表面用湿抹布擦湿。

2. 主要仪器设备

砂浆搅拌机、铁板、磅秤、台秤、铁铲、抹刀等。

3. 试验方法与步骤

人工拌合方法:

(1) 将称好的砂放在铁板上,加上所需的水泥,用铁铲拌至颜色均匀为止。

(2) 将拌匀的混合料集中成圆锥形,在锥上作一凹坑,再倒入适量的水将石灰膏或粘土膏稀释,然后与水泥和砂共同拌和,逐渐加水,仔细拌和均匀,水泥砂浆每翻拌一次,用铁铲压切一次。

(3) 拌合时间一般需5min,观察其色泽一致、和易性满足要求即可。

机械拌合方法:

(1) 机械拌合时,应先拌适量砂浆,使搅拌机内壁粘附一薄层水泥砂浆。

(2) 将称好的砂、水泥及其他材料(混合砂浆需将石灰膏或粘土膏稀释至浆状)倒入砂浆搅拌机内。

(3) 开动砂浆搅拌机,将水徐徐加入,搅拌时间约为3min(从加水完毕时算起),使物料拌合均匀。

(4) 将砂浆拌合物倒在铁板上,再用铁铲翻拌两次,使之均匀。

注:搅拌机搅拌砂浆时,搅拌量不宜少于搅拌机容量的20%,搅拌时间不宜少于2min。

13.5.2　砂浆的稠度试验

通过稠度试验,可以测定达到设计稠度时的加水量,或在施工期间控制稠度以保证施工质量。

1. 主要仪器设备

(1) 砂浆稠度测定仪　如图13.5.1所示,由试锥、锥形容器和支座三部分组成,试锥高度为145mm,锥底直径为75mm,试锥连同滑杆的质量为300g;盛砂浆的圆锥形容器的高度为180mm,锥底内径为150mm。

(2) 捣棒、台秤、拌锅、拌铲、秒表等。

2. 试验方法及步骤

(1) 将拌好的砂浆一次装入砂浆筒内,装至距离筒口约10mm为止,用捣棒捣25次,然后将筒在桌上轻轻振动或敲击5~6下,使之表面平整,随后移置于砂浆稠度仪台座上。

(2) 调整圆锥体的位置,使其尖端和砂浆表面接触,并对准中心,拧紧固定螺丝,将指针调至刻度盘零点,然后突然放开固定螺丝,使圆锥体自由沉入砂浆中10s后,读出下沉的距离(精确至1mm),即为砂浆的稠度值K_1(或沉入度)。

(3) 圆锥体内砂浆只允许测定一次稠度,重复测定时应重新取样。

3. 试验结果评定

以两次测定结果的算术平均值作为砂浆稠度测定结果,如两次测定值之差大于20mm,应重新配料测定。

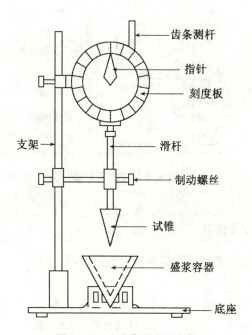

图 13.5.1 砂浆稠度测定仪

13.5.3 砂浆分层度试验

测定砂浆在运输及停放时的保水能力,保水性的好坏,直接影响砂浆的使用及砌体的质量。

1. 主要仪器设备

(1) 分层度测定仪 如图13.5.2所示,内径为150mm,上节的高度为200mm(无底),下节带底净高度为100mm,上下节连接处设有橡胶垫圈。

(2) 水泥胶砂振动台、砂浆稠度仪、搅拌锅、木锤、抹刀等。

2. 试验方法与步骤

(1) 将拌合好的砂浆的另一部分,立即一次注入分层度测定仪中。

(2) 静置 30min 后,去掉上层 200mm 砂浆,然后取出底层 100mm 砂浆重新拌合均匀,再测定砂浆稠度值 K_2(mm)。

(3) 两次砂浆稠度值的差值($K_1 - K_2$)即为砂浆的分层度。

3. 试验结果评定

以两次试验结果的算术平均值作为砂浆分层度的试验结果。

砂浆的分层度宜在 10～30mm 之间,如大于 30mm,易产生分层、离析、泌水等现象,如小于 10mm,则砂浆过粘,不易铺设,且容易产生干缩裂缝。

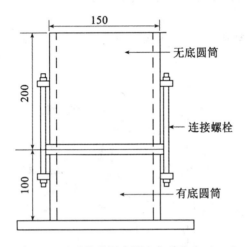

图13.5.2　砂浆分层度测定仪单位为(mm)

13.5.4　砂浆抗压强度试验

该项试验可检验砂浆的实际强度是否满足设计要求。

1. 主要仪器设备

(1) 试模　为 70.7mm×70.7mm×70.7mm 的立方体带底模或无底模;

(2) 压力试验机　要求与混凝土用压力试验机相同;捣棒、抹刀等。

2. 试件制作

(1) 制作砌筑砂浆试件时,先将无底试模放在预先铺有吸水性较好的纸的普通粘土砖上(砖的吸水率不小于10%,含水率不大于2%),试模内壁事先涂刷薄层机油或脱模剂;

(2) 放于砖上的湿纸,应为湿的新闻纸(或其他未粘过胶凝材料的纸),纸的大小要以能盖过砖的四边为准,砖的使用面要求平整,凡砖4个垂直面粘过水泥或其他胶凝材料后,不允许再次使用;

(3) 向试模内一次注满砂浆,用捣棒均匀的由外向内里按螺旋方向插捣25次,为了防止低稠度砂浆插捣后,可能留下孔洞,允许用油灰刀沿模壁插数次,使砂浆高出试模顶面6～8mm;

（4）当砂浆表面开始出现麻斑状态时（约15~30min），将高出部分的砂浆沿试模顶面削去并抹平。使用带底模时应分两次装入，每次插捣12次，并用油灰刀沿试模壁插捣数次，然后抹平。

3. 试件养护

（1）试件制作后应在 20±5℃ 温度下停置一昼夜（24±2h），当气温较低时，可以用适当延长时间，但不应超过两昼夜，然后对试件进行编号拆模。试件拆模后，应在标准养护条件下，继续养护 28 天，然后进行试压。

（2）标准养护条件：

①水泥混合砂浆应为温度 20±3℃，相对湿度 60%~80%。

②水泥砂浆和微沫砂浆应为温度 20±3℃，相对湿度 90% 以上。

③养护期间，试件彼此间隔不少于 10mm。

4. 砂浆立方体抗压强度测定

（1）试件从养护室取出后，应尽快进行试验，以免试件内部的温度湿度发生显著变化。试验前先将试件擦拭干净，测量尺寸，并检查其外观。试件尺寸测量精确至 1mm，并据此计算试件的承压面积。如实测尺寸与公称尺寸之差不超过 1mm，可按公称尺寸进行计算。

（2）将试件放在试验机的下压板上（或下垫板上），试件中心应与试验机下压板（或下垫板）中心对准，试件的承压面应与成型时的顶面垂直。开动试验机，当上压板（或上垫板）与试件接近时，调整球座，使接触面均匀受压。加荷速度应为 0.5~1.5kN/s（砂浆强度 5MPa 及 5MPa 以下时，取下限为宜，砂浆强度 5MPa 以上时取上限为宜），当试件接近破坏而开始迅速变形时，停止调整试验机油门，直至试件破坏。记录破坏荷载 P（N）。

5. 试验结果计算

（1）砂浆立方体抗压强度应按下列公式计算（精确至 0.1MPa）

$$f = \frac{P}{A} \tag{13.5.1}$$

（2）以 6 个试件所测值的算术平均值作为该组试件的抗压强度值，精确至 0.1MPa。当 6 个试件的最大值或最小值与平均值之差超过 20% 时，以中间 4 个试件的平均值作为该组试件的抗压强度值。

§13.6　试验6　钢材试验

本试验依据国家标准《金属拉伸试验法》（GB/T 228—2002）、《金属拉伸试样》（GB 6397—1986）、《金属材料弯曲试验方法》（GB/T 232—1999）等进行试验。

13.6.1　一般规定

（1）同一截面尺寸和同一炉号组成的钢筋分批验收时，每批质量不大于 60t。

（2）钢筋应有出厂证明书或试验报告单。验收时应抽样作机械性能试验，包括拉力试验和冷弯试验两个项目。两个项目中如有一个项目不合格，该批钢筋即为不合格品。

(3) 钢筋在使用中如有脆断、焊接性能不良或机械性能显著不正常时，尚应进行化学成分分析，或其他专项试验。

(4) 取样方法和结果评定规定，每批钢筋任意抽取两根，于每根距端部 50mm 处各取一套试样（两根试件），在每套试样中取两根作拉力试验，另一根作冷弯试验。在拉力试验的两根试件中，如其中一根试件的屈服点、抗拉强度和伸长率三个指标中有一个指标达不到标准中规定的数值，应再抽取双倍（4根）钢筋，制取双倍（4根）试件重做试验，如仍有一根试件的一个指标达不到标准要求，则不论这个指标在第一次试件中是否达到标准要求，拉力试验项目也作为不合格。在冷弯试验中，如有一根试件不符合标准要求，应同样抽取双倍钢筋，制成双倍试件重做试验，如仍有一根试件不符合标准要求，冷弯试验项目即为不合格。

(5) 试验应在 20℃±10℃ 下进行，如试验温度超出这一范围，应于试验记录和报告中注明。

13.6.2 拉伸试验

1. 试验的目的

测定低碳钢的屈服强度、抗拉强度与伸长率。注意观察拉力与变形之间的变化。确定应力与应变之间的关系曲线，评定钢筋的强度等级。

2. 主要仪器设备

(1) 万能材料试验机　为保证机器安全和试验准确，其吨位选择最好是使试件达到最大荷载时，指针位于第三象限内（即 180~270℃ 之间）。试验机的测力示值误差不大于 1%。

(2) 游标卡尺　精确度为 0.1mm。

3. 试件制作和准备

抗拉试验用钢筋试件不得进行车削加工，可以用两个或一系列等分小冲点或细划线标出原始标距（标记不应影响试样断裂），测量标距长度 L_0（精确至 0.1 mm），如图 13.6.1 所示。计算钢筋强度所用横截面积采用表 13.6.1 中所列公称横截面积。

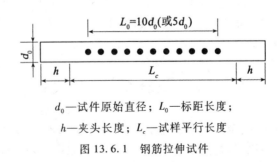

d_0—试件原始直径；L_0—标距长度；
h—夹头长度；L_c—试样平行长度

图 13.6.1　钢筋拉伸试件

4. 屈服强度和抗拉强度的测定

(1) 调整试验机测力度盘的指针，使其对准零点，并拨动副指针，使其与主指针重叠。

(2) 将试件固定在试验机夹头内。开动试验机进行拉伸，拉伸速度为：屈服前，应力增加速率按表13.6.2中规定,并保持试验机控制器固定于这一速率位置上,直至该性能测出为止,屈服后或只需测定抗拉强度时,试验机活动夹头在荷载下的移动速度不大于 $0.5l_0/\text{min}$。

表13.6.1　　　　　　　　　　钢筋的公称横截面积

公称直径/(mm)	公称横截面积/(mm²)	公称直径/(mm)	公称横截面积/(mm²)
8	50.27	22	380.1
10	78.54	25	490.9
12	113.1	28	615.8
14	153.9	32	804.2
16	201.1	36	1018
18	254.5	40	1257
20	314.2	50	1964

表13.6.2　　　　　　　　　　屈服前的加荷速率

金属材料的弹性模量/(MPa)	应力速率/(N/(mm²·s))	
	最小	最大
<150 000	1	10
≥150 000	3	30

(3) 拉伸中,测力度盘的指针停止转动时的恒定荷载,或第一次回转时的最小荷载,即为所求的屈服点荷载 F_s。按下式计算试件的屈服点

$$\sigma_s = \frac{F_s}{A} \tag{13.6.1}$$

式中：σ_s——屈服点,(MPa);
　　　F_s——屈服点荷载,(N);
　　　A——试件的公称横截面积,(mm²)。

当 $\sigma_s > 1\,000$ MPa 时,应计算至 10 MPa;σ_s 为 200~1 000 MPa 时,计算至 5 MPa;$\sigma_s \leq 200$ MPa 时,计算至 1 MPa。小数点数字按"四舍六入五单双法"处理。

(4) 向试件连续施荷直至拉断,由测力度盘读出最大荷载 F_b。按下式计算试件的抗拉强度

$$\sigma_b = \frac{F_b}{A} \tag{13.6.2}$$

式中：σ_b——抗拉强度,(MPa);
　　　F_b——最大荷载,(N);
　　　A——试件的公称横截面积,(mm²)。

σ_b 计算精度的要求与 σ_s 相同。

5. 伸长率测定

（1）将已拉断试件的两段在断裂处对齐，尽量使其轴线位于一条直线上。若拉断处由于各种原因形成缝隙，则该缝隙应计入试件拉断后的标距部分长度内。

（2）如拉断处到邻近的标距点的距离大于 $\frac{1}{3}L_0$ 时，可以用卡尺直接量出已被拉长的标距长度 L_1。

（3）若拉断处到邻近的标距端点的距离小于或等于 $\frac{1}{3}L_0$，可以按下述移位法确定 L_1：

在长段上，从拉断处 O 点取基本等于短段格数，得 B 点，接着取等于长段所余格数（偶数，图 13.6.2（a））之半，得 C 点；或者取所余格数（奇数，图 13.6.2（b））减 1 与加 1 之半，得 C 与 C_1 点。移位后的 L_1 分别为 $AO + OB + 2BC$ 或 $AO + OB + BC + BC_1$。

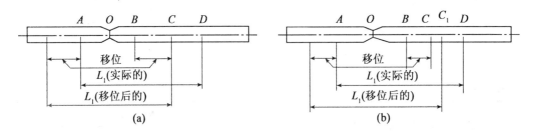

图 13.6.2 用移位法计算标距

如果直接量测所求得的伸长率能达到技术条件的规定值，则可以不采用移位法。

（4）伸长率按下式计算（精确至 1%）

$$\sigma_{10}（或 \sigma_5）= \frac{L_1 - L_0}{L_0} \times 100\% \qquad (13.6.3)$$

式中：σ_{10}、σ_5——分别表示 $L_0 = 10d_0$ 或 $L_0 = 5d_0$ 时的伸长率；

L_0——原标距长度 $10d_0$（$5d_0$），mm；

L_1——试件拉断后直接量出或按移位法确定的标距部分长度，mm，测量精确至 0.1mm；

（5）如试件在标距端点上或标距处断裂，则试验结果无效，应重做试验。

13.6.3 弯曲试验

1. 试验目的

检定钢筋承受规定弯曲程度的弯曲变形性能，并显示其缺陷。

2. 主要仪器设备

压力机或万能试验机、具有不同直径的弯心。

3. 试验步骤

（1）钢筋冷弯试件不得进行车削加工，试样长度通常按下式确定

$$L \approx a + 150 \text{（mm）} \qquad (13.6.4)$$

式中：L——试样长度，（mm）；
　　　a——试件原始直径，（mm）。

（2）半导向弯曲试样一端固定，绕弯心直径进行弯曲，如图 13.6.3（a）所示。试样弯曲到规定的弯曲角度或出现裂纹、裂缝或断裂为止。

（3）导向弯曲：

① 试样旋转于两个支点上，将一定直径的弯心在试样两个支点中间施加压力，使试样弯曲到规定的角度（图 13.6.3（b））或出现裂纹、裂缝、断裂为止。

② 试样在两个支点上按一定弯心直径弯曲至两臂平行时，可一次完成试验。亦可先弯曲到图 13.6.3（b）所示的状态，然后放置在试验机平板之间继续施加压力。压至试样两臂平行。此时可以加与弯心直径相同尺寸的衬垫进行试验（图 13.6.3（c））。

当试样需要弯曲至两臂接触时，首先将试样弯曲到图（13.6.3b）所示的状态，然后放置在两平板间继续施加压力，直至两臂接触（图 13.6.3（d））。

③ 试验应在平稳压力作用下，缓慢施加试验压力。两支辊间距离为（d + 2.5a）± 0.5a，并且在试验过程中不允许有变化。

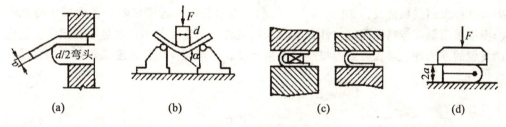

图 13.6.3　弯曲试验示意图

④ 试验应在 10～35℃ 或控制条件下 23℃ ±5℃ 进行。

4. 结果评定

弯曲后，按相关标准规定检查试样弯曲外表面，进行结果评定。若无裂纹、裂缝或裂断，则评定试样合格。

讨论：

① 在测定伸长率时，如断点非常靠近夹持点（即不在中间部位断裂），对实验结果有何影响？

② 钢材试验中，对温度有严格要求。如果试验温度偏高对屈服点、抗拉强度、伸长率和冷弯结果各有何影响？

§13.7　试验7　石油沥青的技术性质试验

本试验依据国家标准《沥青针入度测定法》（GB/T 4509—1998）、《沥青延度测定方法》（GB/T 4508—1999）、《沥青软化点测定法》（GB/T 4507—1999）进行试验。

13.7.1 石油沥青的针入度试验

本方法适用于测定针入度<350的固体和半固体沥青材料的针入度。

1. 试验目的

针入度是反映沥青粘滞性的指标，是沥青牌号划分的主要依据之一。

沥青的针入度是在规定温度和时间内，在规定的荷载作用下，标准针垂直贯入试样的深度，以0.1mm表示。非经注明，试验温度为25℃±0.1℃，荷载（包括标准针、针的连杆与附加砝码的质量）为100g±0.1g，时间为5s。

2. 试验仪器设备

（1）针入度仪：凡能保证针和针连杆在无明显摩擦下垂直运动，并能指示标准针贯入沥青试样深度准确至0.1mm的仪器均可使用。针和针连杆组合件总质量为50g±0.05g，另附50g±0.05g砝码一只，试验时总质量为100g±0.05g。

仪器设有放置平底玻璃保温皿的圆形平台，并有调节水平的装置，针连杆应与平台相垂直。仪器设有针连杆制动按钮，使针连杆可自由下落。针连杆容易装卸，以便检查其质量。仪器还设有可自由转动与调节距离的悬臂，其端部有一面小镜或聚光灯泡，借以观察针尖与试样表面接触情况，如图13.7.1所示。当为自动针入度仪时，各项要求与此项相同，温度采用温度传感器测定，针入度值采用位移计测定，并能自动显示和记录，且应对自动装置的准确性经常校验。为提高测试精密度，不同温度的针入度试验宜采用自动针入度仪进行。

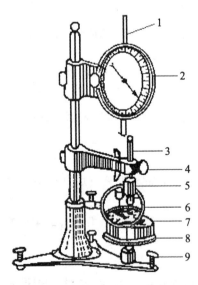

1—活动拉杆；2—刻度盘；3—连杆；4—按钮；5—砝码；
6—镜；7—试样；8—圆形平台；9—调平螺丝

图13.7.1 沥青针入度仪

（2）标准针：由硬化回火的不锈钢制成，洛氏硬度HRC54~60，表面粗糙度R_a0.2~0.3μm，针及针杆总质量为2.5g±0.05g，针杆上应打印有号码标志，针应设有固定用装置盒,以免碰撞针尖,每根针必须附有计量部门的检验单,并定期进行检验。

(3) 盛样皿:金属制,圆柱形平底。小盛样皿的内径 55mm,深 35mm(适用于针入度小于 200);大盛样皿内径 70mm,深 45mm(适用于针入度 200~350);对针入度大于 350 的试样需使用特殊盛样皿,其深度不小于 60mm,试样体积不小于 125ml。

(4) 恒温水浴:容量不小于 10L,控温准确度为 0.1℃。水槽中应有一带孔的搁板(台),位于水面下≮100mm,距水浴底≮50mm 处。

(5) 平底玻璃皿:容量不小于 1L,深度不小于 80mm,内设有一个不锈钢三脚支架,能使盛样皿稳定。

(6) 温度计:0~50℃,分度 0.1℃。

(7) 秒表:分度 0.1s。

(8) 盛样皿盖:平板玻璃,直径不小于盛样皿开口尺寸。

(9) 溶剂:三氯乙烯。

(10) 其他:电炉或砂浴、石棉网、金属锅或瓷把坩埚等。

3. 试验步骤

(1) 装有试样的盛样皿带盖放入恒温烘箱中,当石油沥青中无水分时,烘箱温度宜为软化点温度以上 90℃,通常为 135℃ 左右。当石油沥青中含有水分时,将盛样器皿放在可控温的砂浴、油浴、电热套上加热脱水,采用电炉、煤气炉加热脱水时必须加放石棉垫。时间不超过 30min,并用玻璃棒轻轻搅拌,防止局部过热。在沥青温度不超过 100℃ 的条件下,仔细脱水至无泡沫为止,最后的加热温度不超过软化点以上 100℃(石油沥青)或 50℃(煤沥青)。用筛孔 0.6mm 的筛过滤除去杂质。

(2) 将试样倒入盛样皿中,试样深度应超过预计针入度值 10mm,并遮盖盛样皿,以防落入灰尘。使其在 15~30℃ 空气中冷却 1~1.5h(小试样皿)、1.5~2h(大试样皿)或 2~2.5h(特殊盛样皿)后移入保持规定试验温度 ±0.1℃ 的恒温水槽中 1~1.5h(小试样皿)、1.5~2h(大试样皿)或 2~2.5h(特殊盛样皿)。

(3) 用调平螺丝调整针入度仪的水平,检查针连杆和导轨,以确认无水和其他外来物,无明显摩擦。用三氯乙烯或其他合适的溶剂清洗标准针,用干棉花将其擦干,把标准针插入针连杆中固定紧。按试验条件放好附加砝码。

(4) 到恒温时间后,取出盛样皿,放入水温控制在试验温度 ±0.1℃ 的平底玻璃皿中的三脚架上,试样表面以上的水层深度≮10mm(平底玻璃皿可用恒温浴的水)。将盛有试样的平底玻璃皿置于针入度仪的圆形平台上。

(5) 慢慢放下针连杆,使针尖刚好与试样表面接触。必要时用放置在合适位置的光源反射来观察。拉下刻度盘的拉杆,使与针连杆顶端轻轻接触,调节刻度盘或深度指示器的指针指示为零。

(6) 用手紧压按钮,同时启动秒表使标准针自动下落贯入试样,在指针正指 5s 的瞬时,停压按钮使针停止移动。

(7) 拉下刻度盘拉杆与针连杆顶端接触,此时刻度盘指针的读数即为试样针入度,准确至 0.5(0.1mm)。

(8) 同一试样平行试验至少 3 次,各测定点之间及测定点与盛样皿边缘之间的距离不应小于 10mm。每次试验后应将盛有盛样皿的平底玻璃皿放入恒温水槽,使平底玻璃皿中水温保持试验温度。每次试验应换一根干净的标准针或将标准针取下用蘸有三氯乙烯溶剂的棉花或布洗净,再用棉花或布擦干。

(9) 测定针入度大于 200 的沥青试样时,至少用 3 根针,每次测定后将针留在样品中,直至三次测定完成后,才能把针从试样中取出。

4. 试验结果

(1) 同一试样 3 次平行试验结果的最大值和最小值之差在表 13.7.1 中允许偏差范围内时,计算 3 次试验结果的平均值,取至整数作为针入度试验结果,以 0.1mm 为单位。当试验值不符合此要求时,应重新进行试验。

表 13.7.1 针入度试验允许偏差范围

针入度 (0.1mm)	0~49	50~149	150~249	250~500
允许差值 (0.1mm)	2	4	12	20

(2) 精密度与允许差

当试验结果 <50 (0.1mm) 时,重复性试验的允许差为 2 (0.1mm),复现性试验的允许差为 4 (0.1mm);当试验结果 ≥50 (0.1mm) 时,重复性试验的允许差为平均值的 4%,复现性试验的允许差为平均值的 8%。

13.7.2 沥青延度试验

1. 试验目的

延度是反映沥青塑性的指标,是确定沥青牌号的依据之一。通过延度的测定,还可以了解沥青的抗变形能力。

沥青的延度是在规定温度下,规定形状的试样,以规定的拉伸速度水平拉伸至断开时的延长长度,以 cm 表示。根据规定,试验温度为 15℃ ±0.5℃,拉伸速度为 5cm/min ±0.25cm/min。

2. 试验仪器设备

(1) 延度仪:凡能将试件浸没于水中,能保持规定的试验温度及按照规定拉伸速度拉伸试件,且试验时无明显振动的延伸仪均可使用,其形状及构造如图 13.7.2 所示。

(2) 试模:黄铜制,由两个端模和两个侧模组成,其形状及尺寸如图 13.7.3 所示。

(3) 试模底板:玻璃板或磨光的钢板、不锈钢板。

(4) 恒温水浴:容量≮10L,控制温度的准确度为 0.1℃,水浴中设有带孔搁架,搁架距水槽底≮50mm,试件浸入水中深度≮100mm。

(5) 温度计:0~50℃,分度为 0.1℃。

(6) 砂浴或可控温度的密闭电炉。

(7) 甘油、滑石粉隔离剂(甘油与滑石粉的质量比 2:1)。

(8) 其他:瓷皿或金属皿(熔沥青用)、筛孔为 0.3~0.5mm 的金属筛网、平刮刀、石棉网、酒精、食盐等。

3. 试验方法

(1) 将隔离剂拌合均匀,涂于清洁干燥的试模底板和两个侧模的内侧表面,并将试

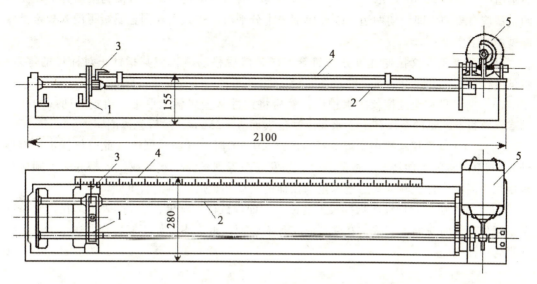

1—滑动器；2—螺旋杆；3—指针；4—标尺；5—电动机
图 13.7.2　沥青延度仪

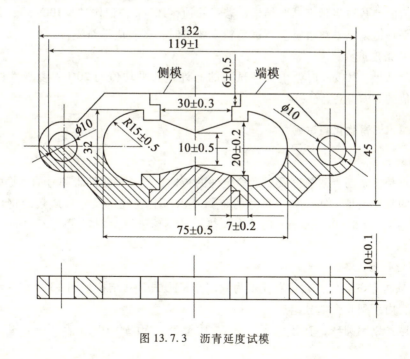

图 13.7.3　沥青延度试模

模在试模底板上装妥。

（2）用与针入度试验相同的方法制备沥青试样，使试样呈细流状，自模的一端至另一端往返注入，使试样略高出模具。

（3）试件在 15~30℃ 的空气中冷却 30~40min，然后置于规定试验温度 ±0.1℃ 的恒温水浴中，保持30min后取出，用刀将高出模具的沥青刮走，使沥青面与模面齐平。沥青的刮法应自模的中间刮向两边，表面应刮得十分平滑。将试模连同金属板再浸入规定试验温度的水浴中1~1.5h。

(4) 检查延度仪拉伸速度是否符合要求，然后移动滑板使其指针正对标尺的零点。将延度仪注水，并保温达试验温度±0.5℃。

(5) 将试件移至延度仪的水槽中，然后将试件从金属板上取下，将模具两端的孔分别套在滑板及槽端的金属杆上，水面距试件表面应≮25mm，然后去掉侧模。

(6) 确认延度仪水槽中水温为试验温度±0.5℃时，开动延度仪（此时仪器不得有振动），观察沥青的延伸情况，在测定时，如发现沥青细丝浮于水面或沉入槽底时，则应在水中加入酒精或食盐调整水的密度至与试样的密度相近后，再重新试验。

(7) 试件拉断时指针所指标尺上的读数，即为试样的延度，以cm表示。在正常情况下，试件延伸时应成锥尖状，在断裂时实际横断面接近于零。如不能得到上述结果，则应在报告中注明。

4. 试验结果

(1) 同一试样，每次平行试验≮3个，如3个测定结果均>100cm时，试验结果记作">100cm"；特殊需要也可分别记录实测值。如3个测定结果中，有一个以上的测定值<100cm时，若最大值或最小值与平均值之差满足重复性试验精度要求，则取3个测定结果的平均值的整数作为延度试验结果，若平均值>100cm，记作">100cm"；若最大值或最小值与平均值之差不符合重复性试验精度要求时，试验应重新进行。

(2) 精密度或允许差

当试验结果<100cm时，重复性试验的允许差为平均值的20%；复现性试验的允许差为平均值的30%。

13.7.3 沥青软化点试验

1. 试验目的

软化点是反映沥青耐热度及温度稳定性的指标，也是确定沥青牌号的依据之一。

沥青的软化点是试样在规定尺寸的金属环内，上置规定尺寸和质量的钢球，放于水（或甘油）中，以5±0.5℃/min的速度加热，至钢球下沉达规定距离25.4mm时的温度，以℃表示。

2. 试验仪器设备

(1) 软化点试验仪：软化点仪多为双球结构形式，其结构如图13.7.4所示。环球法软化点仪，由下列几个部分组成。

①钢球：钢制圆球，直径为9.53mm，质量为3.50±0.05g，表面应光滑，不许有斑痕、锈迹。

②试样环：用黄铜或不锈钢制成。

③钢球定位环：用黄铜或不锈钢制成，能使钢球定位于试样环中央。

④试验架：由两根连接立杆和三层平行金属板组成。上层为一圆盘，中间有一圆孔，用以插放温度计。中层板上有两个孔，以供放置试样环，中间有一小孔可支持温度计的测温端部。一侧立杆距环上面51mm处，应刻一液面指示线，保证中层板与下层板之间的距

离为25.4mm，而下底板距烧杯底不少于12.7mm，也不得大于19mm。三层金属板和两个主杆由两螺母固定在一起。

⑤烧杯：容积为800~1000ml，直径不小于86mm，高度不小于120mm。

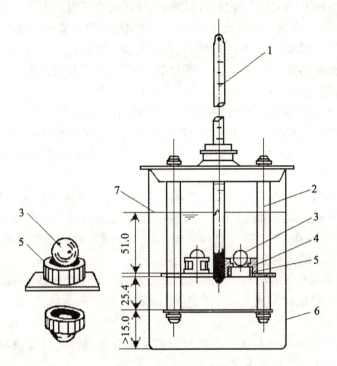

1—温度计；2—立杆；3—钢球；4—钢球定位环；
5—试样环；6—烧杯；7—水面

图13.7.4 沥青软化点测定仪

(2) 温度计：刻度0~80℃，分度0.5℃。

(3) 试样底板：金属板（表面粗糙度应达$R_a0.8\mu m$）或玻璃板。

(4) 环夹：由薄钢条制成，用以夹持金属环，以便刮平表面。

(5) 装有温度调节器的电炉或其他加热炉具：应采用带有振荡搅拌器的加热电炉，振荡子置于烧杯底部。

(6) 新煮沸过的蒸馏水。

(7) 甘油滑石粉隔离剂（配比同前）。

(8) 恒温水槽。

(9) 平直刮刀。

(10) 其他：石棉网。

3. 试验方法

(1) 将试样环置于涂有隔离剂的金属板上，与针入度试验相同方法准备沥青试样，将试样注入试样环内至略高出环面为止（如预估软化点在120℃以上时，应将试样环与金属板预热至80~100℃）。

(2) 试样在室温冷却30min后，用环夹夹着试样环，并用刀刮去高出环面上的试样，务必与环面齐平。

（3）预估软化点低于80℃的试样，将盛有试样的试样环及金属板置于盛满水的恒温水槽中，在5±0.5℃恒温15min，同时将金属支架、钢球、钢球定位环等亦置于相同水槽中；预估软化点>80℃的试样，将盛有试样的试样环及金属板置于装有32±1℃甘油的恒温槽中至少15min，同时将金属支架、钢球、钢球定位环等亦置于甘油中。

（4）烧杯内注入新煮沸并冷却至约5℃的蒸馏水（预估软化点低于80℃的试样），或在烧杯内注入预先加热至32℃的甘油（预估软化点高于80℃的试样），其液面略低于立杆上的深度标记。

（5）从水或甘油恒温槽中取出盛有试样的试样环放置在环架中层板的圆孔中，并套上钢球定位环，把整个环架放入烧杯内，调整水面或甘油液面至深度标记。环架上任何部分均不得有气泡。将温度计由上层板中心孔垂直插入，使水银球底部与试样环下平面齐平。

（6）将烧杯移放在有石棉网的加热炉具上，然后将钢球放在定位环中间的试样中央，立即开动振荡搅拌器，使水微微振荡，并开始加热，使杯中水或甘油温度在3min内调节至维持每分钟上升5±0.5℃。在加热过程中，应记录每分钟上升的温度值，如温度上升速度超出此范围时，则试验应重做。

（7）试样受热软化下坠至与下层底板表面接触时，立即读取温度，准确至0.5℃（预估软化点低于80℃的试样）或1℃（预估软化点高于80℃的试样）。

4. 试验结果

（1）同一试样平行试验两次，当两次测定值的差值符合重复性试验精密度要求时，取其平均值作为软化点试验结果。

（2）精密度或允许差

当试样软化点<80℃时，重复性试验的允许差为1℃，复现性试验的允许差为4℃；当试样软化点≥80℃时，重复性试验的允许差为2℃，复现性试验的允许差为8℃。

5. 试验记录

沥青针入度、延度和软化点记录如表13.7.2所示。

表 13.7.2　　　　　　　　　　沥青针入度、延度和软化点记录表

试样编号		试样来源	
试样名称		初拟用途	

	试验次数	试验温度 T/(℃)	试验荷载 M/(g)	经历时间 T/(s)	度盘读数(1/10mm)		针入度(个别值)$P_i = P_b - P_a$(1/10mm)	针入度平均值 $P(℃, g, s)$ (1/10mm)
					标准针与试样表面接触时的读数 P_a	标准针经历试验时间后的读数 P_b		
针入度	1							
	2							
	3							
	试验精度校核							

	试验次数	试验温度 T/(℃)	延伸速度 v/(cm/min)	延度/(cm)			
				试件1	试件2	试件3	试件4
延度							
	试验精度校核							

	试验杯号	室内温度/(℃)	烧杯内液体名称	开始加热液体温度/(℃)	烧杯内液体在每分钟末温度上升记录/(℃)														试样下垂与底板接触时的温度/(℃)	软化点 $T_{R\&B}$ (℃)
					1	2	3	4	5	6	7	8	9	10	11	12	13	14		
软化点																					
	试验精度校核																				

试验者：_____ ;日期：_____ ;复核者：_____ ;日期：_____

参 考 文 献

[1] 柯国军主编．土木工程材料．北京：北京大学出版社，2006．
[2] 胡志强．新型建筑与装饰材料［M］．北京：化学工业出版社，2007．
[3] 宋少民，孙凌主编．土木工程材料精编本．武汉：武汉理工大学出版社，2007．
[4] 杨胜等主编．建筑防水材料．北京：中国建筑工业出版社，2007．
[5] 陈志源等主编．土木工程材料．武汉：武汉理工大学出版社，2003．
[6] 王元纲等主编．土木工程材料．北京：人民交通出版社，2007．
[7] 黄晓明等主编．土木工程材料．南京：东南大学出版社，2007．
[8] 葛勇主编．土木工程材料学．北京：中国建材工业出版社，2007．
[9] 王士坤编．土木工程材料问答实录．北京：机械工业出版社，2007．
[10] 王福川主编．土木工程材料．北京：中国建材工业出版社，2004．
[11] 阎西康主编．土木工程材料［M］．天津：天津大学出版社，2004．
[12] 钱晓倩主编．土木工程材料［M］．杭州：浙江大学出版社，2003．